최신

식품위생학

방병호 · 윤원호 · 조갑연 · 황종현 · 심창환
김중배 · 황성연 · 강창수 · 김종국 공 저

도서출판 진 로

머 리 말

오늘날 현대인에게 제일 중요한 관심 중 하나가 바로 건강한 삶이다. 건강한 삶을 살기 위해서는 우리의 식생활, 즉 균형 있는 식습관을 빼놓을 수가 없지만 우리가 일상생활에 먹는 식품의 질 또한 무시할 수 없을 만큼 중요하다.

지금 세계는 글로벌 시대로 접어들어 매년 증가되는 수입식품의 양적·수적 팽창으로 하루 3끼 먹는 식품의 국적을 보면 정말 나 자신부터 놀라지 않을 수 없다.

이와 같은 쏟아져 들어오는 식자재뿐만 아니라 그 유통환경에서 식품의 안전성 확보는 무엇보다 필연적이다. 또한 식품 가공 및 용기, 포장 기술의 발달, 식품첨가물의 수요증가 등으로 식품을 통한 인간의 생명과 건강을 위협하는 기회가 더한층 높아지고 있는 게 현실이다.

따라서 이 교과서에서는 식품위생상 문제가 되는 위해 요인들에 대한 종류, 특성 등을 파악하고 이해함으로써 안전한 식사를 준비하기 위한 기본 개념을 갖추도록 노력하였다. 즉, 생물학적(세균성 식중독 등), 화학적(Dioxin, 농약 등), 물리적 위해(유리조각 등) 요인에 대한 내용과 함께 그 대책 등에 관하여 서술하였으며, 식품의 조리, 가공, 집단급식 중에 필요한 식품 위생 지식과 최근 식품 회사마다 관심이 집중되고 있는 해썹(HACCP) 제도에 대해서도 이해하기 쉽게 설명하였다. 특히 본 교과서는 식품·영양·조리·보건·위생 관련학과의 교재 및 현장 실무자의 지침서로서 활용할 수 있도록 집필하였으며, 또한 이 교재의 특징으로 장마다 중요한 내용을 요약을 하였다. 그러나 아직 미비한 점들이 적지 않으리라 생각되며, 후일에 모두 보강·수정할 기회를 갖고자 한다.

끝으로 이 책을 펴냄에 있어서 많은 조언과 노력을 아끼지 않으신 도서출판 진로 임종철 사장님께 깊은 감사를 드린다.

2016년 7월

저자 씀

차 례

1장 식품위생의 개요

2장 세균성 식중독

3장 자연독 식중독

4장 화학적 식중독

5장 감염병, 기생충 및 위생동물

6장 식품 첨가물

7장 유전자변형 식품과 방사선조사 식품

1장 식품위생의 개요

인류문화의 변천과 함께 음식물의 종류와 식생활의 양식도 다양하게 변화되어왔다. 또한 각국 마다 고유하게 자리 잡고 있던 전통 식문화는 각 국 간의 교류와 함께 점차 국제화되고 퓨전화 되어 이제 상호간의 식문화를 식생활에 도입하여 즐길 수 있을 만큼 다양성을 띠게 되었다. 식문화의 다양화에 따라 조리 및 가공식품도 점차 소비자의 편의성을 추구하는 방향으로 기술의 발전이 진행되어왔고, 식품의 제조, 가공 및 조리, 포장, 유통과정에 이르기까지 원료 및 가공과정이 비교적 단순했던 과거에 비하여 더욱 많은 위해요소에 노출되게 되었다. 이에 따라 종래의 식품위생개념은 음식물의 오염으로 인한 식중독, 경구감염병, 기생충병 등에 의한 건강 장애요인이 주요 대상이었지만, 이제는 원료로부터 기인하는 중금속 및 농약 등에 의한 오염에서부터 용수 · 폐수 등에 의한 수질오염, 포장재질에 의한 오염, 대량생산 · 대량유통을 계기로 품질보존 및 기호증진을 위해 부득이 사용하게 되는 식품첨가물에 의한 오염에 이르기까지 식중독의 사례도 다양하게 전개되고 있다. 또한 식품의 소비구조도 가정위주에서 외식형 및 집단급식형으로 변해감에 따라 집단식중독의 기회도 점차 많아지고 있다.

따라서 식품의 다양성과 함께 음식물을 통한 건강장애 요인의 양상이 다양화되고 있는 오늘날에는 식품의 안전성을 관리할 수 있는 철저한 제도적 장치의 뒷받침이 필요하고, 이와 함께 보건위생상 예측될 수 있는 식품으로 인한 위해방지를 위해 끊임없이 노력하고 대책을 마련하여 안전한 식생활을 영위할 수 있도록 하는 것이 무엇보다 중요하다고 하겠다.

안전성이 보장된 식품이란 위생적으로 안전하고 건강에 장애를 일으키지 않는 영양이 보장된 식품을 말하는 것으로 이와 관련된 학문이 바로 식품위생학(food sanitation, food hygiene, food control)인 것이다. 따라서 식품위생학은 음식물에 의한 위생상의 위해를 예방하고 사람의 건강을 유지 증진시키는데 필요한 문제를 연구, 개발하는 과학이라 하겠다.

1.1. 식품위생의 개념

1.1.1. 식품위생과 식품의 안전성

1. 건강의 정의

인간은 누구나 건강하게 살기를 원하며 또한 오래 살고자 하는 욕망을 가지고 있다. 건강하게 사는 것이란 바로 자신의 건강 상태를 정확히 알고, 건강의 유지를 위하여 필요한 여러 가지 방법들을 통하여 건강 상태를 더욱 증진시킬 수 있는 생활양식을 말한다.

세계보건기구(WHO, 1948)에서는 건강(health)에 관한 개념을 "건강이란 단지 질병이 없거나 허약하지 않다는 것만이 아니라 신체적(육체적), 정신적 그리고 사회적으로 완전하게 안녕 상태(Well-being)이다" 라고 정의하였다.

"건강한 정신은 건강한 육체에 있다(a sound mind in a sound body)" 는 격언과 같이 육체와 정신 건강은 불가분의 관계를 이루며, 사회적으로 완전하게 안녕 상태란 복잡한 사회 환경 속에서 각자의 기능과 역할을 충실히 수행해나갈 수 있는 만족한 상태를 말한다.

우리가 일반적으로 건강에 대하여 이야기할 때 육체적인 건강만을 강조하며 생활해온 것과는 달리 이 정의의 특징은 신체적 건강 외에 정신적 건강과 사회적 건강의 측면까지 포함하여 건강의 삼위일체를 설명해주고 있다. 다시 말해 삶의 건강으로 요약할 수 있겠다.

Dunn(1959)은 건강과 질병이 이분적으로 나누어지는 상태가 아니라 인간의 건강상태는 건강·불건강의 연속선상에서 계속 변화하는 것으로 보았다. 즉 건강의 상태는 최고의 안녕상태에서부터 최저의 건강상태까지 갈 수 있는 가능성을 지닌다는 뜻으로 일상생활에서의 효율적인 대처 또는 비대처로 건강과 불건강 상태의 공존 상태를 말한다. Smith(1981)는 건강에 대한 정의를 4개념으로 설명하고 있다. 즉,

① 임상 개념(clinical conception)은 질병, 질환, 증상 그리고 불구 등이 없는 것으로 보는 의학 모델을 통하여 개발된 것이다.

② 역할수행 개념(role performance health conception)은 인간 자신에게 주어진 역할을 수행하는데 어려움이 없는 상태로 보는 의료사회학 연구

를 통하여 개발된 것이다. 즉, 불구라도 직장과 가정생활의 역할을 잘 수행한다면 건강하다는 것이다.

③ 적응건강 개념(adaptive health conception)은 물리적, 사회적으로 효과적인 상호 작용을 통해 적응을 잘해나가는 상태, 즉 환경의 스트레스에 유동적으로 잘 적응하면 건강하다는 것이다.

④ 행복론적 건강 개념(eudaimonistic health conception)은 일반적인 안녕(well-being)과 자아실현을 말하며 보다 높은 수준의 안녕을 성취하는 능력을 의미한다.

이상에서 건강에 대한 정의를 살펴본 결과, 양호한 건강상태를 유지하기 위한 신체적, 정신적 그리고 사회적으로 자신의 복지적 측면에서 최고의 수준을 유지하기 위해서는 자기 자신의 생활양식에서의 건강관리와 사회의 건강을 위한 복지 정책, 의료시설 그리고 경제여건이 복합적으로 잘 관리되어야만 한다.

2. 식품위생의 정의

인간은 오랜 인류의 역사를 통해 안전하고 유익한 것을 식별하고 선택하여 식품을 이용하여 왔다. 이와 같이 유익한 식품을 선택하여 음식의 형태로 섭취하는 행위를 식생활이라고 한다. 식생활은 기후, 풍토, 습관 등을 요인으로 하는 지역적 특성과 기호, 경제 특성 등의 요인에 의한 개인 특성 등을 반영해서 형성되나 생명, 건강의 유지 증진과 밀접한 관계를 맺고 있다.

한편, 안전하고 유익한 물질임에도 불구하고 식품으로 인한 건강상의 장해는 어느 시대에서나 항상 발생하여 왔던 것이 사실이다. 이러한 장해는 생산에서 최종 소비에 이르기까지 모든 과정에서 부적절한 취급에 의해 일어나는 식품의 유해화가 주된 원인이다. 따라서 식품으로부터 유래하는 식품의 유해화를 방지하기 위해서는 영양가의 손실 또는 성분의 변질이 적은 양질의 식품을 과부족 없이 안전하게 섭취할 수 있는 건전한 식생활이 요구된다.

즉 건전한 식생활이란 영양적으로 아무리 가치가 높은 식품이라 할지라도 최종적으로 섭취할 때까지 비위생적인 요인에 의해 인체의 건강에 장해를 일으키지 않도록 안전성을 확보하여야 함을 의미한다. 따라서 식품위생은 식품으로부터 오는 유해미생물이나 천연 혹은 인공의 유해물질로부터의 오염을 방지하여 식품으로 인한 질병과 위해를 방지하고 인간의 생명과 건강을 지키기 위해 필요한 모든 분야를 포함하여야 한다.

위생(sanitation)이란 말은 라틴어인 “Sanitas” 에서 온 말로 health란 뜻을 갖고 있으며, hygiene도 그리스어의 “health” 에 해당하는 말에서 왔다. 식품위생학은 WHO(world health organization)에서 사용하는 국제적인 표준으로 “food hygiene”으로 표기하고 있는 데, 이는 당초 영국 계통에서 사용한 용어이다. 미국에서는 식품의 안전성에 보다 큰 비중을 두어 좀 더 적절한 표현인 “food sanitation”으로 표기하여 사용하고 있다.

우리나라 식품위생법 제2조 11호에서 정의한 “식품위생이라 함은 식품, 첨가물, 기구 또는 용기, 포장을 대상으로 하는 음식에 관한 위생을 말한다.”와 같이 가공분야에 한정지을 수도 있으나, 식품위생은 가공공장만을 대상으로 하기보다는 식품원료의 재배환경과 만들어진 제품을 포함한 모든 분야를 포함하는 정의가 필요하다. 따라서 이와 같은 개념을 함축한 다음과 같이 WHO 환경위생전문위원회(1956)에서 내린 정의가 학문적으로 좀 더 설득력 있게 받아들여지고 있다. “Food hygiene means all measures necessary for ensuring the safety, wholesomeness, and soundness of food at all stages from its growth, production or manufacture until its final consumption.” 즉 “식품위생이란 식품의 재배, 생산 혹은 제조로부터 최종적인 섭취에 이르기까지의 모든 단계에서 식품의 안전성, 완전 무 결성과 건전성을 확보하기 위해 필요한 모든 수단을 말한다.”

FAO/WHO 공동국제식품규격위원회(FAO/WHO Joint Codex Alimentarius Commission)에서는 식품의 가공, 반가공 또는 원료인지 여부에 관계없이 인간이 섭취하기 위한 목적의 모든 물질을 포함하고 있으며, 이에는 음료, 츄잉검 및 식품을 제조, 조리 또는 처리할 때 사용하는 모든 물질을 포함하나 화장품, 담배 또는 의약용으로만 사용되는 것은 제외시키고 있다.

3. 식품의 위해요인

식품의 위해란 식품으로 기인하는 건강상의 피해 또는 우려를 총칭하는 것으로써 위해요인은 생물학적 위해, 화학적 위해, 물리적 위해로 구분할 수 있다.

생물학적 위해요인은 식품 중에 함유되어있는 살모넬라, 병원성대장균, 장염비브리오, 황색포도상구균, 보툴리누스균 등의 식중독 세균, 리케차, 바이러스, 기생충에 의한 감염 또는 이들 병원체로부터 산생되는 독소에 의한 것이다. 화학적 위해는 복어 독, 조개 독, 버섯 독 등과 같이 식품 중에 존재하는 천연화학물질과 농 · 축산업에서 사용하는 살충제 등의 농약과 동물용 의약품 그리고 공장 내에서 사용하는 세제와 살균제 등에 우발적으로 들어가는 화학물질, 과량의 식품첨가물 등 인위적으로 식품 중에 첨가되는 화학물질에 의한 위해를 말하며, 물리적 위해는 식품원료 또는 제조과정에서 혼입되는 금속조각 또는 유리파편 등과 같은 이물에 의해 위장이나 치아의 상해를 입는 경우로써 식품의 위해요인을 다음과 같이 정리할 수 있다.

1) 생물학적 위해

식품은 원재료 또는 제조 · 가공 공정 중에, 생물학적 위해의 원인물질에 오염될 가능성이 있다. 이중 육안으로 보이지 않는 미생물은 공기 중, 먼지 중, 해수 및 담수 중, 사람 및 동물의 피부, 소화관, 식품제조 시설 내에 널리 존재한다. 미생물은 크게 세균, 리케차, 바이러스, 원충, 효모, 곰팡이로 구분할 수 있는 데 사람에게 유익한 것도 있으나 병원성을 갖는 것도 있으므로 식품위생관리상 미생물의 제어가 필요하다. 보통 미생물이 생존하고 증식하기 위해서는 영양소, 물, 적당한 온도, 공기(또는 혐기상태) 등이 필요한 데 만일 이들의 조건이 결핍되면 미생물은 사멸하거나 필요한 조건이 갖춰질 때까지 기능을 정지한다. 따라서 증식에 필요한 영양소, 온도, 수분 량 등을 관리함으로써 증식속도를 늦추거나, 사멸시키거나 기능을 정지시킬 수 있다. 미생물 중에는 증식의 과정에서 부산물이 산생되는 것도 있다. 이들 부산물 중에는 사람에게 바람직한 것도 있지만, 바람직하지 못한 것도 많으며 이들은 식품의 부패 및 변패를 가져온다. 부패 및 변패 중 외관, 색깔 등에 의한 식별이 어려워 건강에 피해를 초래할 가능성이 있는 것에 대하여는 철저한 계획에 의하여 관리하지 않으면 안 된다. 또한 식품의 제조 혹은 가공의 단계에서 여러 종류의 미생물이 증식하거나 같은 상태를 유지하거나 감소하거나 완전하게 사멸하는 등의 현상이 일어날 수 있다. 그러나 충분하게 병원미생물을 사멸시킬 수 있는 조건을 주어도 기타 미생물은 계속 생존하여 식품에 부패를 일으켜 위해가 발생할 가능성이 있다.

2) 화학적 위해

화학적 위해는 생물에 유래하는 화학적 위해 원인물질에 의한 것, 인위적으로 첨가된 화학적 위해 원인물질에 의한 것, 우발적으로 혼입되는 화학적 위해원인물질에 의한 것 등으로 대별한다.

화학물질에 의한 오염은 원재료의 생산에서 제조 또는 가공의 공정에 이르는 단계에서 일어날 수 있다. 화학물질의 대부분은 유익하여 어떤 목적을 갖고 사용되므로 적절한 관리하에 사용되는 한 유해하지 않으나, 식품 중에 함유된 화학물질로 인한 위해는 충분히 관리하지 않거나 사용기준에 따르지 않고 사용한 경우가 많다. 화학물질의 존재 그 자체가 항상 위해의 원인이 아니기 때문에 그 양에 따라 위해 여부를 결정해야 한다. 위해물질에 따라서는 독성이 나타나기까지 장기간의 노출이 필요한 것도 있다.

(1) 생물에서 유래하는 화학적 위해의 원인물질

이들 원인물질로는, 곰팡이독, 패류독, 버섯독, 복어독, 어류독, 히스타민 등의 유해 아민, 솔라닌 등의 식물독을 들 수 있다. 곰팡이독은 곡물 등 농작물의 수확전후에 오염된 곰팡이가 산생하는 독소를 말하며, 대표적인 것으로는 옥수수, 향신료, 견과류를 오염시키는 aflatoxin이 있다. 쌍각패류 등 어떤 종류의 조개는 해수 중에서 독이 있는 plankton을 섭취함으로써 독(毒)조개가 되며 마비성패독(saxitoxin 등)과 설사성패독(okadaic acid) 등의 독을 축적한다. 독화되는 해역과 시기에 따라 이들 plankton이 증가한다.

Ciguatera독은 산호초 주변에서 서식하는 어류가 축적하는 독소이며, 복어독은 복어가 식물연쇄에 의해 축적하는 tetrodotoxin이란 독소이다. 복어독은 복어의 종류에 따라 독이 존재하는 부위가 다르지만 치사성의 독이므로 복어의 조리에는 충분한 지식과 기능이 필요하다. Solanine은 감자의 발아부위와 상한 부위에 다량으로 함유되는 alkaloid이다. 히스타민은 *Morganella morganii* 등의 부패세균이 갖는 탈탄산효소에 의하여 히스티딘에서 생성되는 아민이고, 붉은살어류에서 부패세균의 증식이 원인이 되어 식중독이 발생한다.

(2) 인위적으로 첨가되는 화학적 위해 원인물질

이들 원인물질로는 보존료(소르빈산), 강화제(나이아신), 발색제(아질산) 등의 식품첨가물을 들 수 있다. 식품 중에 첨가되는 식품첨가물은 사용이 허용되어 있는 첨가물을 사용기준에 따라 사용할 경우에는 안전하나, 사용기준을 초과한 경우에는 위해를 일으킬 가능성이 있다.

(3) 우발적으로 혼입하는 화학적 위해 원인물질

화학물질은 의도적으로 식품에 첨가하지 않았으나 식품에 혼입되어 위해를 일으킬 수 있다. 이들 물질은 우발적으로 존재하는 화학적 위해 원인물질로 분류한다. 즉, 농약(살충제, 제초제 등), 동물용 의약품(항균성물질, 성장호르몬, 구충제 등), 지정 외 첨가물, 중금속, 환경오염물질, 시설 내에서 사용되는 윤활유, 페인트, 세제, 살균제 그리고 식품의 용기 또는 포장으로부터의 용출물 등의 화학물질이 원료 중에 혼입, 존재할 가능성이 있다. 예를 들면, 가축 생산자의 잘못으로 항생물질 치료 후의 휴약 기간 중에 도축장에 출하되어, 기준치를 초과하는 항생물질을 함유하여 위해를 초래하는 경우도 있다. 또한 시설의 살충에 이용한 약제가 우발적으로 식품에 혼입되어 위해를 일으키는 경우도 있다.

3) 물리적 위해

비교적 자주 볼 수 있는 물리적 위해의 원인물질로는 식품 중에 함유되어 있는 고형물을 식품과 함께 섭취한 경우 물리적 작용으로 소비자에게 치아의 파손, 구강내의 창상, 목의 폐쇄 등의 건강피해를 초래하는 경우가 있다. 이들 이물로는 금속조각(기계기구의 부품, 종사자의 귀금속 및 단추, 주사바늘의 파편 등), 유리조각(기계기구의 부품, 용기포장의 파편, 조명기기의 파편 등), 나무조각, 경질의 plastic조각 등을 들 수 있다. 또한 쥐 및 곤충, 모발 등의 혼입으로 인해 혐오감이나 불쾌감을 주는 경우도 본래 식품 중에 함유될 수 없는 비위생적 이물이 혼입되었다는 측면뿐만 아니라 제조공정상 위생관리가 철저하지 못하다는 간접적인 증거가 되므로 이물의 혼입방지에 최선을 다할 필요가 있다.

그리고 생성원인에 따른 위해요인으로 내인성(버섯독과 같은 자연독), 외인성(농약, 중금속 같은) 및 유인성(식품제조, 가공 등에서 유도되는 N-nitroso화합물 등) 등 3가지로 나눈다.

4. 식중독의 개념

식중독(food poisoning)이란 좁은 의미에서는 식품에서 증식한 세균 또는 세균에 의해 산생된 독소를 식품과 함께 섭취함으로써 발생하는 급성 위장염 증세를 말했지만 식중독의 양상과 질병을 일으키는 원인이 다양해지면서 넓은 의미로 식품을 섭취하면서 발생하는 질병을 광범위하게 말하고 있다. 즉 식품을 섭취한 이후 열을 동반하거나 또는 열이 없으면서 구토, 설사, 복통, 식욕부진 등을 동반하는 경우를 총칭하며 식품에 오염된 세균이나 독소, 유독성물질, 동식물의 독에 의한 신경증상도 포함하여 비정상적인 상태에 이르는 것을 말한다.

WHO(1956)에서는 식중독을 다음과 같이 정의를 내리고 있다.

"Food poisoning means any apparently toxic disturbance following the ingestion of food, with while simulating chemicals poisoning cannot be ascribed to any clearly defined poison.

Such food poisoning includes :

(a) Nervous disturbances of the paralysis type, such as those induced by the thermolabile toxin of *Clostridium botulinum*.

(b) Gastro-intestinal disturbances following the ingestion of food infected with various bacteria : *Salmonella, Clostridium welchii, Enterococcus, Proteus, Escherichia coli* and others.

Whatever the causative bacteria, the symptoms of food poisoning are always of the same type, predominantly digestive."

미국에서는 식품을 통하여 일어나는 질병을 food borne infection 또는 food borne intoxication이라 하며 식중독과 이질, 장티푸스 등도 포함시키는 경향이 있으나 우리나라는 일본, 영국, WHO 등과 같이 경구감염병이나 기생충에 의한 질병은 식중독에 포함시키지 않고 있다.

5. 식품 안전성의 평가

식품은 오래전부터 인간의 생명유지를 위하여 섭취하지 않으면 안되는 것이었기 때문에 원시시대로부터 수렵기의 포유동물과 조류의 경우에는 부패된 음식이 아니고서는 섭취하는 데 이상이 없었기 때문에 먹이로써의 가치를 알 수 있었지만, 과실, 열매, 뿌리, 잎 등과 같이 식물을 섭취하게 된 후부터는 경험적으로 나름대로의 안전성을 입증하며 섭취해왔다고 할 수 있다. 하지만 인류가 오랫동안 섭취해온 식품은 다양한 오염물질로부터 노출되기 이전에 자연환경에서 수렵, 채취와 함께 사육하고 재배해온 원료를 그대로 조리하여 이용하여 왔기 때문에 오늘날의 식품 안전성에 대한 개념은 갖고 있지 않았다고 볼 수 있다. 그러나 현대에 와서는 농약이나 식품첨가물 등과 같이 적은 양이라도 유해성을 나타내는 물질을 일정량 함유하고 있다 하더라도 허용기준을 마련하여 식품의 보존과 공급확대를 목적으로 실용화하고 있으나, 식품에 사용되는 원료 중에 새로운 유해물질이 발견되면서 식품의 안전성에 대한 검증 필요성은 더욱 절실해지고 있다. 이러한 유해물질의 발견 및 유해물질에 대한 분석기술의 발달로 점점 미세한 양까지 검출하는 단계에 이르자 우리가 섭취하고 있는 식품에 대한 안전성의 개념이 적용되기 시작하였고 모든 물질은 독성 물질의 가능성을 갖는 물질을 함유하고 있다는 사실을 알게 되었다. 따라서 안전성에 대한 개념은 모든 식품원료 또는 식품가공에 사용하는 첨가물뿐만 아니라 유전자 재조합 식품에 대해서도 안전성이 확보되어 있지 않으면 식품제조에 이용될 수 없다.

식품의 안전성을 위협하는 요인은 생물적인 것과 유독성분에 기인하는 것으로 크게 나눌 수 있다. 일반적으로 종래부터 말해오던 식품위생은 미생물이나 자연 독에 의한 식중독과 기생충, 경구감염병 등에 의한 질병으로써 그 원인과 예방, 대책 등이 마련되어 있고 법적인 규제 장치가 엄격하여 비교적 잘 대처할 수 있는 위생관리 수준에 이르렀다. 그러나 최근에는 식품 중에 혼입 또는 잔류하는 화학물질에 의한 오염, 잘못 관리된 농약이나 사료첨가물, 식품첨가물 그리고 용기, 포장에서의 오염 등 화학물질에 대한 피해의식이 식품환경의 오염과 함께 화학물질의 사용량이 급증함에 따라 식품의 화학물질에 대한 피해의식이 상대적으로 높아지고 있어 식품에 사용되고 있는 모든 위험요소에 대한 안전성의 평가가 절실하게 요구되고 있다.

1) 독성 시험법

(1) 일반 독성 시험법

식품과 관련되는 화학물질의 안전성을 평가하기 위해서는 그 화학물질 각각의 독성 실험 자료가 필요하다. 식품첨가물의 안전성 확보를 위해 1955년 FAO/WHO 합동 식품첨가물 전문가 위원회(Joint FAO/WHO Expert committee on food additives, JECFA)가 설치되어 식품첨가물의 사용을 규제하는 일반 원칙이 결정되었고, 1957년에는 화학물질을 식품첨가물로 사용할 때의 안전성 확인법이 정해짐에 따라 그 안에 독성시험법이 포함되어 그 이후로 농약 및 의약품에 대한 독성시험에도 이용되고 있다.

① 급성독성 시험

급성독성 시험(acute toxicity studies)은 관련되는 물질간의 독성비교시험으로 시험동물에 단회 투여하였을 때 단기간에 나타나는 독성을 검사하는 시험으로 실험동물은 2종이상의 동물을 쓰되 1종은 설치류, 1종은 비설치류여야 한다. 5g을 초과하는 사망예가 생기면 정확한 치사량을 측정할 필요가 없다. 투여방법은 경구 및 비경구적인 방법이 있고, 실험동물에 대한 임상학적 관찰은

2~4주에 걸쳐서 매일 기록관찰하고 시험기간 중 3회 이상의 체중을 기록해야 하며 관찰기간 종료 후에는 육안적인 해부 소견이 있어야 한다. 1회 투여로 24시간 이내의 치사량을 산출한다. 설치류에 한하여 50% 치사량(50% Lethal Dose, LD_{50})을 정하고 비설치류는 개략적인 치사량을 기록한다. LD_{50}값을 측정하여 다른 물질과의 독성을 비교·확인할 수 있고 다른 시험에 필요한 투여량을 예측할 수 있다.

용량별의 사망률에서 통계처리법에는 Lichfield-Wilcoxon법이 쓰이고 LD_{50}이 작을수록 독성이 강하다. 대표적인 화학물질의 LD_{50}값을 보면 표 1-1과 같고 사람의 추정 치사량에 대한 독성의 분류기준을 표 1-2에 나타내었다.

『표 1-1』 몇 가지 화학물질의 급성 독성치

화 학 물 질	LD_{50}값(mg/kg)
Ethyl alcohol	10,000
Sodium cholride	4,000
Ferrous sulfate	1,500
Morphine sulfate	900
Phenobarbital sodium	150
DDT	100
Nicotine	1
Tetrodotoxin	0.10
Dioxin(TCDD)	0.001
Botulinus toxin	0.00001

『표 1-2』 급성독성의 구분

독성의 정도	LD_{50}(랫트 경구투여 mg/kg)	인간 추정치사량
극대	<1	약 50 mg
대	1~50	1TS
중	50~500	20~30g
소	500~5,000	200~300g
극소	5,000~15,000	500g
거의 무해	>15,000	500g 이상

② 아급성(단기)독성 시험

아급성독성 시험(subacute toxicity studies)은 시험동물에 반복 투여하여 중 · 장기간 내에 나타나는 독성을 검사하는 시험으로 동물수명의 1/10의 기간 동안 시험하며 랫트(rat)는 90일정도 한다. 설치류, 비설치류를 포함하여 2종 이상을 하는데 대부분 랫트가 선택되고 비설치류 중에는 개, 돼지, 원숭이가 쓰인다.

사육시험 시에는 최대 내성용량(maximum tolerated dose ; 시험물질을 시험동물에 투여 시 대조군에 비하여 10% 이내의 체중증가 억제 또는 상승을 나타내면서 사망에 영향을 미치지 않는 독성증상이 나타날 것으로 기대되는 최소용량) 및 최대 무작용량(no observed adverse effect level(NOAEL ; 시험물질을 시험동물에 투여하였을 때 어떠한 증상도 나타나지 않는 것으로 기대되는 최대용량) 등을 포함해서 충분한 용량관계를 설정하고 대조군을 별도로 사용한다.

시험 결과 일반증상, 행동, 체중, 사료섭취량 및 필요에 따라 물 섭취량, 혈액 및 요검사, 병리조직학적 검사 등의 기능검사를 통하여 확실중독량(definite toxic dose ; 시험물질을 시험동물에 투여하였을 때 독성이 명확하게 나타나는 최소용량) 및 무작용량(no toxic dose)을 검토한다.

③ 만성(장기)독성 시험

만성독성 시험(chronic toxicity studies)은 장기간에 걸쳐 시험물질을 반복 투여하는데 대부분 전 수명기간동안 또는 세대를 계속하여 투여하기도 한다. 시험물질을 투여한 후 관찰되는 유해효과와 그것이 확인되지 않는 수준을 설정할 목적으로 행하는 시험으로써 통상급성 및 아급성독성 시험에서 유도 된다. 많은 경우 랫트를 사용하는 데 양성을 사용한다.

시험기간은 랫트의 경우 2년간이며 노령으로 인한 변화와 혼돈을 피하기 위해 12~18개월간을 하기도 한다. 동물의 수는 추계학적 분석에 충분한 수를 확보하여야 하며 시험 종료 시점에서 검사를 할 수 있는 충분한 생존수가 확보되어야 하므로 성별로 25마리부터 시작한다.

시험물질의 용량은 시험기간을 통해 식별되는 유해효과를 나타내는 양이 적당하며, 생존 수에 분명한 감소가 나타나는 경우에는 시료에 대한 농도가 10%를 넘지 않도록 한다.

(2) 특수 독성 시험법

① 생식독성 시험

생식기관의 성숙, 임신, 수정, 난할, 배자 및 태자의 성장, 발달, 분만, 수유뿐만 아니라 차세대의 행동기능 발달 등을 포함한 생식기능에 어떠한 영향을 미치는가에 대한 정보를 얻기 위한 동물실험으로 수태능력 실험, 최기형성 실험 및 유산 · 수유기 실험을 포함하는 것으로 설치류 1종을 실험동물로 사용하는 데 각 군당 암 · 수 각 20마리 이상으로 한다. 관찰내용은 황체수, 교미율, 수태율, 태자의 사망유무, 태자의 성별, 형태학적 이상, 모체의 이상 유무이다.

② 최기형성 시험

태자의 기관형성기 동안 임신 모체에 약물을 투여하여 태자의 기형유발 여부 및 차세대의 신체 발달, 반사기능, 학습기능 발달 등의 이상 유무를 확인하기 위한 시험으로 설치류 1종 및 비설치류 1종으로 설치류는 각 군당 임신암컷 20수(임신 7~17일) 이상, 비설치류는 각 군당 임신 암컷 12수(임신 6~18일) 이상을 사용한다. 검색방법은 설치류는 2/3는 임신말기에 도살하여 태자를 관찰하고, 1/3은 자연 분만시켜 출생자를 관찰하는데 관찰내용은 모체의 이상 유무, 태자의 흡수, 외형적 기형, 내장기형, 골격기형, 분만 후 수유 등이다. 비설치류는 전례를 임신말기에 도살하여 태아를 관찰한다.

③ 발암성 시험

동물을 사용한 발암성 시험은 ① 발암기작을 밝히는 기초의학, 생물학 상의 연구목적, ② 사람의 장기에 발생하는 암의 동물모델을 작성하여 임상의학적인 연구목적, ③ 의약품, 식품 및 식품첨가물, 농약 등의 생활관련 물질과 환경화학물질의 사람에 대한 안전성을 평가하는 예방의학적인 연구목적 등에 의해 이루어지는 데, 각종의 식품관련 화학물질에 대하여 발암성 시험을 하게 되는 경우는, 실제로 동물에 모든 화학물질을 장기간 투여하여 종양이 발생하는가를 지켜보는 것이 아니라, 다른 어떤 세포의 암화의 메카니즘에 근거한 생물학적 변화를 지표로 하여 그 단계에서 많은 화학물질을 스크리닝하여 양성으로 판정되는 것에 대하여 발암성 시험을 하는 것이다.

발암성을 시험할 때는 2종 이상의 동물을 사용하는 데 랫트, 마우스, 햄스터 등이 주로 쓰이며, 계통을 선택할 때는 원칙적으로 기존에 알려져 있는 발암물질에 대해 반응성이 높고 자연적으로 발생하는 종양의 발생율이 낮은 계통을 선택한다. 검체의 투여 및 시험기간은 만성독성 실험과 같이 장기투여를 하는 데 랫트가 24~30개월, 마우스와 햄스터가 19~24개월이며 관찰은 일반상태는 매일, 체중은 주 1회씩 한다. 검체투여는 경구, 경피, 피하주사, 피하매몰, 흡입 등에 의하며 식품 및 식품첨가물에 대한 시험은 일반적으로 사료 또는 음용수에 섞어서 투여한다. 사료 중에 피검물질을 투여하는 경우의 최고 농도는 5%가 원칙이다.

④ 유전독성 시험

화학물질이 세포의 유전물질(DNA)에 직접 또는 간접적으로 영향을 끼쳐 돌연변이를 유발하는 것을 유전독성이라 하는데, 이러한 것을 기초로 하여 시험물질의 돌연변이 유발성 또는 발암 가능성 여부를 *in vivo, in vitro* 실험을 통해 정성적으로 표시하는 일련의 시험을 말한다. 유전자 돌연변이 유발시험은 다음과 같다.

유전자 돌연변이를 지표로 하는 것 : 원핵세포의 돌연변이 유발성 테스트로써 세균을 이용한 돌연변이 유발시험(Ames test)과 진핵생물의 돌연변이 유발성 테스트로써 초파리와 같은 곤충을 이용한 반성열성치사 검사(sex-linked recessive lethal test), 포유동물 배양세포를 이용한 발암성검사, 마우스 spot검사 등이 있다.

염색체의 이상을 지표로 하는 것 : 설치류를 이용하여 염색체 절단을 일으키는 물질과 유사분열을 방해하는 물질 등을 검사하는 마우스 소핵검사법(micronucleus test)과 식물세포를 이용한 염색체 이상 시험, 설치류를 이용하여 돌연변이 유발성이 의심되는 동물에 의한 생식세포의 위험성을 알아보는 우성치사 검사(dominant lethal test) 등이다.

DNA 손상을 지표로 하는 것 : 세균을 이용한 DNA 수복시험, 포유동물세포를 이용한 부정기성 DNA 합성시험(unscheduled DNA synthesis test), 포유동물세포를 이용한 자매 염색분체 교환 시험(sister chromatid exchange test) 등이 있다.

그 외의 변화를 지표로 한 것 : 포유동물을 이용한 정자 형태 이상 시험, 포유동물 배양세포를 이용한 세포형태 변환시험 등이 있다.

이 중에서 Ames test가 가장 많이 쓰이는 데, 살모넬라(*S. typhimurium*)의 특정균주(TA1535, TA1537, TA100, TA98 등)를 사용하는 복귀돌연변이 시험법으로 세균을 대사활성화 효소(NADPH 등)의 존재 하 및 비존재 하에서 검체를 작용시킨 후 최소 한천배지상에서 적당한 기간 배양 후 돌연변이에 의해 생긴 복귀변이 집락수를 계측하여 대조구의 자연변이 집락수와 비교한다.

2) 안전성 평가

식품과 관련되는 물질의 안전성 평가는 안전성 시험의 평가, 시험결과의 평가, 안전성의 평가의 3가지가 있다.

(1) 안전성 평가

① 안전성 시험의 평가

동물을 사용한 독성시험, 대사시험, 농작물을 이용한 잔류시험 및 그의 설계, 실시 기술 등에 대한 평가이다. 양호한 결과를 얻기 위해서는 평가에 요구되는 조건을 충분히 만족하는 시험이 행해져야 하며, 안전성 시험방법에 대한 사전 평가가 필요하다.

② 시험결과의 평가

독성, 대사, 잔류 등 시험에 의해 얻어지는 결과로부터 해당 화학물질의 성질, 작용의 종류, 작용의 강도, 환경 또는 생체 내에서의 동태를 판단하고 무작용량(NOAEL ; no observed adverse effect level)을 추정하여 실질 안전농도(VSD ; virtually safe dose)를 산출하는 작업이다.

③ 안전성의 평가

독성시험 결과의 평가에 의해 얻어진 작용강도와 동태, 잔류시험 또는 공존물질의 영향에 대한 해석으로 얻어진 작용량과 종합하여 현실에서 용량(dose)과 위험도(risk)의 관계를 추정하는 작업이다.

(2) 종합적 위험도 평가

인간의 생명과 건강에 위협이 되는 유해물질이 체내에 들어오는 데는 식품의 영향이 크므로 식품중의 유해 오염물질에 대한 안전성과 위험도를 평가하는 것은 매우 중요하다. 독성평가(toxicity assessment)란 어떤 물질이 유해한지 또는 어떤 상태에서 독으로 작용하는지, 또 독작용의 특징이 무엇인지를 규명하는 것을 말한다. 위험도(risk)는 심신상의 장애의 가능성을 나타내는 것인 데 그 크기는 확률로 나타낼 수 있다. 위험도와 장애의 종류를 밝히고 그 크기를 파악하는 것이 종합적 위험도 평가(risk assessment)이다.

① 정성적 위험도 평가

유해성을 확인하는 것으로 여러 가지 화학물질 중에서 위험도의 종합평가를 필요로 하는 물질에 대해 우선순위를 정한다. 그리고 화학물질의 건강에 대한 영향 유무 결정과 종류의 판정을 해야 하는 데 사람에 대한 역학정보에 대해서는 직접 유해성을 확인하는 것이 가장 좋다. 역학조사 결과의 해석 시 주의사항으로는 비교군의 적절한 선정과 확인, 조사기간 및 질 등의 확인이 필요하다. 독성실험은 대사 동태에 의한 흡수, 분포, 해독, 배설, 대사 활성화 및 생체 고분자와의 결합 등을 아는 것이 중요하다.

② 정량적 위험도 평가

용량-반응평가는 식품중의 유해물질이 용량(폭로)과 건강영향(반응)과의 정량적 관계를 밝히는 것이며, 폭로평가(섭취량추정)는 사람에 대한 폭로의 정도를 결정하는 것으로서 폭로의 크기, 빈도, 기간 및 경로에 대해 정성적 또는 정량적으로 측정하거나 측정한 것을 기초로 하는 것이 원칙이다. 인간에 대한 유해물질의 섭취량을 추정하는 방법은 2가지가 있는 데, 매일 섭취하는 식단 중의 각 식품에 함유된 유해물질의 농도 측정치를 기초로 하는 방법과 생체시료의 측정치를 기초로 하는 방법이 있다. 폭로 평가 결과는 용량-반응 평가와 조합하여 해석한다.

③ 위험도의 판정

위험도의 판정은 우선 어떤 물질의 건강 영향 유무를 판정하여 유해성을 확인한다.

그리고 용량(폭로)과 건강영향(반응)과의 정량적 관계를 밝히고, 사람에 대한 폭로의 정도를 결정한다. 다음에 사람에 대한 위험도의 종류와 크기를 추정하고 건강에 영향이 나타나는 확률을 추정하여 종합판정을 한다. 그런 다음에 공중위생학적, 경제적, 사회 윤리적, 정치적 균형을 검토하여 규제의 종류와 방법을 정하고 행정 처리의 결정과 실행을 한다.

3) 규제 접근법

받아들일 수 있는 위험의 정도는 입장에 따라 차이가 다를 수 있지만, 합리적인 결정을 위해 지속적인 노력이 필요하며, 이러한 위험도의 판정을 위해 여러 가지 방법이 있다.

(1) 안전 계수법(safety factor approach)

동물이나 사람에게 어떤 화학물질의 위해가 나타나는 수준과 나타나지 않는 수준을 설정하기 위하여 안전계수를 도입하는 방법으로써, 전제조건으로 모든 화학물질이 전형적인 양 반응 곡선(dose response curve)을 나타내며 독성이 나타나지 않는 한계 값(역치 : threshold)이 있다고 하는 약리학의 원리에 근거하고 있다. 1954년 Lehman & Fitzhugh는 식품첨가물의 경우 100의 안전마진을 적용하면서 안전 계수법은 그 후 30여 년간 사용되어 왔다. 결국 동물의 종이 달라지면서 10배, 사람 개인 간의 차이에 따라서 10배의 독성차이가 나올 수 있기 때문에 100이라는 안전마진은 합리적이라는 것이 여러 실험에 의해 뒷받침되고 있다. 독성자료의 신뢰도나 독성반응의 특성에 따라 100 이외의 안전계수를 사용할 수 있으며, 일례로 발암성이 의심되는 물질의 경우에는 1,000을 사용하여 관례상 10~1,000의 안전계수를 채택하고 있다.

(2) 일일섭취허용량(ADI : acceptable daily intake)

ADI는 "사람이 일생동안 섭취하였을 때 현시점에서 알려진 사실에 근거하여 바람직하지 않은 영향이 나타나지 않을 것으로 예상되는 (화학)물질의 1일 섭취량" 으로써 체중 kg 당 mg수로 표현한다. FAO/WHO합동 식품첨가물 전문가위원회에서는 수백 개에 이르는 식품 첨가물의 ADI를 설정하였고 많은 나라에서 이 자료를 활용하고 있다. 식품 첨가물, 농약, 잔류물질 등에 대한 허용량을 결정하기 위해서는 동물에 대한 장기간의 만성 독성시험에서 얻어지는 최대무작용량(NOAEL)을 먼저 정하고, 그 값을 FAO/WHO에서 인정하는 각 물질에 대한 안전계수(일반적으로 100)로 나누어 그 양을 사람에 대한 ADI로 한다. 따라서ADI는 사람이 일생동안 아무런 장해 없이 섭취할 수 있는 양으로써 NOAEL을 안전계수로 나눈 값으로 단위는 mg/kg · body weight/day 이다. 또한 ADI, 성인체중(60 kg), 식품계수(food factor : 매일 소비하는 그 식품의 양) 등을 고려하여 1인당 1일 최대섭취 허용량(MPI : maximal permissible intake per day)과 식품중의 최대잔류 허용량(MRL : maximal residue loi-mit)을 산정한다.

$$* \ ADI = \frac{NOAEL(mg/kg)}{안전계수}$$

$$* \ MPI = ADI \times 60(mg/day)$$

$$* \ MRL = \frac{MPI}{식품계수}(mg/kg)$$

1.2. 미생물의 종류 및 특성

미생물로는 세균, 곰팡이, 효모, 바이러스 등이 있으며, 이들의 특성을 정확하게 이해해야 식품의 안전성을 확보할 수 있다.

1.2.1. 세균

세균은 일반적으로 엽록소를 함유하지 않은 단세포 미생물이며, 분열에 의해 증식하는 분열균이다. 병원미생물의 대부분은 세균이며 식품위생 중 가장 중요한 미생물이다.

식품의 위해요소 중에서 세균을 중요하게 다루는 이유는 세균 중에는 인체에 섭취되어 증식하여 독소를 생성하는 것도 있기 때문이다. 또한, 이러한 세균의 독소는 냄새와 맛이 없으므로 관능적으로 알아낼 수 없으며, 식품이나 다른 매개물을 통하여 감염이 확인되기도 쉽다.

식품위생과 관계된 중요한 세균은 표 1-3과 같다.

『표 1-3』 식품위생과 관련된 중요 세균

속 명	특 징
Bacillus	그람 양성 호기성, 통성혐기성 간균 내열성 포자형성 쌀밥, 어묵, 통조림 같은 가열식품의 부패 원인균
Staphylococcus	그람 양성 간균 냉동식품 *S. aureus*(황색포도상구균) : 독소형 식중독의 원인균
Pseudomonas	그람 음성 무포자, 호기성 간균 수생, 저온세균 : 저온 저장 시 부패 원인균
Vibrio	그람 음성 통성혐기성 간균 해수세균 : 장염 *Vibrio*균, 감염병 *cholera*균
Micrococcus	그람 양성 무포자, 호기성 구균 비병원성 단백질 부패균
Proteus	그람 음성 간균 알레르기성 식중독 유발 단백질 부패균
Shigella	그람 음성 무포자 간균 세균성 이질
Salmonella	그람 음성 무포자, 통성혐기성 간균 장티푸스, 감염형 식중독의 원인균
Escherichia	대장균 그람 음성 무포자 호기성, 통성혐기성 간균 분변세균총 : 오염의 지표균
Clostridium	그람 양성 혐기성 간균 내열성 포자 형성, 독소형 식중독의 원인균 육가공품, 어패류, 통조림의 부패 원인균
Lactobacillus	그람 양성 간균 젖산발효균 : 술, 발효유, 김치

1. 세균의 형태

세균은 그림 1-1과 같이 형태에 따라 구균(coccus), 간균(bacillus), 나선균(spirillum)으로 분류한다. 구균은 그 배열에 따라 단구균(monococcus), 쌍구균(diplococcus), 4연구균(tetracoccus), 8연구균(sarcina), 연쇄상구균(streptococcus), 포도상구균(staphylococcus) 등으로 분류된다. 간균은 길이가 폭의 2배 이상인 것을 장간균, 그 이하의 것을 단간균이라 하며 가끔 쌍을 이루거나 연쇄상으로 배열한 경우도 있다. 나선균은 나선의 정도가 불안정하여 마치 짧은 콤마처럼 생긴 vibrio형 균과 helix형 균이 있다.

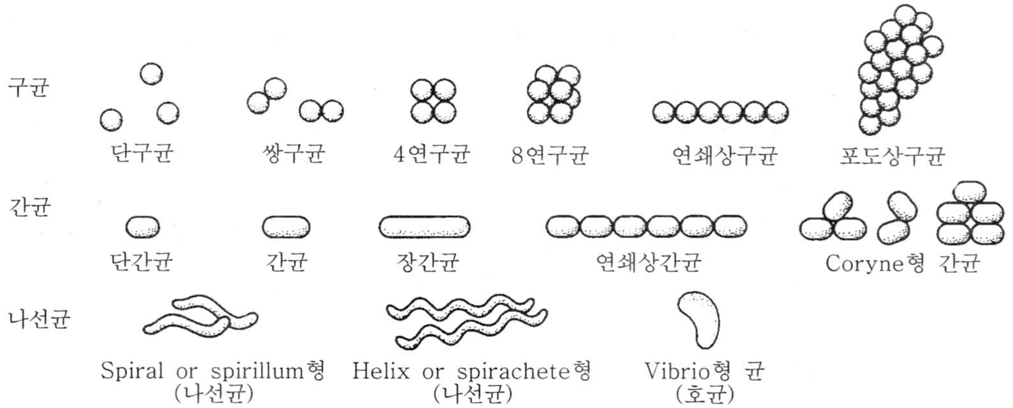

『그림 1-1』 세균의 형태

2. 세균의 증식조건

세균의 세포는 분열에 의해 증식하므로 빠르게 거대한 숫자로 늘어나 식품을 부패시키고 식중독의 위험성을 높일 수 있다.

일반적으로 식품은 영양원이 풍부하고 수분이 많으며 산도가 높지 않기 때문에 세균이 잘 증식할 수 있으므로, 식품위생의 입장에서 세균의 증식조건을 충분히 이해해야 한다.

세균의 생육에 필요한 조건은 식품, 산도, 시간, 온도, 산소, 수분 등이다. 이들 중 어느 한 조건이라도 부적당하면 증식하기 어렵게 된다. 따라서 식품 중의 수분을 감소시키거나 식품을 저온으로 보존하거나 식품에 산, 당 화학물질들을 첨가하여 세균의 증식을 억제할 수 있다. 이러한 원리로 식품의 부패를 막을 수 있고 식품을 알맞게 가공, 저장할 수 있다.

1) 식품

대부분의 식품은 탄수화물, 지방, 단백질, 무기질, 비타민 등 세균의 성장에 요구되는 많은 영양소를 함유하고 있다. 이 중에서도 특히 단백질이 세균의 성장을 지배하므로 여기서 식품이라 함은 단백질 함량이 높은 식품을 말한다.

이러한 식품은 이미 생산단계에서부터 오염되기 쉽고 유통, 저장, 조리, 가공 중에도 오염되기 쉽다.

2) 산도

일반적으로 세균의 증식 최적 pH는 7.0~7.6의 약알칼리성이며, pH 4.5 이하에서는 증식하지 못한다. 따라서 pH 4.6~7.0인 육류, 생선, 패류, 우유, 두부 등은 잠재적인 위해식품이다. 산성이 강한 식품에서는 위해세균의 증식이 억제되므로 잘 익은 김치, 발효유, 치즈, 탁주, 포도주, 과즙 등은 위생학적으로 안전한 식품이라 할 수 있다. 또 식품을 조리할 때 식초, 레몬즙 등을 사용하여 pH를 낮추면 세균의 증식을 억제하는 데 도움이 된다.

3) 시간

세균은 시간이 경과함에 따라 대수적으로 그 수가 증가한다. 세균이 증식하여 그 수가 2배 증식하는데 소요되는 시간을 배가시간(倍加時間) 또는 세대시간(世代時間)이라고 한다. 최적온도에서 배가시간은 장염비브리오균은 11분, 대장균은 20분, 황색포도상구균은 28분 정도이다. 배가시간이 20분인 대장균의 경우 1개의 대장균이 최적조건에서 7시간 만에 20×10^6개로 급격히 증가하게 된다. 따라서 잠재적 위해 식품은 식품을 취급하는 전체 과정동안 위험온도 대에 4시간 이상 노출시켜서는 안 된다.

4) 온도

세균의 성장 가능한 최고, 최적, 최저온도는 균종에 따라 다르지만 크게 저온균, 중온균, 고온균으로 나눌 수 있다. 저온균은 10~20℃의 온도에서 가장 잘 증식하나 5℃ 냉장온도에서도 비교적 잘 증식하며 수중세균인 *Vibrio, Pseudomonas, Flavobacteium* 속 등이 대표적이다. 중온균은 20~40℃에서 가장 잘 증식하며 대부분의 병원성 세균과 식중독 세균이 이에 속한다. 고온균은 50~60℃에서 가장 잘 증식하는 균으로 내열성의 포자를 형성하는 *Bacillus, Clostridium* 속 등이 속한다. 그러나 전체적으로 볼때 10~60℃의 비교적 넓은 온도범위에서 다양한 미생물이 증식하므로 이를 잠재적으로 위해식품의 위험온도대라 한다.

세균증식의 최저온도 이하로 온도를 낮추어도 심지어 동결시켜도 세균의 증식이 정지되거나 사멸되는 것은 아니므로 냉장고를 과신해서는 안 된다. 근래 냉장고와 저온유통 시스템이 발달하여 식품의 저장 안정성이 많이 증가하였지만 그만큼 저온균의 오염비중이 증대되고 있으므로, 식품을 냉장고에서 장기간 보관해서는 안 되며, 유통기한이 지난 식품은 버려야 한다.

5) 산소

세균은 증식에 산소를 꼭 필요로 하는 호기성세균, 산소의 존재로 증식이 저해되는 혐기성세균, 산소의 존재 유무와 무관하게 증식하는 통성혐기성균으로 나눈다. 이 중 식중독을 일으키는 세균은 산소가 있어도 또는 없어도 자랄 수 있는 통성혐기성균이 많고 일부는 산소를 싫어하는 혐기성균도 있다.

6) 수분

식품 중의 수분은 식품성분인 단백질이나 탄수화물과 결합하고 있는 결합수(bound water)와 미생물의 증식에 이용될 수 있는 자유수(free water)로 구분된다. 이때 수용액 중에 있는 자유수의 비율을 수분활성도(Aw)라 하며 식품도 물에 많은 물질이 용해된 수용액 상태로 본다면 자유수의 비율이 높아 수분활성도가 큰 식품일수록 미생물이 증식하기 쉬운 조건이 된다. 세균은 효모나 곰팡이에 비하여 증식에 높은 수분활성도를 요구한다. 유해한 세균의 대부분은 수분활성도 0.96~0.99에서 잘 증식하며, 수분활성도 0.90 이하에서는 대부분 증식하지 못한다. 고기, 생선, 우유, 밥 등 잠재적 위해식품의 대부분은 0.97~0.99의 수분활성도를 나타내므로 세균이 증식하기에 이상적이다. 수분활성도를 냉동, 건조, 당이나 소금의 첨가, 가열조리 등의 방법으로 0.6 이하로 낮추면 세균뿐만 아니라 효모, 곰팡이 등의 증식도 억제할 수 있다.

1.2.2. 곰팡이

곰팡이(molds)는 분류학상 진균류에 속하며 포자가 발아한 후 실모양의 균사체를 형성하여 발육하는 사상균으로, 광합성능이 없고 진핵세포를 가진 다세포 미생물이다. 배지면에 착생한 균사는 분지하고 신장하며 균사체를 이루고 그 끝에 자실체를 형성한다. 호기성균으로 주로 무성포자에 의해 번식한다. 이 포자가 공기 중에 비산하고 수분이나 영양 등이 적당한 환경에서 발아하여 균사체로 발육한다. 곰팡이는 무성포자 외에 유성포자를 만드는 것도 있다.

곰팡이가 식품에 증식되었을 때 육안으로도 쉽게 확인할 수 있다. 식품에 곰팡이가 증식하면 식품이 변패되며 때로는 독소가 형성되어 사람에게 질병, 감염, 알레르기반응 등을 나타낸다.

곰팡이는 낮은 온도에서 뿐만 아니라 습하든지 건조하든지, pH가 높든지 낮든지, 짜든지 달든지 어떤 조건에서도 증식할 수 있다. 냉동은 곰팡이의 증식을 억제하지만 이미 존재하는 곰팡이를 죽이지는 못한다. 곰팡이의 독은 대게 가열조리에 의하여 파괴되지 않으므로 곰팡이로 인한 위해를 방지하는 중요한 방법은 곰팡이가 비정상적으로 핀 식품은 버리는 것이다.

1.2.3. 효모

효모(yeast)는 진핵세포로 된 고등미생물로서 주로 출아에 의하여 증식하는 진균류를 총칭한다. 알코올 발효능이 강한 균종이 많아서 예로부터 주류의 양조, 알코올제조, 제빵 등에 이용되어 왔다.

그렇지만 효모도 식품을 변질시키는 원인이 될 수 있다. 효모는 증식에 당과 수분을 요구하므로 젤리와 벌꿀에서 자주 발견된다. 효모는 당이 많은 식품에서 서서히 증식하여 거품을 발생시키고, 알코올 냄새를 낸다. 때로는 식품을 적색으로 변색시키거나 점질 물질을 만들어 식품을 변질시키기도 한다. 그러나 세균과 같이 식중독을 유발하거나 곰팡이와 같이 독소를 생성하지는 않는다.

1.2.4. 바이러스

바이러스(virus)는 동식물의 세포나 세균세포에 기생하여 증식하며, 광학현미경으로 볼 수 없는 직경 0.5 ㎛ 정도의 미생물이다. 바이러스는 크기가 작기도 하지만 일반 미생물과는 전혀 다른 구조를 가지고 있다.

바이러스는 살아있는 세포에서만 생존이 가능하므로 식품 중에서는 증식하지 못한다. 하지만 어떤 바이러스는 가열조리 또는 냉동에서도 살아남을 수 있으며 식품, 조리, 식기, 조리기구, 식품 취급자의 손 등을 통하여 사람에게 전이될 수 있다. 천연두, 인플루엔자, 광견병, 일본뇌염, 소아마비 등의 질병을 일으키며, 최근 식중독의 원인체로서 *norovirus, rotavirus* 등이 알려져 있다.

1.2.5. 미생물에 의한 식품의 오염

미생물에 의한 식품의 오염은 자연환경으로부터의 오염인 1차오염과 식품의 처리, 가공공정에서 일어나는 오염인 2차오염이 있다.

1. 자연환경으로부터의 오염

1) 토양

토양은 수분과 유기물이 적당하게 들어있고 온도의 변화가 크지 않아 미생물의 좋은 서식처로서 1 g당 수십만부터 수십억까지 무수한 종류가 존재한다. 토양 미생물에는 세균류가 가장 많으며 그 다음으로 방선균, 사상균의 순으로 존재한다. 호기성 미생물은 토양 표면에서, 혐기성 미생물은 토양 심층에서 각종 유기물을 분해하여 토양을 정화하기도 한다. 토양 중에는 유해한 미생물도 많아서 하천에 흘러들어 물을 오염시키며 공중에 부유하면서 공중낙하균이 되어 각종 기구 및 음식물 등에 부착되는 경우도 있다.

식품을 오염시키는 대표적인 토양미생물은 세균으로 *Bacillus, Micrococcus, Clostridium, Pseudomonas, Leuconostoc, Escherichia, Aerobacter, Achromobacter, Serratia, Acetobacter, Proteus, Mycobacterium, Corynebacterium* 등이 있고, 곰팡이로는 *Aspergillus, Penicillium, Mucor, Rhizopus* 등이 있으며, 효모로는 *Saccharomyces, Torula, Monilia, Candida* 등이 있다. 그리고 원충류도 토양 1 g당 1,000~10,000개 정도 존재하고 있다.

2) 해수

해수의 세균들은 1~3%의 식염농도에서 잘 증식하는 호염성 세균들이다. 저온세균이 많으며 육지의 폐수 및 폐기물로부터 오염된다. 이들은 바다에서 어류, 패류, 조류 등을 직접 오염시킬 수 있으며 어획 후 항만이나 어시장 주변에서 간접적으로 오염되는 경우도 있다. 해수세균 중에는 장염비브리오균과 이와 유사한 균들이 많이 존재하므로 어패류를 취급할 때는 이들 균에 의한 2차오염에 주의해야 한다.

3) 담수

담수란 하천, 호수, 연못 등을 일컫는 말로서 이들도 고유의 microflora를 형성하고 있다. 담수는 토양이나 인축의 배설물 등으로 오염되는 경우가 많은데 이 중에는 병원성 미생물도 있어서 식품 및 식수원을 오염시키기도 한다. 이들이 식품을 오염시키는 경로는 오염된 물을 식수로 사용하는 경우와 오염된 물로 식품을 씻는 경우 등이다.

세균을 보면 담수에는 그람음성 간균인 *Pseudomonas, Achromobacter, Acromonas, Alcaligenes, Flavobacterium* 등이 있고 토양으로부터 오염되는 세균으로는 *Micrococcus, Bacillus* 등이 있으며, 하수 및 분변 등에서 오는 세균으로는 *Escherichia, Aerobacter, Proteus* 등이 있다. 그 외 사상균이나 효모도 분포되어 있다.

4) 분변 및 동물체

사람이나 동물의 소화관 내 세균은 구강, 소장, 대장에서 각각의 microflora를 형성하고 있으나 배설 시에는 분변세균으로 외부로 나온다. 수세식 화장실의 보급으로 분변으로 인한 식품의 오염이 많이 감소하였으나 아직도 일부 도시와 농촌에서는 분변을 비료로 사용함으로서 채소류뿐만 아니라 토양이나 하천 등도 오염되고 있다. 분변에는 *Escherichia, Enterococcus, Lactobacillus, Bifidus, Clostridium, Pseudomonas, Salmonella, Shigella, Proteus* 등 유해한 세균이 많아 식중독의 원인이 되고 있다.

동물체 부착세균은 동물이나 사람의 피부, 점막 및 상처부위에 서식하는 *Staphylcoccus, Streptococcus, Corynebacterium* 등이 있고 식중독과 각종 질병의 원인이 된다.

5) 식물체

식물체의 표면과 식물의 상처부위 등에 부착하여 증식하는 세균으로는 *Micrococcus, Pseudomonas, Flavobacterium, Xanthomonas,* 젖산균 등이 있다. 곰팡이로는 재배 중인 밀과 보리에 침입하여 질병을 일으키는 *Alternaria, Fusarium, Claviceps* 등과 저장중인 곡물에 증식하는 *Penicillium,*

Aspergillus 등이 있는데 이들 중에는 곰팡이 독을 생성하는 것도 있다.

6) 공기

공기 중에 떠 있는 미생물은 낙하해서 직접 식품을 오염시키고 간접적으로는 식기, 기구를 통해 식품에 부착한다. 미생물은 공기 중에서는 증식하지 않고 어떤 활동도 나타내지 않는다. 그러므로 건조와 자외선 살균력에 잘 견디며 영양분이 모자라도 견딜 수 있다. 대부분은 그람양성 세균의 포자형성 간균 또는 구균이며 곰팡이 포자 및 효모 포자도 존재한다. 이들 중에는 식중독, 디프테리아, 성홍열, 폐렴, 결핵, 두창, 인플루엔자, 급성회백수염 등을 일으키는 미생물도 있다.

2. 식품의 처리, 가공과정에서의 오염

곡류, 채소, 과일 등은 수확하면서, 어패류는 바다에서 잡으면서, 우유는 착유하면서, 가축은 도살하면서 이미 주위 환경에 의해 1차오염된 상태이며, 이어서 사람에 의해 운반되고 공장에서 제조, 가공 중에, 주방에서 조리 시에 2차오염이 된다.

그러므로 생식품에 접촉된 손이나 주방기구들은 소독하지 않고 조리에 사용할 때, 생식품 또는 오염된 기구에 접촉된 행주, 스펀지 등을 소독하지 않고 사용할 때에는 이러한 교차오염(cross-contamination)이 발생할 수 있으므로 주의해야 한다.

3. 식품위생의 지표 미생물

식품은 취급하는 동안에 직, 간접적으로 인축의 분변과 접촉할 기회가 있을 수 있으며 이러한 접촉은 식품위생의 관점에서 보면 소화기계 감염병, 인수공통감염병, 세균성 식중독의 병원균에 감염될 위험이 있다는 것을 의미한다.

식품의 분변 오염여부와 그 정도를 알기 위해서는 통상적인 검사에서 미량의 병원균을 개별적으로 검사하기는 현실적으로 곤란하고 또 극히 미량의 분변 오염을 화학적으로 검사하는 것도 불가능하다. 그러므로 이 병원균들과 항상 공존하는 장관의 미생물을 오염의 지표로 삼아 검사하는데, 이와 같은 미생물을 오염지표미생물이라 한다.

1) 대장균군

대장균군은 유당을 35℃에서 48시간 이내에 분해시켜 가스와 산을 생성하는 모든 호기성 및 통성혐기성 그람음성 무포자 간균들을 말하며 *Escherichia coil, Citrobacter freundii, Enterobacter aerogenes, Enterobacter cloacae, Klebsiella pneumoniae* 등이 속한다.

대장균군의 균은 사람이나 동물의 장내 또는 배설물에서 발견되므로 그들의 존재는 분변오염을 의미하며 또한 장내병원균이 존재할 수 있다. 그러나 대장균군에는 *Enterobacter* 속과 같이 토양이나 식물 등에서 유래되는 비분변성균도 있으므로 이들의 검출이 반드시 분변오염이나 잠재성 병원균의 오염과 직결되지는 않는다. 그러므로 어떤 식품에서 대장균군의 검출은 사람 또는 동물로부터의 분변오염, 기계설비의 불충분한 위생, 불충분한 살균, 가열살균 후나 조리 후의 재오염 등을 나타낸다.

그러나 대장균군은 동결저장 중에는 일반적으로 생존할 수 없어 동결식품에서는 지표미생물로서의 가치가 거의 없으며 비분변성의 *Enterobacter*균 때문에 지표미생물로 확신할 수는 없다.

2) 대장균

대장균(*Escherichia coil*)은 분변성 대장균군 중에서 가장 대표적인 미생물이다. 이들은 주로 사람이나 온혈동물의 장관에 존재하므로 대장균의 존재만이 식품의 분변오염을 나타낸다는 주장도 있다. 그러나 대장균이 훌륭한 지표미생물임에는 틀림없지만 동결 시 사멸되므로 지표미생물로서 단독 사용하기에 위험성이 있다. 그러므로 반드시 부가적인 시험을 거쳐야 하는 문제점이 있다.

3) 장구균

대장균군은 가열 또는 동결에 약한 데 비해 장구균은 냉동식품에서 오랫동안 생존하므로 냉동식품에서는 장구균이 더 정확한 지표미생물로 제안된다. 장구균은 일반적으로 사람이나 온혈동물의 장관 내에 상존하는 그람양성 구균으로 *E. faecium, E. avium, E. faecalis* subspp. 등의 *Enterococcus* 속과 *S. bovis, S. equinus, S. salivarius* 등의 분변성 *Stretococcus*균들이 이에 해당된다.

이들은 주로 장관에 존재하므로 물이나 식품에서의 이들의 출현은 직간접적으로 분변오염을 의미한다. 그러나 이 미생물들 역시 분변오염원이 제거된 환경에서도 증식할 수 있어서 이들이 식품 내에 존재한다고 장내병원균이 존재함을 의미하지는 않는다. 그러므로 정확한 분변오염상태를 파악하기 위해서는 대장균군과 장구균을 동시에 검출하는 것이 요구된다.

『표 1-4』 분변오염지표균으로서의 대장균군과 장구균의 비교

특징	대장균	장구균
형태	간균	구균
그람 염색성	음성	양성
장관 내 균수의 수준	분변 1 g 중 10^7~10^9	분변 1 g 중 10^5~10^8
각종 동물 분변에서의 검출 상황	동물에 따라서 불검출	대부분 동물에서 검출
장관 외의 검출 상황	일반적으로 낮다	일반적으로 높다
분리 고정의 난이도	비교적 쉽다	비교적 어렵다
외계에서의 저항성	약하다	강하다
동결에 대한 저항성	약하다	강하다
냉동식품에서의 생잔성	일반적으로 낮다	일반적으로 높다
건조식품에서의 생잔성	낮다	높다
생선 채소에서의 검출률	낮다	일반적으로 높다
날고기에서의 검출률	일반적으로 낮다	일반적으로 낮다
절인고기에서의 검출률	낮거나 없다	일반적으로 높다
장관계 식품매개 병원균과의 관계	일반적으로 많다	보다 적다
비장관계 식품매개 병원균과의 관계	적다	적다

4. 소독 및 멸균

소독(disinfection)이란 병원성 미생물이 전파되는 것을 방지하기 위하여 사멸시키거나 억제하는 것을 말하며 통상 비병원균이나 세균포자는 생존하고 있는 일이 많다. 효과적인 소독을 위하여 소독제가 갖추어야 할 조건은 ① 강한 살균력, ② 불쾌취가 없을 것, ③ 인축에 대한 낮은 독성, ④ 저렴한 가격, ⑤ 강한 침투성, ⑥ 간편한 사용법, ⑦ 부식성과 표백성이 없을 것 등이다. 그러나 현실적으로 모든 조건을 갖춘 소독제는 없으므로 소독 대상물에 따라서 선택하여야 한다,

이에 대하여 멸균(sterilization)은 물리, 화학적인 방법을 동원하여 목표로 하는 물체 중에 함유되어 있는 모든 미생물을 완전히 사멸 또는 불활성화 시켜 무균상태로 하는 것을 말한다.

예를 들어, 음용수를 소독할 때 사용하는 염소 농도로는 소화기 감염병의 병

원균은 죽일 수 있지만 물에 오염되어 있는 비병원성의 잡균은 죽이지 못한다. 그러나 식품의 부패 방지나 보존을 목적으로 할 경우에는 병원미생물 뿐만 아니라 모든 잡균을 죽이지 않으면 안 된다. 100℃에서 30분간 가열한다면 거의 목적을 이룰 수 있지만 *Botulinus*균과 같이 포자를 형성하는 세균은 열에 대한 저항이 강하여 병조림이나 통조림 속에서도 생존하여 식중독을 일으키는 수가 있다. 그래서 완전 멸균의 목적으로는 고압증기살균 등이 일반적으로 이용되고 있다.

1) 물리적 소독살균법

(1) 건열살균(dry heat sterilization)

165~170℃에서 1~2시간 건열멸균기 속에서 작용시켜 멸균하는 방법으로 보통 초자기구, 외과용 기구, 분말, 기름 같은 것을 멸균할 때 사용된다. 미국 FDA(food and drug administation)에서는 유리 기구는 160℃에서 1시간 이상, 금속 용구에 들어 있는 유리 용구는 2시간 이상 멸균하기를 바라고 있다. 솜 마개 등 가연성 물질이 섞여 있는 경우에는 그것이 주위의 벽면에 접촉하지 않도록 하거나 온도가 지나치게 상승하는 것에 주의해야 할 필요가 있다. 또, 너무 많은 자재를 넣으면 중심부의 온도상승이 불충분하여 불완전멸균이 될 수도 있다.

(2) 저온살균(pasteurization)

62.8℃에서 30분 정도로 실시되는 저온살균은 열에 감수성이 큰 식품인 우유나 파괴되기 쉬운 식품의 오염미생물을 제거하는 데 사용하는 방법으로 Louis Pasteur에 의하여 저온살균이라 불려졌다. 우유 살균에서는 원래 결핵균, *Streptococcus, Salmonella, Brucella*균 등의 오염을 막기 위한 목적으로 사용하게 되었으나 풍미의 변화가 심하여 근년에는 우유의 살균에 고온단시간살균법(HTST법, 71.1℃에서 15초간 살균)이나 초고온순간가열법(UHTH법, 120~135℃에서 1~2초 또는 135~150℃에서 0.5~1.5초간 살균)이 널리 이용되고 있다.

(3) 열탕소독법

가장 흔하게 이용되는 소독법으로 소독할 물건을 모두 물에 넣고 끓이는 방법이다. 병원체는 일반적으로 62~65℃에서 30분간 끓이면 죽는다. 다만 포자를 형성하는 병원체들은 100℃로 끓여도 사멸하지 않는다.

(4) 증기소독법

물을 끓일 때 생기는 높은 열의 수증기를 이용하여 병원체를 멸균하는 방법으로 100℃의 유동수증기를 사용하는 방법과 고압수증기를 이용하는 방법이 있다. 수증기소독을 이용할 수 있는 대상은 소형의 기구, 용기, 식기, 조리기구 등이다.

건열살균에 비하여 습열살균은 미생물의 살균에 효과적인 것으로 알려져 있는데 이는 수증기가 미생물세포의 단백질을 응고시키거나 -SH기를 제거하는데 효과가 좋기 때문이다.

(5) 고압증기멸균(high pressure steam sterilization)

수증기포화의 습열을 사용하면 121℃에서 15분간 가열로 포자까지 죽일 수 있다. 고압증기 멸균기(autoclave)에서 증기 온도를 121℃로 상승시키기 위해서는 100% 포화에서 1 kg/cm^2(절대치 2 kg/cm^2 : 15 $pound/inch^2$)의 가압이 필요하다. 고압증기 멸균기를 사용할 때 내부에 공기가 잔존하면 증기압이 상승되지 못할 뿐만 아니라 온도가 낮아지므로 목적을 달성할 수 없게 되므로 탈기에 의하여 충분히 공기를 제거한 후 사용하여야 한다.

(6) 간헐멸균법(fractional sterilization)

열에 비교적 불안정한 세균배양기(배지) 등을 특별한 장치를 사용하지 않고 멸균하는 방법이다. 평압증기솥(Koch솥) 또는 끓는 물속에 배지를 넣고 100℃에서 30분간 가열하여 하룻밤 실온에 방치한 후 다시 100℃, 30분간 가열하는 조작을 3회 반복한다. 이 방법은 가열자극에 의해 발아된 포자를 다시 열을 가하여 죽이는 것을 반복함으로써 멸균한다.

(7) 자외선멸균(ultraviolet ray sterilization)

자외선은 태양광선중 파장 1,000 Å에서 3,900 Å 까지를 말하는 것으로 가장 강한 살균력을 나타내는 것은 2,650 Å 부근의 파장이다. 그러나 태양광선중에 지표에 도달하는 것은 2,900 Å 이하의 것은 거의 없기 때문에 태양광선의 살균력은 실제로 미약하다. 그래서 살균력이 강한 자외선을 보내는 등을 만들어 사용하고 있는 것이 파장 2,537 Å의 자외선등이다. 자외선등의 살균기작은 미생물의 균체 내 감수성이 민감한 핵단백질에 타격을 주어 세포가 파괴됨으로써 살균효과를 갖는다. 자외선등의 가장 유효한 살균대상은 공기와 물이다. 따라서 식품공장이나 집단급식시설의 실내 공기 소독, 조리대 소독, 그 외 냉장차 내의 살균, 실험실의 무균실 소독 등에 사용된다.

자외선은 투과력이 약하기 때문에 감추어진 부분은 물론이고 물속에 있는 균도 선원에서 수 cm 떨어지면 살균되기 어렵다. 또 자외선 조사 후의 균을 가시광선에 비추면 균은 급속하게 살아난다. 이것을 광회복(photoreactivation)이라고 한다. 자외선 살균의 장점은 모든 균종에 효과가 있으며, 균에 대한 내성을 생기게 하지 않고 사용방법이 간편하며 피조사물에 조사 후 거의 변화를 주지 않는 것이다. 단점은 침투성이 없으므로 먼지나 미립자에 은폐된 미생물에는 효과가 없으며 자외선이 닿는 표면만 살균된다.

(8) 방사선멸균(radiation sterilization)

살균력이 있는 방사선으로서는 전자방사선인 χ선, γ선, 입자방사선인 α선, β선, 중성자, 양자, 고속전자선이 있지만 장치의 경제성 등의 이유로 실용화되어 있는 것은 Co^{60}과 같은 방사선 동위원소로부터 방사되는 투과력이 강한 감마선이다. 방사선의 살균 메카니즘은 방사선이 균세포에 흡수되면 그 에너지에 의해 균체를 구성하는 분자가 이온화된다.

이것은 DNA나 효소의 변성분해를 일으키는 직접작용(direct-hit theory)과 세포 주위의 물질이 이온화되어 간접적 살균효과를 내는 간접작용(indirect-hit theory)과의 복합된 작용이다. 살균과정 중에 열이 발생하지 않으므로 냉살균(cold sterilization)이라고도 한다.

1회용 주사기, 봉합사, 수술용 고무장갑, 채혈세트 등의 멸균에 사용되고 있으며, 최근에는 포장된 식품의 멸균에 이용되고 있다. 방사선을 조사하여 살균된 식품을 조사식품이라고 하는데 근년에 조사식품의 건전성이 국제적으로 인정되고 있고 에너지 소모가 적으며 완전 살충 · 살균이 가능하고 발아 · 발근 억제효과가 뛰어나서 농산물의 유통 시 저장성 향상을 위한 목적이나 건조가공품이나 분말제품 등과 같이 가열살균하기 어려운 식품에 이용된다.

(9) 여과멸균(filter sterilization)

주요 성분의 파괴로 가열에 의해 멸균할 수 없는 액체로부터 균세포를 제거하는 방법으로 직경 0.5 ㎛ 이하의 여과기를 통과시켜 제균한다. 여과 전의 액체 중에 바이러스 입자가 존재하지 않으면 여과로써 멸균상태로 만들 수 있다.

여과기에는 도자기제의 Chamberland, 석면여과판인 Seitz filter, 초자미립자를 용융시킨 sintered glass 및 cellulose · acetate의 박막인 Millipore(미국), Membrane(독일) filter가 많이 이용된다. Seitz filter는 잘 막히지는 않지만 용질의 흡착이 많으며, Millipore filter는 용질의 흡착은 거의 없지만 구멍이 막히기 쉬운 점 등 각각의 특징이 있으므로 목적에 맞게 선택할 수 있다. Millipore filter는 pore size가 14 ㎛~0.025 ㎛ 까지 각 단계별로 갖추어져 있어서 바이러스까지 제균할 수 있으므로 널리 이용되고 있다.

비타민 C 주사액 등 가열할 수 없는 액체의 멸균에 사용되는 외에 생맥주 중의 효모의 제거 등에도 응용되고 있다. 실험실에서는 혈청단백 용액의 제균이나 세균과 바이러스를 구분할 때 사용되는 외에 밀도가 작은 수중 세균의 검출에도 이용된다. 다량의 물을 Millipore filter로 여과한 후, filter를 제거하여 적당한 한천배지에서 배양하면, 1 L중의 수개의 균세포라도 검출이 가능하다.

2) 화학적 소독살균법

화학약품의 소독살균력을 이용하는 살균방법으로 미생물을 사멸시키는 소독제의 작용기전에 따라 소독제를 구분하면 다음과 같다.

① 단백질 응고 작용 : 승홍, 포르말린, 석탄산, 크레졸, 알코올

② 산화작용 : 과산화수소, 과망간산칼륨

③ 세균 단백질과 화합물 형성 : 염소, 옥도

④ 강산이나 강알칼리 작용에 의한 단백질 변성 : 중금속의 염류

미생물을 죽이거나 증식을 억제하는 물질을 항미생물 물질(antimicrobial agent)이라고 한다. 항곰팡이(antifungal), 항균(antibacterial) 및 항바이러스(antiviral) 물질로 나뉘어 진다. 그 작용으로서 균세포를 죽이는 힘을 살균작용(bactericidal effect)이라 하고, 증식을 억제하는 힘을 정균작용(bacteriostatic effect)이라고 한다. 어떤 종류의 미생물에 영향을 미치는가를 항균영역(antimicrobial spectrum)이라고 한다. 일반적으로 항균물질은 극히 저농도에서는 균의 발육을 약간 촉진하는 경우도 있으며 농도가 높아짐에 따라서 정균작용, 다음으로 살균작용을 나타내는 경우가 많다. 그러나 이는 물질에 따라 차이가 있으며, 그중에는 고농도에서도 정균작용 밖에 나타내지 못하는 것도 있다.

항균물질은 그 성질에 따라 소독제(disinfectant), 보존료(preservative) 및 화학요법제(chemotherapeutic agent)로 나뉘어 사용된다.

소독제의 소독효과는 다음과 같이 영향인자에 따라 크게 달라진다.

① 균종에 따라서 감수성이 다르다. 병원미생물 중 포자형성균, 결핵균 및 바이러스가 살균되기 어렵다. 동일 균종이라면 균수가 증가할수록 살균효과가 나빠지는데 이는 사멸속도 상수를 고려한다면 당연한 결과이다.

② 온도가 높을수록 효과가 크다. 소독제의 살균작용은 화학반응이므로 온도가 10℃ 상승함에 따라 살균력은 거의 2배로 증가된다.

③ 유기물질의 농도가 높을수록 효과가 저하된다. 많은 소독제는 단백 등의 유기물의 혼입이 있으면 살균력이 저하되므로 오염이 심한 것의 소독에는 그 영향이 비교적 적은 석탄산 및 크레졸이 사용된다.

④ 소독제의 농도가 짙을수록 효과가 크다.

(1) 석탄산

석탄산(phenol)은 대개 3~5%, 평균 3% 수용액이 사용된다. 배설물은 5% 용액이 효과적이다. 이 소독제의 대상은 주로 배설물이지만 오염된 실내 벽이나 실험대, 그 밖에 기물의 소독에도 쓰인다. 5%의 석탄산을 이용하여 일정한 온도 하에서 장티푸스균에 대한 살균력과 비교하여 각종 소독제의 효능을 표시하는데 이것을 석탄산계수(phenol coefficient)라 한다. 검사 방법은, 석탄산과 검사하려고 하는 소독제를 동일 희석배수로 희석액을 만들고 여기에 시험균을 접종하여 5~15분, 20℃에서 보온한 후 각각의 시험관에서 한 백금이를 취하여 약제를 포함하지 않은 액체배지에 옮겨서 37℃에서 하룻밤 배양후 결과를 판정한다.

$$\text{석탄산계수} = \frac{\text{5분 처리에서 균이 생존하고 10분에서 사멸시키는 소독제의 희석배수}}{\text{같은 효과를 가지는 석탄산의 희석배수}}$$

단, 시험균으로써 포도상구균과 티푸스균(또는 대장균)이 사용되므로, 석탄산계수가 큰 약제는 모두 미생물에 대해서 살균력이 강한 것으로 오해하여서는 안된다.

(2) 크레졸

석탄산의 약 2배의 소독력이 있으며 석탄산과 마찬가지로 약품 냄새가 강하여 식품위생면에서 애용되지 못한다.

크레졸 비누액으로 만들어 3%(3~5%) 수용액으로 사용하며 살균력은 현저히 높아서 일반 세균, 결핵균, 진균에 유효하므로 유기물 오염이 많은 더렵혀진 손 · 발이나 오물통, 축사 등의 소독에 사용한다. 다만 포자와 바이러스에는 그다지 효과가 없다.

(3) 알데하이드류(aldehydes)

포름알데하이드는 유일한 가스상 소독제로서 병원이나 가열불능의 내시경 등의 소독에 사용되어 왔지만, 오늘날에는 기구의 멸균에는 에틸렌옥사이드가, 병실의 소독에는 자외선 등이 사용되는 경우가 많다. 포름알데하이드 가스로 물에 포화시킨 포르말린(35~38%) 희석액 및 1% 포르말린 용액은 의료기구, 가구 등의 소독에 침지 또는 살포 등의 방법으로 사용되어 왔지만 소독력, 특히 냉온에서는 소독력을 기대하기 어려우므로 그다지 권장되지 않는다. 포르말린은 무균실, 국실, 발효실, 병실 등의 소독에 사용된다. 실내소독의 경우 증기를 발생시킨 다음 밀폐시켜야 한다.

글루타르알데하이드는 우수한 소독제로 2%용액은 결핵균을 함유한 모든 세균, 진균, 포자, 바이러스 모두에 유효하다. 더구나 단백이 혼입되어도 그다지 효력은 저하하지 않으므로 앞으로 널리 사용될 소독제이다. 다만 피부상해 작용이 있으므로 인체의 소독에는 사용할 수 없다. 알데하이드류의 살균작용은 핵산, 단백질 등 균의 생존에 불가결한 고분자물질의 알킬화에 의한 중합변성에 의한다.

(4) 중금속 화합물(heavy metals)

승홍($HgCl_2$), 머큐로크롬 등의 수은 화합물이 널리 사용되지만 이것들은 균의 효소 등의 고분자 물질의 SH기와 반응하여 그것을 변성시켜 살균하다. 승홍은 단백질이 혼입되면 효력이 감소하고, 또 금속과 수은아말감을 만들어 경구독성도 강하므로 현재는 그다지 사용되지 않는다. 머큐로크롬은 창상에 대하여 1~2% 수용액을 사용하고, 점막에는 2~3%의 수용액을 사용한다.

(5) 염소 화합물(chloride derivatives)

염소가스(Cl_2)는 물에 녹아, 유기물의 −H기와 반응하여 그것을 할로겐화 하는 외에, $Cl_2 + 2H_2O \rightarrow HCl + HOCl \rightarrow 2HCl + O$ 의 반응에 의해 생긴 활성산소에 의한 산화로 살균한다. 상수의 소독에는 500 ppm을 사용하지만 물속의 유기물과 반응하여 소비되므로 소독완료시에는 함유량이 감소한다. 상수에서 잔류염소의 함유량은 2 ppm 이하가 되도록 하여야 한다.

차아염소산나트륨(NaClO)은 시판중인 락스의 주요성분으로 유효염소 4% 정도이다. 식품첨가물인 살균료로서도 사용이 허용되어 있으며 살균력의 주체는 비해리형 분자인 HClO이다. 차아염소산나트륨은 살균 목적 외에도 소독, 표백, 탈취 등의 목적으로 널리 사용된다.

표백분은 표백분 중에 함유된 유리염소에 의한 것으로 0.03% 정도 들어있어도 탄저균의 포자 등 병원균의 포자들도 몇 분 내에 사멸된다.

(6) 요오드 화합물(iodine derivatives)

요오드 화합물은 염소 화합물보다 침투성이 높고 살균력도 강하다. 금속 요오드(I_2)는 물에는 거의 녹지 않으나 에탄올에는 20 g/100 mL 정도 녹으므로 iodine tincture(I_2 : 60 g ; KI : 40 g ; 70% CH_3CH_2OH : 1,000 mL)로서 상처부위나 수술대의 소독에 사용되어 왔다. 피부자극이 강하지만 이것을 70% 에탄올로 1/2로 희석한 것은 자극이 완화된다. Iodine tincture는 살균력이 강하며 포자, 결핵균, 바이러스도 신속하게 죽인다.

계면활성제와 요오드의 부분적 결합물인 요오드포름은 항균범위가 넓고 포자, 결핵균, 바이러스 등에도 효력이 있으며, 자극도 적고 유기물 오염에 의한 효력 저하도 적으므로 손이나 수술대의 소독에 상용된다. 다만 요오드에 과민한 피부를 가진 사람은 주의할 필요가 있다. 요오드제의 살균력은 산성에서 강하다.

(7) 역성비누(4급 아민, inverted soap)

고급알킬기를 함유하는 4급 아민의 구조를 가지고 있다. 계면활성제로서 친수성을 가진 활성부분이 일반 비누와 달리 양성전하를 띠므로 역성비누, 또는 양성 계면활성제(cationic detergent)라고 부른다. 세척력은 약하나 살균력이 강하고 가용성이며 냄새가 없고 경구독성은 약하며, 피부 자극성도 적으므로 식품 취급자의 손이나 신생아실의 소독에 적합하지만 녹농균에 대한 살균력이 약하며 포자, 결핵균 및 간염바이러스 등에는 전혀 작용하지 않으므로 주의하여야 한다.

Gram 양성균이나 대장균에 대한 석탄산계수가 높으므로 소독력이 강한 만능 소독제로 오인하고 병원에서 손 소독 등에 널리 사용하면 녹농균이나 바이러스에 의한 병원 내 감염의 원인이 될 수도 있다.

역성비누의 소독력은 경수보다 연수에서, 냉수보다는 온수에서, 산성보다는 알칼리성에서 효력이 강해지지만 일반비누가 혼입하면 화학반응을 일으켜 살균력은 격감한다. 또 유기물이 공존하면 효과가 감소되므로 세제로 씻은 후에 사용하는 것이 좋다.

(8) 알코올(alcohol)

70% 이상의 에탄올과 30~70%의 이소프로판올이 피부의 소독제로서 오랫동안 사용되어 왔다. 살균작용은 효소 등 균체 단백질의 변성에 의한 것으로 70% 에탄올이 가장 살균력이 강하다. 일반 세균의 영양세포, 결핵균 및 다수의 바이러스에 강한 살균작용을 나타내지만 포자와 사상균에는 효과가 적다. 농도가 낮으면 살균력은 현저히 저하하며 50% 이하에서는 거의 효과가 없다. 단백질이 혼입하면 응고시키고 살균력이 감퇴한다.

이소프로판올은 보통 30~50%의 수용액이 피부소독에 사용되지만, 30%로는 그다지 소독효과가 없다는 것이 최근의 연구로 밝혀졌다. 가격은 싸지만 소독제로서는 에탄올보다 떨어진다.

(9) 산화제

① 과산화수소(H_2O_2, 옥시풀)

과산화수소는 3~3.3% 용액으로 천천히 물과 산소로 분해된다. 이때 발생하는 산소가 세균을 산화 파괴하여 살균력이 나타난다. 건강한 피부에는 직접 자극성을 나타내지 않으며, 무포자균을 수분 내에 죽이므로 주로 창상과 구내세정에 이용한다.

② 과망간산칼륨($KMnO_4$)

0.1~5% 수용액을 사용하나 염색성이 있다. 살균력이 강하며 피부소독에 사용한다.

③ 붕산(boric acid)

방부제로 2~3%를 사용한다. 자극성이 적기 때문에 점막 및 눈 세척에 사용한다.

④ 오존(O_3)

오존은 강력한 산화력을 가지므로 물을 살균하는 데 쓰인다. 방법은 오존발생기에 의해 발생되는 오존을 물과 혼합시키는 것으로 대개 1 mL 물에 3~4g의 오존이 소비된다. 오존의 살균력은 오존의 분해에 의한 발생기 산소에 의한 것으로 공기의 살균에도 이용된다. 그러나 실제로 공기를 소독하기 위해서는 높은 농도가 필요하며, 그 농도에서 인체에 유해하기 때문에 이용되기 어려운 문제점이 있다. 그러나 질소 화합물의 공동작용으로 탈취효과의 장점이 있어 오존에 의한 노출 폐해를 방지하면 목적에 따라 효과를 거둘 수 있다.

(10) 에틸렌옥사이드(ethylene oxide)

$(CH_2)_2O$의 구조를 가지는 가스로 세균의 고분자 물질(단백, 핵산 등)의 $-SH$기, $-OH$기, $-NH_2$기 등을 알킬화하여, $R-S-CH_2-CH_2-S-R$과 같이 2분자 중합시켜 변성시켜 살균한다. 살균력과 침투성이 우수하며 오늘날 가장 널리 이용되고 있는 멸균용 가스이지만 인화성이 있고 독성이 강하기 때문에 취급에는 신중한 주의가 필요하다.

에틸렌옥사이드의 살균력은 습도 40% 정도에서 가장 강하며, 화학반응이기 때문에 온도가 10℃ 상승함에 따라 살균력은 약 2배로 증가한다. 일반적으로는 밀폐된 내압솥에 자재를 넣고, 일단 진공에 가깝게 감압한 후 에틸렌옥사이드 가스 10~20%와 탄산가스 90~80%의 혼합기체를 2~3기압 넣고 40℃에서 수시간 보존해서 멸균한다. 이때 내압솥에 미리 적당량의 물을 넣어 습도를 40%로 유지시킬 필요가 있다. 가스의 배출은 흐르는 물속에서 행하며 물에 흡수시켜 유독가스가 공중에 방출되는 것을 방지한다.

기타 포름알데하이드(HCHO)나 프로필렌옥사이드(CH_2-CHCH_3-O) 가스에도 살균력이 있지만 그 효력이 약하기 때문에 가스멸균에는 그다지 사용되지 않고, 포름알데하이드는 실내의 소독에 사용되기도 한다.

1.3. 식품의 변질과 보존

식품이 변질되는 원인은 생물학적(미생물, 곤충, 진드기), 화학적(효소작용, 산화, 중합, 갈변, 퇴색), 물리적(광선, 열, 동결, 건조) 인자가 합쳐저 일어난다. 식품의 보존은 단순히 식량자원의 보존, 확보 또는 수요조절을 통한 가격의 안정 등의 경제적 효과만이 아니라 영양가의 저하나 공중위생상의 위험방지에도 도움이 된다.

1.3.1. 변질과 부패

변질은 해당 식품의 구성성분에 따라 부패, 발효, 산패 등으로 나눌 수 있다.

부패(putrefaction)는 고분자의 단백질이 혐기성균의 작용에 의하여 분해되어 저분자 물질이 되는 과정에서 악취를 내거나 유해물질을 생성하여 식품의 품질을 저하시키는 것을 의미한다.

발효(fermentation)는 탄수화물이 미생물의 분해작용으로 유기산과 알코올을 생산하는 것을 말하며, 산패(rancidity)는 지방이 분해되어 독성물질과 악취를 내고 변색되는 것을 말한다. 그러나 대다수의 식품들은 단백질, 탄수화물, 지방 등 한가지 성분만으로 된 것은 거의 없고 이들 성분이 적절하게 혼합된 물질이므로 식품이 변질될 때에는 단백질, 탄수화물, 지방 등이 함께 분해되므로 이들을 엄밀히 구별하기는 곤란하다. 그러므로 부패와 발효의 개념은 어떤 식품의 분해반응이 원하는 방향으로 진행되어 분해산물을 이용할 수 있을 때 발효가 되었다고 하며, 분해반응이 원하는 방향으로 일어나지 않았고, 또한 분해산물을 이용할 수 없을 때 부패되었다고 한다.

1.3.2. 부패과정

부패는 먼저 식품의 성분인 탄수화물, 단백질, 지방 등이 식품 중에 있는 효소에 의해 단당류, 아미노산, 지방산 등의 저분자 물질로 된 후 세균이 식품에 증식하여 효소를 분비하고 그 효소의 여러 가지 반응에 의해 부산물을 생성하는 과정이다.

이때 아미노산은 부패세균이 생산하는 효소에 의하여 탈탄산반응, 탈아미노반응, 탈탄산과 탈아미노 혼합반응 등을 일으킨다.

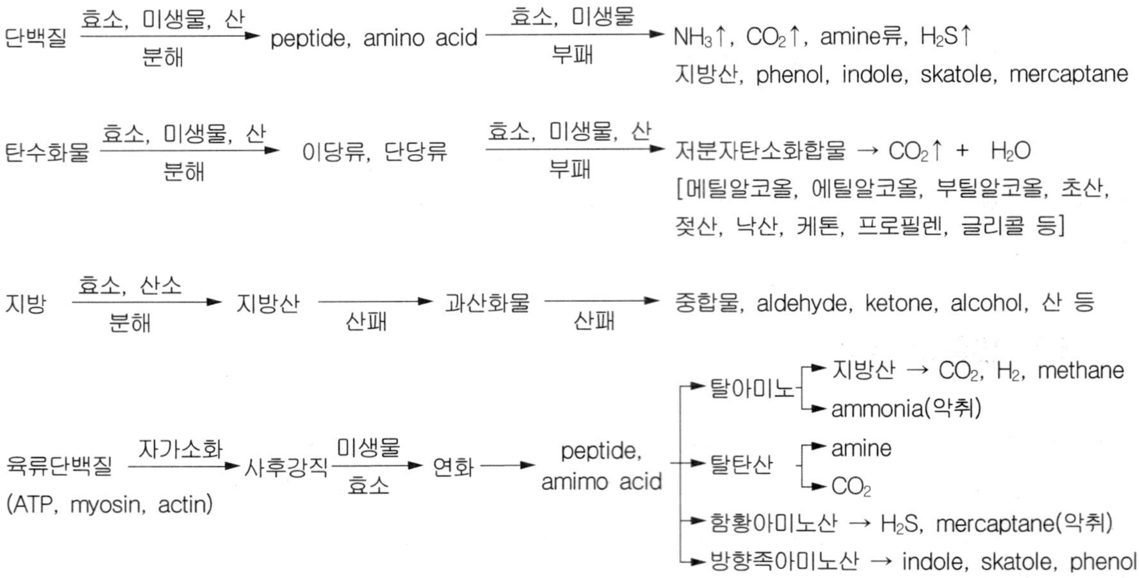

1. 탈탄산반응

아미노산의 탈탄산반응에 의해 histamine, tyramine, cadaverine, putrescine, agmatine, ethylamine, methylamine 등의 유해한 아민이 생성되며, 이것들은 알레르기성 식중독의 원인이 된다. 이때 작용하는 탈탄산효소는 산성에서 미생물이 증식할 때 만들어 지고 중성이나 알칼리성에서는 작용하지 않는다.

『표 1-5』 여러 가지 아미노산과 탈탄산반응에 의해 생성된 아민

아미노산	아민
glycine →	methylamine
alanine →	ethylamine
lysine →	cadaverine
ornithine →	putrescine
arginine →	agmatine
histidine →	histamine
tyrosine →	tyramine

2. 탈아미노반응

아미노산은 부패세균이 생산하는 탈아미노 효소의 작용을 받아 암모니아와 산(케톤산, 옥시산 등)을 생산한다.

3. 탈탄산 및 탈아미노 혼합반응

아미노산이 세균에 의해 암모니아와 탄산가스를 동시에 생성하고 한편으로 알코올과 지방산 등도 생성한다. 식품의 성분과 미생물의 종류에 따라 생성되는 물질이 다르다.

1.3.3. 부패의 판정

식품이 완전히 부패되면 냄새가 나고 외관이 변하여 누구나 쉽게 알 수 있기 때문에 먹지 않아 식품위생상 크게 문제가 없으나 오히려 초기부패는 식품의 판별이 어려워 섭취하게 돼 문제를 일으킨다. 이와 같은 부패 초기단계에서는 다음과 같은 검사에 의해 판정한다.

1. 관능검사

가장 간단한 방법으로 시각, 촉각, 미각, 후각 등으로 검사한다. 즉, 냄새의 발생(아민, 암모니아, 산패, 알코올), 색의 변화(광택소실, 착색, 변색, 퇴색), 조직의 변화(액체식품 ; 혼탁, 침전, 응고, 고체식품 ; 탄력의 소실, 연화, 점액화), 맛의 변화(이미, 무미, 자극미) 등이 나타난다. 그러나 개인차가 있어서 객관적 표준이 되지 못하는 단점이 있다.

2. 생균수 검사

식품이 부패하면 세균증식이 일어나므로 일반세균수를 측정하여 신선도를 판정하는 것이다. 그러나 조작이 복잡하고 배양시간이 걸려 실용적이지는 못하다. 또 오염균에 따라 부패활성이 다르므로 정확히 신선도를 판정하기는 어렵다. 생균수가 식품 1 g 또는 1 mL당 10^5인 때를 안전단계, 10^7~10^8인 때를 초기부패단계로 본다.

3. 화학적 검사

어류나 육류와 같은 단백질 함유 식품은 신선도 저하와 함께 아민이나 NH_3를 생성하므로 이들 부패생성물의 양을 측정하여 초기 부패를 알아보는 것이다.

1) 휘발성 염기질소

단백질 식품의 부패에 의해 생성된 암모니아와 휘발성 아민류를 총칭하여 휘발성 염기질소(volatile basic nitrogen, VBN)라 하며 어육과 식육의 신선도를 나타내는 지표로 이용된다. 극히 신선한 어육에는 5~10 mg%, 보통선도의 어육은 15~25 mg%, 초기부패의 어육은 30~40 mg%, 부패한 어육에는 50 mg% 이상 함유되어 있다.

2) 트리메틸아민

트리메틸아민(trimethylamine, TMA)은 휘발성 염기질소를 구성하는 아민 중 가장 많은 것으로 어패류의 신선도 저하와 함께 증가되기 때문에 어패류 신선도 검사에 상용된다. 신선한 어패류에는 3 mg% 이하로 존재하지만 부패초기에는 4~6 mg% 함유되어 있다.

3) K값

어육의 신선도를 나타내는 지표이다. 어육 중의 ATP(adenosine triphos-phate)는 사후강직에 관여한 후 ADP(adenosine diphosphate), AMP(ad-enosine monophosphate), IMP(inosinic acid) 등으로 분해되고 더욱더 신선도가 떨어지면 HxR(inosine), Hx(hypoxanthine) 등으로 된다. K값이 10% 이하일 때는 아주 신선하며, 20% 이하는 신선도가 양호하고 40~60%는 신선도가 약간 떨어지고 60~80%는 초기부패가 되었음을 의미한다.

$$\text{K값}(\%) = \frac{\text{HxR} + \text{Hx}}{\text{ATP} + \text{ADP} + \text{AMP} + \text{IMP} + \text{HxR} + \text{Hx}} \times 100$$

4) 히스타민

어패류의 부패과정에서 히스티딘(histidine)은 효소의 탈산반응에 의해 히스타민(histamine)으로 되어 축적되는데 어육 중에 4~10 mg% 축적되면 알레르기성 식중독을 일으킨다.

5) pH

이 방법은 일반세균수 등 다른 항목과 관련시켜 종합적으로 부패의 진행상황을 파악할 수 있다. 탄수화물을 많이 함유한 식품은 세균에 의해 유기산발효를 일으켜 pH가 저하되지만 부패세균에 따라 pH가 저하되지 않고 서서히 상승하는 경우도 있다. 그러나 수육이나 어육 등 단백질이 많은 식품은 일반적으로 부패가 시작되면 pH가 약간 저하되다가 암모니아 등의 생성으로 다시 상승한다. 보통 어육의 경우 5.5 전후이면 신선하고 6.2~6.5이면 초기부패로 판정한다.

『표 1-6』 식품의 신선도 및 부패판정

- 관능검사 : 냄새, 색, 맛, 탄력성 등
- 생균수 측정 : 식품 1 g 또는 식품 1 mL당 균의 수가 10^7~10^8일 때 초기부패
- 화학적 검사 :
VBN : 신선한 식품 5~10 mg%, 초기부패 식품 30~40 mg%
TMA : 신선한 식품 3 mg% 이하, 초기부패 식품 4~6 mg%
K값 : 신선도 양호 20% 이하, 초기부패 60~80%
histamine : 4~10 mg%이면 알레르기성 식중독
-pH검사 : 초기부패 6.2~6.5

1.3.4. 부패방지의 대책

오늘날 식품의 유통기구는 복잡하여 식품이 생산되어 소비자에게 구입될 때까지 제품특성에 따라 일정한 유통기간이 필요하게 되고 또 경제적인 이유 등으로 인하여 장기간 저장이 필요하게 되었다. 이 경향은 해외로부터 식품의 원료나 제품의 수입 또한 증가되고 있어서 식품의 변질, 특히 부패를 방지하는 일은 더욱 중요하게 되었다. 식품의 부패원인에는 생물적인 것, 화학적인 것, 물리적 요인이 있으나 제일 중요한 것은 미생물학적 원인이다. 식품에 미생물이 오염증식하게 되면 변색, 변질, 가스발생, 점질물 생성, 조직의 연화, 부패 등이 일어나므로 식품에 대한 미생물의 관리는 중요하며, 식품의 부패방지를 위해서는 식품특성에 따라 미생물을 제어할 수 있는 방법을 강구하지 않으면 안 된다.

부패의 방지는 균의 증식을 억제(정균) 또는 살균하므로써 유효하게 처리할 수 있다.

1. 정균 효과

1) 저온보존

냉장이나 동결은 본래 미생물의 사멸을 목적으로 하는 것이 아니고, 식품에 존재하는 미생물의 증식을 저지 또는 지연시키는 것이다. 그러나 급속동결을 시행하거나 급속 동결 후 −18℃ 이하에서 장기간 저장하면 일부 세균은 사멸한다.

일반적으로 0~10℃에 저장하는 것을 냉장이라 하고, 0℃ 이하로 동결시켜 저장하는 것을 냉동저장이라 한다. 냉장은 채소, 과일, 곡류, 우유, 달걀이나 가공식품의 저장에 사용되지만 이 온도에서는 산화작용이나 식품 자체의 효소작용은 계속되기 때문에 보전기간에는 한계가 있다. 그러므로 식품의 저장온도는 가능한 한 저온일수록 좋고 식품조직의 손상이나 단백질의 변성을 줄이기 위해서 −40℃ 정도에서 급속 동결한 다음, −18℃ 이하에서 저장하면 미생물의 발육은 물론 효소의 작용도 거의 정지되므로 장기간 보존할 수 있다. 이때 주의해야 할 점은 보존온도를 일정하게 유지하여야 한다.

2) 수분활성의 저하

미생물이 식품 중에서 증식하기 위해서는 일정한 값의 수분활성(Aw)이 필요하므로 예상되는 오염미생물이 증식하지 못하도록 건조, 훈연에 의한 탈수, 염장, 당장 등의 가공방법을 이용하여 수분활성을 감소시킨다. 훈연 중에는 수분활성의 저하뿐만 아니라 각종 살균작용을 갖는 물질이 생성되어 살균효과도 가해진다.

(1) 염장처리(salting)

식염은 옛날부터 식품 보존제로 많이 이용되어 왔다. 식염의 농도가 높아짐에 따라 삼투압이 높아지고 산소의 용해도는 감소되므로 호기성 세균의 발육은 억제된다. 10% 이상의 식염농도에서는 대부분의 미생물 발육이 억제된다. 식염을 첨가하였을 때 미생물 증식억제 효과는 ① 탈수작용에 의한 식품 내 수분감소,

② 산소의 용해도 감소, ③ 삼투압 증가, ④ pH의 변화에 의한 단백질 변성, ⑤ 식염의 용해에 의해 생성된 염소이온의 살균작용을 들 수 있다.

(2) 당장법(sugaring)

설탕의 농도가 높은 상태에서는 삼투압에 의하여 일반 세균의 번식이 억제되는 이점을 이용한 방법이며, 50% 이상의 농도에서는 일반 세균의 거의 증식하지 못한다. 유제품 중 가당연유가 무당연유보다 보존성이 높은 것은 그와 같은 효과에 의한 것이다. 벌꿀이나 jam류에 미생물이 잘 증식하지 못하는 것도 같은 원리이다.

3) pH 저하

pH는 미생물의 증식에 영향을 주어 일상식품의 대부분이 pH 6~7이어서 미생물 증식에 알맞다. pH 6 이하의 산성식품은 유산균 등에 의해 선도 저하가 일어나기 쉽고 곰팡이, 효모의 피해도 우려된다. pH 5.5 이하에서는 포자의 발아가 크게 억제된다. 또 식품의 pH는 탄수화물의 가수분해, 단백질의 분해 등 미생물 효소의 활성에 관여하여 부패를 유발시키게 된다. 식초 절임식품같은 경우에는 낮은 pH에 의하여 미생물의 증식이 저해되어 부패방지의 좋은 사례가 된다.

4) 보존료의 첨가

특정 미생물의 증식을 저해하는 화학 합성품이나 천연식품 보존료를 첨가하는 방법으로 미생물의 발육조건을 나쁘게 하여 증식을 막기도 한다. 보존료의 첨가는 식품첨가물 공전에 등재되어 있어 안전성이 확보된 것에 한하여 규정량 범위 내에서 사용하면 대상 미생물의 증식을 저지할 수 있다.

5) Gas 저장(controlled atmosphere storage, CA 저장)

Gas 저장은 식품의 저장되는 도중에 호흡작용을 계속하기 때문에 품질이 저하되는 것을 줄이기 위해서는 공기속의 산소농도를 조절할 필요가 있다. 즉 공기 속의 CO_2나 N_2 가스 농도를 높인 환경 속에 저장하는 방법으로서 과실류, 야채류, 달걀류 등의 저장에 이용된다. Gas 저장은 식물성 식품에 대하여는 그 호흡작용을 억제하고, 동물성 식품에 대하여는 부착되어 있는 호기성 부패세균의 증식을 저지하는 효과가 있다. 가스의 농도는 식품의 종류에 따라 조절하며 냉장법과 같이 사용하는 경우가 많다.

2. 살균 효과

1) 가열처리

식품 중의 부패균이나 병원균은 60℃에서 30분 가열하면 거의 사멸하게 된다. 우유나 유제품의 살균은 저온살균 방법을 활용하였으나 최근에는 연속살균이 가능하고 영양분의 파괴는 적으며 세균의 사멸률이 높은 고온단시간살균(high temperature short time, HTST)이나 초고온순간살균(ultra high temperature, UHT) 방법을 쓰고 있다. 살균조건은 HTST의 경우 71.7℃에서 15초간 시행하고, UHT의 경우 130~150℃에서 2~5초간 시행한다. 화학 반응속도는 10℃의 온도상승에 대해서 2~3배에 증가하게 되나 미생물의 사멸속도는 5~20배로 증가하기 때문에 식품성분이 열에 의해 변화하기 쉬운 우유나 과즙 등의 살균은 이 방법을 이용한다. 그러나 이 경우에는 세균의 포자는 사멸하지 않으므로 식품의 유통기간을 연장하기 위해서는 저온저장, 식품보존제 첨가, 진공포장 등의 방법을 병용한다. 그리고 산성영역에서는 세균의 사멸이 잘 되므로 과일 통조림과 같은 고산성 식품의 경우에는 100℃ 부근에서 가열살균을 행하지만, 생선이나 육류와 같은 저산성 식품의 경우에는 가압증기 살균법을 써서 세균의 포자까지 사멸시킬 수 있는 멸균조건을 택한다. 식품의 살균온도 및 시간은 식품의 성질, 존재하는 미생물의 종류와 양, 산도, 함유된 당이나 소금의 농도에 따라 달라진다.

2) 자외선 처리

300~450 nm에서 광화학반응을 촉진하므로 주의가 필요하다. 260 nm에서 살균작용이 있으나 투과력이 약하므로 식품에는 부적당하고, 포장실내의 공기살균 또는 포장재 등의 표면살균 처리 등에 이용된다.

3) 방사선 처리

가열살균에 비해 인체에 유해물 생성 우려가 있다. 향신료 등의 건조분말 이나 건조식품에 사용하며, 감자 등의 발아방지 목적으로 이용된다.

4) 살균료의 첨가

식품첨가물로 허용된 살균제를 정해진 사용범위 안에서 첨가하거나 잔류량의 허용치 범위 내에서 살균의 목적을 위해 사용한다.

1.4. 식품의 위생관리

1.4.1. 선행요건 프로그램

1. 선행요건 프로그램의 의의

HACCP은 식품을 위생적으로 생산할 수 있는 시설・설비 즉 GMP(우수제조기준)의 여건하에서 SSOP(표준위생관리기준)를 준수하였을 때 효과적으로 작동한다. HACCP시스템은 기본적으로 위생관리 GMP와 SSOP가 선행되어야 HACCP시스템이 효과적으로 수행된다는 전제하에 중점적으로 관리하여야 할 점을 파악하여 집중하는 시스템이기 때문에 GMP와 SSOP의 적절한 설계・관리가 성공적인 HACCP시스템 구축의 기본이다. 그러므로 GMP와 SSOP가 선행되지 않고는 HACCP 시스템이 효율적으로 가동될 수 없으므로 GMP와 SSOP를 HACCP 적용을 위한 선행요건프로그램이라고 한다.

2. 선행요건 프로그램과 HACCP

1) 우수제조기준

우수제조기준(GMP)이란 HACCP적용 대상 제품의 제조에 필요한 시설, 설비, 원료, 공정 및 최종 제품에 대하여 최적 조건을 보장하기 위한 기본적이고 보편적인 요건을 말한다. GMP 도입 목적은 식품 제조 공정상 발생할 수 있는 인위적인 착오를 없애고 오염을 최소화하여 안전성이 높은 고품질의 식품을 제조・생산하는 데 있다. GMP는 시설・입지(외부시설, 건물, 위생시설, 수질 등) 장비・도구(장비・도구의 설계 및 설치, 유지관리 등), 해충관리, 입고 및 보관, 공정관리(제조환경, 개인위생, 배합비관리, 라벨링 등), 제품회수 프로그램 및 종사원 교육훈련 프로그램 등 생산 시설・설비 요건 및 그 기준을 포함한다. GMP는

HACCP과 SSOP의 기초를 제공한다.

2) 표준위생관리기준

표준위생관리기준(SSOP: sanitation standard operation procedure)이란 HACCP 적용 대상 제품의 각 생산단계에서 위생과 안전성 확보에 필요한 활동의 절차와 방법을 자체적으로 문서화한 것을 말한다. 효과적인 HACCP 적용을 위해서는 급식·외식업소의 특성을 고려하여 영업장 청소, 소독, 종사원의 건강 및 개인위생관리, 교차오염방지, 제조설비 및 냉장냉동 설비, 용수, 운송관리 방법과 절차를 자체적으로 개발하고 문서화해야 한다.

GMP와 SSOP 두 요건을 선행요건 프로그램이라고 하며 급식·외식업소에 HACCP을 적용하고자 할 때 8개 영역 71개 항목에 대한 선행요건관리기준을 작성하고 이를 준수해야 한다.

3. 선행요건 프로그램의 개발

작업장별로 법률적 요구조건을 충족하는 선행요건 프로그램을 개발·운영한 후 이를 토대로 HACCP 계획을 수립하는 것이 효과적이다. 선행요건이 적절하게 실행되지 않는다면 HACCP에서 관리되어야 할 CCP가 많아져 HACCP계획 자체가 복잡해지고 그에 따른 관리가 어렵게 된다.

선행요건 프로그램 관련규정의 주요 내용은 식품위생법 제3조(식품 등의 취급) 및 동법 시행규칙 제 2조(식품 등의 위생적 취급기준), 동법 제 4조(위해식품 등의 판매등 금지), 동법 제 7조(기준과 규격: 식품 및 식품첨가물), 동법 제 9조(기준과 규격: 기구와 용기·포장), 동법 제 31조(자가품질검사의 의무) 및 동법 시행규칙 제 31조(자가품질검사), 동법 제 36조(시설기준), 동법 시행규칙 제 36조(업종별 시설기준), 동법 제 40조(건강진단), 동법 제 41조(식품위생교육), 동법 제 44조(영업자 등의 준수사항) 및 동법 시행규칙 제 57조(식품접객영업자 등의 준수사항), 동법 제 45조(위해 식품 등의 회수), 동법 제 48조(위해요소중점관리기준) 및 동법 시행규칙 제 62조부터 제68조, 식품안전관리인증기준(식품의약품안전청 고시 제 2009-62호) 및 위생분야종사자의 건강진단규칙(보건복지부령 제 202호) 등에 근거한다.

식품안전관리인증기준의 제 5조에 의하면,HACCP을 적용하고자 하는 급식·외식업소는 영업장 관리, 위생관리, 제조·가공시설·설비관리, 냉장·냉동시설

·설비, 용수관리, 보관·운송관리, 검사관리, 회수프로그램 관리 등 총 8개 영역에 대한 71개 항목의 관리를 위한 프로그램을 개발·운영하여야 하며, 그 기록과 점검 방법 등을 정하는 선행요건관리 기준서를 작성하여 비치해야 한다.

선행요건 관리기준서에는 최초 완성시 위생관리 책임자의 서명과 승인일자를 기입하여야 하며, 이후 수정 개정이 되었을 경우 그 이력을 지속적으로 기록·유지하여야 한다. 또한 관리기준서 내용에는 위생관리 방법, 관리활동 확인을 위해 필요한 모니터링의 실시빈도와 방법, 실시책임자 및 실시결과의 기록관리에 관한 사항이 규정되어야 하며, 세부기준서의 종류, 문서양식, 작성방법 등은 운영자의 편리에 따라 변경할 수 있다.

한편, 선행요건을 포함하는 자체 위생관리기준을 작성·비치한 경우에는 별도의 선행요건 관리기준서를 작성·비치하지 않아도 된다. 또한 식품접객업소(일반음식점·휴게음식점·제과점)의 조리·제조식품을 대상으로 HACCP을 적용할 경우에는 별도의 선행요건을 준수할 수 있다.

선행요건 71개 항목의 세부구분을 살펴보면, 영업장 관리(14개 항목)에는 작업장, 건물바닥, 벽, 천장, 배수 및 배관, 출입구, 통로, 창, 채광 및 조명, 화장실, 탈의실, 휴게실 관리에 대한 내용이 있고, 위생관리(26개 항목)에는 작업환경관리, 개인위생관리, 작업위생관리, 폐기물관리, 세척 또는 소독에 대한 내용이 포함되어 있다. 또한 제조·가공·조리 시설·설비 관리에는 4개 항목, 냉장·냉동시설·설비 관리에는 2개항목, 용수관리에는 5개 항목으로 구성되어 있으며 보관·운송관리(13항목)에는 구입 및 입고, 운송, 보관에 대한 내용이, 검사관리(4항목)에는 제품검사와 시설·설비기구 검사 내용이 포함되어 있고 그 외에 회수 회수프로그램 관리에 대한 3개 항목이 있다.

다음은 집단급식소, 식품접객업소 및 도시락제조 가공업소에 적용되는 선행요건 71개 항목에 대한 구체적인 관리방안이다.

(1) 영업장 관리

1. 영업장은 독립된 건물이거나 해당 영업신고를 한 업종외의 용도로 사용되는 시설과 분리(벽·층 등에 의하여 별도의 방 또는 공간으로 구별되는 경우를 말한다. 이하 같다)되어야 한다. (0~3점)

① 영업장 건물의 적절성

– 건축물 등록대장과 영업신고증 지번 일치 여부

- 건축물 등록대장 단면도와 작업장 평면도 일치 여부(가설건축물 신고 여부 포함)

※ 무허가 건물은 해당 작업장이 없는 것으로 평가

② 영업장 분리 확인

- 작업장과 폐수·폐기물 시설, 탈의실, 화장실, 식당, 휴게실 등 분리 여부
- 축산물가공품 제조시설은 식품용도의 시설로 인정
- 「의약품제조시설의식품제조·가공시설이용기준」에 따라 인정받은 시설의 경우는 예외

※ 작업장은 식품의 제조· 가공·포장 및 보관시설 등을 말한다.

③ 관리 상황

- 영업장 주변 위해요소 관리 상황 확인(이물, 해충 등 제거상태)

2. 작업장(출입문, 창문, 벽, 천장 등)은 누수, 외부의 오염물질이나 해충·설치류 등의 유입을 차단할 수 있도록 밀폐 가능한 구조이어야 한다. (0~3점)

① 작업장(출입문, 창문, 벽, 천정 등) 누수

- 출입문, 천장, 벽, 바닥, 흡·배기구, 창문 등 작업장 내부 전체에 대하여 누수 여부

② 작업장(출입문, 창문, 벽, 천정 등) 밀폐 관리

- 내·외부 출입문, 천장, 벽, 바닥, 흡·배기구, 창문 등 작업장 전체에 대하여 밀폐관리 확인

  : 작업장 출입문 등이 자동인 경우 작업자, 물류 이동에 따른 교차 오염 여부 확인

- 외부 출입문 해충·설치류 유입 방지 시설 설치 여부

  : 에어커튼 , 방충이중문 등 이에 상응하는 시설 설치 여부

  : 창틀 배수틈 방충망 설치여부 확인

※ 밀폐는 닫았을 때 틈이 없는 상태를 말한다.

※ 에어커튼은 작업장내에 설치하지 않도록 지도

③ 관리상황

- 작업장 내부 출입문, 창문 등에 대하여 열려진 상태로 작업하는지 여부
- 현장에서 완충구역 등이 효과를 발휘하는지 여부(출입문이 동시에 개방되는 구조, 방충문 밀폐관리 미흡 등)

- 방충·방서 시설 관리상황 확인(녹, 먼지, 거미줄등 제거 여부)

3. 작업장은 청결구역(식품의 특성에 따라 청결구역은 청결구역과 준청결구역으로 구별할 수 있다)과 일반구역으로 분리하고, 제품의 특성과 공정에 따라 분리, 구획 또는 구분할 수 있다. (0~3점)

① 작업장 구역설정

- 청결구역(또는 준청결구역)과 일반구역 설정 여부
- 작업장 구역 설정의 적절성(구역설정 예시 참조)

[구역설정 예시]

구 분	내포장 이전에 가열 (또는 소독)공정이 있는 경우	내포장 이후에 가열(또는 소독) 공정이 있는 경우	전체 공정에 가열(또는 소독)공정이 없는 경우
일반구역	식품을 내포장 상태로 취급하는 작업구역 전처리 작업구역	식품을 내포장 상태로 취급하는 작업구역 전처리 작업구역	식품을 내포장 상태로 취급 하는 작업구역 전처리 작업구역
준청결 구역	가열공정이 포함된 작업 구역	식품이 노출상태로 취급되는 작업구역 중 전처리 외 구역	식품이 노출상태로 취급되는 작업구역 중 전처리외 구역
청결구역	가열공정 이후의 작업구역 중 식품이 노출상태로 취급되는 제조·가공구역 내포장 작업구역	식품이 노출상태로 취급되는 작업구역 중 제조가공 작업구역 내포장 작업구역	식품이 노출상태로 취급되는 작업구역 중 제조·가공 작업구역 내포장 작업구역

※ 상기내용은 하나의 예시로 제품의 특성에 따라 달라질 수 있음.

② 작업장 구역별 분리

- 일반구역과 청결구역(또는 준청결구역) 분리 여부
- 작업장 분리는 작업특성, 교차오염, 작업의 효율성, 작업장 노출 시간의 최소화를 바탕으로 설정되었는지 확인

* 분리 : 다른 건물이거나 동일 건물일 경우에는 격벽을 설치하여 모든 작업실이 별개의 장소로 구별되어 작업원의 출입이나 공조장치가 별도로 되어 있는 상태
* 구획 : 칸막이, 이동 가능한 벽 등에 의하여 구별된 장소로 교차오염이나 혼입이 방지될 수 있는 상태
* 구분 : 선, 줄, 그물 등으로 간격을 두어서 혼동이 되지 않도록 구별하여 관리할 수 있는 상태

※ 예외조치 인정

- 작업 공정별 시간차를 두고 작업되고 교차오염이 되지 않게 충분히 위생관리가 이루어지는 경우
- 두 구역이 밀폐된 연속공정(INLINE PROCESS)으로 작업되는 경우

③ 작업장 구획, 구분

- 동일구역 작업 중 열기, 증기, 분진 등에 의하여 작업에 영향을 미치는 경우 분리, 구분, 구획 여부

※ 동일한 구역에서 작업 중 분진, 수분 등의 영향이 없는 작업장은 분리하지 않도록 한다.

4. 원료처리실, 제조 · 가공 · 조리실 및 내포장실의 바닥, 벽, 천장, 출입문, 창문 등은 제조 · 가공 · 조리하는 식품의 특성에 따라 내수성 또는 내열성 등의 재질을 사용하거나 이러한 처리를 하여야 하고, 바닥은 파여 있거나 갈라진 틈이 없어야 하며, 작업 특성상 필요한 경우를 제외하고는 마른 상태를 유지하여야 한다. 이 경우 바닥, 벽, 천장 등에 타일 등과 같이 홈이 있는 재질을 사용한 때에는 홈에 먼지, 곰팡이, 이물 등이 끼지 아니하도록 청결하게 관리하여야 한다. (0~3점)

① 작업장 등의 재질

- 작업 특성 반영하여 내수성, 내산성, 내약품성 등 확인
- 세척 및 소독이 용이(가능)한 재질인지 확인
- 세척 및 소독과정에서 이물(재질조각, 나사 등)이 발생되는 재질인지 여부 확인

※ 적절한 재질 : 바닥 – 내수성 재질(홈 또는 틈, 이물 등이 발생되지 않는 재질)
벽 – 판넬 등(홈 또는 틈, 이물 등이 발생되지 않는 재질)
천장 – 판넬 등(홈 또는 틈, 이물 등이 발생되지 않는 재질)

※ 부적절한 재질 : 홈 또는 틈, 이물 등이 발생되는 재질

② 작업장의 파손

- 패임, 갈라진 틈이 있는지 확인

③ 관리상황

- 건조 상태로 관리되는지 확인

: 마른 상태가 되기 어렵다고 판단되는 경우, 물기를 최소화 할 수 있는 관리

사항을 도출하여 기준서에 반영하고 실시되었는지 확인

- 설비의 구조, 작업방법 등이 물 사용 및 노출을 최소화하고 있는지 확인

5. 작업장은 배수가 잘되어야 하고 배수로에 퇴적물이 쌓이지 아니 하여야 하며, 배수구, 배수관 등은 역류가 되지 아니 하도록 관리하여야 한다. (0~3점)

① 배수로 설치

- 배수로 덮개는 완전 밀폐형, 구멍형, 격자형 등을 설치하고 있는지 확인
- 배수로를 매립하거나 완전 밀폐형 조립식 뚜껑을 설치하여 교차오염이 일어나지 않도록 관리 하는 경우 상응하는 적절한 조치로 인정

② 배수 역류방지

- U자관에 준하는 시설(방서, 악취, 폐수 역류 방지 가능한 시설)이 되어 있는 경우 인정
- 작업장내 세척설비에 대한 트랩 설치 여부
- 오염도가 높은 배수의 경우 매립이나 완전 밀폐형 등 청소관리의 어려움을 고려하여 평가
- 배수로, 배수관등의 퇴적물의 청소상태 확인
  : 작업 중에 발생한 경우는 인정하고 찌든 때, 녹 등 제거 여부 확인

③ 배수 방향

- 일반구역에서 청결/준청결구역으로 흐르면 부적합(매립형은 제외)

6. 배관과 배관의 연결부위는 인체에 무해한 재질이어야 하며, 응결수가 발생하지 아니 하도록 단열재 등으로 보온 처리하거나 이에 상응하는 적절한 조치를 취하여야 한다. (0~1점)

① 관리상황

- 원료 또는 공정품을 투입하는 배관의 연결부위 재질이 식품공전 기준·규격 검사항목에 적합여부 확인(시험성적서)
- 배관의 누수, 단열재의 파손 유무 등 확인

7. 작업장 외부로 연결되는 출입문에는 먼지나 해충 등의 유입을 방지하기 위한 완충구역이나 방충이중문 등을 설치하여야 한다. (0~1점)

① 관리상황

- 작업장 전체 외부 출입문에 대한 밀폐관리 및 방충망, 완충구역 등이 설치되어 있는지 여부 확인
- 완충구역이 효과를 발휘하지 못하는 경우(출입문의 동시 오픈, 방충문 밀폐관리 미흡 등) 부적합

8. 작업장의 출입구에는 구역별 복장 착용 방법을 게시하여야 하고, 개인위생관리를 위한 세척, 건조, 소독 설비 등을 구비하여야 하며, 작업자는 세척 또는 소독 등을 통해 오염가능성 물질 등을 제거한 후 작업에 임하여야 한다. (0~2점)

① 구역별 복장 착용 방법

- 구역별 복장 착용 방법 수립 및 게시 여부
  : 위생복은 긴팔 착용을 원칙으로 하되, 외포장 작업장에서는 예외 조치로 인정 가능
  : 위생마스크는 1일 1회 사용 원칙(가급적 준청결 이상)
  : 작업장 내부의 경우 전용 위생화만 인정
  : 제빵 성형(수작업) 등 작업특성상 위생장갑 착용이 어려운 경우 위생장갑 미착용 인정
  : 가열, 작업안전성 등 불가피한 경우 목장갑 착용을 인정하되 위생 관리 상태 확인

② 작업장 출입구 세척, 건조, 소독 설비

- 작업장 주출입구에 세척, 건조, 소독 설비 등의 구비 여부 확인. 다만, 주출입구 이외 필요한 경우 설치 필요성 등을 감안하여 제한적으로 적용
  : 필수설비 : 손세척 · 건조 · 소독설비, 신발세척설비(장화를 착용한 경우), 신발소독조(신발장이 출입구 외부에 있는 경우, 이물관리 설비(진공흡입기, AIR SHOWER, 끈끈이 롤러 등)
  : 불가피하게 부대시설(탈의실, 화장실, 식당, 휴게실 등)이 별도 건물에 있는 경우 진공흡입기, AIR SHOWER 설치 필요
- 신발소독조의 경우 소독액이 작업장 주변으로 오염되지 않는 설비 사용(소독스펀지 등)
- 종업원들의 착용방법 준수 여부 확인
- 위생복 등 살균, 소독기 설치된 경우 살균온도가 적정한지 확인(60℃ 이상)
- 온수 공급 여부, 출입 인원 대비 시설·설비가 충분한지를 확인

- 세척소독 시설 배치순서의 적절성
  - 손소독이 휘발성 물질(주정 등)인 경우 : 손세척 → 손건조 → 손소독
  - 손소독이 비휘발성 물질(차아염소계)인 경우 : 손세척 → 손소독/헹굼 → 손건조
  - 이물관리 설비 배치
    ⇒ 이물관리 설비 → 손세척 → 건조 → 소독/손세척 → 건조 → 이물관리설비 → 손소독
- 장화세척소독조의 경우 작업장 퇴출구 위생 전실내에 설치
- 입실동선에 따라 세척소독 설비 배치 여부 확인

※ 손 소독제 사용 권장사항

- 주정계통의 경우
  - 손이 젖은 상태일 경우 : 원액 사용
  - 손이 건조 상태일 경우 : 70~75% 용액 사용
- 기타 살균소독제의 경우
  - 바로 조제하는 경우 : 희석비율 기록 확인
  - 조제 후 장기 사용하는 경우 : 희석비율 주기적 농도 측정 기록 확인

9. 작업장 내부에는 종업원의 이동경로를 표시하여야 하고 이동경로에는 물건을 적재하거나 다른 용도로 사용하지 아니 하여야 한다. (0~1점)

① 이동경로 표시

- 공정흐름(작업자/물류 이동 동선)에 따라 작업장 전체의 작업장(출입문)과 작업장(출입문), 이동통로에 이동경로 표시 여부 확인
- 내부 통로에 작업에 오염의 우려가 있는 물건을 적재 또는 다른 용도로 사용여부 확인

  : 다만, 작업공간이 불충분한 경우 선 등으로 구분 표시하여 위생적으로 관리하면 인정

10. 창의 유리는 파손 시 유리조각이 작업장내로 흩어지거나 원부자재 등으로 혼입되지 아니 하도록 하여야 한다. (0~1점)

① 파손방지 대책

- 작업장 전체에 적용

- 파손의 우려가 없는 재질(강화유리, 강화플라스틱 등)을 사용하는 경우 필름코팅 불필요
- 필름코팅 등 창의 유리에 대한 비산 방지책이 있으면 적합

11. 선별 및 검사구역 작업장등은 육안확인이 필요한 조도(540 룩스 이상)를 유지하여야 한다. (0~1점)

① 조도 적정성
- 구체적인 육안확인(검수, 선별, 계량) 및 검사구역 기준서 반영 여부 확인
- 조도는 작업장 전체가 아닌 작업이 이루어지는 직접적인 위치와 높이에서 측정·평가
- 기준조도가 식품의 선도, 위생 등에 부작용을 일으키는 경우 예외 인정
- 실제 조도를 측정하고 이탈시 개선조치 기록을 유지하는지 확인
- 현장평가 시 조도 측정하여 평가(선별 및 검사구역: 540 Lux 이상)

12. 채광 및 조명시설은 내부식성 재질을 사용하여야 하며, 식품이 노출되거나 내포장 작업을 하는 작업장에는 파손이나 이물 낙하 등에 의한 오염을 방지하기 위한 보호장치를 하여야 한다. (0~1점)

① 채광 및 조명시설
- 원부재료, 공정품등 식품이 노출되는 작업장 전체에 적용
- 채광 및 조명시설 내부식성 재질 및 보호장치 설치 유무 확인

13. 화장실, 탈의실 등은 내부 공기를 외부로 배출할 수 있는 별도의 환기시설을 갖추어야 하며, 화장실 등의 벽과 바닥, 천장, 문은 내수성, 내부식성의 재질을 사용하여야 한다. 또한, 화장실의 출입구에는 세척, 건조, 소독 설비 등을 구비하여야 한다. (0~1점)

※ 화장실, 탈의실, 시험분석실 등 부대시설 모두 적용

① 환기시설
- 자연환기시설인 창문 이외의 별도의 동력 환기시설 설치 여부 확인
- 내수성, 내부식성 재질 여부 확인
- 화장실 외부에 손 소독 장치가 설치된 경우 내부에 별도의 소독시설 설치 불필요
- 접촉식 세척시설 및 출입문인 경우 화장실 외부에만 손 소독 장치 설치하면

인정

- 환기시설 고장 또는 먼지 등이 제거되지 않고 있는 경우 부적합
- 환기시설에 의하여 내부공기가 작업장 내부로 배출되면 부적합

14. 탈의실은 외출복장(신발 포함)과 위생복장(신발 포함)간의 교차 오염이 발생하지 아니 하도록 구분 · 보관하여야 한다. (0~1점)

① 관리상황

- 외출복과 위생복, 외출화와 실내화 구분 보관시설 설치 여부 확인
- 부대시설(탈의실, 휴게실, 화장실 등)이 작업장과 동일한 건물에 있도록 지도
- 외부신발은 탈의실 위생복장등과 교차오염을 막기 위해 탈의실 외부에 보관
- 옷장과 신발장은 별도로 격리
- 위생모, 위생장갑 등 위생용품에 대한 보관기준 수립 후 준수여부 확인
- 탈의실의 청결관리 상태 확인

(2) 위생관리

15. 식자재의 반입부터 배식 또는 출하에 이르는 전 과정에서 교차오염방지를 위하여 물류 및 출입자의 이동 동선을 설정하고 이를 준수하여야 한다. (0~2점)

① 이동 동선 계획

- 원부재료, 제품, 출입자의 이동 동선이 설정되어 있으며, 그 계획이 교차 오염 예방 가능 여부 확인
- 작업자 이동 동선은 구역별, 입 · 퇴실별로 이동하도록 이동 동선 설정
  : 다만 입 · 퇴실경로는 구역별로 동일경로 활용가능

② 관리 상황

- 실제 작업자가 이동 동선을 준수하는지 확인

16. 청결구역과 일반구역별로 각각 출입, 복장, 세척 · 소독 기준 등을 포함하는 위생 수칙을 설정하여 관리하여야 한다. (0~3점)

① 구역별 출입 기준

- 위생복장 상태로 건물 내부 부대시설의 출입은 인정하나, 외부 출입은 불가

: 탈의실이 별도 건물에 위치하여 작업장으로 이동시 외부에 노출되는 경우, 출입관리가 양호하여 위생관리가 될 경우에 적합 판정

– 일반구역, 청결구역(준청결구역)의 작업자는 별도 출입하여 작업 가능토록 수립 여부

② 구역별 복장 등 착용기준

– 구역별 또는 작업장별 복장 등 착용기준 수립여부 확인

: 작업장별로 수립된 경우 작업장 평면도의 모든 작업장에 대하여 착용기준 수립

– 주관적인 착용기준은 부적절(예: 필요시)

– 위생복 등 교체에 대한 관리계획이 기준서에 반영되어 있는지 확인

③ 관리 상황

– 종업원들의 출입기준 준수 여부

– 종업원들의 올바른 복장 착용기준 준수 여부 확인

17. 작업장은 제조·가공·포장·보관 등 공정별로 온도 관리를 하여야 하고 이를 측정할 수 있는 온도계를 설치하여야 한다. 필요한 경우, 제품의 안전성 및 적합성을 확보하기 위하여 습도관리를 하여야 한다. (0~1점)

① 온도 관리 계획

– 온도계 설치 여부 확인

– 공정특성에 따라 공정별 온도 관리 계획 수립 여부 확인

– 권장온도 기준

· 청결/준청결 구역, 작업 중 식품의 온도관리가 필요한 구역 : 15~20℃ 이하

· 기타 식품 취급구역 : 25~28℃ 이하

· 박스포장구역, 부자재(포장, 용기) 보관창고, 건조식품 취급구역 : 권장

– 식품의 노출 시 수분흡수가 잘되는 식품을 취급하는 작업장 중 식품 또는 제조공정별 특성에 따라 습도관리가 필요하다고 판단되는 제조 공정을 포함하는 작업구역에 한하여 습도관리계획 설정여부 확인

– 실제 온도를 측정·기록하는지 확인

– 관리계획에 따라 온도 이탈에 따라 개선조치하고 기록유지 여부 확인

18. 작업장내에서 발생하는 악취나 이취, 유해가스, 매연, 증기 등을 배출할 수 있는 환기시설, 후드 등을 설치하여야 한다. (0~1점)

① 환기시설

- 작업장 전체에 대하여 자연환기시설인 창문 이외의 별도의 동력 환기시설(후드 등) 설치 여부 확인
- 위해우려가 높은 식품 취급시설의 경우 창문 불인정(외부 먼지 유입)
- 가열, 증자 등 열 발생 작업장의 경우 열 배출 시설의 적정성 평가
- 배출된 공기가 다른 작업장으로 유입되는지 여부
- 환기방향의 적절성 확인(청결구역 → 일반구역)

19. 외부로 개방된 흡·배기구, 후드 등에는 여과망이나 방충망, 개폐시설 등을 부착하고 관리계획에 따라 청소 또는 세척하거나 교체하여야 한다. (0~1점)

① 외부 흡·배기구

- 외부 흡배기구에 여과망, 방충망 부착 여부 확인
- 방충망은 내부식성 재질로 최소 18×24 mesh 이상을 기준으로 평가
- 여과망, 방충망 등 가동 및 세척·소독상태 확인
  : 녹, 찌든 때, 거미줄 등이 제거되지 않은 상태일 때는 부적합

20. 작업장은 방충·방서관리를 위하여 해충이나 설치류 등의 유입이나 번식을 방지할 수 있도록 관리하여야 하고, 유입 여부를 정기적으로 확인하여야 한다. (0~1점)

① 방충·방서관리

- 해충(보행성, 비래 등) 및 설치류 등의 발생량(포획량)에 따라 구체적인 관리계획 수립 여부 확인
- 작업장별로 해충 및 설치류 등의 분포(발생현황) 현황를 분석하여 포충등 설치 필요
- 작업장내 포충등 위치가 식품취급에 영향을 주지 않는지 평가
  ※ 모든 작업장에 포충등 설치 불필요(해충이 발생하는 작업장에 설치)
- 포획된 해충(비래해충, 보행성해충)이나 설치류 실제 개체수 기록 확인
- 문제점 발생시 개선조치 실적 확인

21. 작업장내에서 해충이나 설치류 등의 구제를 실시할 경우에는 정해진 위생 수칙에 따라 공정이나 식품의 안전성에 영향을 주지 아니 하는 범위내에서 적절한 보호 조치를 취한 후 실시하며, 작업 종료 후 식품취급시설 또는 식품에 직·간접적으로 접촉한 부분은 세척 등을 통해 오염물질을 제거하여야 한다. (0~1점)

① 해충, 설치류 구제

- 구체적인 보호조치 내용의 기준서 반영 여부 확인
- 외부 업체에 위탁하여 실시하는 경우 담당자 입회 및 상세한 실시 기록 유지 등 평가

22. 작업장 내에서 작업 중인 종업원 등은 위생복·위생모·위생화 등을 항시 착용하여야 하며, 개인용 장신구 등을 착용하여서는 아니 된다. (0~2점)

- 해충, 설치류 구제 시 식품 안전성 확보를 위한 위생수칙 실제 운영 실적 확인

① 위생복·위생모·위생화 등 착용여부

- 원료, 제조가공, 조리, 유통 모든 단계 작업자에게 적용

② 개인용 물품 반입 여부

- 장신구 : 시계, 반지, 목걸이, 팔찌, 휴대폰, 라이타, 담배 등

23. 칼과 도마 등의 조리 기구나 용기, 앞치마, 고무장갑 등은 원료나 조리과정에서의 교차오염을 방지하기 위하여 식재료 특성 또는 구역별로 구분하여 사용하여야 한다. (0~3점)

- 작업자, 관리자, 협력업체 직원·평가자 등 외부 방문객이 규정된 복장으로 위생수칙 기준서 반영 여부 및 실행여부 평가

① 조리기구

- 식재료 특성(생야채·육류·어류) 또는 구역별 구분 여부(기준서 반영 여부)

② 용기, 앞치마, 고무장갑

- 식재료 특성(생야채·육류·어류) 또는 구역별 구분 여부(기준서 반영 여부)

③ 관리상황

- 실제 작업장에서 구분 사용 여부 및 세척소독 상태 확인

24. 식품 취급 등의 작업은 바닥으로부터 60 cm 이상의 높이에서 실시하여 바닥으로부터의 오염을 방지하여야 한다. (0~1점)

① 관리상황

- 작업특성에 따라 실제 바닥으로부터의 오염을 방지할 수 있는 거리(60cm 이상)를 유지하고 있는지 확인

25. 해동은 냉장해동(10℃ 이하), 전자레인지 해동, 또는 흐르는 물에서 실시하여야 한다. (0~1점)

① 관리상황

- 해동관리기준의 설정 및 실제 작업장에서의 이행 여부 확인
- 실온에서 방치하면서 해동하거나 온수 등을 이용한 해동은 불인정
- 흐르는 물 해동의 경우 포장상태에서 해동하는 것을 원칙으로 하되, 해동 전 해동기구의 소독 등으로 청결성 확보가 인정되는 경우 포장 해체 후 해동도 인정

26. 해동된 식품은 즉시 사용하고 즉시 사용하지 못할 경우 조리시까지 냉장 보관하여야 하며, 사용 후 남은 부분을 재동결하여서는 아니 된다. (0~1점)

① 관리상황

- 실제 작업장에서의 이행 여부 확인
- 해동식품의 당일 사용여부 확인

27. 가열 조리 후 냉각이 필요한 식품은 냉각 중 오염이 일어나지 아니 하도록 신속히 냉각하여야 하며, 냉각온도 및 시간기준을 설정·관리하여야 한다. (0~1점)

① 관리기준

- 관리기준의 설정여부 및 현장에서의 이행여부 확인

※ 냉각방법

- 급속 냉각 장치 이용, 자연냉각 후 냉장고 이용

28. 냉장 식품을 절단 소분 등의 처리를 할 때 식품의 온도가 가능한 한 15℃를 넘지 아니 하도록 한번에 소량씩 취급하고 처리 후 냉장고에 보관하는 등의 온도 관리를 하여야 한다. (0~1점)

① 관리상황

– 실제 작업장에서의 온도기록 등 이행 여부 확인

29. 조리된 음식은 배식 전까지의 보관온도 및 조리 후 섭취 완료시까지의 소요 시간기준을 설정·관리하여야 하며, 유통제품의 경우에는 적정한 유통기한 및 보존 조건을 설정·관리하여야 한다. (0~1점)

- 28℃ 이하의 경우 : 조리 후 2~3시간 이내 섭취 완료
- 보온(60℃ 이상) 유지시 : 조리 후 5시간 이내 섭취 완료
- 제품의 품온을 5℃ 이하 유지시 : 조리 후 24시간 이내 섭취 완료

① 관리상황

– 관리기준의 설정여부 및 현장에서의 이행여부 확인

30. 냉장식품과 온장식품에 대한 배식 온도관리기준을 설정·관리하여야 한다. (0~1점)

- 냉장보관 : 냉장식품 5℃ 이하
- 온장보관 : 온장식품 60℃ 이상

① 관리상황

– 관리기준의 설정여부 및 현장에서의 이행여부 확인

31. 위생장갑 및 청결한 도구(집게, 국자 등)를 사용하여야 하며, 배식중인 음식과 조리 완료된 음식을 혼합하여 배식하여서는 아니 된다. (0~1점)

① 관리상황

– 실제 작업장에서의 이행 여부 확인

32. 영양사는 조리된 식품에 대하여 배식하기 직전에 음식의 맛, 온도, 이물, 이취, 조리 상태 등을 확인하기 위한 검식을 실시하여야 한다. 다만, 영양사가 없는 경우 조리사가 검식을 대신할 수 있다. (0~1점)

① 관리상황

– 실제 작업장에서의 이행 여부 확인

33. 조리한 식품은 소독된 보존식 전용용기 또는 멸균 비닐봉지에 매회 1인분 분량을 -18℃ 이하에서 144시간 이상 보관하여야 한다. 다만, 보관기간 중 휴무일이 있는 경우에는 그 기간만큼 연장하여 보관하여야 한다. (0~3점)

① 관리상황

– 보존식 분량 확인(기록확인)

② 관리상황

– 보존온도 준수여부 확인(기록확인)

③ 관리상황

– 보존시간 준수여부 확인(기록확인)

34. 폐기물 · 폐수처리시설은 작업장과 격리된 일정장소에 설치 · 운영하여야 하며, 폐기물 등의 처리용기는 밀폐 가능한 구조로 침출수 및 냄새가 누출되지 아니 하여야 하고, 관리계획에 따라 폐기물 등을 처리 · 반출하고, 그 관리기록을 유지하여야 한다. (0~1점)

① 폐기물, 폐수처리

– 폐기물, 폐수처리 시설의 격리 상태

– 해충류 번식을 방지하기 위한 시설(건물, 방충망 등) 설치 권고

– 폐기물 처리용기 밀폐구조(뚜껑) 여부

– 식품용기를 사용할 경우 구분(형태, 색깔, 표시 등) 사용 여부 확인

– 작업 특성상 밀폐구조로 사용하기 어려운 경우 폐기물의 특성(오염도, 부패 가능성 등) 및 반출주기를 확인

– 폐기물 등의 처리 기록 등을 확인

– 폐수처리시설의 경우 수질환경보전법에 의한 시설 설치 영업장에 한함

– 폐기물 처리법에 의하여 위탁처리를 하는 경우 계약서, 위탁업체의 허가증 관리 여부 확인

35. 영업장에는 기계 · 설비, 기구 · 용기 등을 충분히 세척하거나 소독할 수 있는 시설이나 장비를 갖추어야 한다. (0~1점)

① 세척 · 소독 시설

– 작업특성에 따라 영업장내 세척 · 소독시설/장비 구비 여부 확인

: 전처리 작업장 등 이물 등의 제거가 필요한 작업장에는 세척 · 소독시설/장

비 설치

– 용도별로 별도 구비 여부 확인 : 종업원용, 기구 · 용기용, 청소도구용

– 세척 · 소독시설/장비 관리 상태 확인

: 공정잔사, 찌든 때, 녹 등이 제거되지 않은 경우 부적합

36. 세척 · 소독 시설에는 종업원에게 잘 보이는 곳에 올바른 손 세척 방법 등에 대한 지침이나 기준을 게시하여야 한다. (0~1점)

① 세척 · 소독 게시물

– 출입구, 작업장 내부, 화장실 등 세척 · 소독시설이 있는 곳은 모두 게시되었는지 확인

– 게시물 방법과 현장 시설/장비 일치 여부 확인

37. 영업자는 다음 각 호의 사항에 대한 세척 또는 소독 기준을 정하여야 한다. (0~3점)

- **종업원**
- **위생복, 위생모, 위생화 등**
- **작업장 주변**
- **작업실별 내부**
- **식품제조시설(이송배관포함)**
- **냉장 · 냉동설비**
- **용수저장시설**
- **보관 · 운반시설**
- **운송차량, 운반도구 및 용기**
- **모니터링 및 검사 장비**
- **환기시설 (필터, 방충망 등 포함)**
- **폐기물 처리용기**
- **세척, 소독도구**
- **기타 필요사항**

① 세척 · 소독 기준

– 종업원, 위생복, 위생모, 위생화 등, 작업실별 내부, 식품제조시설(이송배관 포함), 냉장 · 냉동설비, 운송차량, 운반도구 및 용기, 용수저장시설에 대한 세척 · 소독 기준 수립 여부

② 세척 · 소독기준

– 모니터링 및 검사장비, 환기시설(공조시설, 필터, 방충망 등 포함), 폐기물

처리용기, 세척·소독도구, 기타 필요사항에 대한 세척·소독기준 수립여부

③ 관리상황

– 세제 및 소독제 잔류 방지 대책 확인(CIP 용제 포함)

: 세척 및 소독방법 수립시 잔류 방지 효과 확인을 통해 대책(헹굼 방법 수립)

– 세척소독 책임자, 담당자가 세척소독 기준 이행 등 확인

: 현장 평가 인터뷰를 통해 확인

: 또는 차아염소산계 소독제나 CIP의 경우 잔류염소 테스트페이퍼 검사, 산류, 알칼리재제(가성소다 등)의 경우, pH 테스트페이퍼 또는 pH 미터 검사 등

38. 세척 또는 소독 기준은 다음의 사항을 포함하여야 한다. (0~3점)
- 세척·소독 대상별 세척·소독 부위
- 세척·소독 방법 및 주기
- 세척·소독 책임자
- 세척·소독 기구의 올바른 사용 방법
- 세제 및 소독제(일반명칭 및 통용명칭)의 구체적인 사용 방법

① 세척·소독 기준

– 세척·소독 대상별, 부위별 구체적인 세척·소독 부위 설정 여부 확인(제조시설, 제조·위생·청소 도구 등에 대한 특성을 파악하여 구체적인 부위가 설정되었는지 확인)

② 세척·소독 기준

– 세척·소독 방법 및 주기, 세척·소독 책임자, 세척·소독 기구의 올바른 사용 방법

– 세제 및 소독제(일반명칭 및 통용명칭)의 구체적인 사용 방법 수립 여부

③ 관리상황

– 세척소독 책임자, 담당자가 세척소독 기준을 실제 이해 여부 확인(현장 평가 시 인터뷰를 통해 확인)

39. 세제, 소독제, 세척 및 소독용 기구나 용기는 정해진 장소에 보관·관리되어야 한다. (0~1점)

① 세제, 소독제

- 식약청 지정 기구 등의 살균 소독제 사용 및 공중위생법에 의해 신고된 업체에서 제조한 세척제 사용 여부 확인
  : 식품(과일, 야채)세척 살균용 : 식품첨가물
  : 식품 접촉 기구 살균 소독용 : 기구 등의 살균 소독제
  : 손 소독용 : 의약외품(에틸알코올 등)
  : 바닥 소독용 : 공산품(세정제)
- CIP용제 적정성 및 효과성 검토(관련자료[허가(신고)증 등] 수령, 비치여부 확인)
- 세제나 소독제의 수불(구입, 반출, 재고) 내역 기록 확인
- 세척 및 소독용 기구, 용기 위생 상태 확인

※ 세척/소독 도구 위생상태 확인하여 세척상태 불량할 경우 부적합

40. 세척 및 소독의 효과를 관리계획에 따라 확인하여야 한다. (0~1점)

① 세척 · 소독 효과
- 세척 · 소독 대상별, 부위별 세척 · 소독 효과 시험자료(세척 · 소독 전/후)

※ 설정된 세척 · 소독기준이 위해를 제거하기에 충분한 효과가 있는지 확인하기 위한 기구 · 용기 · 시설 · 설비, 검사장비, 종사자 손 검사 등 검사 실적 확인

※ 간이배지, ATP 효소측정기 사용도 인정
- 의무검사항목 : 일반세균수, 대장균군
- 권장항목 : 위해분석결과 교차오염 원인 위해요소
- 표면오염도 검사기준 적정성 확인

※ 세척 · 소독효과 시험결과를 반영하여 최적의 기준 수립 여부 확인
- 표면오염도 검사의 적절성 확인
  : 검사결과 미생물 배양기간 준수, 판정 및 검사일자 등 시험결과 신뢰성 확인
- 세척 · 소독 부위별 표면오염도 검사(세척 · 소독 전, 후 시험자료)결과 분석의 적정성 확인
- 기구 · 용기 · 시설 · 설비 등의 표면오염도 검사 일반구역 및 청결구역별 실시 여부
- 세척 · 소독 대상 부위별 세척 · 소독 상태 확인

※ 퇴적물, 녹 등 이물, 곰팡이 등 위해요소가 제거되지 않은 경우 부적합
- 필요시 현장에서 표면오염도 검사(작업장 시설, 기구, 종사자 손 등 세척·소독 대상 무작위 시험)를 통해 확인

(3) 제조, 가공, 조리시설·설비 관리

41. 조리장에는 주방용 식기류를 소독하기 위한 자외선 또는 전기 살균소독기를 설치하거나 열탕세척 소독시설(식중독을 일으키는 병원성미생물 등이 살균될 수 있는 시설이어야 한다)을 갖추어야 한다. (0~2점)

① 소독시설
- 자외선, 전기 살균소독기, 열탕 세척·소독시설 등 구비 여부 확인

② 관리상황
- 실제 작업장에서 이행 및 소독효과 관련 기록 확인

42. 식품과 직접 접촉하는 부분은 내수성 및 내부식성 재질로 세척이 쉽고 열탕·증기·살균제 등으로 소독·살균이 가능한 것이어야 한다. (0~1점)

① 관리상황
- 식품과 접촉하는 취급시설·설비의 재질 및 청소·소독·살균이 가능한 구조인지 확인

43. 모니터링 기구 등은 사용 전후에 지속적인 세척·소독을 실시하여 교차 오염이 발생하지 아니 하여야 한다. (0~1점)

① 관리상황
- 모니터링 기구의 세척, 소독이 실제 작업장에서 이행되고 있는지 확인

44. 식품취급시설·설비는 정기적으로 점검·정비를 하여야 하고 그 결과를 보관하여야 한다. (0~1점)

① 식품취급시설·설비 유지보수
- 제조시설설비 등에 대한 유지보수 계획 수립 여부 확인
- 식품취급시설 전반에 대한 점검, 정비기록 확인
- 시설/설비 청소 상태 확인
- 설비 목록 및 설비별 관리계획(관리기준, 점검주기, 점검방법, 이상 발생시

조치사항 등) 확인

(4) 냉장, 냉동 시설·설비 관리

45. 냉장·냉동·냉각실은 냉장 식재료 보관, 냉동 식재료의 해동, 가열 조리된 식품의 냉각과 냉장보관에 충분한 용량이 되어야 한다. (0~1점)

① 관리상황

– 냉장, 냉동 효과가 충분히 낼 수 있는 충분한 공간을 가지고 있는지 확인

46. 냉장시설은 내부의 온도를 5℃ 이하, 냉동시설은 -18℃로 유지하여야 하고, 외부에서 온도변화를 관찰할 수 있어야 하며, 온도 감응 장치의 센서는 온도가 가장 높게 측정되는 곳에 위치하도록 한다. (0~1점)

① 온도

– 작업장 내 냉장시설(원료, 반제품, 완제품 보관창고 등)에 한하여 5℃ 이하 관리

※ 온도기준은 정상적으로 밀폐관리 시 기준으로 하며, 문을 여닫는 순간, 제상 중 등은 예외 인정

– 감응 장치 센서 위치 확인

: 냉각원으로부터 가장 먼 위치는 시설 특성을 고려하여 가장 온도가 높은 곳을 설치 여부 확인)

– 실제 온도 측정 기록여부 확인(온도 기록이 실측이 아닌 O, × 기록은 부적합)

– 이탈에 따른 개선조치 기록 확인

※ 별도의 기계실에서 확인·점검하여 온도변화를 관찰하는 경우 인정

(5) 용수관리

47. 식품 제조·가공에 사용되거나, 식품에 접촉할 수 있는 시설·설비, 기구·용기, 종업원 등의 세척에 사용되는 용수는 수돗물이나 먹는 물 관리법 제5조의 규정에 의한 먹는 물 수질기준에 적합한 지하수이어야 하며, 지하수를 사용하는 경우, 취수원은 화장실, 폐기물·폐수처리시설, 동물사육장 등으로부터 지하수가 오염될 우려가 없도록 관리하여야 하며, 필요한 경우 살균·소독장치를 갖추어야 한다. (0~3점)

① 용수 적정성

- 수질기준 적합 여부 확인(용수의 종류 확인 후 먹는물 수질기준 항목에 대한 시험성적서 확인)

※ 용수의 적정성은 작업장, 기구용기 등의 세척수로 사용되는 용수 포함

- 취수원 화장실, 폐기물, 폐수시설, 동물사육장 등으로부터 오염가능여부 확인

② 살균・소독장치 설치여부

- 자동염소투입기(월1회 잔류염소확인), 마이크로필터장치, UV 살균등 등
- 반드시 그 효과가 입증되어야 하며, 동동한 효과를 가지는 다른 방법들도 인정

③ 관리상황

- 취수원 주변 오염우려 확인(화장실, 폐기물, 폐수시설, 동물사육장 등)

> 48. **가공・조리에 사용되거나, 식품에 접촉할 수 있는 시설・설비, 기구・용기, 종업원 등의 세척에 사용되는 용수는 다음 각호에 따른 검사를 실시하여야 한다.**
> **가. 지하수를 사용하는 경우에는 먹는 물 수질기준 전 항목에 대하여 연1회 이상(음료류 등 직접 마시는 용도의 경우는 반기 1회 이상)검사를 실시하여야 한다.**
> **나. 먹는 물 수질기준에 정해진 미생물학적 항목에 대한 검사를 월1회 이상 실시하여야 하며, 미생물학적 항목에 대한 검사는 간이검사키트를 이용하여 자체적으로 실시할 수 있다.** (0~3점)

① 정기검사

- 정기검사여부 확인 (먹는물관리법에 준함)

※ 소독제 및 소독부산물질에 관한 항목은 수돗물 또는 소독제를 사용한 지하수에 한함

- 수돗물과 지하수 혼합 시에는 혼합된 용수에 대하여 검사 실시

② 생물학적 위해요소 검사(월1회)

- 월1회 검사 여부 확인(일반세균, 총대장균군, 대장균 또는 분원성대장균군)

※ 총대장균군 음성일 경우 대장균 또는 분원성대장균군은 갈음 가능하며 이 경우 관련기준이 검사관리기준에 수립되어 있어야 인정

- 시료채취장소 : 작업장내 최종 수도꼭지 등

③ 관리 상황

– 용수검사의 적정성 확인(미생물시험 배양기간 등 검사성적서 신뢰성 확인)
– 검사결과 부적합에 따른 개선조치 적정성 확인

49. 저수조, 배관 등은 인체에 유해하지 아니한 재질을 사용하여야 하며 외부로부터의 오염물질 유입을 방지하는 잠금장치를 설치하여야 하고, 누수 및 오염여부를 관리계획에 따라 점검하여야 한다. (0~1점)

① 저수조, 배관 등
– 인체에 유해하지 않은 재질(FRP, 스테인레스 등) 확인
※ 저수조 시멘트 재질은 방수코팅처리 필요
– 저수조 또는 저수조 보관실에 잠금장치 설치 여부 확인
– 계획에 따라 실제 운영·관리 되고 있는지 현장·기록 확인

50. 저수조는 반기별 1회 이상 「수도시설의 청소 및 위생관리 등에 관한 규칙」에 따라 청소와 소독을 자체적으로 실시하거나, 「수도법」에 따른 저수조청소업자에게 대행하여 실시하여야 하며, 그 결과를 기록·유지하여야 한다. (0~1점)

① 청소·소독 방법
– 자체 또는 대행하는 청소방법의 적정성 확인
※ 저수조 오염정도에 따라 주기 선정 필요
– 계획에 따라 실제 운영·관리 되고 있는지 현장·기록 확인
– 저수조 위생관리 상태 확인(녹, 먼지, 찌든 때 등을 제거하지 않은 상태는 부적합)
– 청소 용역회사의 청소이행여부 확인 기록 유지 여부

51. 비음용수 배관은 음용수 배관과 구별되도록 표시하고 교차되거나 합류되지 아니 하여야 한다. (0~1점)

① 관리상황
– 용도별 배관 구별 표시 여부 확인
※ 비음용수배관 : 화장실용, 폐수배관 등
※ 비음용수 배관이 없는 경우 평가 제외

(6) 보관, 운송관리

52. 검사성적서로 확인하거나 자체적으로 정한 입고기준 및 규격에 적합한 원·부자재만을 구입하여야 한다. (0~1점)

① 입고기준 및 규격

- 원부자재에 대한 입고기준 및 규격이 기준서에 반영 여부, 운영 실적을 확인 하여 판정
- 원부자재 입고 기준 및 규격은 법적위해항목과 위해요소분석 결과 관리방법이 입고검사, 성적서 수령으로 도출한 위해요소 모두 포함하여 작성(이화학, 미생물, 물리적 항목 등)여부 확인
- 원부자재 시험성적서 신뢰성(배양/가온보존, 검사 및 판정일자, 검사항목 등) 확인 여부
- 검수장비, 검수지침 및 관리규격 등의 비치 유무 확인
- 검수장비 : 검수대, 저울, 온도계 등
- 검수공간 구별 방법 : 구분, 구획(칸막이, 커튼, 자바라 등), 분리(벽)

53. 부적합한 원·부자재는 적절한 절차를 정하여 반품 또는 폐기처분 하여야 한다. (0~1점)

① 관리상황

- 계획에 따라 실제 운영·관리 되고 있는지 현장·기록 확인

54. 입고검사를 위한 검수공간을 확보하고 검수대에는 온도계 등 필요한 장비를 갖추고 청결을 유지하여야 한다. (0~1점)

① 관리상황

- 검수장비, 검수지침 및 관리규격 등의 비치 유무 확인

※ 검수공간 구별방법 : 분리(벽), 구획(칸막이, 커튼, 자바라 등)

55. 원·부자재 검수는 납품 시 즉시 실시하여야 하며 부득이 검수가 늦어질 경우에는 원·부자재별로 정해진 냉장·냉동 온도에서 보관하여야 한다. (0~1점)

① 관리상황

– 관리기준의 기준서 반영여부 및 실제 이행 여부 등 현장 확인

56. 운송차량(지게차 등 포함)으로 인하여 제품이 오염되어서는 아니 된다. (0~1점)

① 관리상황

– 계획에 따라 실제 운영·관리 되고 있는지 현장·기록 확인

57. 운송차량은 냉장의 경우 10℃ 이하, 냉동의 경우 -18℃ 이하를 유지할 수 있어야 하며, 외부에서 온도변화를 확인할 수 있도록 임의조작이 방지된 온도기록 장치를 부착하여야 한다. (0~1점)

① 관리상황

– 자가 및 지입 냉장/냉동 차량의 온도기록장치(타코메타) 부착 유무 및 운영기록 확인

※ 적용범위 : 냉장·냉동원료 및 제품

– 운송차량의 온도기준 이탈시 운송 중인 제품온도가 온도기준에 적합하였다는 사실에 대한 증빙이 가능한 경우 적합 판정

※ 자체에서 온도기록지 관리를 통해 상하차 등 일시적인 상황에 대한 기록이 있는 경우 인정하고 단순히 온도기록지만을 부착하고 이탈된 온도에 대한 검토 내용이 없는 경우에는 온도관리 하지 않는 것으로 평가

58. 운반중인 식품은 비식품 등과 구분하여 취급하여 교차오염을 방지하여야 한다. (0~1점)

① 관리상황

– 동일공간이나 식품 용도와 비식품 용도가 명확히 구분되어 운반되는 경우 적합 판정

59. 운송차량, 운반도구 및 용기는 관리계획에 따라 세척·소독을 실시하여야 한다. (0~1점)

① 관리상황

– 계획에 따라 실제 운송차량, 운반도구 및 용기 세척·소독 상태 확인

60. 원료 및 완제품은 선입선출 원칙에 따라 입고·출고상황을 관리·기록하여야 한다. (0~1점)

① 관리상황

– 선입선출 관리기준의 기준서 반영 유무 및 계획에 따라 실제 운영·관리 되고 있는지 현장·기록 확인

– 공장내외 및 공장 내 부서 간 수불관계

61. 원·부자재 및 완제품은 구분 관리하고 바닥이나 벽에 밀착되지 아니 하도록 적재·관리 하여야 한다. (0~1점)

① 관리상황

– 교차오염 가능성, 청소상태 확인, 냉장·냉동 효과 등을 전반적으로 감안하여 적정 수준의 이격관리를 하고 있는지 확인(바닥, 벽으로부터 최소 10 cm 이상 이격 원칙)

– 원부자재, 완제품, 부적합품(반품)의 혼재 여부 확인

※ 가능한 원자재, 부자재, 완제품의 분리 보관 권장(불가피한 경우 명확한 구분 보관 필요)

– 냉장, 냉동 창고의 경우 UNIT COOLER 밑에 제품을 적재하지 않는 것을 원칙으로 하며, 공간 특성상 UNIT COOLER 밑에 제품 적재를 피할 수 없는 경우 적절한 보호장치가 되어 있는지 확인

– 보관제품의 파손여부 확인, 포장되지 않은 제품의 방치 여부(원료성 농수산물은 제외) 확인

62. 원·부자재에는 덮개나 포장을 사용하고 날 음식과 가열조리 음식을 구분 보관하는 등 교차오염이 발생하지 아니 하도록 하여야 한다. (0~1점)

① 관리상황

– 현장에서 냉장, 냉동고 등의 보관식품의 덮개, 포장 유무와 교차오염 방지를 위한 구분 보관 이행 여부 확인

> **63. 검수기준에 부적합한 원·부자재나 보관 중 유통기한이 경과한 제품, 포장이 손상된 제품 등은 별도의 지정된 장소에 명확하게 식별되는 표식을 하여 보관하고 반송, 폐기 등의 조치를 취한 후 그 결과를 기록·유지하여야 한다.** (0~1점)

① 관리상황

- 별도의 지정장소는 오염의 우려가 없는 경우 구분조치만으로도 인정
- 위치표시판 부착여부 및 부적합품 임을 나타내는 표식 부착 확인

> **64. 유독성 물질, 인화성 물질 및 비식용 화학물질은 식품취급 구역으로부터 격리된 환기가 잘되는 지정 장소에서 구분하여 보관·취급되어야 한다.** (0~1점)

① 관리 상황

- 세척·소독제 등 유독성 물질, 인화성 물질, 비식용화학물질 등에 대하여 평가
- 식품취급 구역과 인접 장소에 구분 관리되고 있더라도, 식품으로의 오염 가능성이 없는 경우 적합 판정

※ 세척 및 소독제 등 구분보관 인정

- 원래용기는 가급적 식품취급구역으로부터 격리된 환기가 잘되는 지정된 장소 보관
- 작업장내 사용 중인 용기 : 지정된 장소에 구분하여 보관위치 및 용기 표시

(7) 검사관리

> **65. 제품검사는 자체 실험실에서 검사계획에 따라 실시하거나 검사기관과의 협약에 의하여 실시하여야 한다.** (0~2점)

① 검사관리

- 검사기관과의 별도의 협약서 없이 외부기관에 위탁의뢰하는 경우 인정
- 자체 검사 계획 적정성 파악

② 관리 상황

- 검사결과의 신속한 확인 및 즉각적인 조치를 위해 자체 실험실 구축 여부

– 시험에 필요한 장비(배양기 등) 구축 여부
– 적정한 인력(품질관리담당자) 확보 여부

66. 검사결과에는 다음 내용이 구체적으로 기록되어야 한다. (0~1점)
- 검체명
- 제조 년월일 또는 유통기한(품질유지기한)
- 검사 년월일
- 검사항목, 검사기준 및 검사결과
- 판정결과 및 판정 년월일
- 검사자 및 판정자의 서명날인
- 기타 필요한 사항

① 검사기록서
– 검사기록서(성적서)에 모든 항목이 포함되어 있는지 확인
– 위탁검사의 경우 검체채취내역서, 시험의뢰서 등 구비 확인
– 검사기록서(성적서)의 신뢰성 파악(미생물 검사 배양기간 등 준수여부)
– 검사방법의 신뢰여부(식품공전이상의 인정된 방법 사용)
– 품질관리 팀장(또는 담당자) 검사관리(검사방법 등) 숙지여부 인터뷰 평가
– 검사결과 활용 여부 확인

67. 냉장·냉동 및 가열처리 시설 등의 온도측정 장치는 연 1회 이상, 검사용 장비 및 기구는 정기적으로 교정하여야 한다. 이 경우 자체적으로 교정검사를 하는 때에는 그 결과를 기록·유지하여야 하고, 외부 공인 국가교정기관에 의뢰하여 교정하는 경우에는 그 결과를 보관하여야 한다. (0~1점)

① 검교정 관리
– 냉장·냉동 및 가열처리 시설 등의 온도측정 장치 검·교정 여부 확인(온도계 1년)
– 자체 검교정시 검·교정 방법 등이 기준서에 수립되어 있는지 확인
– 검·교정 성적서 보관 및 신뢰성 확인(기준, 결과, 판정의 적정성 확인)
– 검·교정 담당자 자체 검·교정 방법 숙지여부 인터뷰 평가
– 검사용 장비 및 기구 등에 대한 검·교정 확인
– 자체 검교정시 검·교정 방법 등이 기준서에 수립되어 있는지 확인
– 검·교정 성적서 보관 및 신뢰성 확인(기준, 결과, 판정의 적정성 확인)
※ 표준기를 이용한 자체 검·교정 인정(이 경우 명확한 검·교정 방법이 기

준서에 설정되어 있는지 확인)

※ 냉장/냉동 및 가열처리 시설 등의 온도측정 장치의 경우 보정 인정(다만 보정에 관한 기록을 유지하여야 함)

※ 표준기는 수은온도계로 설정 · 이용(권장)

68. 작업장의 청정도 유지를 위하여 공중낙하세균 등을 관리계획에 따라 측정 · 관리하여야 한다. 다만, 제조공정의 자동화, 시설 · 제품의 특수성, 식품이 노출되지 않거나, 식품을 포장된 상태로 취급하는 작업장은 그러하지 아니할 수 있다. (0~1점)

① 작업장 청정도 관리

- 작업장 세척소독 효과 시험결과에 따라 관리기준 설정 여부 확인(청결(준청결)/일반구역)
- 일반세균과 대장균(군)검사를 기본원칙으로 하고, 기타 위해요소 분석결과 교차오염가능한 생물학적위해요소 검사는 지도
- 검사방법은 낙하법(sediment method) 또는 Bioaerosol sampling method를 이용
- 낙하법은 작업 위치에서 15분간 노출 후 적정 온도와 시간으로 배양하여 검사하는 것을 원칙으로 함
- 담당자의 공중낙하균 검사방법, 검사결과 분석에 대한 숙지 여부 인터뷰 평가
- 시험성적서의 신뢰성 확인(시험일자, 판정일자, 기준, 결과 등)
- 이탈에 따른 개선조치 기록 확인
- 구역별(청결(준청결)/일반구역)로 청정도 검사 여부 확인

(8) 회수프로그램 관리

69. 영업자는 당해제품의 유통 경로, 소비 대상과 판매처의 범위를 파악하여 제품 회수에 필요한 업소명과 연락처 등을 기록 · 보관하여야 한다. (0~1점)

① 관리상황

- 최소 당해제품 대리점까지 회수관련 사항 파악 필요
- 기 생산된 제품을 무작위로 선정한 후 판매업소명 등 회수 관련 정보 획득 가능 여부 확인

70. 부적합품이나 반품된 제품의 회수를 위한 구체적인 회수절차나 방법을 기술한 회수프로그램을 수립·운영하여야 한다. (0~1점)

① 회수프로그램 관리 기준

- 회수대상(자진회수, 강제회수), 회수절차/방법 등 수립여부 확인

※ 식품위생법시행규칙 제 42조의2(회수대상식품 등의 기준),제 42조의3(위해식품 등의 회수계획 및 절차 등)참조

- 실제 해당 업소에서 운영 가능한 계획인지 확인
- 최소 당해제품 대리점까지 회수관련 사항 파악 필요
- 기 생산된 제품을 무작위로 선정한 후 판매업소명 등 회수 관련 정보 획득 가능 여부 확인
- 실제 상황 발생시 회수기록 확인

※ 평가결과 부적합 사례에 대한 회수프로그램 운영 또는 모의 회수프로그램 실시 필요

71. 부적합품의 원인규명이나 확인을 위한 제품별 생산장소, 일시, 제조라인 등 해당시설내의 필요한 정보를 기록·보관하고 제품추적을 위한 코드표시 또는 로트관리 등의 적절한 확인 방법을 강구하여야 한다. (0~1점)

① 관리기준

- 업체의 실정에 맞는 코드표시 또는 로트관리기준 설정 유무 확인
- 로트관리가 불가능한 경우 제조일자별 코드표시 인정(유통기한 등)
- 세분화된 로트관리 권장
- 기록관리 여부 확인

4. 선행요건 프로그램의 실행 및 평가

선행요건 프로그램에 대한 기준서가 작성된 다음 우선 급식·외식업소 작업현장에 적용해보고 그 효과를 평가해야 한다. 효과성 검증 결과, 필요한 경우 선행요건관리 기준을 수정 보완하고 선행요건프로그램의 수행에 필요한 인적 물적 자원이 충분한지 검토 후 최종 보완한다. 또한 선행요건프로그램은 운영하는 과정에서도 정기적인 검증을 실시하여 그 결과를 기준으로 관련 기준을 수정하거나 시설 설비를 개보수하거나 작업공정 개선이나 종사원 교육 훈련 계획을 수립하고 시행해야 한다.

HACCP 지정평가시 선행요건관리 각 항목에 대한 취득점수의 합계가 85점 이상일 경우에는 적합, 71점 이상에서 84점 이하는 보완, 70점 이하이면 부적합으로 판정한다. 다만, 평가 제외 항목이 있을 경우 평가제외 항목을 배제한 총 점수 대비 취득점수를 백분율로 환산하여 85%(소수첫째자리 반올림 처리) 이상일 경우에는 적합, 71%에서 84%이하는 보완, 70% 이하이면 부적합으로 판정한다.

HACCP 지정 후 정기 조사 평가시에는 선행요건 각 항목에 대한 취득점수의 합계가 85점 이상일 경우에는 수정 보완하도록 조치하되, 84점 이하이면 부적합으로 판정한다. 다만, 평가 제외 항목이 있을 경우 평가제외 항목을 배제한 총 점수 대비 취득점수를 백분율로 환산하여 판정한다(선행요건 프로그램 1~71까지 참조).

선행요건 프로그램의 검증은 HACCP 시스템의 검증활동과 병행하거나 분리하여 실시할 수 있다. 검증은 일반적으로 전체 절차 및 방법이 매뉴얼에 따라 적절하게 수행되고 있는지를 점검하고 그 결과를 문서화하는 과정으로 내 외부 검증팀에 의해 이루어진다. 검증팀은 HACCP 관리 지정평가표(표 2-2)를 참고하여 검증계획을 수립하고 시행해야 한다.

『표 1-7』 HACCP 관리 지정평가표(식품제조, 가공업소, 건간기능식품제조업소, 식품접객업소, 집단급식소, 식품판매업소용)

평가항목	평가내용	평가결과 (0~10점)	비고
HACCP 팀	1. HACCP 팀을 구성하고 팀원별 책임과 권한 및 인수인계 방법을 부여하고 있는가?(0~5점) 2. 팀구성원이 HACCP의 개념과 원칙, 절차 등과 각자의 역할에 대하여 충분히 이해하고 있는가?(0~5점) 3. 팀장은 HACCP 팀에 주도적으로 참여하고 있으며, 각 팀원은 적극적으로 참여하여 활동하고 있는가?(0~5점)		
	소계(0~15점)		
제품설명서 및 공정흐름도	1. 제품설명서가 구체적으로 기술되어 있는가?(0~5점) 2. 공정흐름도를 작성하고 있는가?(0~5점) 3. 공정흐름도가 현장과 일치하는가?(0~5점)		
	소계(0~15점)		

『표 1-7』 계속

평가항목	평가내용	평가결과 (0~10점)	비고
위해요소 분석	1. 발생 가능한 위해요소를 충분히 도출하고, 발생 원인을 구체적으로 기술하고 있는가?(0~10점) 2. 도출된 위해요소에 대한 위해평가기준(심각성, 발생가능성 등) 및 평가결과의 활용원칙이 제시되어 있는가?(0~10점) 3. 개별 위해요소에 대한 위해평가가 적절하게 이루어 졌는가?(0~5점) 4. 도출된 위해요소를 관리하기 위한 현실성 있는 예방조치 및 관리방법을 도출하였는가?(0~10점) 5. 위해요소 분석을 위한 과학적인 근거 자료를 제시하고 있는가?(0~5점) 6. 위해요소 분석에 대한 개념과 절차를 잘 이해하고 있는가?(0~5점)		
	소계(0~45점)		
중점관리점의 결정 및 한계기준의 설정	1. CCP결정제도(Decesion Tree)에 따라 CCP가 적절하게 결정되었는가?(0~10점) 2. 팀원은 제시된 CCP결정제도의 개념을 잘 숙지하고 있는가?(0~5점) 3. 한계기준의 관리항목과 기준이 구체적으로 설정되어 있으며, 설정된 한계기준은 도출된 위해요소를 관리하기에 충분한가?(0~10점) 4. CCP 모니터링 담당자가 설정된 한계기준을 숙지하고 있는가?(0~10) 5. 한계기준 설정을 위해 활용한 유효성 평가자료는 현장의 특성을 반영하고 있는가?(0~10점)		
	소계(0~15점)		
CCP의 모니터링 및 개선조치	1. 모니터링 방법은 한계기준을 충분히 관리할 수 있도록 설정되어 있는가?(0~10점) 2. 모니터링 담당자는 모니터링 절차에 따라 지정된 위치에서 모니터링을 하고 있는가?(0~10점) 3. 모니터링 담당자는 훈련을 통하여 자신의 역할을 잘 숙지하고 있는가?(0~5점) 4. 모니터링에 사용되는 장비는 적절히 교정하고 관리하고 있는가?(0~5점) 5. 개선조치 절차 및 방법은 수립되어 있으며 책임과 권한에 따라 자신의 역할을 잘 숙지하고 있는가?(0~5점) 6. 개선조치를 신속하고 구체적으로 실시하고 있으며 그 결과를 기록유지하고 있는가?(0~10점)		
	소계(0~45점)		

『표 1-7』 계속

평가항목	평가내용	평가결과 (0~10점)	비고
HACCP 시스템 점검	1. 검증업무 절차 및 검증계획이 적절히 수립되어 있는가?(0~10점) 2. 검증계획에 따라 HACCP 관리계획수립 후 최초 검증을 적절히 실시하였는가?(0~5점) 3. 검증결과, 부적합 사항에 대한 개선조치 등 사후 관리가 수행되었는가?(0~5점)		
	소계(0~20점)		
교육·훈련	1. HACCP 시스템의 효율적 운영을 위한 교육·훈련 절차 및 계획이 확립되어 있는가?(0~10점) 2. 교육·훈련은 교육·훈련계획 및 절차에 따라 실시되고 그 기록이 유지되고 있는가?(0~5점)		
	소계(0~15)		
종합평가(0~200점)			

* **판정기준**

① 평가항목의 배점에 대한 점수는 아래 평가점수표에 따라 부여한다.

[평가점수표]

구분	배점	
	0~5점	0~10점
평가점수	0	0
	1	2
	2	4
	3	6
	4	8
	5	10

② 종합평가는 총 점수 200점 중 170점 이상을 적합, 160점 이상 169점 이하는 보완, 159점 이하이면 부적합으로 판정한다.

1.5. 식품안전관리 인증 기준

1.5.1. HACCP의 의미

미국의 아폴로 계획에서 도입되어 우주비행 시 식품의 안전성을 위하여 미항공우주국(NASA)이 개발한 HACCP 시스템은 식품 위생관리기법으로 "식품안전관리 인증 기준(Hazard Analysis Critical Control Point)"의 약자이다. 보통 발음은 "해썹" 이라고 한다.

HACCP은 위해요소(HA)와 중요관리기준(CCP)으로 구성되어 있는데, HA는 식품을 취급할 때 위해 가능성이 있는 요소를 찾아 분석 · 평가하는 것이며, CCP는 그 위해요소를 방지 · 제거하고 안전성을 확보하기 위하여 중점적으로 다루어야 할 단계 및 공정을 뜻한다.

HA	+	CCP
위해요소		중요관리기준

위해범위

생물학적 인자 – 식중독균, 바이러스, 기생충 등

화학적 인자 – 중금속, 잔류농약, 분해산물 등

물리적 인자 – 인체(입, 혀, 목구멍 등)를 손상시킬 우려가 있는 이물 등

HACCP 방법은 식품원료의 생산단계에서 시작하여 제조 · 가공, 보존, 유통을 통하여 최종적으로 소비자가 섭취할 때까지의 모든 단계에서 발생할 우려가 있는 위해요인에 대해 조사, 분석하며, 각 위해요인에 대한 방지대책을 마련하여 계획적으로 감시 · 관리함으로써 제품의 안전성, 건전성 확보 뿐만 아니라 양질의 식품을 확보하고자 하는 체계적인 관리방식이다.

즉, HACCP는 최종제품의 검사에 의해 안전성을 확보하는 것이 아니라, 식품의 제조 및 조리단계의 예방에 초점을 두고 위해요소를 분석하여 중요한 공정들을 연속적으로 관리함으로써 제품 하나 하나의 안전성을 확보하는 방법이다.

1.5.2. HACCP제도 도입 효과

현재 세계적으로 생산 · 유통 · 소비되고 있는 식육제품이나 냉동식품, 아이스크림류 등의 식재료나 식품에서 살모넬라와 같은 식중독균이 빈번하게 검출되고 있으며, 농약이나 잔류 수의약품, 항생물질, 중금속 및 화학물질에 의한 위해 발생도 광범위하게 일어나고 있어 체계적인 식품 관리가 절실히 요구되고 있는 실정이다. 이러한 시점에서 유럽연합(EU), 미국 등 선진국에서는 이미 자국 내로 수입되는 몇몇 식품에 대하여 HACCP를 적용하도록 요구하고 있어 수출 분야에 있어서도 HACCP의 도입이 절실히 필요하게 되었다.

1. 식품업체의 입장

HACCP제도 도입을 통해 기존의 정부 주도형 위생관리에서 벗어나 자율적으로 위해관리를 수행할 수 있는 ① 체계적인 관리기법의 확립이 가능해 지고, 예상되는 위해요소를 과학적으로 규명하고 이를 효율적으로 제어함으로서 ② 위생적이고 안전성이 확보된 식품의 생산이 가능해진다. 또한 위해발생 예상시점을 집중적으로 관리함으로서 ③ 위생관리의 효율성을 극대화할 수 있다. 적용 초기에는 시설 · 설비 보완 및 집중적 관리를 위한 많은 인력과 소요예산 증대가 예상되나, 장기적으로는 관리인원의 감축과 제품 불량률의 감소 등으로 궁극적으로는 ④ 생산비용 절감효과와 제품품질 향상을 도모할 수 있으며, HACCP마크 부착과 광고를 통하여 ⑤ 기업 이미지와 신뢰성의 제고도 가능해진다.

2. 소비자의 입장

HACCP제도의 도입에 의해 ① 안전하고 위생적으로 생산된 제품을 안심하고 섭취할 수 있게 되며, HACCP 마크의 확인을 통해 소비자가 스스로 판단하여 ② 안전한 식품을 선택할 수 있는 기회를 제공받을 수 있게 된다.

3. 정부의 입장

① 국제 식품교역이 원활해질 수 있고, ② 공중보건 향상, ③ 효율적인 식품 위생관리, ④ 공중보건 비용감소 등의 효과가 있다.

한편, 우리나라에서 HACCP제도 도입 시 주요한 장애요인으로는 ① 업체 간의 위생 수준차이, ② 낙후된 시설 · 설비, ③ HACCP제도에 대한 인식 결여, ④ 종업원에 대한 교육 · 훈련 미비 등이 지적되고 있다. 특히, 규모가 큰 식품가공회사나 위탁급식업체에 비해 영세하고 소규모로 운영되는 식품가공회사나 직영급식소는 HACCP 도입 시 관리시설 개보수와 HACCP 전담 인력 투입을 위한 비용 등이 큰 부담으로 작용한다. HACCP를 도입한다고 해도 내 · 외부 검증과 감사를 위한 비용이 지속적으로 소요되기 때문에 재정적 지원 없이는 빠른 시일 내에 HACCP 제도가 식품산업 전반에 걸쳐 정착되기는 힘든 실정이다.

그러나 전 세계적으로 HACCP 제도는 지금도 왕성하게 변화, 발전하고 있으며 결국 식품회사의 경영시스템과 합쳐져 일원적인 관리방식 속으로 흡수될 것으로 예상된다. 더욱 위생적이고 믿을 수 있는 식품에 대한 사람들의 욕구 증가를 고려해 볼 때, 식품회사의 조직, 인력, 예산, 시설, 업무 등이 전체적으로 연결됨으로서 HACCP 제도는 식품안전성 확보만을 위한 시스템이 아니라 식품의 품질관리시스템과 합쳐지고, 나아가 회사의 생산성, 경쟁력은 물론 제품의 신뢰성, 가치성을 향상시키는 종합시스템으로 변모하게 될 것이다.

1.5.3. 우리나라의 HACCP 현황

우리나라 HACCP는 농림축산식품부와 한국식품의약품안전처에서 주관 및 관리하고 있다. 이 두 기관에서 관리하는 영역은 분리되어 있고 따라서 그 진행과정은 그림 1-5와 같다.

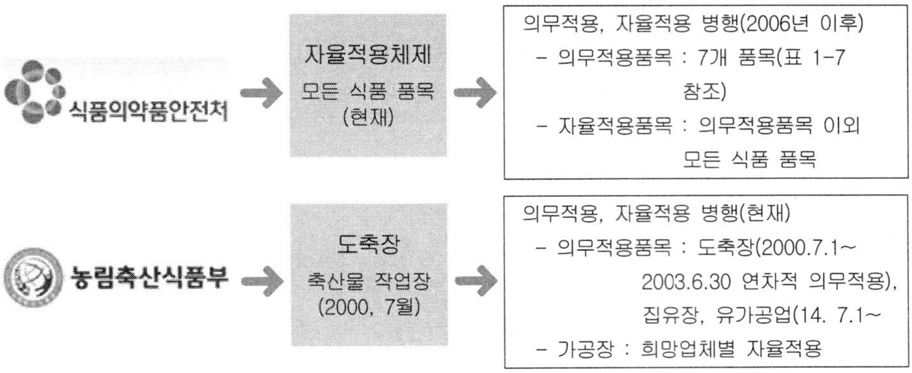

『그림 1-5』 식품의약품안전처와 농림축산식품부의 HACCP

1. 자율적 적용업체

우리나라는 현재 HACCP 제도를 자율적으로 적용하는 업체와 의무적용업체로 구분되어 있다.

식품의약품안전처에서 지정 · 운영하고 있는 HACCP 제도는 적용희망업소를 대상으로 한 자율적용 체제로, 모든 식품에 HACCP 원칙의 적용과 지정이 가능하다. 기준이 고시된 식품은 지정절차에 따라 HACCP 지정이 가능하고 지정이 고시되지 않은 식품은 제조자가 자체적으로 HACCP의 기준을 마련 후 '비고시 HACCP적용 심의기구' 의 적절성 심의를 거쳐 지정이 가능하다.

2. 의무적용 업체

단계별 세부적용 기준은 업체의 연매출액과 종업원 수 및 규모에 따라 4단계로 실시하며, 단 의무적용 품목에 한하며 의무적용 이외 품목은 자율적용을 유지한다. 식품의약품안전처의 HACCP 의무적용 추진 현황은 표 1-7과 같다. 어육가공품(어묵류), 냉동수산식품(어류, 연체류, 조미가공품), 냉동식품(피자류, 만두류, 면류), 빙과류, 비가열음료, 레토르트식품, 김치류 중 배추김치 등 7개 품목은 연 매출과 상관없이 의무적으로 HACCP를 적용해야하며, 2020년까지 추가된 품목으로 ① 어육소시지, ② 과자 · 캔디류, ③ 음료류, ④ 빵류 · 떡류,

『표 1-7』 HACCP의 의무적용 추진 현황

연 도	내 용
2002. 8	의무적용에 대한 법적근거 마련(식품위생법 제32조 2항)
2003. 8	의무적용 대상 업소 지정 - 어묵류 등 6개 식품제조·가공업소(식품위생법 시행규칙 제43조 2항)
2005. 10	김치, 절임식품, 저산성통조림, 두부류, 묵류, 빵류, 소스류, 건포류, 특수영양식품 HACCP 적용기준 마련
2006. 12~ 2012. 12	매출액 및 종업원 수에 따른 단계별 의무적용 실시 아래 각호의 1에 해당하는 식품을 생산하는 제조·가공영업자 어육가공품(어묵류), 냉동수산식품(어류, 연체류, 조미가공품), 냉동식품(피자류, 만두류, 면류), 빙과류, 비가열음료, 레토르트식품
2006.12~ 2014. 12	김치류 중 배추김치

⑤ 초콜릿류, ⑥ 국수 · 유탕면류, ⑦ 특수용도식품, ⑧ 즉석섭취식품 등 8개 품목은 매출과 시행시기에 따라 단계별로 적용된다(그림 1-6).

그러나 도축업, 소, 돼지, 닭의 경우 2003년 6월 30일 이후 의무적용을 하고 있다.

단계	대상기준	적용시기
1	연매출액 20억원 이상이면서 종업원 51인 이상	'14.12.1
2	연매출액 5억원 이상이면서 종업원 21인 이상	'16.12.1
3	연매출액 1억원 이상이면서 종업원 6인 이상	'18.12.1
4	연매출액 1억원 미만 또는 종업원 5인 이하	'20.12.1

『그림 1-6』 HACCP의 의무적용 진행단계(자료 : 식품의약품안전처)

1.5.4. HACCP의 적용

HACCP 시스템을 적용하기 위하여 도입 단계를 12단계로 FAO/WHO에서 제시하였다. 1단계부터 5단계까지는 예비 단계이며, 6단계부터 12단계까지는

『표 1-8』 HACCP의 적용순서

단 계	원 칙	내 용
절차 1		HACCP실시를 위한 준비팀(HACCP팀 구성)을 편성
절차 2		제품 설명서 작성(제품에 대한 정보, 기술)
절차 3		제품의 용도 확인
절차 4		공정흐름도 작성
절차 5		공정흐름도 현장 확인
절차 6	원칙1	위해요소 분석(HA)
절차 7	원칙2	중요 관리점 결정(CCP)
절차 8	원칙3	(각 중요 관리점의) 한계기준 설정
절차 9	원칙4	(각 중요 관리점의) 모니터링 체계 확립
절차 10	원칙5	(한계기준을 초과할 때) 개선조치 수립 방법
절차 11	원칙6	검증 절차 및 방법 수립
절차 12	원칙7	문서화 및 기록 유지

실제 적용단계로 구성되어 있다. 이와 같은 절차와 원칙을 단계별로 정리하여 제시한 것은 종업원으로 하여금 보다 합리적인 시스템을 활용한 위생관리를 실천하게 제도화한 것으로 효율성을 높이기 위하여 작성된 것이다. 이는 업소의 형편에 따라 융통성있게 운영되어야 하며 적용에 장해가 되어서는 안 된다.

1. HACCP의 준비 및 실시

1) HACCP팀 구성

HACCP의 실질적인 성공은 경영자의 참여와 의지가 우선이다. 조직의 편성은 경영자의 의지를 직접 실행할 수 있는 권한과 책임을 가진 사람이 팀장이 되어야 한다. 팀원으로는 각 공정의 책임자가 포함되어야 하며 그들은 회사의 제품에 대한 정확한 지식과 기술을 갖고 있는 사람들이어야 한다. 팀원에 의하여 HACCP계획이 수립되고 실행되기 때문에 HACCP에 대한 지식을 충분히 가지고 있지 않으면 안 된다. 만약 HACCP에 대한 지식이 부족 시에는 외부에서 전문가들의 도움을 받는 것이 좋다.

2) 제품설명서 작성

HACCP에서 말하는 제품에 대한 기술은 제품의 안전성에 관계되는 사항을 기재하는 것을 말한다. 소비자가 제품을 구입하고자 할 때 먼저 그 식품의 성분이나 유효기간 등의 표시사항을 확인하게 된다. 이때 소비자가 식품이 안전한가에 대한 정보는 기재된 내용에 의하여 판단하게 되니까 그 제품의 사용법, 용도, 소비계층을 분명히 기록함으로서 소비나 사용상의 안전성을 확보할 수 있는 지침이 된다. 제품설명에 포함되어야 하는 내용은 제품의 특성, 보존방법, 저장조건, 조리법, 개봉 후 취급법 등이 구체적으로 기재되어야 한다.

3) 제품의 용도 확인

최종 제품의 주요 사용자나 소비자, 민감한 집단(노약자, 임산부, 유아, 특이체질자 등)을 고려하여 대상 고객을 확실하게 식별하고 또한 통상적으로 사용하는 형태를 파악하는 것이 사용법이 의도하는 내용이다.

4) 공정흐름도 작성

공정흐름도는 공정에 다른 작업 내용을 전체적이면서도 개별적으로 파악하기 위하여 작성한다. 이들 문서는 작업구역 내의 각 시설이나 공정의 흐름에 따라 어느 부분이 그 식품의 안전성과 위생관리에 중요한 곳인지를 분석하는데 있다. 제조공정흐름도에는 제조가공 또는 조리에 사용하는 기계 · 기구의 성능, 공정별 작업내용, 작업소요시간 및 작업담당자의 직명이 기재되어 있어야 한다. 또 제품의 이동경로, 기계기구의 배치, 종업원의 배치 및 동선을 기재하고 작업장 내의 청결 기준도 표시하여야 한다.

5) 공정흐름도 현장 확인

작성된 공정흐름도는 이론적으로 가장 안전하고 위생적인 제품을 생산할 수 있는 표준서가 되어야 한다. 그러나 작성된 내용이 실제 실행하는데 안전성에 문제점을 발생시키거나 작업자의 작업 효율이 떨어지고 번거롭게 생각하면 집행과정에서 소홀히 하기 쉬우므로 현장 종업원의 의견을 듣고 수정하므로 가치 있는 문서가 될 수 있다.

6) 위해요소 분석(원칙 1)

위해요소 분석이란 원재료 및 제조공정에서 일어날 수 있는 잠재적 위해에 대하여 그 위해발생 가능성이나 위해 정도를 밝혀냄으로서 각각의 위해에 대한 관리방법을 명확히 하는데 있다.

위해의 요소로는 다음과 같이 3가지로 분류하는 것이 일반적이다.

① 생물학적 위해요소 : 세균, 바이러스, 곰팡이, 원충류, 기생충, 효모 등이 원인이 될 수 있으나 식중독 원인 세균들이 그 대상이며 이들이 생육 · 증식하는 조건들을 조절함으로 관리할 수 있다.

② 화학적 위해요소 : 동 · 식물 내에 천연으로 존재하는 독성물질이나 생산과정에서 의도적으로 사용되거나 또는 비의도적으로 혼입되는 중금속, 농약, 항생물질, 식품첨가물 등으로 인해 발생하는 위해 발생량이 중요한 관리점이라고 할 수 있다.

③ 물리적 위해 요소 : 플라스틱, 금속, 유리, 돌, 나뭇조각과 같은 물질로 질병이나 상해의 원인이 될 수 있는 물질을 말한다.

위해분석 시에는 모든 작업 공정별로 위해발생 가능성이 있는 원재료, 공정, 원인물질, 발생요인, 방치조건 등을 정리하고 위해의 중요성, 빈도, 인체에 끼치는 영향 등을 수집, 정리한다.

잠재적 위해 가능성이 있는 식품으로는 자연적으로 오염된 식품, 과거 식중독 사건과 관련이 있는 식품, 대량 급식을 위한 조리 · 가공단계, 조리 · 가공과정이 복잡한 식품, 조리 · 방냉 · 재가열 과정이 자주 반복되는 식품, 한번 조리 · 가공한 것을 다음 급식에 사용하는 경우 등이 있다.

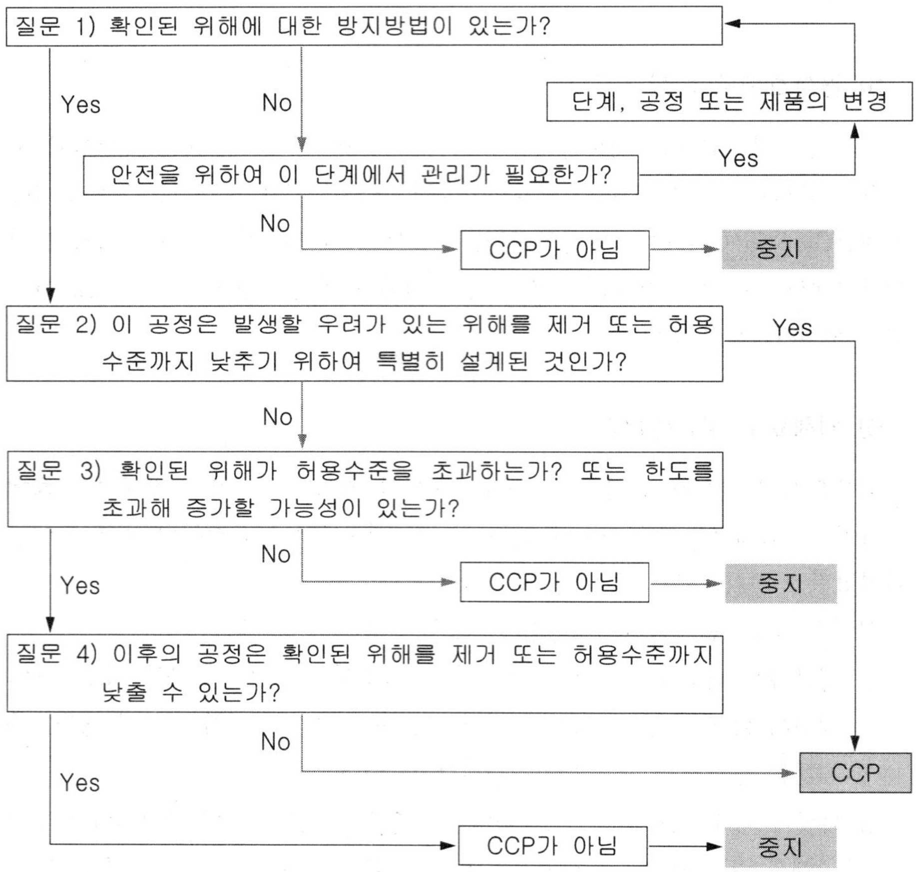

『그림 1-7』 결정 판정도(decision tree)

7) 중요 관리점 결정(원칙 2)

중요 관리점이란 식품의 안전성을 위협하는 위해요소를 예방 또는 제거하거나 완전히 제거되기 어려운 경우에는 허용수준 이하로 최소화 시킬 수 있는 시점과 단계 또는 절차를 말한다.

중요 관리점은 한 곳 이상이어야 하나 너무 많아서 업무에 지장을 주거나 중요 관리점을 관과하여 편리성을 강조하면 실제 이 제도의 도입 목적이 손상을 받게 된다.

중요 관리점은 식품의 제조, 조리 · 가공 단계에서 오염되거나 오염된 것이 살아서 증식 할 수 있는 단계인가를 확인하여야 한다. 또 이런 단계에서 오염물질을 교정하고, 제거하고, 안전수준으로 줄일 수 있는가를 확인하고 측정 및 감시 방법을 수립할 수 있는가의 수용이 필요하다.

8) (중요 관리점) 한계기준 설정(원칙 3)

한계기준이란 허용하느냐 허용하지 않느냐의 구분 기준이다. 그래서 한계기준은 중요한 관리점에서 특정 위해가 발생하지 않도록 적절히 제어 관리되고 있는지 여부를 판정하기 위하여 설정하는 기준치를 말한다. 따라서 모든 중요 관리점에 대하여 적어도 하나의 관리기준을 설정하지 않으면 안 된다.

만일 한계기준을 이탈한 경우는 원료가 제품의 안전성에 나쁜 영향을 줄 수 있거나 아니면 제품이 안전성을 보증할 수 있는 조건으로 제조되지 않았을 가능성이 있다. 즉, 소비자에 대한 위해가 존재하고 있거나 위해가 증폭될 위험성이 있음을 의미하는 것이다. 따라서 한계기준의 설정은 중요 관리점이 적절히 관리되고 있는지 여부를 확인하기 위하여 가장 합리적인 한계기준을 설정해야 한다.

한계기준의 효과적인 설정을 위한 첫째 조건으로는 표적 미생물 등의 위해원인물질은 확실하게 사멸, 제거 또는 허용범위까지 감소시킬 수 있다는 확증이 있어야 한다. 가장 과학적인 근거에 따라 입증된 수치가 제시되어야 한다. 둘째로는 현장에서 즉시 판단 가능한 기준을 설정할 필요가 있다. 즉, 판단지표로서 관능적으로 판단이 가능하고 즉시 결과를 공정하게 적용할 수 있는 기준치를 사용하는 것이 좋다. 그래서 온도와 시간에 대한 기준이 가장 적절하고 특정 제품에 대하여는 수소이온농도(pH)나 수분활성도를 사용할 수도 있다.

9) 모니터링 체계 확립(원칙 4)

모니터링(감시)이란 중요 관리점이 적절히 관리되고 있는지를 판정하기 위하여 계획된 일련의 관찰 또는 측정, 시험, 검사를 수행하는 것을 말한다. 이와 같은 관찰, 측정, 시험, 검사는 단시간에 정확한 결과가 나와야 하며 연속적인 감시가 가능해야 한다. 자동 기록 장치를 이용하는 것이 바람직하나 이때도 장치의 고장이나 정확성에 대하여 주기적 점검이 필요하다. 모니터링을 하는 사람은 제조현장의 종사자로 하는 것이 모니터링 장치에 접근이 쉽기 때문에 효율적이며 모니터링 빈도를 적절히 하여 한계에 이탈 시 가장 빠른 시간 내에 개선조치를 취할 수 있도록 하여야 한다. 모니터링 빈도가 너무 벌어지면 문제 발생 시 즉시 대처하지 못하여 많은 제품을 폐기해야 하는 경우가 있을 수 있고, 빈도가 너무 잦으면 업무를 번거롭게 생각하여 성실한 감시를 기대하기 어렵다.

10) 개선 조치 방법 수립(원칙 5)

개선 조치란 중요 관리점의 모니터링 결과가 한계기준을 벗어났을 때 시행되는 조치를 말한다. 즉, 관리상태가 왜 잘못되었는지 그 원인을 조사하여 적절한 관리 상태로 시정하는 일이 우선이다. 이때 제품의 생산을 즉시 중단하고 제품의 위해 여부를 판단하고 제품이나 반제품을 재작업 공정으로 보낼 것인지 용도를 전환시킬 것인지를 결정해야 한다.

11) 검증 절차 및 방법 수립(원칙 6)

HACCP 시스템이 효과적이고 정상적으로 운용되기 위하여 정기적인 검증이 필요하다. 검증의 주 내용은 중요 관리점, 한계기준, 모니터링 방법 및 시정조치가 실제로 이행되는가에 대한 타당성 검증이다.

검증사항으로는 모니터링 측정 장비의 점검, 모니터링의 적정성을 현장 확인하거나 모니터링의 결과, 개선조치 등의 기록을 확인 한다. 또한 원재료, 반제품, 최종 제품의 시험검사 방법 및 결과의 확인과 그 대응 방법의 검증을 한다. 소비자로부터 고발이나 민원이 있을 때는 그 내용과 처리절차에 대한 검증도 실시한다. 최종적으로 HACCP 시스템 전반에 걸쳐 재검토를 하고 그 점검결과를 기록으로 남긴다.

12) 문서화 및 기록 유지(원칙 7)

HACCP 시스템의 적용에는 효율적이고 정확한 기록 유지가 필수적이며 모든 절차를 업무의 특성과 규모에 적절한 내용으로 문서화해야 한다. 문서화된 HACCP 계획은 HACCP 이행에 대한 대외적으로 약속하는 표시가 되며 대내적으로는 HACCP에 대한 경영진의 의지의 표현이며 식품 안전성의 실현 방법이다. 중요한 문서로는 지금까지의 11절차에 포함된 모든 내용, 즉, HACCP 계획, HACCP 원문서, 확인자료, 검증절차, 작업지시서, SSOP, 각종 양식 등이다.

1.5.5. HACCP 인증마크

우리나라의 경우 농림축산식품부와 식품의약품안전처에서 일정한 위생조건을 갖춘 업체에 HACCP 인증마크를 부여하여 소비자가 인증 받은 업체의 식품을 안심하고 구입하여 섭취할 수 있도록 하고 있다.

『그림 1-8』 HACCP 인증마크

요 약

식품위생학이란 안전성이 보장된 식품과 관련된 학문을 말한다. 우리나라에서는 식품위생을 식품위생법 제2조 11호에 근거하여 '식품, 첨가물, 기구 또는 용기, 포장을 대상으로 하는 음식에 관한 위생'이라고 정의한다. 하지만 학문적으로 더 설득적인 것은 더 넓은 범위를 포함하는 WHO 환경위생전문위원회의 "식품위생이란 식품의 재배, 생산 혹은 제조로부터 최종적인 섭취에 이르기까지의 모든 단계에서 식품의 안전성, 완전 무 결성과 건전성을 확보하기 위해 필요한 모든 수단을 말한다."라는 정의이다.

식품위해 요인으로는 그 특성에 따라 세 가지로 구분되는데 첫째, 생물학적 위해요인으로 식품 중의 미생물에 의한 것이고 둘째, 화학적 위해는 자연독, 인위적·우발적으로 첨가되는 화학물질에 의한 위해이다. 마지막으로 물리적 위해는 금속조각, 유리파편 등과 같은 이물에 의해 상해를 입는 경우이다. 생성원인에 따른 위해요인으로 내인성(버섯독과 같은 자연독), 외인성(농약, 중금속 같은) 및 유인성(식품제조, 가공 등에서 유도되는 N-nitroso화합물 등) 등 3가지로 나눈다. 이런 식품위해 요인들로 인해 식중독이 일어나는데, 식중독이란 좁은 의미로 세균 또는 세균에 의한 독소를 섭취함으로써 나타나는 급성 위장염 증세(생물학적 위해)이고 넓은 의미로는 식품을 섭취하면서 발생하는 질병(화학적, 물리적 위해)을 광범위하게 포함한다.

식품의 안정성 평가 방법에는 독성 시험법, 안정성 평가, 규제 접근법이 있다. 독성 시험법에는 일반 독성 시험법과 특수 독성 시험법이 있다. 일반 독성 시험법은 다시 세 가지로 분류되는데 첫째, 급성독성 시험은 2종 이상의 실험동물(1종은 설치류, 1종은 비설치류)에 1회 투여하여 24시간 내의 치사량을 산출하는 것으로 설치류에 한하여 50% 치사량(LD_{50})을 정하고 비설치류는 개략적인 치사량을 기록한다. 둘째, 아급성 독성 시험은 실험동물 수명의 1/10의 기간 동안 반복 투여하여 최대 내성용량과 최대무작용량(NOAEL)을 통해 확실중독량과 무작용량을 산출한다. 마지막으로 만성 독성 시험은 실험동물에 장기간(전 수명기간 또는 세대를 이어서)동안 반복 투여하여 시험물질의 유해효과 수준을 설정한다. 특수 독성 시험법에는 생식독성 시험, 최기형성 시험, 발암성 시험, 유전독성 시험이 있다. 안전성 평가 방법은 식품과 관련된 물질의 안전성 시험의 평가, 시험결과의 평가, 안전성의 평가의 3가지 단계가 있다. 규제 접근법은 두가지 방법이 있는데 첫째, 안전 계수법은 동물이나 사람에게 화학물질의 위해가 나타나는 수준과 나타나지 않는 수준을 설정하기 위하여 안전계수(식품첨가물은 100, 발암물질은 1000)를 도입하는 방법이다. 둘째, 일일섭취허용량(ADI)은 사람이 일생동안 섭취하였을 때 현시점에서 알려진 사실에 근거해 바람직하지 않은 영향이 나타나지 않을 것으로 예상되는 물질의 1일 섭취량을 정한 것으로 mg/kg으로 표현하고 사람에 대한 ADI는 최대무작용량(NOAEL)/안전계수(일반적으로 100)로 구한다.

미생물의 종류는 세균, 곰팡이, 효모 및 바이러스 등이 있으며, 세균은 단세포 미생물로 분열에 의해 증식하는 분열균이다. 식품위생과 관련있는 중요세균은 *Bacillus, Staphylococcus, Pseudomonas, Vibrio, Micrococcus, Proteus, Shigella, Salmonella, Escherichia, Clostridium, Lactobacillus*속 등이 있다. 세균의 형태로는 구균(coccus), 간균(bacillus), 나선균(spirillium)으로 분류한다. 구균은 그 배열에 따라 단구균(monococcus), 쌍구균(diplococcus), 연쇄상구균(streptococcus), 4연구균(pediococcus,tetra-coccus), 8연구균(sarcina), 포도상구균(staphylococcus)으로 나눈다. 나선균은 나선정도가 불안정하여 마치 짧은 콤마처럼 생긴 vibrio(호균: 짧은 콤마균)과 Helix(또는 spi-rachete, 나선균)이 있다. 세균의 증식 필요한 조건은 식품, 산도, 시간, 온도, 산소, 수분 등이다. 곰팡이는 진핵세포를 가진 다세포 미생물로, 호기성으로 주로 무성포자에 의해 번식한다. 효모는 진핵세포로 된 주로 출아에 의해 증식하는 진균류이다. 주류양조, 알코올제조, 빵 등에 이용된다. 바이러스는 광학현미경으로 관찰이 불가능하고 살아있는 세포에만 생존이 가능하다. 인플루엔자 등 많은 질병을 일으키며, 식중독의 원인체로 노로바이러스 등이 알려져 있다.

미생물에 의한 식품의 오염은 주로 자연환경(토양, 해수, 담수, 분변 및 동물체, 식물체, 공기)으로부터의 오염과 식품의 처리(도살 등과 같은 1차오염)·가공과정(2차오염)에서의 오염 등이 있다. 미생물 중 식품의 오염지표균으로는 일반세균, 대장균군, 대장균, 장구균이 있다. 일반세균수를 측정함으로써 식품의 위생관리 상태나 신선도 유지여부를 판단할 수 있으나 일반세균수 측정만으로는 식품의 안전성 확인이 부족하여 병원성 미생물의 검사가 필요한데 이 모두를 검사하는 것은 불가능하여 세 가지의 오염지표균을 설정한 것이다. 첫째, 대장균군은 유당을 분해하여 산과 가스를 생성하는 Gram 음성, 간균으로서 포자를 형성하지 않으며,

호기성 또는 통성 혐기성으로 *Escherichia* sp. *Klebsiella*, *Enterobacter*, *Erwinia* 등이 속한다. 둘째, 대장균은 분변오염의 지표로서 대장균군보다 정확하며, 대장균군 중 대표적인 미생물로, *E. coli* 이다. 셋째, 장구균(Enterococcus)은 냉장 • 냉동식품의 오염지표균이다.

소독이란 병원성 미생물이 전파되는 것을 방지하기 위해 사멸, 억제하는 것을 말하며 통상 비병원균이나 세균포자는 생존하고 있는 경우가 많다. 멸균은 물리, 화학적 방법을 동원하여 목표로 하는 물체 중 포함된 미생물을 완전히 사멸 또는 불활성화 시켜 무균상태로 만드는 것을 말한다. 소독살균법은 크게 물리적, 화학적 방법으로 나뉜다. 물리적 소독살균법에는 건열살균법(ex.외과용 기구, 분말), 저온살균 또는 파스퇴르기법(ex. 우유)이 있다. 그 밖에 물에 넣고 끓이는 열탕소독법, 높은 열의 수증기를 이용해 멸균하는 증기소독법, 포자까지 죽일 수 있는 고압증기멸균법이 있는데 건열살균에 비해 습열살균이 더 효과적이다. 또 간헐멸균법, 자외선멸균법, 방사선멸균법, 여과멸균법이 있다. 화학적 살균방법에는 화학적 살균제의 기준이 되는 석탄산(3~5%)과 살균력은 좋으나 약품냄새가 강한 크레졸(3~5%), 유일한 가스상 소독제인 포름알데하이드의 37% 내외 희석액 혹은 1% 희석액(포르말린), 그 외에 중금속(0.1% 승홍, 1~3% 머큐로크롬), 염소 화합물(차아염소산나트륨 유효염소 4%, 표백분 유효염소 0.03%), 요오드 화합물(옥도정기), 역성비누(양성비누), 알코올(70%), 산화제(과산화수소 3%), 에틸렌옥사이드가 있다.

식품의 품질이 변화하여 섭취불가능 상태에 이른 것을 변질이라고 하는데 변질은 부패(단백질식품), 발효(탄수화물), 산패(지방), 변패(탄수화물, 지방)를 포함한다. 부패가 진행되면 부패취를 내는 암모니아(탈아미노화반응)와 아민(탈탄산반응)이 생성된다. 그 외에 함황아미노산의 분해에 의한 황화수소, 메르캅탄, 그리고 트립토판 분해에 생성되는 인돌, 스카톨 등도 있다. 초기부패 판정에는 관능검사, 생물학적, 물리적, 화학적 검사가 이용되는데 생물학적 검사는 일반세균수를 측정하는 것으로 식품 1 mL당 균수가 10^7 ~10^8이면 초기부패로 판정한다. 화학적 검사는 어류와 식육에 적용하는 것으로 휘발성 염기질소(VBN, 초기부패는 30~40 mg%), 트리메틸아민(TMA, 4~6 mg%), 히스타민(4~10 mg%), pH(6.2~6.5)의 함량변화를 통해 초기부패를 판정한다. 부패방지 대책은 세균 수를 늘어나지 않게 하는 정균효과와 세균 수를 줄이는 살균효과가 있다.

식품공장에서 식품의 품질을 유지하고 안전성을 확보하기 위해서는 원재료의 관리, 시설과 제조기기의 관리, 작업종사자의 위생관리에 이르기까지 종합적인 관리체계가 확보되어야 한다. 시설 및 기구의 설치와 관리에서 건물의 입지조건은 주위환경의 공기청정, 오수·폐기물 처리의 편리성 등을 고려해야 하고 건물 구조에서는 각 실의 배치, 천정·바닥·벽, 채광·조명, 환기·통풍 및 방충시설 등을 고려해야 한다. 이 중 채광은 규제상으로는 작업장의 경우 75룩스 이상으로 되어 있으나 식품공장에서의 조명도는 혼합·가열·건조 공정의 경우 100룩스, 포장·선별공정은 200룩스, 장식·검사 공정은 500룩스가 적당하다. 설비와 기구에서 중요한 것은 대형기계·기구의 관리 등을 잘해야 한다. 또, 급수와 오수·오물 처리도 고려해야 한다. 식품 종사자는 개인 위생관리에 노력해야 하며, 원료 처리, 가공 및 제품의 위생관리에 신경을 써야하는데 특히 신선원료의 처리로 중요한 식품에는 청과물, 어패류, 식육류가 있다. 식품가공에 의한 위생관리 방법으로는 건조법, 가열살균법, 냉장·냉동, 절임법, 초절임법, 훈연법, 훈증법, 자외선, 방사선 조사, 보존료 첨가, 항생제 첨가법이 있다. 식품의 유통 위생은 유통관리와 저온유통 위생이 있으며 유통관리는 TTT(Time, Temperature, Tolerence; 식품의 허용 온도 시간)에 유의 한다. 저온유통 위생은 냉장법, 빙온냉장법, 심온 동결법으로 구분된다.

HACCP(해썹)이란 미항공우주국(NASA)이 개발한 식품 위생관리기법으로 식품안전관리 인증기준(Hazard Analysis Critical Control Point)의 약자이다. HACCP의 목적은 식품으로 인한 위해를 방지하는 것으로 식품업체, 소비자, 정부의 입장이 모두 유리하다. 우리나라 HACCP의 의무 적용 품목으로는 어육가공품(어묵류), 냉동수산식품(어류, 연체류, 조미가공품), 냉동식품(피자류, 만두류, 면류), 빙과류, 비가열 음료, 레토르트식품, 배추김치가 있다. HACCP 시스템은 총 12절차로 1~5단계까지는 예비단계이며 6~12단계까지는 실제 적용단계로 예비단계와는 달리 각각 원칙을 적용해 7원칙이 있다. 원칙1은 위해요소(HA)의 분석을 실시하고, 원칙2는 중요 관리점(CCP)의 결정, 원칙 3은 각 중요 관리점의 한계기준 설정, 원칙 4는 각 중요 관리점의 모니터링 체계 확립, 원칙 5는 한계기준을 초과할 때 개선조치 수립 방법, 원칙 6은 검증 절차 및 방법, 원칙 7은 문서화 및 기록 유지이다. HACCP 인증마크는 농림축산식품부와 식품의약품안전처에서 일정한 위생조건을 만족한 업체에 부여하여 소비자가 식품을 안심하고 구입하여 섭취할 수 있도록 해준다.

2장 세균성 식중독

식중독은 인류의 역사와 함께 예부터 존재한 질병임에 틀림없으나 과학적으로 문제삼아 조사연구가 진행된 것은 19세기 후반부터이다. 19세기 후반에 있어서 식중독은 식품 중에 존재하는 단백질 분해산물인 유독 amine, 즉 ptomaine에 의해 일어난다고 생각했던 때가 있었으며 20세기 초까지는 이 학설이 지배적이었다. 그러나 그 후 세균학이 점차로 진보됨에 따라 식중독의 원인으로서 보투리누스균, 살모넬라균 등의 병원균이 증명되었으며 더욱이 황색포도상구균에 의한 식중독이 실험적으로 증명됨에 따라, ptomaine설은 점차로 자취를 감추게 되었다. 많은 경험과 실험의 결과 현재 밝혀져 있는 식중독이 확실한 원인균으로는 살모넬라, 장염비브리오, 병원성 대장균, 퍼프리젠스(웰치)균, 황색포도상구균, 보투리누스균 등이 열거되고 있다.

세균성 식중독은 식품에서 오염된 원인균 또는 균이 생성한 독소에 의해 발생되는데 대부분 위장증상을 나타낸다. 우리나라에서는 세균성 식중독의 발생률이 화학성 식중독보다 높고 여름철에 많이 발생하는데, 이는 여름이 기온과 습도가 높아 세균 증식에 적합한 계절이기 때문이다. 치명률은 낮지만 세균성 식중독이 많이 발생한다는 것은 위생적인 관리가 제대로 되지 않고 있다는 증거가 된다. 세균성 식중독의 특징은 경구 감염병에 비해 원인 세균이 식품에서 다량 증식함으로 식품 중에 균수가 많고 잠복기가 짧다. 그리고 2차 감염이 되지 않는 종말 감염으로 항체가 형성되지 않아 면역성도 없다.

현재 우리나라의 경우 다수의 식중독 사건이 아직 원인 불명으로 되어 있으나 역학적으로 볼 때 그 대부분은 세균성인 것으로 추정되고 있으므로 앞으로의 연구 진전에 따라 새로운 병원 미생물이 원인으로서 등장하게 될 것이다.

2.1. 세균성 식중독의 분류

일반적으로 세균성 식중독의 감염경로는 감염원, 식품오염, 균의 증식 및 독소 생성, 섭취, 잠복기, 발증 등 인데, 이들 과정을 효과적으로 조절하면 세균성 식중독의 발생을 근본적으로 막을 수 있다. 세균성 식중독의 예방을 위한 3원칙으로 청결의 원칙, 온도의 원칙, 신속의 원칙이 있다. 이에 식품의 위생적인 안정성 확보를 위한 유효수단으로서 HACCP(hazard analysis critical control point) 시스템의 개념이 전 세계적으로 도입되고 있으며, 국내의 경우에도 일부 분야에서 도입되어 사용되고 있다. HACCP에 관한 내용은 이미 1장에서 다루었다.

식중독이란 병원성 미생물(병원성 세균, 바이러스, 곰팡이, 원생동물 등)이나 유독 · 유해한 물질(각종 유해 화학물질, 유해금속, 유해첨가물, 농약 등)로 오염된 음식물을 섭취하여 일어나는 건강 장애를 뜻하며 근래에는 식중독과 경구감염병(세균성 이질, 장티푸스, 콜레라 등)을 명확히 구분하지 않고 식품을 매개로 하여 일어나는 병을 총칭하여 "식품매개감염증" 으로 분류하기도 한다.

서론에서 잠깐 언급했지만 식중독 중에서도 미생물(세균)의 증식에 의하여 발생하는 세균성 식중독은 감염형, 독소형, 감염독소형 및 알레르기성 식중독이 있으며 또한 바이러스 감염에 의한 바이러스성 식중독도 급증하고 있는 추세이다. 이 장에서는 주로 감염형 식중독과 독소형 식중독을 중심으로 설명하고자 한다.

2.1.1. 살모넬라 식중독

1880년 Eberth에 의해 사람에서 장티푸스균을 처음으로 발견한 이래, 1888년 Frankhausen에서 병사한 송아지 고기를 섭취하여 57명의 위장염 환자가 발생하였는데 Gartner는 사망자와 우육에서 균을 분리하여 *Bacillus enteritidis*라 하였다. 이것이 오늘날 *Salmonella enteritidis*로서 살모넬라 식중독(Salmonellosis)에 대한 최초의 보고가 된다. 5년 후 Salmon에 의해 돼지 콜레라균을 위시하여 이와 유사한 세균이 계속 발견되었으며, 1890년에는 Lignieres에 의해 발견자 Salmon의 이름을 기념하여 이들 유사한 균들을

*Salmonella*라 속명을 붙였다.

1. 원인균

역사적으로 가장 오래된 식중독으로 기록되어 있는 살모넬라 식중독은 *Salmonella*속에 속한 특정균이 오염되어 증식된 식품을 섭취하여 발생되는 감염형 식중독이다. 이 속의 특징은 장내세균과(Enterobacteriaceae)에 속하는 Gram 음성, lactose 비분해, 간균으로 협막과 포자는 형성하지 않으며, 주모성 편모가 있어 운동성이 있고, 호기성 내지 통성혐기성으로 보통 배지에서 잘 자라고 24~28시간 정도에서 지름 2~3 mm의 대장균과 비슷한 집락을 만든다. 생육의 최적 온도는 37℃, 최적 pH는 7~8이다. 열에 대한 저항력은 강하나 60℃에서 20분이면 사멸된다.

*Salmonella*속 균은 현재까지 2,400여종 이상의 혈청형이 알려져 있으며, 1994부터 1996년 3년간 국내에서 분리한 살모넬라의 혈청형은 표 2-1과 같다.

『표 2-1』 국내에서 분리된 살모넬라의 혈청형

살모넬라 (혈청형)	94년			95년			96년		
	사람	식품	기타	사람	식품	기타	사람	식품	기타
S. enteritidis	234	4	4	301	5	-	684	32	-
S. typhimurium	112	4	10	347	14	4	213	13	-
S. typhi	137	-	4	169	-	-	354	-	6
S. hadar	10	-	1	22	-	-	14	1	-
S. derby	2	-	-	4	1	1	2	-	-
S. london	4	-	-	3	-	-	33	-	-
S. infantis	9	-	-	17	1	-	6	-	-
기 타	32	-	4	106	1	-	93	-	-
소 계	540	8	23	969	22	5	1399	46	6
총	571			996			1451		

총 3,018주를 분리하였으며, 연도별로는 94년 571건, 95년 996건, 96년 1,451건이었으며, 분리원을 보면 사람에서 분리된 것이 2,908건으로 전체의

96.4%를 차지하였으며, 식품에서 분리된 것은 76건(23.8%) 그리고 기타 불명인 것이 34건(1.1%)이었다. 총 39종의 혈청형이 분리되었는데, *Salmonella enteritidis*가 1,264주(41.9%)로 가장 많았으며, *Salmonella typhimurium* 717주(23.8%), *Salmonella typhi* 670주(22.2%)가 전체의 87.9%를 차지하였다. 30건 이상 검출된 균은 *Salmonella derby*(1.3%), *Salmonella hadar* (1.6%), *Salmonella london*(1.3%), *Salmonella infantis*(1.1%) 이었다.

세계적으로 빈번히 발생하는 *Salmonella* 식중독은 해당 국가별로 그 나라의 식습관과 관계있는 것으로 보여지고 있으며, 우리나라에서 식중독 원인균으로 가장 많이 발견되는 것은 *Salmonella enteritidis*와 *Salmonella typhimurium* 이며, 그 외에 표 2-1에서 나와 있는 살모넬라 혈청형 모두가 식중독 균으로 알려져 있다. *Salmonella*속 관련 질병에는 장티푸스(*S. typhi*) 와 파라티푸스(*S. paratyphi*)가 있는데, 이는 경구감염병에서 다루기로 한다.

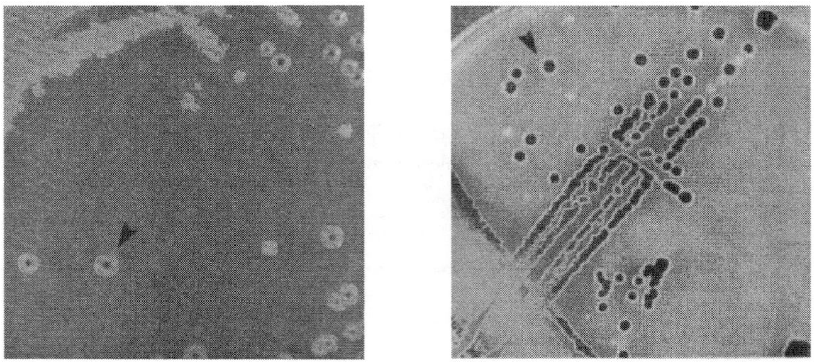

『그림 2-1』 살모넬라 집락 사진

(왼쪽은 Desoxycholate citrate agar, 오른쪽은 SS agar상에서의 살모넬라 집락 사진)

2. 원인식품, 오염원, 오염 경로

난방 시설이 충분히 보급된 지금의 생활환경으로는 과거에 비하여 겨울철에도 발생의 소지가 충분하나, 대부분 5월과 10월 사이에 발생되고 있다. 이와 같이 기온에 정비례하여 발생되고 있는 것이 세균성 식중독의 특징이라 할 수 있으나 반면, 살모넬라 식중독은 장티푸스나 이질과 같이 사람에 대한 균력(virulence)이 강한 균에 의하여 일어나는 급성감염병과 달리 균량이 중요하다. 즉 식품에서의 균의 증식조건이 식중독 발생의 큰 원인이 될 수 있다.

국가별로는 원인식품에 다소의 차이는 있으나 이는 식습관의 차이에 의한 것으로 특정 식품이 원인이 된다고 단정할 수는 없다. 구미제국에서는 식육제품, 유제품, 달걀 등과 그 가공품이 많고 일본과 우리나라는 어패류와 그 가공품, 도시락, 튀김 등 동물성 단백질 식품을 중심으로 원인식이 되고 있으나 식물성 식품도 원인식이 될 수 있다.

살모넬라는 포유동물 및 조류의 장내에 서식하고 있기 때문에 식육이나 달걀은 이 균에 오염되기 쉬워 오염원으로서 중시되고 있다. 예를 들면, 돼지는 먹이, 물외에 환경이나 다른 돼지에서 살모넬라 감염을 받는다. 그밖에 도살장에서도 일어난다. 다음으로 발, 항문부위에 존재하는 살모넬라는 도체의 침지수 오염, 더욱이 도체 표면 오염에 관련한다. 기계에 의한 탈모 시에도 비산한다. 탈모기의 일상 관리에서는 75%, 각별히 세척을 실시하여도 57%, 특별 관리에서도 18%의 오염을 각각 보였다고 하는 보고가 있다. 내장제거, 해체 시에도 오염은 확대된다.

유럽과 미국에서도 돼지고기의 오염은 35%에 달하는 것으로 보고되어 있다. 이 균이 식품을 오염시키는 경로는 보균동물의 고기를 직접 생식하여 일어나는 1차 오염과 쥐나 곤충류에 의하여 보균동물이나 보균자의 배설물이 식품에 오염되는 2차 오염을 생각할 수 있다.

3. 증상 및 예방법

다량의 균(보통 10^6마리 이상의 균량)을 섭취하면 보통 8~48시간(평균 24시간)에 발병한다. 잠복기는 음식물의 균의 양이나 균형 또는 환자의 감수성에 따라 다르다. 살모넬라균 감염에 따른 식중독의 특징은 급성위장염 증상을 나타내며, 일반적으로 전신권태, 두통, 식욕감소, 구역질, 구토, 복통, 설사 등의 여러 증상이 일어나지만 피부발진은 별로 없다. 또한 발열은 급격하게 일어나 38~40℃로 오르고, 오한과 전율이 같이 오며, 보통 4~5일로 평열로 회복된다. 두통도 흔히 나타나는 증상으로 두통, 관절통, 근육통, 현기증 등이 생기는 수도 있고, 중증에서는 뇌증상도 일어나 불안, 경련, 의식혼탁, 무욕상태, 혼수상태 등을 일으키며, 때로는 흥분상태로 된다. 구역질과 구토는 대부분 중독 초기에 나타나며, 구토물은 물과 같은 경우가 많고, 때로는 녹색 또는 쌀미음과 같은 경우도 있다. 또한 설사는 대부분 나타나는 증상으로서 흔히 발열(주증상) 후 복통이 있는 후에 일어나지만 간혹 설사가 없는 경우도 있다. 그리고 대변은 물과 같으며, 녹색을 띠고 고약한 냄새가 난다. 치명율은 0.3%~1% 정도이다.

이 식중독은 식품 중에 원인균이 혼입되어 다수로 증식한 식품을 섭취하여 발생된다. 이러한 살모넬라는 우리 주변 환경에 널리 분포되어 있기 때문에 인위적으로 모든 살모넬라를 제거하기란 불가능한 상태이다. 즉 도살장의 시설 전체가 높은 수준으로 오염되었다면 식육 등의 오염을 완전히 방지한다는 것은 현실적으로 불가능한 것이다. 살모넬라 식중독의 예방은 감염형의 식중독의 예방법에 따라 다음과 같은 주의를 요한다.

식품으로 원인균의 혼입오염을 방지해야 한다. 저장, 조리, 보관 중에 우선 감염매개체인 쥐, 파리, 모기 등의 위생 해충으로부터 오염을 방지하기 위하여 조리장과 식품저장실 등에 방서, 방충시설을 철저히 하여야 할 것이다. 또 생육취급 등에 대한 지식을 높이고, 수지나 조리기구 등으로부터 식품으로의 2차감염을 배제하도록 하며, 자기 스스로가 식중독의 매체가 되지 않도록 주의해야 한다.

식품중의 균의 증식을 방지해야한다. 비록 식품 중에 소수의 균이 존재한다 하여도 식중독을 일으킬 정도의 충분한 균수가 증식되지 않으면 식중독을 일으키는 일은 드물다. 그러므로 식중독을 유발하는 정도의 균의 증식 조건은 온도와 시간이 밀접한 관계에 있으므로, 조리 후 속히 소비하도록 하고 잔여식품은 적어도 10℃ 이하의 저온에서 보존한다. 식품유통 시 저온유통을 철저히 하여 살모넬라의 증식을 억제하는 것이 바람직한 수단이다.

식품에 오염된 살모넬라를 조리과정에서 살균이 가능한 것이므로 예방대책의 하나가 살균이다. 균의 저온 생잔성이 높으므로 취식 전에 반드시 다시 가열한다. 실제로 자비 정도의 가열로 완전히 사멸시켜 취식토록 한다. 마지막으로 식품취급자, 예를 들면 조리종사자의 살모넬라 보균이 살모넬라 집단식중독의 원인이 되었다는 보고가 많으며, 조리종사자의 개인위생에도 주의를 기울일 것이며 식품취급자나 소비자에 대한 위생교육도 예방대책 상 중요하다.

2.1.2. 장염 비브리오 식중독

장염 비브리오균의 발견 역사는 비교적 짧은데, 1950년 등야(藤野) 등이 정어리에 의한 집단 식중독 사건에서 이 균을 식중독 원인균으로 분리하였고, 1955년 일본 요코하마(橫濱)국립병원에서 오이절임에 의해 120명의 식중독이 발생하였다. 이 때 환자의 대변에서 염분을 요구하는 병원균이 분리되어 병원성 호염균(病源性 好鹽菌)이라는 이름을 붙였다. 그 후에 균의 분류학적 검토가 이루어진 결과 장염 비브리오로 명명되어 *Vibrio parahaemolyticus*라는 학명으로 확정되었다. 우리나라에서도 1967년 전(全) 등이 포항 근해의 어패류와 해수 등에서 보고한 이래 장염 비브리오균에 관한 많은 연구 보고가 있다.

1. 원인균

장염 비브리오 식중독 원인균은 *Vibrio parahaemolyticus*로, 이 균의 일반적인 특징은 직경이 0.5~0.8 ㎛이며 길이가 1.4~2.6 ㎛인 단편모(단극모)를 가지면서 운동성이 있고 oxidase 양성, 그람 음성 간균이고 약간 굽은 모양(콤마형)이며 임상의학적으로 중요시되는 모든 균들을 분리하고 동정하는 데는 1%의 소금이 첨가된 배지가 필요한 호염성균이다. 보통 2~5% 소금 농도에서 잘 자라며 통성혐기성 호흡을 한다.

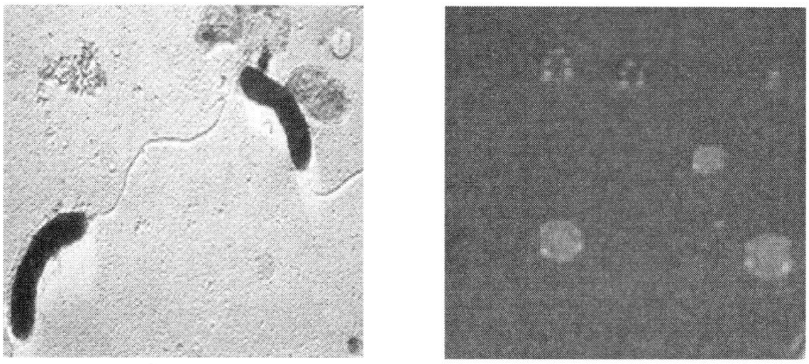

『그림 2-2』 *Vibrio parahaemolyticus*의 전자현미경 사진과
TCBS 평판배지상의 집락 사진
(콜레라균은 노란색, 장염 비브리오균은 녹색집락을 나타냄)

최적 발육 온도는 30~37℃, 최적 pH는 7.5~8.0이며 발육속도는 매우 빨라서 10~12분에 한번 씩 분열하므로 신선한 식품 중에서 적당한 염분만 있으면 2~3시간 만에 발증균량에 도달할 수 있다. 포도당은 발효하나 가스를 생성하지 않는 특징을 가지고 있다. 또한 DNA G+C 몰 % 비율은 38~51% 사이에 있으며 이는 57~60% 사이에 있는 *Aeromonas*와는 다르다.

현재 *Vibrio* 속에는 40여종이 기록되어 있지만 계속해서 새로운 종이 추가되고 있는 추세이다. *Vibrio*속은 Vibrionaceae과에 속하며 이 과에는 *Vibrio, Aeromonas* 및 *Photobacterium*속이 있다. *Vibrio parahaemolyticus*의 혈청

형에는 O, K, E의 3종의 항원이 알려지고 있는데 K 항원 64 종, O 항원 12 종이 있고, E(flagella) 항원은 공동이다. 이 속이 일으키는 질병으로 장염 비브리오 식중독 외에 콜레라(*Vibrio cholerae*), 패혈증(*Vibrio vulnificus*) 등이 있다. 콜레라에 관해서는 경구감염병에서 다루고자 한다.

2. 오염원과 원인 식품

장염 비브리오 식중독균은 연안의 해수, 해저의 펄이나 어패류, 플랑크톤 등에 널리 분포하며 특히 육지로부터 오염되기 쉬운 해역에 많다. 따라서 장염비브리오균에 오염된 해수가 감염원이 되어 어패류가 직접 오염되고 이들로부터 조리대, 식칼, 도마, 행주 등을 거쳐서 간접적으로 다른 식품으로 2차 오염된다. 또한 환자나 보균자의 분변이 감염원이 되어서 손을 거쳐 식품으로 오염되어 감염되는 수도 있다.

원인 식품은 굴, 새우, 조개, 오징어, 낙지, 생선 등과 같은 해산어패류가 주 원인 식품이다. 그러나 이들 식품을 통한 교차 오염도 많으므로 어패류의 가공품, 외식업소의 도시락, 야채샐러드 또는 가열조리된 식품이라도 원인 식품이 되는 경우가 상당히 있다.

3. 증상 및 예방법

이 식중독의 임상적 증상은 복통, 설사, 구토를 주 증상으로 하는 전형적인 급성위장염을 일으킨다. 잠복기는 8~20시간으로 평균 12시간이다. 이러한 증상을 나타내다가 뒤늦게 발열이 나는 수가 있으며 보통 37.5~38.5℃ 정도이나 고열이 나는 경우도 있다. 그러나 거의 열이 없는 상태로 경과하는 수도 있으며, 보통 2~3일 내에 회복되고 수일이 걸릴 때도 있다.

*Vibrio parahaemolyticus*의 감염 메카니즘은 Kanagawa현상(용혈성)을 일으키는 특수한 용혈독을 생성하는 균이 설사를 일으킨다고 알려져 왔다. 이 독은 분자량이 42,000, 등전점 pH 4.2인 단백질로서 pH 6에서 100℃에서 10분의 가열로 활성을 잃지 않으며 사람이나 마우스의 장관세포를 파괴하고 점혈변을 야기하며 독소가 혈류 또는 림프관을 통해 심근세포에 이르면 receptor인 ganglioside와 결합하여 심근세포막의 전기저항을 낮추어 이온투과성을 높임으로 인해 심장박동이 멈추고 죽게 된다는 것이 밝혀졌다.

예방법은 다른 세균성 식중독의 경우와 거의 같으나 다만 어패류의 생식이 주된 감염원이기 때문에 7~9월을 포함한 여름철에는 어패류의 생식을 주의해야 한다. 또한 이 균은 어체표면이나 아가미에 부착되어 있고 육질 중에는 없기 때문에 수돗물로 충분히 씻어서 먹으면 어느 정도의 예방 효과는 있다. 또한 이 균은 열에 약하므로 가열처리(60℃에서 2분간)하고 담수에서는 잘 사멸되므로 깨끗한 물로 잘 씻어야 한다. 또한 조리기구, 행주 등을 잘 소독할 필요가 있다.

비브리오 패혈증이란?

비브리오 패혈증은 *V. vulnificus*에 의한 감염으로서 평균 1~2일의 짧은 잠복기를 거쳐 상처감염증, 원발성 패혈증을 유발하며 오한, 발열 등의 전신증상과 설사, 복통, 구토, 하지통증이 동반되면서 다양한 피부병변이 발생한다. 한편 이 질환에 의한 사망률(40~50%)은 매우 높아서 조기진단 및 신속한 치료가 필요하다.

발생은 주로 해안지역에서 6~9월에 정점을 이루고 호발연령은 40~50대이다. 감염은 만성간질환 등 저항력이 약한 허약자들이 어패류를 생식하였거나, 균에 오염된 해수에 피부상처가 노출된 경우에 걸릴 수 있다. 비브리오 패혈증의 예방을 위해서는 반드시 어패류를 가열한 후 섭취하여야 하며, 특히 간질 환 환자, 알코올 중독자, 당뇨병, 만성신부전증 등 만성질환자들이 6월~10월 사이에 어패류 생식을 금하고 해안 지역에서의 낚시, 갯벌에서의 어패류 손질 등은 피해야만 한다.

1. 감염 및 전파경로

비브리오 패혈증균은 바다에 살고 있는 그람음성 세균으로, NaCl의 농도가 1~3%인 배지에서 질 잘 증식한다. 오랫동안 다른 세균으로 오인되었다가 *V. parahemolyticus*와 달리 락토오스(lactose)를 분해한다는 사실이 밝혀져 1979년에 Farmer에 의해 *V. vulnificus* 로 명명되었다. 이 균은 colistin 내성이지만, ampicillin이나 carbenicillin에는 감수성이어서 다른 유사한 세균과 구별할 수 있다.

여름철 해안지역을 중심으로 발생하여, 만성 간질환 등 저항력이 약한 허약자들이 어패류를 생식하거나 해안지역에서 낚시 또는 어패류를 손질할 때 균에 오염된 해수 및 갯벌 등으로부터 피부상처를 통해서도 감염된다. 잠복기는 1~2일이며, 피부감염의 경우는 약 12시간이다.

2. 증 상

두 가지 임상형이 있다. 해안에서 조개껍질이나 생선 지느러미 등에 의해 생긴 창상으로서 해수에 있던 균이 침입했을 때는 창상 부위에 부종과 홍반이 발생하여 급격히 진행되어 대부분의 경우 수포성 괴사가 생긴다. 잠복기는 12시간이며, 대부분 기저 질환이 없는 청장년층에서 항생제 및 외과적 치료에 의해 회복된다.

두 번째 임상형은 간 질환 등 기저 질환을 가진 사람들이 오염된 해산물을 생식한 뒤 발생하는 원발성 패혈증으로 급작스럽게 발열, 오한, 정신쇠약감 등으로 시작하여 때로는 구토와 설사도 동반한다. 잠복기는 16~24시간이며, 발병 30여 시간 전후에 대부분의 환자에서 피부병소가 사지, 특히 하지에서 부종, 발적, 반상출혈, 수포형성, 궤양, 괴사 등의 모습으로 나타난다. 치명률은 40~50%로 매우 높다.

3. 진단 및 치료

임상증상과 함께 원인균인 *Vibrio vulnificus*가 동정되면 확진할 수 있다. 특히 일주일 이내의 어패류 생식유무, 해수와의 접촉, 낚시 또는 어패류 손질 중 다친 적이 있는지를 확인하면 진단에 도움이 된다. 페니실린, 엠피실린, 세팔로틴, 테트라사이클린, 클로람페니콜 등 감수성 있는 항생제를 투여하고, 피부병변은 상황에 따라 절제, 배농, 절개 등 외과적 처치를 시행한다.

4. 관리 및 예방

비브리오 패혈증 환자 발생 시에 격리, 환경소독, 검역 등은 해당되지 않는다. 예방을 위해 어패류를 56℃ 이상의 열로 가열하여 충분히 조리한 후 섭취해야 하며, 특히 습관성 음주를 많이 하고 간에 질환이 있는 사람들은 생선회를 먹지 말아야 한다. 그리고 여름철 해변에 갈 때 피부에 상처가 나지 않도록 주의하며, 상처가 났을 때는 맑은 물로 씻고 소독을 한다.

2.1.3. 병원성 대장균 식중독

대장균은 장내 상주균으로만 인식되어 오다가 1923년 처음으로 신생아 설사의 원인균으로 인식되기 시작했다.

그 후 1945년 영국의 런던병원에서 집단급식에 의한 집단설사를 유발시킨 원인균이 특수한 혈청형을 가진 대장균에 의한 것으로 밝혀져 대장균이 설사를 유발시키는 원인균임을 인식하게 되었다. 장내 설사질환을 유발시키는 원인균은 종류가 다양하지만 주로 병원성 대장균과 *Shigella, Salmonella* 및 *Vibrio*속으로 여름철에 많은 설사질환이 발생하지만 최근에는 생활수준의 향상으로 연중 발생하고 있다.

1. 원인균

장내세균과(Enterobacteriaceae)에 속하는 병원성 대장균 식중독균(*Escherichia coli*)은 일종의 대장균군(coli-form bacteria)으로, 그람 음성, 무포

자, 간균으로 주모성 편모를 가지며 유당을 분해하여 가스(CO_2와 H_2)를 생성하는 호기성 내지 통성혐기성균이다. 대장균군에 속하는 사람 및 동물의 분변 유래균에는 *Escherichia coli, Klebsiella pneumoniae*가 있고, *Enterobacter aerogenes, Ent. cloacae*는 분변 및 자연에 모두 존재하는 중간형, 그리고 *Erwinia carotovora, Citrobacter freundii*는 식물, 토양, 물 등에서 유래하는 자연환경형 균이다. 대장균군에는 분변에서는 거의 발견되지 않고, 상대적으로 양질의 먹는 물에서 증식할 수 있는 종들 또한 포함되어 있는데, *Serratia fronticola, Rahnella agnatilis, Buttianuxella agrestis* 등이 있고, *Serratia*와 *Yersinia* 중 몇몇 유당 발효종들은 오염되지 않은 물이나 토양에서도 발견된다.

대장균이 가진 항원에는 균체(O), 협막(K) 및 편모(H) 항원 등 3종류로 분류되고 다시 혈청 항원에 따라 여러 종류로 나누어지며 현재까지 O항원 180종, K항원 100여종, H항원은 56여종인 것으로 알려져 있다.

대장균은 원칙적으로 사람에게는 무해하기 때문에 식품이나 물과 함께 섭취되어도 질병을 일으키지 않는다. 그러나 어떤 원인에 의하여 숙주의 국소 또는 전신 저항이 저하된 경우에는 장관의 조직에 침투해 감염증을 일으키며 전신저항이 저하된 환자에게는 혈액 중에 침투하여 패혈증을 일으키기도 한다. 병원성 대장균에는 사람에 있어서 장관감염증의 원인이 되는 병원성 대장균은 현재 병원 기전에 따라 조직침입성대장균(장관침투성대장균, enteroinvasive *Escherichia coli*, EIEC), 독소원성대장균(enterotoxigenic *E. coli*, ETEC), 장관출혈성대장균(enterohemorrhagic *E. coli*, EHEC) 또는 vero 독소생성성대장균(verotoxinproducing *E. coli*, VTEC), 장관병원성대장균(enteropathogenic *E. coli*, EPEC) 및 장관응집성대장균(장관부착성대장균, enteroaggregative *E. coli*, EAggEC)로 분류하고 있다.

2. 원인식품과 감염경로

수질의 오염이나 식품의 오염으로부터 인체에 침입되며, 때로는 오염된 손으로부터 직접 입을 통하여 전파된다. 건강한 성인의 보균률은 균형에 따라 차이가 있으나 약 10% 정도라고 한다. 그러므로 보균자의 오염된 손으로 취급된 식품은 일단 식중독의 원인식품이 될 수 있다. 지금까지 보고된 원인식품으로는 햄, 치즈, 소시지, 고로케, 야채 셀러드, 분유, 호밀, 도시락, 두부 및 그 가공품, 유유아의 경우는 우유가 원인식품이 되며, 또 어머니가 보균자인 경우에는 수유

시에 감염을 일으킨다. 특히 유유아는 소수의 균에 의해서도 감염이 될 수 있으며, 육아시설에서는 시트, 우유, 공기 중의 먼지 등의 오염으로도 대유행을 일으킬 수 있다.

3. 잠복기 및 증상

성인에 있어서 잠복기는 비교적 길어서 6시간 내지 3일 정도이며 대개는 10~15시간이다. 증상으로는 원인균 형태에 따라 다른데, EIEC는 이질균과 같이 병원성을 가진 대장균으로 감염되었을 경우 대장의 점막상피세포 내로 침입하여 증식하고 점막을 괴사시켜 궤양을 형성하는 대장균이며, ETEC는 설사를 일으키는 독소(enterotoxin)를 생산하는 대장균으로서 이들 독소는 열에 쉽게 파괴되는 이열성(60℃에서 10분이면 불활성) LT(heat labile enterotoxin)와 내열성(100℃에서 30분 처리에도 활성)인 ST(heat stable enterotoxin)독소가 있는데, 소장점막을 자극한다. EHEC는 4~8일의 잠복기를 거쳐 혈변과 심한 복통을 일으킨다. 주요 혈청형에는 O157:H7, O26:H11 등이 있는데, 특히 O157:H7은 1982년 미국에서 처음 보고된 후 1996년 일본에서 5,727명이 감염되었다. 어린이, 노약자에게는 verotoxin에 의한 신장장애, 대장혈관파괴, 중추신경손상을 일으키고 용혈성 요독증 증후군(hemolytic uraemic syndrome, HUS)으로 발전될 수 있다. EPEC는 소장에 감염되고 살모넬라증과 비슷하며 발열이 일어난다. 신생아에서 주로 발생한다. EPEC의 중요한 병원성 기전은 A/E(attaching and effacing)병변을 초래하는 것으로 미세융모의 감소, 상피세포에 대한 세균의 외막단백(intimin)의 부착, 가교형성, 그 성액틴 및 세균 부착부위에 대한 세포골격인자의 응축을 일으킨다. 이러한 미세융모의 감소는 영양분의 흡수 불량과 삼투성 설사를 유발시킨다. EAEC는 최근에 보고된 새로운 형으로 잘 알려지지는 않았으나 주로 열대와 아열대의 위생 취약 지역에서 장기간에 걸친 소아설사의 원인균인데, HEp-2 세포 부착능은 대장균의 설사증 병독기전중의 하나로 알려지고 있다. 병원성 대장균 중 ETEC도 아니고, 즉 내열성 혹은 이열성 독소를 생성하지 않고, 또한 전형적인 EPEC 혈청형에도 속하지 않으면서 HEp-2 세포에만 부착되는 병원성 대장균을 말한다.

4. 예방법

조리 · 가공 등 식품 취급 시에 환자나 보균자의 분변 등에서 식품이 오염되지 않도록 주의하여야 한다. 식품을 보존 시에는 냉장하여 세균의 증식을 방지하는 것이 중요하다. 이 균도 열에 약하므로 가열조리를 하면 안전하다. 특히 환자가 사용한 물건, 식기 등의 소독을 철저히 하여야 한다.

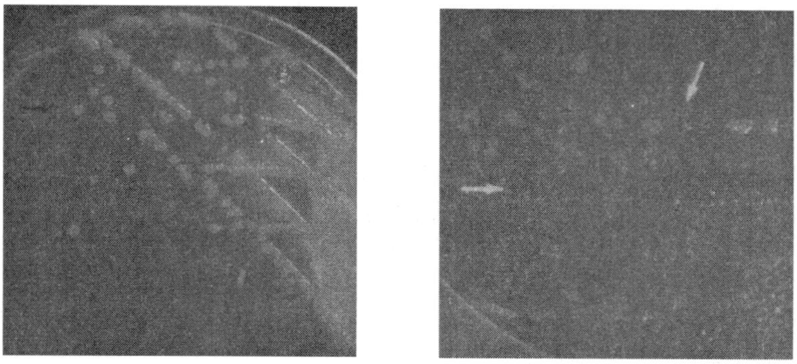

『그림 2-3』 병원성 대장균의 집락사진
(Desoxycholate agar와 EMB agar 상에서 자란 집락)

2.1.4. 여시니아 식중독

*Yersinia*균은 1923년경에 사람의 병소(病巢)로부터 분리, 검출되었으며 임상적으로도 이 균으로 인한 감염증이 확인된 것이 1960대 후반기로, 관절염, 위장염, 종말회장염과 패혈증이 밝혀졌다. 세계에서 최초로 이 균이 식중독과 관련되어 집단 설사증을 일으킨 사례는 1972년 일본의 정강(靜岡) 소학교에서 약 200여명의 학생 환자 발생이었고, 1976년에도 미국에서 초등학교 학생 200여명이 낙농회사 제품인 크림을 먹어 일어난 식중독 환자의 발생이다.

1. 균의 분포 및 발생상황

여시니아균은 자연계에 널리 분포되어 있는 세균으로 수십 종이 있으나 병원성을 나타내는 것은 3종이며 이들 중 식품오염을 통하여 식중독을 일으키는 균은 *Yersinia enterocolitica*인데, 가축이나 야생동물의 장내세균으로 동물의 배설물에서 검출되며 정상적인 사람의 대장에서 서식하는 균은 아니다. 특히, 식중독을 일으키는 *Y. enterocolitica*의 주요 보균원은 돼지고기로 알려져 있다.

2. 여시니아균의 특성

여시니아균은 그람 음성, 단간균, 주모성 편모를 가진 통성혐기성균이다. 22~29℃의 실온에서 가장 잘 자라지만 냉장온도(최저발육온도 −1.3℃)에서도 생육이 가능한 전형적인 저온세균이다. 그리고 산소유무에 상관없이 생육가능하기 때문에 냉장 · 진공포장된 식품에서도 생육이 가능하다. 열에는 비교적 약하며 적절한 가열 · 조리(70℃, 3분)에 의해 사멸한다. 일반적으로 식중독은 기온이 높은 초여름부터 초가을에 걸쳐 발생율이 증가하지만 여시니아균은 저온에서 발육하는 특성을 가지고 있기 때문에 초가을부터 겨울에도 발생할 수 있으므로 연중 항상 주의를 기울여야 한다.

3. 원인식품 및 감염경로

주요 원인식품은 오염된 식품(특히 덜 익은 돼지고기) 및 살균하지 않은 우유 또는 끓이지 않은 물이나 실제 식중독 발생식품은 초콜릿우유, 굴, 두부, 귤 등 특정 식품에 국한되지 않고 다양하게 보고되고 있으며, 때로는 감염된 동물과의 접촉으로도 감염을 일으킬 수 있다. 또한 식품가공 · 조리 취급자의 비위생적인 취급 또는 저장 중에도 여시니아균이 오염될 수 있다.

4. 식중독의 증상

여시니아균은 잠복기가 긴 감염형 식중독의 하나로 보통 1~7일(길게는 10일 미만)의 잠복기를 거쳐 맹장염과 유사한 복통과 고열을 일으키며 설사, 구토, 메스꺼움이 동반되기도 하나 대개 1~2주 내 회복된다. 그러나 간혹 맹장염으로 오진되어 불필요한 수술을 받을 수도 있으며, 노인과 면역력이 약한 사람의 경우 때로는 여시니아균이 관절이나 혈액으로 침투되어 심각한 질병으로 발전되기도 한다.

5. 식중독의 예방

여시니아 식중독을 방지하는 가장 좋은 방법은 충분한 가열 · 조리이다. 우유는 반드시 가열처리된 것을 섭취하여야 하며, 돼지고기는 완전히 익혀서 섭취하여야 한다. 여시니아균은 저온 조건에서도 생육이 가능하며, 물중에서는 장기간(4℃의 물에서 18개월) 생존이 가능하므로 냉장보관시도 안심하지 말고 적당량

구매하여 가능한 빠른 시일 내에 소비하는 것이 좋다.

야채나 과일의 세척시 사용하는 세척수는 먹는 물 관리법에서 정한 음용수 수질기준에 적합한 물을 사용하여야 하며, 필요한 경우 식품첨가물공전에 수재된 염소제제(차아염소산나트륨(락스), 고도표백분)를 사용하여 유효잔류염소농도 100ppm 용액*에 5~10분간 또는 이와 동등한 효과가 있는 방법으로 살균한 후 흐르는 물로 충분히 헹구어야 한다(*유효염소 4%의 차아염소산나트륨용액(락스) 사용 시 물 1 L에 약 5 mL(1~1.5teaspoon) 정도의 차아염소산나트륨용액을 첨가한 물).

여시니아균은 일반적으로 식육에 많이 오염되어 있으므로 식육의 육즙이 다른 식품에 스며들거나 떨어지는 일이 없도록 식육을 보관할 때는 용기나 포장비닐에 넣어 냉장 보관하고, 식육 또는 씻지 않은 야채에 사용된 조리기구 등(도마, 칼, 행주 등)은 충분한 세척 · 살균 후에 사용하여야 하며 특히, 먹기 직전의 음식(예 : 김치, 샐러드 등)에 재사용하지 않아야 한다. 음식의 취급 전, 화장실을 다녀온 후 및 동물과 접촉한 후에는 반드시 비누로 손을 잘 씻어야 한다(흐르는 물 세척 → 비누세척 → 흐르는 물 세척 → 깨끗이 말림).

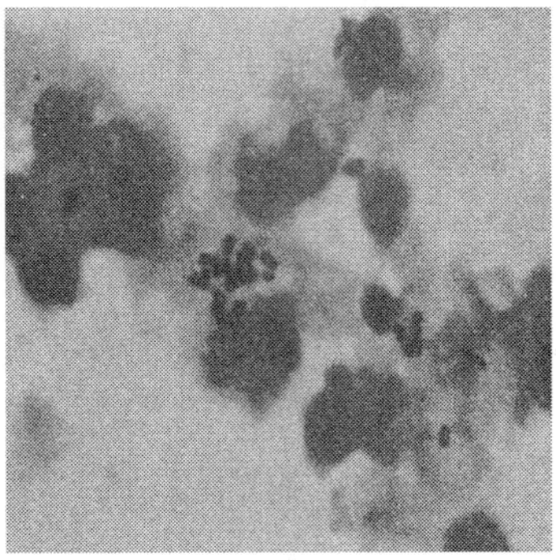

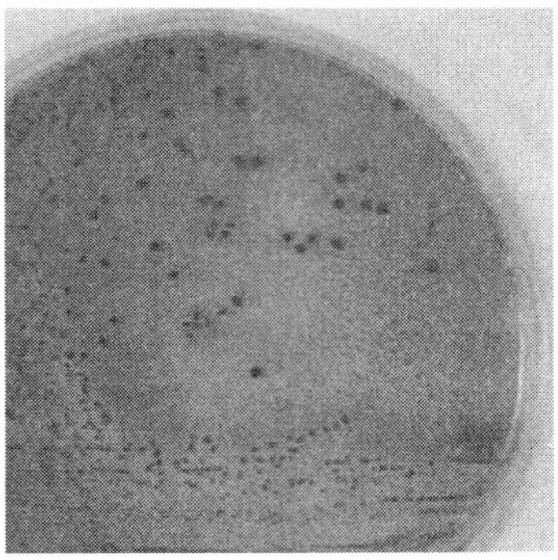

『그림 2-4』 여시니아균의 집락사진
(Methylene blue로 염색, CIN agar 상에 증식한 여시니아균)

2.1.5. 캠필로박터 식중독

1909년 유산을 일으킨 양에서 최초로 분리되었는데, 1963년에 *Campylobacter*로 명명하였으며, 1938년 미국 일리노이 주에서 357명이 급성 위장염에 이완된 사고가 발생하였는데 1946년 Levy는 원인균을 *Vibrio jejuni*라 하였다.

이 균이 1963년 Sebald와 Vermon은 *Vibrio*속과 DNA의 GC 함량 차이점 연구로 이균을 *Vibrio*속에서 독립시켜 새로운 *Campylobacter*속으로 분류하였다.

*Campylobacter*속은 Thompson 등에 의해 16S rRNA 염기 배열 동등성에 근거해 *Campylobacter*속과 *Helicobacter*속으로 분류되고 있다. 즉, rRNA group IA, rRNA group IB, rRNA group II 및 rRNA group III으로 나뉜다. rRNA group IA에는 고온 장내 병원성 종으로 *Campylobacter jejuni, C. coli, C. lardis* 등으로 이들은 42℃에서 성장하며 사람에 장염을 일으킨다. rRNA group IB는 *Campylobacter fetus, C. sputorum, C. mucosalis* 등이 있으며 동물에게는 병원성 이지만 사람에게는 질병을 일으키는 경우는 드물다. rRNA group II에는 *Campylobacter nitrofigilis*가 있으며 37℃보다 낮은 온도에서 잘 성장한다. 그리고 rRNA group III에는 *Helicobacter, Wolinella, Flex-ispira*와 *Helicobacter* 유사세균이 있다.

1. 성상 및 성질

그람 음성, 나선형, 양극 또는 단극에 각각 1개의 편모를 갖고 있다. 캠필로박터의 가장 큰 특징은 산소가 충분한 호기적 조건에서는 완전히 발육할 수 없을 뿐만 아니라 산소가 완전히 없는 혐기적인 조건에서도 발육하지 않는다. 이 균은 산소가 소량 함유된 환경에서 발육할 수 있는 미호기성 세균이다. 발육에 필요한 산소농도는 대기 중의 산소농도 21%보다 낮은 3~15%이나, 5%(미호기적 조건) 정도가 최적농도이다. 두 번째의 특징은 대기 중(호기조건하)에서 균을 놔두면 서서히 균이 사멸한다는 것이다. 제반주변 환경조건, 즉 식품의 종류나 보관온도 등에 따라 사멸하는 정도는 다르며, 일반적으로 10℃ 이하의 저온에 보관하는 경우에는 호기적 조건하에서도 상당히 오랜 시간 균이 생존할 수 있다. 세 번째의 특징은 사람의 식중독 원인균인 캠필로박터의 증식온도가 다른 식중독균과 상당한 차이가 있다는 것이다. 최저 발육온도는 약 30℃에서부터 최고가 46℃이다. 따라서 살모넬라와 장염비브리오 등 식중독균이 증식가능한 실온(25℃)에서는 캠필로박터는 거의 증식할 수 없다.

2. 오염경로

캠필로박터는 사람, 가축, 가금, 애완동물, 야생동물, 어패류 및 하천 등 자연환경에 널리 분포하는 균이며, 가축의 보균율은 소에서는 수%~20%, 돼지에서는 30~70%, 닭에서는 20~50%로 살모넬라보다도 높다. 기타 참새, 비둘기, 까마귀 등 야생조류에도 분포되어 있다. 따라서 동물의 분뇨가 우유, 하천수, 우물 등을 오염시키거나 가축, 가금의 도살, 해체시에 식육에 오염되어 이를 섭취한 사람이 식중독에 걸리게 된다. 시판되는 생육 중에는 살모넬라와 같은 정도로 캠필로박터가 오염되어 있다.

캠필로박터 식중독의 원인식품 및 오염경로, 캠필로박터의 다양한 분포 특성 및 식중독 발생사례 등을 근거로 한 주요 오염경로는 다음과 같다.

① 식육 및 그 가공품, 식육으로부터 사라다 등 기타 식품으로 이차오염.

② 기타 축산식품, 주로 우유 이 균은 공기에 드러나면 단시간에 사멸 하고 건조에 극도로 약하므로 건조된 식품과 알 표면에는 생존하지 못한다.

③ 음료수.

④ 쥐, 바퀴 등에 의한 식품오염.

⑤ 개, 고양이, 작은 새 등 애완동물 및 소, 돼지, 닭 등의 접촉감염.

⑥ 사람에서 사람으로의 감염. 주로 어머니에게서 아이로의 감염.

3. 식중독의 성질

캠필로박터 식중독의 원인균은 캠필로박터 제주니(*Campylobacter jejuni*)와 코리(*Campylobacter coli*)이지만 거의가 캠필로박터 제주니에 의해 발생한다. 캠필로박터 식중독은 일반적으로 어른보다는 소아가 그 증상이 심하나, 사망하는 예는 드물고 1~2주내에 회복된다. 잠복시간은 이질과 티푸스의 경우와 유사하여 2~7일(평균 2~3일)로 길다. 보통 발열, 권태감, 두통, 현기증, 근육통 등을 전구증상으로 하여 구역질, 복통을 일으키며 그 후 수시간 내지 2일후에 설사를 한다. 설사는 일반적으로 물 같은 설사이고 점액과 혈액이 섞일 수도 있다. 특히 소아에서는 이질과 같은 설사증세를 보이며, 1일의 설사횟수는 10회 이상일 수도 있으나 대개는 2~6회 정도이다. 극심한 요통을 보이는 경우 급성 충수염, 담낭염 또는 복막염으로 오진될 수도 있다. 일반적으로 예후는 양호하며 항생물질을 투여하면 치료가 된다. 격심한 설사나 복통을 수반하는 경우에는 적절한 항생제에 의한 치료가 필요하다.

4. 캠필로박터 식중독의 예방

이 균은 생균에 의한 감염형 식중독이나 감염을 일으키는데 필요한 균량은 밝혀지지 않았으나, 그러나 이 균은 동물 · 사람의 장관내에 상재하고 동물의 배설물 중에 존재하며, 생육이 1차 오염원이라는 점, 미호기적 조건하에서 30℃이상에서 증식하는 점, 공기, 열, 건조에 극도로 약한 점, 10℃ 이하의 저온에서는 호기적 조건에서도 장기간 생존가능한 특성 등을 고려한 예방법은 다음과 같다.

① 생균의 감염에 의해 발생하므로 식품을 충분히 가열하여 균을 사멸시켜야 한다. 많이 오염된 생육도 충분한 가열을 하면 균이 사멸된다. 물중에서도 장기간 생존이 가능하므로 음료수는 충분히 끓여야한다.

② 일반적으로 식육에 많이 오염되어 있으므로 식육으로부터의 기타 식품에의 2차 오염을 방지하여야 한다. 특히 냉장고의 저온조건에서도 균의 생존이 가능하므로 보관 시 주의가 요구된다. 특히, 식육을 냉장보관할 경우 육즙이 다른 식품에 스며들거나 떨어지는 일이 없도록 용기나 포장 비닐에 넣어 보관하여야 한다.

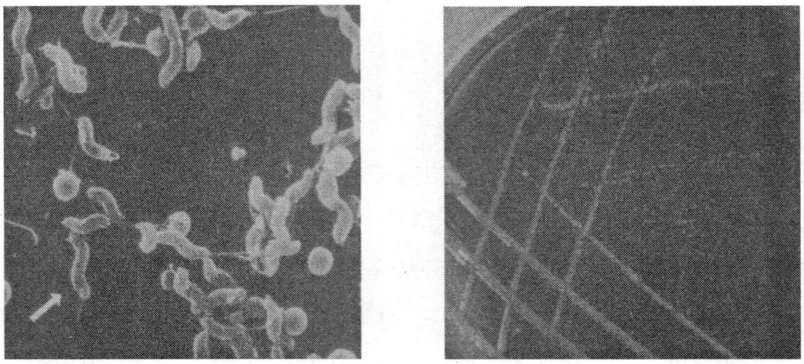

『그림 2-5』 캠필로박터균의 전자현미경 사진과 Skirrow 배지상에 자란 집락

2.1.6. 리스테리아 식중독

리스테리아균(*Listeria monocytogenes*)이 사람의 식중독 원인균으로 알려진 것은 1980년대부터의 일로 비교적 새로운 식중독균이라 할 수 있다. 즉 1981년 캐나다에서 이 세균에 오염된 양배추 샐러드를 먹은 사람중 7명과 신생아 및 태아 34명이 감염되어 이 중 성인 2명과 신생아 16명이 사망한 집단발생 사례가 계기가 되었다. 그 후 1983년 미국 메사츠주에서 우유를 먹은 49명(성인 42명, 유아 및 신생아 7명)이 발병하여 48명이 사망하였으며 그 원인식품은 연치즈(soft cheese)로 판명되었다. 이 밖에도 산발사례로 아이스크림

류, 조리한 닭고기, 칠면조 고기의 소시지가 감염원으로 의심되는 보고가 있으며, 어패류도 원인으로 추정되는 보고도 있다.

1. 원인균

이 세균은 그람 양성, 무포자, 주모성 간균으로 pH 5~9에서 잘 자라고, 탄수화물이 성장에 필수적이다. 그리고 다른 식중독 세균과 달리 아주 광범위한 발육 온도대(10~45℃)를 갖고 있는 것이 특징이다. 특히 저온(10℃ 이하)과 고온(40℃ 이상)에서도 발육이 가능하여 열저항성이 높은 세균의 일종이다. 따라서 일반 세균과 달리 4℃ 이하에서도 증식이 가능하기 때문에 냉장상태로 보존하더라도 안심할 수 없다. 또한 가열살균온도도 높아서 최소 75℃ 이상으로 가열하여야 한다. 이 밖에도 소금에 대한 저항성이 높아서 5~6% 정도의 식염농도에서도 발육이 가능하기 때문에 소금에 절인 식품이라 하더라도 안심할 수 없다.

리스테리아 식중독은 감염형 식중독 중에서 식중독을 발병하기 위해 필요로 하는 균수가 가장 적은 식중독의 하나이다(보통 수개 또는 수마리/g).

2. 원인식품과 증상

이 세균은 동물의 장관 속이나 분변오염 환경 중에 널리 분포되어 있기 때문에 자연 생우유 · 식육 · 계란 등 각종 식품에서 분리될 수 있다고 본다. 따라서 이들 동물성 식품을 원료로 가공한 식품 중 불완전한 취급과 불충분한 가열살균을 한 유제품(특히 치즈 · 아이스크림 등), 시판 식육제품(특히 분쇄육 · 소시지 등), 닭고기 가공품에서 검출될 수 있다. 이 밖에도 가축의 분변을 통한 토양오염으로 인한 야채류도 문제가 될 수 있다.

이 식중독의 증상은 잠복기는 수일~수주로 알려져 있으나 확실하지 않으며, 대부분이 화농성 수막염과 패혈증을 주 증상으로 하며, 기타 발열 · 두통 · 구토 · 의식장애도 일어난다. 그러나 다른 세균성 식중독과 같이 복통 · 설사 등 위장염 증상은 없는 것이 특징이다. 또한 이 식중독은 모든 사람에게 오는 것은 아니다. 미국의 예를 보면 대부분의 환자는 임신부 · 55세 이상의 노인 · 백혈병 등 기초질환자, 약물 및 알코올중독자 등의 면역기능이 저하된 사람들이었으며, 정상 건강인은 극히 드물었다. 그리고 우리와 식생활이 비슷한 일본의 사례는 대부분 산발적 발생 예로 성별로는 남성이 많았으며, 연령별로는 신생아 및 유유아, 그리고 50~60대가 대부분이었으며, 6~19세의 발생은 극히 드문 것이 특징이다. 또한 일본의 경우 이 식중독의 감염원이나 감염경로는 거의 밝혀지고 있지 않으며, 서구에서 보고된 바 있는 식품이 감염원이 된 사례는 증명되고 있지 않다. 특히 태아 및 신생아의 리스테리아증은 모체로부터 수직감염이 대부분일 것으로 추정되고 있다.

우리나라에서의 리스테리아 식중독 사례는 아직 공식 보고된 바 없으나 산발적인 발생 가능성은 충분히 있기 때문에 주의가 요구된다.

3. 예방법

물론 일반 식중독과 마찬가지로 식품위생관리의 기본원칙을 충실히 지켜나가면 이 식중독도 예방이 가능한 것이다. 그러나 리스테리아균의 특성상 보다 주의를 기울여야 할 사항은 냉장상태로 식품을 보존하더라도 균의 발육증식이 가능하기 때문에 냉장고에만 의존하는 식품관리로는 부족한 것이다. 또한 비교적 고온에도 저항성이 있으므로 보다 충분한 가열조리 방법을 택해야 한다. 특히 주의를 요하는 것은 요사이 일부 외국 아이스크림에서 물의를 일으키고 있듯이 저온 보존식품인 아이스크림류 등 냉장보존 기호식품을 비롯하여 식육류 및 그 가공제품 그리고 우유 및 그 가공제품 등 동물성 식품의 생산 · 가공 · 처리단계에서의 위생관리 철저로 이 세균의 오염을 억제하는 길만이 그 예방대책이라 할 수 있다.

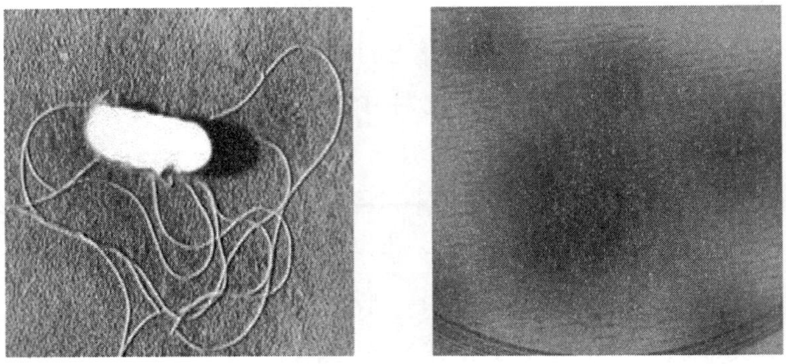

『그림 2-6』 *Listeria monocytogenes*의 전자현미경 사진과 Oxford agar 상에서 자란 집락

2.1.7. 포도상구균 식중독

포도상구균은 인체의 화농성 질환의 매우 중요한 원인균으로 알려져 있고 식

중독의 원인균으로서도 식품위생상 주목을 끌고 있는 세균이다.

이 세균은 저항성이 강하여 인체 정상피부나 비·인강, 분진, 실내 등 자연계에 널리 분포되어 식품의 오염기회가 많다.

1878년 Koch는 화농즙 중에서 포도상구균을 발견하였고, 1880년 Pasteur는 포도상구균의 배양에 성공하였다. 포도상구균이 명확하게 식중독균으로 인정된 것은 1914년 필리핀의 Barber가 어느 농장의 유방염에 걸린 소에서 착유한 우유로 만든 크림으로 실험하고 난 후 부터였다. Barber는 이 소의 젖에서 분리된 포도상구균을 다른 신선한 우유에 넣어 36.5℃에서 8.5시간 배양시킨 후 그 우유 50 mL를 음용하여 본 결과 시간이 경과되어 심한 구토와 설사를 일으켰다. Barber의 보고는 식중독의 원인이 포도상구균의 감염에 의한 것이 아니라 이 균이 생성한 독소에 의한다는 사실을 확인한 최초의 보고이다.

포도상구균에 의한 식중독은 Botulinus 식중독과 마찬가지로 포도상구균이 식품 내에서 증식하는 동안 생산된 독소를 섭취함으로써 발생되는 독소형 식중독의 대표적인 형이다.

국내에서의 이에 대한보고는 *Salmonella* 식중독이나 장염 *Vibrio*균 식중독에 의한 것보다는 보고수가 적은 편이었으며 초기에는 주로 세균학교실을 중심으로 포도상구균 자체에 대한 연구보고가 있다. 전수기 등(1962)의 coagulase 양성 포도상구균 선택배지의 비교, 박성열(1966)의 포도상구균 및 그 감염에 미치는 자외선의 영향에 관한 연구, 그밖에 김진원(1967), 도종웅(1969), 박종대(1969), 이은중(1972), 노인규(1972), 이윤호 등(1986), 김동궤(1988) 외 다수의 발표가 있으며, 식중독 발생보고로는 다른 중요한 세균성 식중독보다는 적으나 몇가지 대형사고로는 1977년 서울시내 초등학교 급식 빵으로부터 *Staphyococcus aureus*에 의한 8,000여명의 집단 식중독 발생 사고는 전세계적으로도 유래를 찾아볼 수 없는 대규모의 식중독사건 이었다.

1. 원인세균

포도상구균(*Staphyloccus*)은 원형 또는 타원형의 0.8~1.0 μm의 구균으로 포도송이 모양으로 집합하는 성질이 있기 때문에 그리스어의 포도 staphyle에서 이와 같은 이름이 붙여진 것이다(124쪽 그림 2-7 참조).

편모를 갖지 않으며 포자는 형성하지 않는다. Gram 양성이고 최적 증식온도는 35~37℃이며, 최적 pH는 7.7~7.5이다.

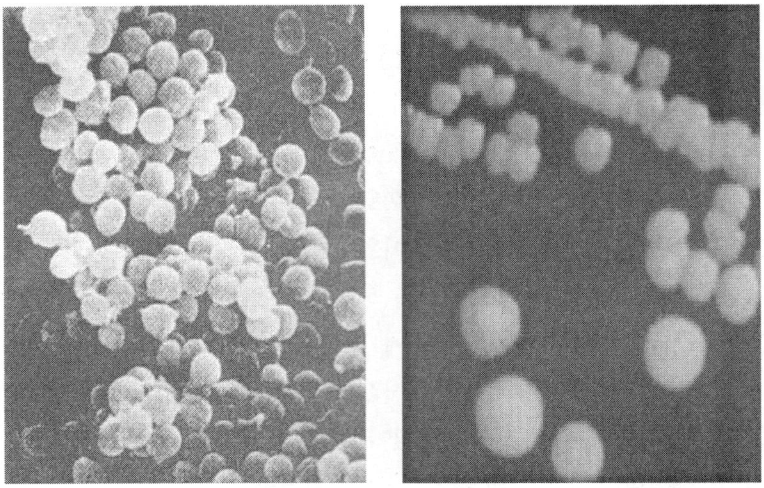

『그림 2-7』 포도상구균(왼쪽)과 황색포도상구균(오른쪽)

그러나 균이 포도송이모양으로 집합하여도 반드시 포도상구균이라고는 하지 않는다. 형태학적으로 유사한 것으로는 *Micrococcus, Planococcus*가 있다. 세균학적 성질에 의해 이들을 분리 동정하는 것은 가능하다. 포도상구균 속에는 황색 포도상구균(*Staphylococcus aureus*), 표피 포도상구균(*Staphylococcus epidermidis*) 및 부생 포도상구균(*Staphylococcus saprophyticus*)의 3종이 있다. 이 중에서 식중독의 원인이 되는 주된 것은 황색 포도상구균이다. 이 균은 화농성질환의 대표적인 원인균이지만 식중독의 원인균도 된다. 황색 포도상구균은 환경의 변화에 대해서 내성이 강하고 건조한 상태에서도 매우 오랫동안 생존할 수 있다. 따라서 사람이나 동물의 비점막, 인후, 피부, 모발 등에 널리 분포하는 이외에 먼지 등에도 부착되어 있는 수가 많다. 이 때문에 식품을 오염시키는 기회도 많다.

포도상구균 식중독의 원인이 되는 것은 균 자체가 아니라 이 균이 체외로 분비하는 독소이다. 이 독소는 포도상구균 엔테로톡신(staphylococcal enterotoxin)이라 부르는 단순단백질이다. 면역학적으로 A~F의 6종류가 알려져 있다. 이 중 enterotoxin A형은 가장 독성이 강하며, 분자량은 30,000전후이다. Enterotoxin이라 하는 이름은 1930년 Dacks가 포도상구균이 생산하는 식중독 원인독소에 붙인 이름인데 그 후에 콜레라균, 대장균, Welchii균, Cereus균 등도 균체외독소를 분비하는 것이 발견되어 모두 enterotoxin(장관독)이라 부르기 때문에 혼돈되기 쉬운 면이 있다.

포도상구균 자체는 내열성이 아니나 포도상구균 독소인 enterotoxin은 단순 단백질임에도 불구하고 열에 대한 저항력이 강하여 120℃에서 20분간의 가열로서도 완전히 파괴되지 않으며 돈지(豚脂), 기타의 유지에서 218~248℃, 30분간의 가열로서 비로소 활성을 잃는다.

2. 잠복기

포도상구균은 식품 중에 생성되는 enterotoxin을 섭취함으로써 발병하는 독소형 식중독이기 때문에 잠복기가 아주 짧은 것이 특징이다. 그러나 섭취 독소량과 독소에 대한 숙주의 감수성에 따라 다르며 잠복기는 대체로 1~6시간, 평균 3시간이다.

잠복기가 짧다는 것이 식중독 발생시 이 병증을 추정하는 중요한 점이다. 식품이 포도상구균의 오염을 받았다고 해도 거기에서 균이 증식하여 enterotoxin을 생성하지 않으며 식중독의 위험성은 없는 것이다. 그러나 18℃에서 3일간 또는 실온(25~30℃)에서 5시간이면 식중독을 일으키는데 충분한 독소가 생성되어 식중독을 일으키게 된다.

3. 중독증상

3시간 전후의 잠복기 후 타액분비 항진, 오심, 구토, 복통, 설사(보통 수양성) 등이 일어나는데 발열은 없거나 있어도 거의가 37℃ 정도이다. 보통 경과는 양호하여 1~3일이면 회복된다. 사망하는 일은 거의 없고 후유증도 없는 것이 특징이다.

4. 감염원

오염원으로서 가장 중요한 것은 화농증이고 특히 식품 취급자의 손에 화농증상이 있을 경우 그가 조리한 식품은 포도상구균의 농후한 오염을 받게 된다. 다음에 문제가 되는 것은 코나 목구멍에 존재하는 포도상구균으로 식중독을 일으키는 포도상구균이 가끔 존재하고 있어 이것이 재채기나 기침을 통하여 식품에 오염되는 수가 있다. 또 유방염에 걸린 소의 젖은 위험한 오염원이다. 이외에 포도상구균은 분진, 토양, 하수, 대변 등 자연계에 널리 분포되어 있으므로 식품이 오염되는 기회가 많다.

5. 발생상황과 원인식품

미국의 경우 이 균에 의한 식중독은 *Salmonella*속 식중독에 이어 제 2위를 차지하고 있고 일본에서도 장염 *Vibrio*균 식중독에 이어 제 2위를 차지하고 있다. 우리나라에서도 1969년 9월 제17 육군병원에서 오염된 빵을 먹고 복통과 설사를 집단적으로 발생한 172예의 사례가 있었으며, 1970년 10월 서울에 수학여행 온 충남 연기군의 초등학생 149명에서 발생된 포도상구균 식중독의 원인식품이 음식점 도시락의 생선묵무침이었다고 보고되었다.

1972년 모 공장직원들에게서 발생된 포도상구균 식중독으로 문제시 된 빵에서 *Staphylococcus aureus*를 분리하였다고 한다. 1977년 9월에 서울시내 초등학교 급식 빵으로부터 *Staphylococcus aureus*에 의한 8,000명의 집단 식중독은 대규모의 사건이었으며, 1980년 11월 강원도 춘천시의 한 결혼식 피로연에서 발생한 집단식중독에서는 삶은 돼지고기가 포도상구균에 오염되어 비롯된 것으로 보고되었다. 1985년 1월 미8군 영내의 학생식당에서 Ham에 의해 576명의 환자가 발생되었다. 이 식중독은 사계절을 통하여 발생되지만 기온이 높고 세균의 증식에 알맞은 5~9월에 발생율이 높다.

원인식품은 다종다양하여 구미에서는 우유와 그 가공품인 크림, 버터, 치즈 등을 비롯하여 육류, 난류 등 단백질 식품이 주가 되어 있고 우리나라에서는 식생활의 차이에 따라 쌀밥, 떡, 도시락, 빵, 과자류 등 전분질을 주체로 한 식품이 주가 되어 있으며 그밖에도 어패류와 그 가공품, 두부 등이 중요한 원인 식품이다.

6. 예방법

이 식중독은 먼저 식품이 균에 의해 오염되고, 두 번째로 균이 증식하고, 셋째로 enterotoxin이 생산되는 3차의 과정을 거쳐서 발생된다. 따라서 예방법으로는 우선 이 균에 의해 식품이 오염되지 않는 것이 중요하다. 조리 시 손가락의 화농성염증, 인후염 등에 걸린 사람과 접촉하지 말아야 한다. 균의 증식을 막기 위해서는 다른 세균성 식중독과 같이 냉장하는 것이 유효하다. 그러나 일단 독소가 생산되고 나면 가열 조리는 예방이 되지 않는다. 설사가 심할 경우 수액을 한다.

2.1.8. 보툴리눔 식중독

*Botulinus*균 식중독은 *Botulinus*균(*Clostridium botulinum*)이 생산한 독소를 식품과 함께 섭취함으로써 일어나는 독소형 식중독의 하나이다.

Botulinus중독의 어원은 라틴어의 botulus, 즉 소시지에 의한 질병이란 의미에서 온 것이다. 소시지 중독은 유럽에서는 1,000년 이상 전부터 알려져 있었으나 1895년 벨기에의 Van Ermengem에 의해서 *Botulinus*균 식중독은 세균성 식중독 중에서 가장 치명률이 높기 때문에 옛 부터 두려워해왔다. 1910년 Leuchs는 *Botulinus*균에 속하는 2종의 균 중에서 항원성이 다른 2종의 독소가 있다는 것을 밝혀냈으며 현재는 A~G까지 7종의 독소가 존재한다고 알려져 있다.

1. 원인세균

*Botulinus*균은 혐기성, Gram 양성, 편모를 가지는 운동성이 있는 간균이다. 크기는 0.8~1.2×4~8μm이다(그림 2-8). 이 균은 내열성의 포자를 형성한다.

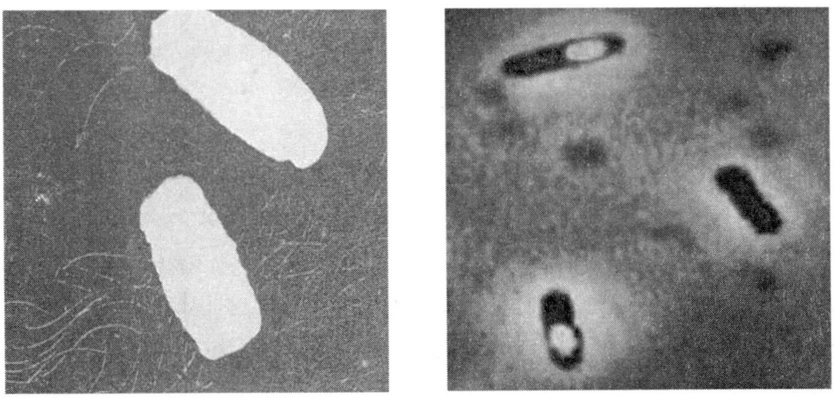

『그림 2-8』 *Botulinus*균(왼쪽)과 *Cl. botulinum*균의 내성포자(오른쪽)

*Botulinus*균은 생성된 독소에 따라서 A에서 G까지의 7형으로 분류되고 있으며 이중 사람에게 식중독을 일으키는 것은 A, B, E, F의 4형이다.

A, B형균의 포자는 특히 내열성이 강하다. 표 2-2에는 A형 균의 포자를 완전히 사멸하는데 필요한 온도와 시간의 관계를 나타내었다.

『표 2-2』 A형 *Botulinus*균 포자의 살균에 필요한 시간

가열온도(℃)	살균에 필요한 시간(분)
100	360
105	120
110	36
115	12
120	4

이 균은 통조림, 병조림의 가열살균의 목표가 되는 세균이나 그것은 표 2-4에 표시한 것과 같이 강력한 내열성이 있는 포자와 통조림식품과 같이 공기가 없는 상태에서 증식하기 때문이다. 이것에 대한 E형 균의 포자는 내열성은 낮아 80℃에서 30분, 100℃에서는 5분간 이내에 사멸된다. A형 균과 일부 B형 및 F형 균은 단백질 분해성이 강하고, 10℃ 이상에서 증식하며, 식품 중에서 증식하면 특유의 낙산(butyric acid)냄새를 생성한다. 한편 단백질 분해성이 없는 B, E, F형 균은 3.3℃의 저온에서도 증식한 것이 보고되었고, 저온보장만으로는 중독을 예방할 수가 없다.

2. 잠복기

보통 12~36시간이지만 2시간에서 긴 경우에는 8일이라는 말도 있다.

3. 중독증상

*Botulinus*균이 생산한 독소는 모든 동물에 대하여 가장 맹독성이며 A형 균 독소의 결정은 쥐에 대한 치사량(LD_{50}/kg 복강내주사)은 약 0.00003 ㎍의 미량이다. A형 및 B형의 중독에 의한 치사율은 70%를 초과한다.

주된 증상은 특이한 신경증상이지만 그 앞에 오심, 구토, 복통, 설사 등의 소화기 증상을 나타나는 일이 있다. 신경증상으로는 안증상(眼症狀)이 꼭 나타나 시력저하, 복시(複視), 눈꺼풀하수(下垂), 동공확대 등이 일어난다. 또 구갈, 혀의 경기, 연하곤란, 사지 탈력감, 혹은 보행불능 등이 나타나며 중증에서는 폐뇨(閉尿)가 나타난다. 의식은 최후까지 명료하고 사망의 원인은 호흡곤란에 의한 질식이지만 보통은 발병 2~3일 이내에 일어난다.

4. 감염원

*Botulinus*균은 저항성이 강한 포자형으로 토양, 물, 식품, 기타 자연계에 널리 분포되어 있으며 E형 균은 이외에 어류, 갑각류의 장관 등에, 또 육류, 야채, 어패류가 1차 오염되어 감염원이 된다. 병조림, 통조림과 같은 밀봉식품, 소시지, 훈제품 등의 원재료가 이 균에 의해서 토양 등으로부터 오염되면 가열이 불충분할 경우 포자가 살아남게 되고 혐기적 조건에서 발아, 증식하여 독소를 생산한다. 이러한 독소를 함유하는 식품을 섭취하면 발병하게 된다.

5. 발생상황과 원인식품

이 균에 의한 식중독은 세계 각지에서 발생되지만 균형(菌型)은 나라와 지역에 따라 차이가 있다. 우리나라의 경우 김동한 등(1986)은 1986년 2월부터 12월까지 속초, 주문진, 동해, 부산 등 해안에서 토양, 해수를 대상으로 동지역과 서울근교 및 서울에서 불량 진공가공식품을 대상으로 혐기성 식중독 세균 및 기타 혐기성 세균을 분리 동정한 결과 토양, 해수, 불량 진공가공식품 등 총 480건에서 *Cl. botulinum*과 *Cl. perfringens*는 분리되지 않았으나 토양 140건과 해수 140건에서 분리동정된 *Clostridium* spp.는 각각 7균주이었고, 불량 진공가공식품 200건에서 분리된 11균주의 *Clostridium* spp.는 모두 토양 및 해수세균이었다. 김동한(1987)은 또 1987년 2월부터 11월까지 여수, 목포, 군산, 아산과 인천지역에서 재취한 토양 185건, 해수 145건과 불량통조림 및 진공가공식품 194건 등 총 524건에 대하여 *Clostridium botulinum*균의 분리동정 및 기타 *Clostridium*속에 속한 병원성 및 식품부패 관련균 등의 검출을 시도한 결과 *Cl. botulinum*은 분리되지 않았다고 보고하였다. 우리나라에서는 이 균에 대한 분리 보고나 연구된 예는 아주 적고 최근에 보고된 상기의 예가 있을 뿐이다. 미국이나 유럽에서는 B형 중독이 많은데 비하여 일본에서는 E형 중독이 압도적으로 많다.

원인식품으로는 식생활습관의 차이에 따라 나라마다 다르다. 이 식중독이 많이 발생되는 구미 중에서 독일에서는 햄, 소시지 등의 식육제품에 의한 것이 많고 영국에서는 주로 조육, 소련, 프랑스에서는 어류의 훈제품이나 식초 절임, 미국에서는 야채나 과일의 통조림, 병조림 식품류가 많은데 이들은 특히 가열이 불충분한 자가제 식품(自家製食品)이 주로 되어 있다. 일본에서는 거의가 "이스시" 인 E형 균 식중독이 많다. "이스시" 는 청어, 가자미, 고등어, 연어 등의 어류를 주체로 하여 쌀밥, 야채, 효모, 조미료 등의 혼합물과 섞어 발효시킨 식품인데 숙성 중에 혐기 상태가 유지되어 4℃ 정도의 저온에서도 E형 균의 포자가 발아, 증식하여 독소를 생산한다.

6. 예방법

이 균이 토양, 동물의 분변 등에 존재하기 때문에 야채에 묻어 있는 뇨, 생선 조리의 경우 내장 등을 충분히 씻는 것이 중요하다. 포자를 가진 균을 살균하기 위해서는 autoclave법으로 해야하므로 식품오염 균을 가열에 의해 사멸하는 것은 불가능하다. 이 균의 독소는 열에 약하므로 먹기 전에 가열한 식품은 안전하다. 또 중요한 것은 의심되는 식품은 먹지 않는 것이다. 예를 들면 이상한 가스를 함유하고 있는 통조림 등은 위험 식품이라고 생각하는 것이 좋다.

2.1.9. 바실러스 세레우스 식중독

*Cereus*균 식중독은 유럽 여러 나라에서는 아주 오래 전부터 알려져 있는 식중독인데 처음으로 신뢰할 수 있는 보고는 1955년 Hauge에 의해서이다. 그 후 스웨덴, 헝가리, 미국, 일본 등 여러 나라에서 많은 식중독 예가 보고되었다. 이 식중독은 처음에는 불분명해서 감염형으로 보기도 하고 독소형으로 보기도 했으나 소련의 Ezepchuk가 *Cereus*균의 enterotxin을 분리하였고 1972년 Fluer가 이 독소의 물리적, 화학적 성질을 밝힘으로서 *Cereus*균 식중독이 독소형임을 밝혔다.

1. 원인세균

원인균은 *Bacillus cereus*로써 Gram 양성, 1.0~1.2×3~5 ㎛의 대형 유포자 간균으로 통성혐기성 균이다(그림 2-9). 10~48℃에서 발육하며 최적온도는 28~35℃이다. 포자는 내열성이므로 135℃에서 4시간 가열해도 죽지 않는다. 따라서 가열 조리한 식품 중에도 살아남아 냉각과 함께 발아, 증식한다. 이 균도 독소를 생산함에 따라 식중독 증상이 발생하는 독소형 식중독의 범주에 들어간다. 이 균의 enterotoxin은 균체외독소이며 일종의 단순단백질로 약 17개의 아미노산으로 구성되어 있으며 분자량이 55,000~60,000이다.

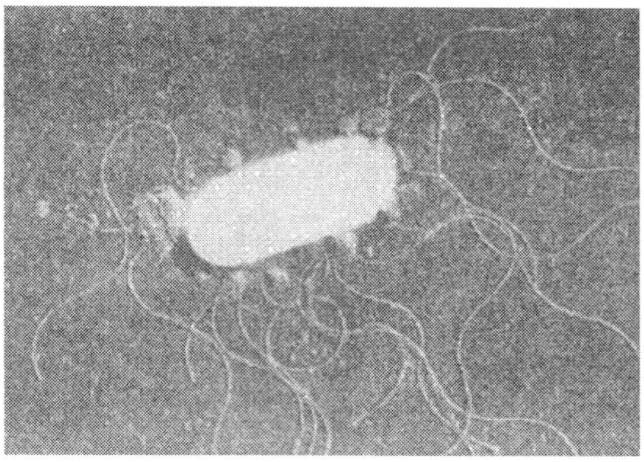 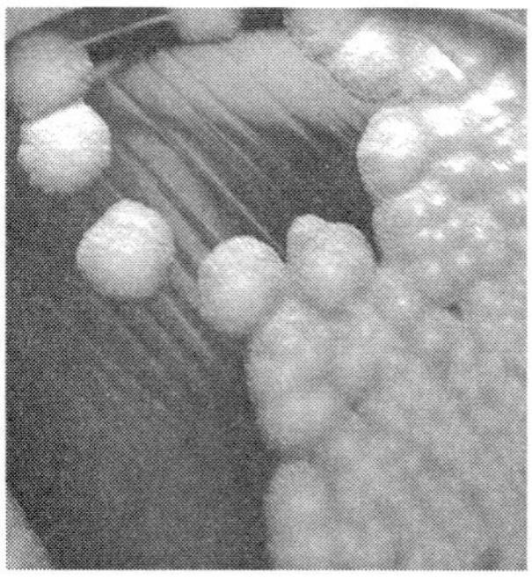

『그림 2-9』 *Cereus*균(왼쪽)과 *Bacillus cereus*의 혈액한천배지상의 집락

2. 잠복기

8~16시간으로 평균 12시간이다.

3. 중독증상

8~12시간의 잠복기 후에 복통, 설사를 일으키는 설사형(감염독소형)과 1~5시간의 잠복기 후에 오심, 구토를 일으키는 구토형(독소형)이 있다. 발열은 거의 보이지 않는다. 1~2일 후에 회복한다.

3. 원인식품

쌀밥, 면류, 복합식품 등이 구토형의 식중독을 나타냈으며 육류나 채소 스프, vanilla sauce, pudding 등은 설사형의 식중독을 나타냈다.

4. 예방법

*Cereus*균의 포자는 내열성이고 또 증식형인 것은 조리후의 방냉 기간에 급속하게 번식하므로 이 균에 오염되기 쉬운 식품은 조리하여 바로 먹도록 하고, 다른 세균성식중독과 같이 식품 오염의 방지, 식품의 저온저장 등이 있다.

2.1.10. *Clostridium perfringens* Welchii 식중독

Welchii균은 본래 가스괴저(壞疽)균으로 알려져 있었으나 근년에는 식중독의 원인균으로서도 주목하게 되었다.

Welchii균(*Clostridum perfringens*)은 사람이나 동물의 장(腸)내 상재 균으로서 토양, 물, 식품 등 자연계에도 널리 분포되어 있으며, 사람에게 식중독을 일으키는 균은 Gram 양성 간균으로서 혐기성 균이지만 혐기성의 요구가 비교적 약하다.

Clostidium perfringens 식중독은 enterotoxin의 존재가 확인되기까지는 감염형에 속하는 것으로 생각되었다. *Cl. perfringens*의 enterotoxin은 포자를 형성할 때에만 생산되는 것이므로(Storong, 1971) 생균에 의한 경구투여가 식중독발병에 절대 필요하며 사균 또는 배양 여액으로는 일어나지 않는 것이 입증되어 이 식중독은 생체내 독소형(毒素形)에 속하는 것이 확인되었다(Durcan 등 1917 ; Hauchild, 1971).

1. 원인세균

Welchii균은 Gram 양성 간균으로 포자를 형성하며 무편모균으로, 다른 혐기성 포자형성 균에 비하여 이들의 내열성은 약하고 90℃에서 30분간 또는 100℃에서 5분 정도의 가열로 사멸한다(그림 2-10). 그러나 식중독을 일으키는 A형, C형균의 포자는 100℃로 1~4시간의 가열에 견디므로 내열성 변이주(耐熱性變異株)라고 불리우고 있다. Welchii균 가운데서 식중독의 원인이 되는 것은 내열성 Welchii균 A형에 의한 것이다.

1946년에서 1948년에 독일에서 발생한 장괴저(腸壞疽)라고 불리우는 식중독은 치사율이 40%에 이르렀던 것도 있어 그 원인균은 Welchii균 F형이라고 명명되었으나 그 후에 C형으로 명명되었다. 독일에서만 발생하였고 그 후 전혀 발생 예가 없었으므로 보통 식중독의 원인이 되는 것은 A형과 C형 Welchii균이라고 해도 좋다. 독소 생산능력의 차이에 따라 A~F형까지 6형으로 분류한다.

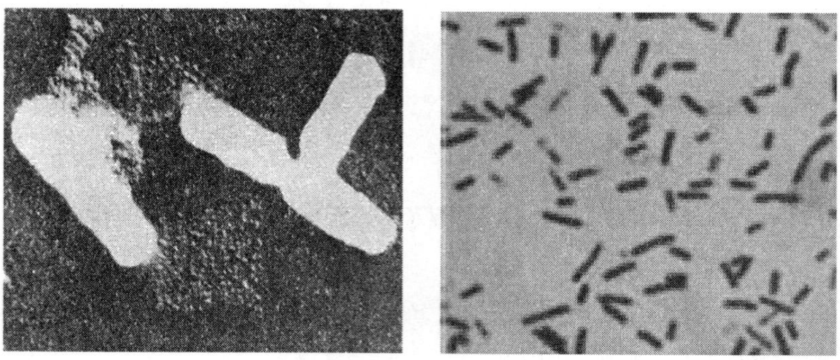

『그림 2-10』 Welchii균(왼쪽)과 *Cl. perfringens*균의 그람염색(오른쪽)

2. 잠복기

잠복기는 8~22시간, 평균 12시간 전후가 많다.

3. 중독증상

주 증상은 심한 설사, 복통으로 설사는 물 같은 대변으로 1일 10~15회 정도에 달하지만 24시간 정도의 단시간으로 회복하는 일이 많고 생명의 위험성은 거의 없다.

4. 감염원

식중독을 일으키는 내열성 Welchii균은 사람이나 동물의 분변, 토양 등에 널리 분포하며 사람의 보균율은 3~5%, 동물은 종류에 따라 다르나 10~40% 정도, 토양은 3~10% 정도라고 한다. 따라서 보균자, 가축, 쥐, 곤충류 등이 감염원이 되는 것으로 생각된다.

5. 발생상황과 원인식품

이 균에 의한 식중독은 영국, 미국, 스웨덴 등에서 많이 발생되었으며 미국에서는 환자수가 전 식중독의 30% 전후를 차지하고 있다. 우리나라에서는 아직까지도 이 균으로 오염된 수육 및 가공식품과 어패류에 의한 식중독의 보고는 없으며, 전국적인 분포나 식품별 오염상태에 관한보고도 몇 편에 불과하다.

원인식품으로는 유럽 등지에서는 식육이나 그 가공품이고 일본에서는 어패류 가공품 이외에 각종 식품에서 발생하고 있다. 이들 식품은 일단 가열한 후 방냉중에 이 균이 증식해서 식중독이 발생한 예가 많다. 그 이유는 Welchii균이 혐기성이고 그 포자가 내열성으로서 100℃에서 1~4시간 가열하여도 견디므로 가열조리 후에도 균이 살아남아 있고 또 가열하는 동안에 식품중의 산소가 축출되어 포자가 발육 증식할 수 있는 무산소 상태가 되어 이때 일시에 대량 조리된 식품은 밀폐한 상태로 자연 방치하면 혐기적 상태로 유지되고 온도가 50℃ 이하로 되면 포자가 급속하게 발육하기 시작한다. 일반적으로 단백질 식품은 모두 원인식품이 될 수 있으며 당질을 주로 한 식품에서는 발생하지 않는 것이 이 식중독의 특징이다.

5. 예방법

가열 조리한 식품을 실온에서 오래 방치할 경우 잔존한 포자가 발아하여 증식되기 쉬우므로 조리한 식품은 바로 먹도록 하거나 보존할 경우에는 급냉하여 냉장한다. 또한 보존한 조리식품을 먹기 전에 충분히 재 가열하여 영양형 균을 살균하고 동시에 enterotoxin을 불활성화 시킨다. 그리고 무엇보다도 이 균의 감염 오염원으로부터 식품이 오염되지 않도록 하여야 한다.

2.1.11. 알레르기 식중독

생체 내에 이물질(항원)이 침입하면 여기에 대항하는 항체가 생긴다. 이는 이물질에 대한 방어기능으로 면역이라 할 수 있다. 물질에 따라서는 생체가 이상 과민반응을 일으켜 알레르기 증상이 나타난다.

알레르기는 미생물의 독소, 식품 첨가물, 농약, 환경오염물질 등과 같이 외인성인 경우가 있고, 식품 자체의 성분에 대한 개인별 특성을 나타내는 내인성인 것도 있다. 원인물질은 histamine, acetyl choline, serotonin, trimenthyl-amine oxide 등으로 개인, 건강상태 또는 섭취량에 따라 다르게 나타나기도 한다.

신선한 식품이나 식생활에 많이 섭취하고 있는 식품군에도 많기 때문에 여기에서는 단백질의 변질에 따른 문제점만을 설명하고자 한다.

단백질 식품이 세균에 의하여 부패물이 생성되고 여기에 allergy를 발생시키는 물질이 있는 것이 알려져 있다. 예를 들면 가장 많이 발견되고 있는 것은 아미노산 중 히스티딘(histidine)이 부패세균에 의하여 탈탄산작용을 일으켜 히스타민(histamine)이 생성되고 이를 섭취할 때 allergy를 일으킨다.

1. 원인세균

부패세균 중 *Morganella morganii* 가 histidine 분해기능이 강한 것으로 자연계에 널리 분포되어 있으며, 인축의 장관에도 존재한다.

2. 원인식품

원인식품은 histidine 함량이 많은 꽁치, 정어리, 고등어 등 표피는 청색이고 살색은 적색인 어류나 그 가공품 등이다.

『표 2-3』 어패류 중의 histidine 함량

mg histidine (100 g 중)	어 패 류
500 이하	갈치, 광어, 도루묵, 도미, 명태, 명란, 꼬막, 모시조개, 굴, 피조개, 전복, 미꾸라지, 민어, 복어, 빙어, 바닷가재, 게, 문어, 오징어, 해삼
500~1,000	고래, 넙치, 뱀장어, 참치, 붕어, 삼치, 송어, 숭어, 은어, 잉어
1,000 이상	고등어, 가다랭어, 꽁치, 날치, 정어리, 방어, 연어

3. 오염원 및 오염경로

여름철에는 균이 오연되어 있는 경우가 많아 주 오염원이 된다. 또한 어류를 불완전하게 살균처리한 가공품에서도 균을 발견할 수 있고 조리기구를 통하여 2차적 오염의 가능성도 있으므로 소독 및 살균을 철저히 해야 한다.

4. 증상

잠복기는 식후 30~60분 정도에 얼굴을 중심으로 상반신이나 전신에 홍조(紅潮), 작열감(灼熱感), 발열, 두통, 가려움증 등이 나타나고 때로는 위장 증세도 나타난다. 일과성인 경우가 많아 1일 이내에 회복되며 예후도 좋다.

5. 예방 및 방지대책

붉은 살 어류는 신선한 것을 구입하고 관능적으로 신선한 어류도 식중독을 일으킬 수 있으므로 세균이 증식을 못하도록 냉동보관 한다.

2.1.12. 노로바이러스 식중독

노로바이러스는 아직 분류가 되지 않은 소형원형 바이러스(small rouond structure viruses, SRSVs)를 총칭하며 미국의 오하이주 노르와크(norwalk)에서 환자가 발생하였으며 이 환자의 분변에서 이 바이러스가 검출되어 노로바이러스라고도 한다.

최근에는 국내뿐만 아니라 일본, 미국에서도 노로바이러스성 환자가 급격히 증가하고 있다. 미국에서는 바이러스성 질환 중 감기 다음으로 많이 발생한다.

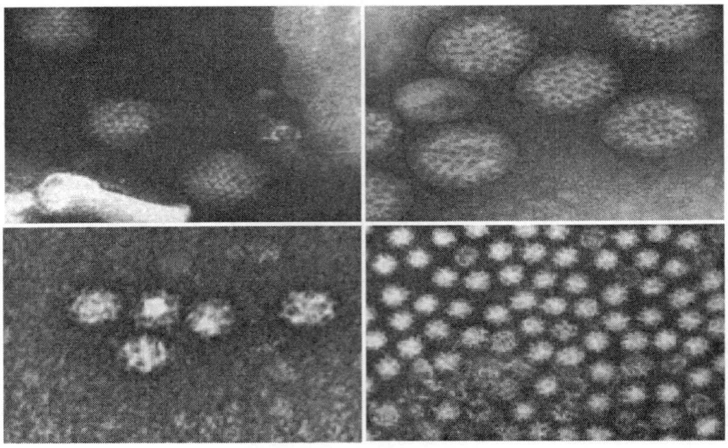

『그림 2-11』 노로바이러스 전자현미경 사진

1. 원인식품 및 감염경로

소화기계통을 통하여 오염되기 때문에 오염된 식품이나 물이 오염경로에서 매우 중요한 역할을 한다. 사람에서 사람으로 직접 전파도 가능하지만 물이 가장 보편적인 감염원이다. 식수 이외에도 수영장이나 물놀이 시설의 물도 감염원이 될 수도 있다.

식품 중에는 패류와 셀러드의 재료가 원인식품으로 주목받고 있다. 12월에서 2월 사이에 집중해서 발생하기 때문에 일반적인 식중독과는 달리 주의를 소홀이 할 때 잘 발생한다.

2. Norovirus의 증상 및 잠복기

Norovirus는 위와 장에 염증을 일으키는 위장염 질환으로 주요증상은 메스꺼움, 구토, 설사, 복통의 증상을 나타내고, 때로는 두통, 오한 및 근육통을 유발하기도 한다. 증상은 보통 1~2일 정도로 짧게 나타나지만, 하루에도 몇 차례씩 구토 등의 심각한 증세를 나타낼 수 있다. 바이러스에 감염된 이후 24~48시간 정도 후에 증상이 나타나기 시작해 빠르면 12시간 뒤에 소실 될 수 있으나, 증상이 사라진 후에도 2주 정도 까지는 감염자의 구토물이나 채변에 바이러스가 남아있을 수가 있다. 다른 감염성, 비감염성 병원균도 Norovirus의 위장염과 비슷한 증상을 나타낼 수 있으므로, 위와 비슷한 증상을 나타내는 경우에는 의사의 상담을 받아 보아야 한다.

Norovirus에 의한 위장염은 일반적으로 심각한 질환은 아니며, 수분공급을 충분히 하여 탈수를 막는 것 이외에 특별한 치료방법은 없다. 대부분의 경우 장기간의 합병증 없이 1~2일 후에는 완전히 회복된다. 하지만 어린이나, 노인 등 자기치료가 불가능한 사람들, 또는 구토나 설사로 인한 수분 손실량을 충분히 보충해 주지 못해 탈수증세가 나타나는 경우에는 병원 치료가 필요하다.

3. Norovirus 위장염의 예방법

85℃에서 1분 이상 가열하면 감염성이 없어지므로 음식을 조리 시 충분히 익혀 먹도록 하고 날것으로 먹을 경우에는 오염되지 않은 깨끗한 물에 잘 씻어서 먹도록 한다. 그리고 식수는 반드시 끓여 먹는다.

노약자나 어린이 등 면역력이 약한 사람은 가급적 날음식은 먹지 않는 것이 좋으며 조리기구는 깨끗한 물로 세척 후 열처리를 하거나 차아염소나트륨(염소농도 200ppm)으로 살균한다.

2.1.13. 식중독 지수

기상청은 식품의약품안전처와 공동으로 온도별 식중독 지수 서비스를 제공하고 있다. 단, 여기서 계산되는 식중독 지수는 예보구역별 수치의 절대 값은 음식물 부패관련 미생물의 증식에 영향을 미치는 온도조건만을 기준으로 부패가능성을 백분율로 표시한 것으로 아직 검증단계에 있음을 주지해야 한다.

1. 식중독 예보 지수 해설

지수범위	주 의 사 항
86 이상	3~4 시간 내 부패, 음식물취급 극히 주의, 식중독 위험
53~85	4~6 시간 내 부패, 조리시설 취급 주의, 식중독 경고
30~53	6~11 시간 내 식중독 발생 우려, 식중독 주의
10~30	식중독 발생 우려, 음식물 취급 주의

※ 실내 주방이나 음식물 취급 장소의 온도는 기온과 다를 수 있음

2. 온도별 식중독 지수

온도(℃)	성장속도(hr-1)	증식시간(hr)	식중독 유발시간(hr)	식중독지수
40	1.98	0.35	3.5	100
39	1.95	0.36	3.6	98
38	1.92	0.36	3.6	97
37	1.85	0.37	3.7	93
36	1.8	0.39	3.9	91
35	1.7	0.41	4.1	86
34	1.6	0.43	4.3	81
33	1.45	1.48	4.8	73
32	1.35	0.51	5.1	68
31	1.2	0.58	5.8	61
30	1.05	0.66	6.6	53
29	1	0.69	6.9	51
28	0.9	0.77	7.7	45
27	0.8	0.87	8.7	40
26	0.7	0.99	9.9	35
25	0.6	1.16	11.6	30
24	0.55	1.26	12.6	28
23	0.475	1.46	14.6	24
22	0.4	1.73	17.3	20
21	0.35	1.98	19.8	18
20	0.25	2.77	27.7	13
19	0.2	3.47	34.7	10
18	0.18	3.85	38.5	9
17	0.15	4.62	46.2	8
16	0.12	5.78	57.8	6
15	0.1	6.93	69.3	5

3. 식중독 예방 지수 해설

식중독 지수가 35~50이면 10시간 이내에 식중독이 발생 우려가 있으므로 식중독 주의를 예보, 지수 50 이상이면 7시간 이내에 식중독이 발생할 우려가 있으므로 식중독 경고를 예보, 특히 조리실의 온도는 상온보다 5℃ 이상이 높으므로 음식물이 상하기가 쉬우므로 음식물의 보관 등에 주의를 요하고 음식물의 저장, 운반 시에는 적정온도에서 취급되어져야 식중독을 예방할 수 있다.

지수 86 이상	기온 35℃ 이상인 경우로서 음식물을 방치할 경우 3~4시간이 경과하면 살모넬라균, 황색포도상구균, 장염비브리오균 등의 식중독 발생이 대단히 우려되므로 식품의 취급에 특별히 주의를 하여야 한다.
지수 53~85	기온 30~35℃인 날로 4~6시간이 경과하면 식중독균인 살모넬라균, 황색포도상구균, 장염비브리오균 등이 자라기 쉬우므로 음식물을 조리하여 즉시 섭취하고, 조리시설 내 청결에 주의하여야 한다.
지수 30~53	기온 25~30℃인 날로 6~11시간이 경과하면 식중독균인 장염비브리오균, 살모넬라균, 황색포도상구균 등에 의한 식중독이 발생할 우려가 있으므로 주의하여야 한다.
지수 10~30	기온 20~25℃인 날로 식중독균인 황색포도상구균, 살모넬라균 등에 의한 식중독이 발생할 우려가 있으므로 식품취급에 주의를 하여야 한다.

4. 식중독 지수의 의미 및 기상 예보시 언급할 사항

① 식중독 지수의 의미는 최적조건에서 식중독을 유발시킬 수 있는 시간과 각각의 온도에서 식중독을 유발 시킬 수 있는 시간에 대한 비율임.

② 식중독지수 100의 의미는 최적조건(40℃, pH=6.5~7.0, 수분활성도=1~0.99)에서 초기균수 1,000마리인 식품이 식중독을 발생시킬 수 있는 10^6개의 균수로 증식되는 시간이 3.5시간 소요된다는 뜻으로, 식중독 지수 80은 식중독이 발생하는데 걸리는 시간이 3.5시간을 0.8로 나눈 값 즉 약 4.4시간 걸린다는 뜻임. 식중독 지수 50은 3.5시간을 0.5로 나눈 값 즉 7시간이 소요된다는 뜻임.

③ 본 지수는 pH 및 수분활성도를 최적인 상태에서 고려하였으므로 식중독 지수가 높은 날은 중성식품류 보다는 식초 등을 사용하여 조리되는 산성 식품류를 섭취하는 것이 식중독 예방에 좋음.

④ 비가 오거나 장마기간 중의 습도가 높은 날은 평상시 수분활성도가 낮아서 식중독 발생률이 낮은 식품도 높은 습도로 인하여 식중독 발생이 가능

하므로 주의하기 바람(예 : 과자류, 빵류 등).

⑤ 발표되는 식중독 지수는 그날의 최고 온도를 기준으로 작성되므로 대량 급식시설에서는 작업장 내 온도를 감안하여 식중독 지수를 환산해야 함.

요 약

세균성 식중독은 경구감염병에 비해 원인균이 식품에 다량 증식하고 잠복기가 짧고 2차 감염이 되지 않으며, 면역성이 없다. 예방으로는 청결, 온도, 신속의 3원칙이 있다.

감염형 식중독은 살모넬라, 장염비브리오, 병원성대장균, 여시니아, 캠필로박터, 리스테리아 등이 있으며 살모넬라 식중독은 장내 세균과에 속하는 *Salmonella*속에 의해 일어난다. 이 세균은 Gram음성, lactose 비분해 간균이고 협막과 포자를 형성하지 않으며 최적온도는 37℃, 최적 pH는 7~8이고, 열에 대해 저항력은 강하나 60℃에서 20분이면 사멸한다. 이 속에는 *S. enteritidis, S. typhimurium, S. typhi*가 있고 식육제품, 유제품, 달걀, 어패류, 도시락, 튀김에 많다. 잠복기는 평균 24시간으로 급성 위장염, 두통, 구토, 설사를 일으키며 38~40℃의 발열이 가장 흔하다. 따라서 원인균 혼입오염을 방지하고 10℃이하에서 저온 보존, 살균처리 하여 예방한다. 장염비브리오 식중독의 원인균은 *Vibrio parahaemolyticus*로 Gram음성 간균, 단편모, 운동성, 콤마형이고 저호염성균이다. 원인식품은 해산어패류이고 발열과 급성위장염 증상을 보인다. 어패류 섭취의 생식을 주의하여 예방할 수 있다. *Vibrio*의 질병으로는 식중독 외에 패혈증과 콜레라가 있으며 패혈증은 *Vibrio vulnificus*에 의해 발생하며 오한 발열, 피부병변 등의 증상이 있다. 병원성대장균 식중독의 원인균은 *Escherichia coli*로 Gram음성, 무포자, 간균, 주모성 편모, 장내세균과, 호기성 또는 통성혐기성균이며 유당을 분해하여 CO_2와 H_2를 생성한다. 종류로는 궤양을 형성하는 조직침입성대장균(EIEC), 설사를 일으키는 독소원성대장균(ETEC), 혈변, 심한 복통을 일으키고 verotoxin을 생성하는 장관출혈성대장균(EHEC), 독소생성성대장균(VTEC), 장관병원성대장균(EPEC)가 있다. 잠복기는 대개 10~15시간이며 환자나 보균자의 분변에서 식품이 오염되지 않도록 주의하여 예방한다. 여시니아 식중독의 원인균인 *Yersinia enterocolitica*는 그람음성 단간균, 주모성 편모를 가지며 통성혐기성균이므로 산소유무에 상관없이 냉장, 진공, 포장된 식품에서도 생육이 가능하다. 또, 실온에서 가장 잘 자라지만 냉장온도에서도 생육이 가능한 저온세균이다. 덜익은 돼지고기, 미살균 우유, 안 끓인 물이 원인이 되며 잠복기가 1~7로 길고 복통, 고열, 설사, 구토, 메스꺼움이 나타난다. 충분한 가열로 예방하는 것이 좋다. 캠필로박터 식중독은 *Vibrio*속에서 독립한 *Campylobacter*속으로, *Campylobacter*속과 *Helicobacter*속으로 분류한다. *Campylobacter*균은 그람음성, 나선형, 미호기성 세균이며 30~46℃에서 생육하는 고온균이다. 거의 *C. jejuni*에 의해 발생하고 잠복기는 2~7일이고 권태감, 현기증, 근육통을 일으킨다. 식육 등 축산식품이 주요 오염경로이므로 식품으로부터 2차오염을 방지해야한다. 리스테리아 식중독을 일으키는 리스테리아균은 그람 양성간균, 주모성, 무포자로 pH 5~9에서 잘 자라고 탄수화물이 성장에 필수적이며. 발병에 필요한 균수가 수 마리로 매우 적다. 또, 열 저항성이 높아 저온과 고온에서도 발육이 가능하며 원인식품으로는 생우유, 식육, 계란이 있고 주 증상은 화농성 수막염과 패혈증이 있다.

독소형 식중독으로는 포도상구균과 보툴리늄 식중독이 있으며, 포도상구균은 편모를 갖지 않으며 포자를 형성하지 않는다. 포도상구균(*Staphylococcus aureus*)이 식중독의 주원인이며, 황색 색소를 생성하는 균만 식중독을 일으킨다. 이 식중독은 균 자체보다 균이 체외로 분비하는 독소가 원인이다. 이 독소는 엔테로톡신(enterotoxin)이며 A~F형의 6종류 중 A형이 가장 강하다. 포도상구균은 내열성이 강하고, 잠복기가 가장 짧으며 발열이 없는 것이 특징이다. 화농증 환자가 조리 시 오염되므로 주의한다. 보툴리늄 식중독을 일으키는 *Clostridium botulinum*은 절대 혐기성, Gram 양성이며 편모를 갖는다. 내열성으로 포자를 형성하며 독소에 따라 A~G형 7가지 중 A, B, E, F가 사람에게 식중독을 일으키나 A, B형이 치사율이 높다(70%). 잠복기는 12~36시간 정도이며 시력저하, 복시, 동공확대 등 신경증상(일종의 신경독; neurotoxin)이 나타난다. 통조림, 병조림에 많은데 열에 약하므로 먹기 전에 가열하여 예방한다(충분히 가열하지 않을 경우 포자가 살아남아 섭취 시 발병할 수 있다).

감염독소형 식중독으로 바실러스 세레우스와 perfrigens(Welchii) 식중독이 있으며, 바실러스 세레우스 식중독의 원인균인 *Bacillus cereus*는 Gram양성, 유포자 간균으로 통성혐기성이다. 잠복기는 평균 12시간이고 중독증상으로는 복통, 설사를 일으키는 설사형(감염독소형)과 구토를 일으키는 구토형(독소형)이 있는데 주로 밥을 주식으로 하는 나라에서는 구토형, 단백질을 많이 먹는 나라에서는 설사형이 나타난다. *Clostridium perfrigens*(Welchii)식중독을 일으키는 Welchii균은 그람양성 간균이고 절대(편성)혐기성이며 내열성이 약한 포자형성, 무편모균이다. A~F형의 6형이 있으며 식중독의 원인이 되는 것은 A, C형이며 생체내 독소형(감염독소형)으로 열에 불안정하다.

*Moganella moganii*는 알레르기 식중독을 일으키는데 이것은 histidine의 탈탄산반응 생성물인 histamine에 의해 발병하며 histamine은 고등어류 생선을 부적당하게 냉각시켰을 때 발생한다.

노로 바이러스 식중독은 추운 겨울에 지하수나 패류, 샐러드가 원인식품이며 가열하면 예방된다. 위장염 질환으로 1~2일 정도 짧게 나타나지만 2차감염과 미량으로 감염됨을 주의해야한다. 식중독지수란 최적조건에서 식중독이 발생할 수 있는 시간과 각각의 온도에서 식중독을 유발시킬 수 있는 시간에 대한 비율로 식중독의 발생확률을 수치화한 지수이다.

3장 자연독 식중독

동물, 식물 중에는 자연적으로 생성되어 사람에게 유해한 독성물질을 함유하고 있는 것들이 많이 있으며 이러한 독성 성분 중에는 우리들에게 암이나 돌연변이, 기형, 알레르기, 영양장해 및 급성 중독을 일으키는 것들이 있고 때로는 사망하는 경우도 발생하게 된다.

동물성 자연독은 내인성(endogenous, intrinsic) 즉 고유독에 의한 것과 외인성(exogenous, extrinsic)의 독물이 있다. 내인성의 경우 복어독 혹은 패류의 타액선의 독과 같이 동물 자체가 생산하는 것이며, 외인성은 ciguatera나 마비성 패류독과 같이 동물 자체는 그 독을 생산하지 않으나 주로 동물의 먹이 중에 있는 독성 물질을 체내에 축적하기 때문에 독을 함유하게 된다. 이에 반해서 식물성 자연독은 식물 고유의 유독 성분을 식물 자체가 상실한다.

식물성 자연독에는 버섯독, 유독식물(有毒植物), 유독종자(有毒種子) 등 여러 가지 종류가 있다. 우리나라의 식물성 자연독 중독은 대부분 독버섯 중독이며 동·식물 식중독 발생 중 수위를 차지하고 있고, 사망자 수도 다른 식중독 보다 비율이 높은 편이다.

3.1. 동물성 자연독

동물성 자연독에 의한 식중독은 대부분 어패류로서 육지(陸地)의 동물이나 조류에서는 자연독이 거의 없다. 이미 잘 알려진 복어와 같은 독성 어류도 있지만 지금까지 안전하다고 취급되던 어류가 돌발적으로 독화(毒化)하여 중독을 일으키거나 또 특정한 지역에 서식하면서 주기적으로 또는 일정한 계절에 유독하게 되는 경우도 있다. 어패류 독의 유래는 내인성과 외인성이 있는데 내인성 독은 개체에 따른 차이가 적고 지역차이는 없으며 특정한 조직에 항상 존재하는 성분이라 할 수 있고 내인성 중에서도 이상 환경과 계절적인 차이가 많으며 또는 어패류의 병적 상태하에 이상 대사가 일어나서 독성물질의 축적 가능성이 있으며 외인설에는 식물연쇄설(食物連鎖說), 즉 유독한 물질이 어패류 자신에게는 해를 주지 않고 이들 물질이 축적된 어패류를 섭취한 다른 동물에게 중독이 나타난다는 설이다.

3.1.1. 복어

복어(puffer, 河豚)는 복어목 복어과에 속하는 어류의 총칭으로 세계의 따뜻한 바다(暖海)에 많이 분포되어 있으며 우리나라 근해는 약 20여종이 서식하고 복어의 종류는 약 100여종이 있다. 일반적으로 사용되는 복어 중 식중독 상 중요한 것은 약 10여종이며, 그 중 식용으로서 가장 상업적 가치가 있고 다량으로 취급되고 있는 것은 까치복, 졸복, 자주복, 검복, 밀복 등이 있다.

복어는 강한 독성을 가지고 있는 것으로 오래전부터 알려져 왔으며, 동물성 자연독 중에서 가장 대표적인 것이다. 복어 중독은 동물성 자연독 중 가장 많이 발생하고 독력(毒力)은 산란기인 5~6월이 제일 강하다. 일본이나 우리나라 모두 동물성 자연독에 의한 식중독 사망률의 절반 이상은 복어독에 의해서 발생하고 치사율도 60%에 이른다.

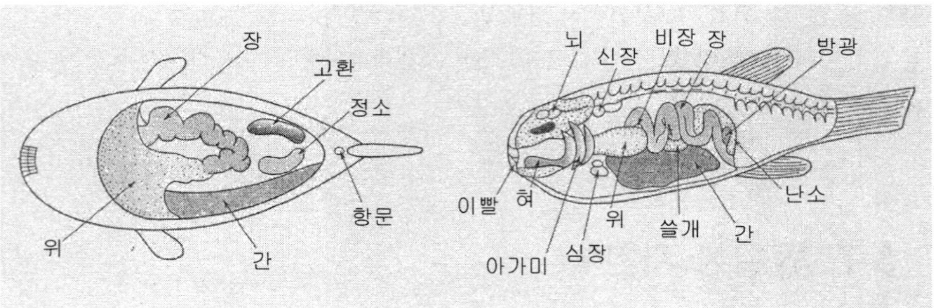

『그림 3-1』 복어의 해부도

1. 독소명

독성분은 tetrodotoxin($C_{11}H_{17}O_8N_3$)으로 맹독성 물질이며 1909년 다하라(田原)가 복어의 난소에서 독소를 순수하게 추출하여 명칭을 붙였으며 복어의 연구는 많은 연구자에 의하여 연구되어 화학구조가 밝혀졌다. 그 후 약 40년은 다하라가 얻은 독소를 기초로 하여 약리학적 · 중독학적 연구가 진행 되었으며 그 중에서도 후꾸다팀의 연구는 계통적이고 면밀한 것이었다. 또한 쯔다(律田, 1952년)에 의하여 복어독의 대량 결정화 방법이 성공하였고 다시 히라다(平田, 1957년)에 의하여 결정 분리가 이루어졌다.

『표 3-1』 우리나라에서 어획되는 복어의 종류

종 류	학 명	독 성
검 복	*Fugu vermicularis porphyreus*	맹 독
매 리 복	*Fugu vermicularis vermicularis*	
졸 복	*Fugu pardalis*	
황 복	*Fugu ocellatus abscurus*	
복 섬	*Fugu nipobles*	
자 지 복	*Fugu rubripes rubripes*	강 독
자 주 복	*Fugu rubripes chinensis*	
까 치 복	*Fugu xantopterus*	
까 칠 복	*Fugu stictonotus*	
청 복	*Canthingaster rivulatus*	
밀 복	*Lagocephalus lauaris*	무 독
꺼 끌 복	*Arothron stellatus*	
가 시 복	*Diodon holocanthuss*	
거 북 복	*Ostracion tuberculatus*	
육 각 복	*Kenthrocapros aculeatus*	

Tetrodotoxin은 hemiacetal환을 갖는 화합물로 $C_{11}H_{17}O_8N_3$의 분자식을 가지며 복어의 불어 이름인 테트로돈(tetrodon)을 사용하여 tetrodotoxin이라고 명명하였다.

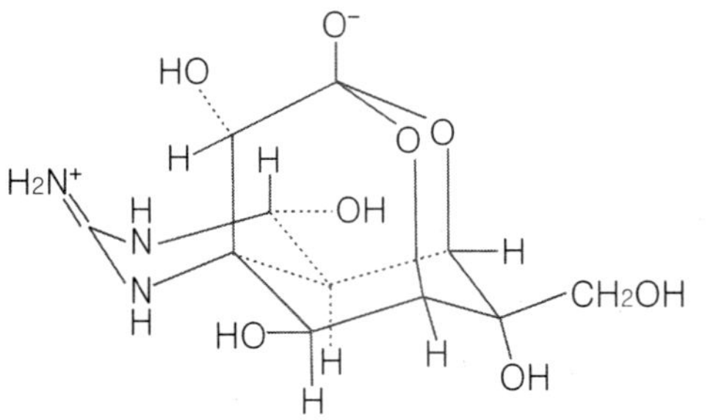

Tetrodotoxin

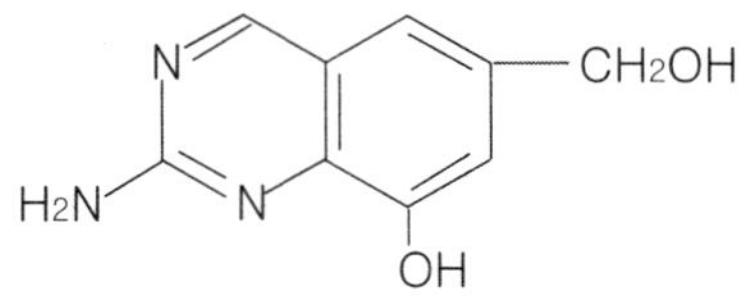

2-amino-6-hydroxymethyl-8-hydroxyquinazoline

이 독소는 물에 녹지 않은 약 염기성 물질로 유기용매에 녹기 어려우나 알카리에 의하여 2-amino-6-hydroxymethyl-8-hydroxyquinazoline이 되며 또한 열에 매우 강하여 120℃에서 1시간 이상 가열해도 파괴되지 않는다. 마우스에 대한 LD_{50}은 경구 투여 시 180 ㎍/kg이며, 피하주사는 0.013~0.014 mg/kg이고, 성인에 대한 치사량은 1~2 mg으로 독성이 매우 강하다.

특징은 종류, 장기(臟器), 계절 및 개체에 의한 차이가 있으며 검복, 매리복, 졸복, 복섬 등은 독성이 매우 강하며, 밀복, 육각복, 가시복 등 무독종(無毒種)이고, 식용으로 쓰이는 복어는 일반적으로 강독(强毒)인 종류가 많다.

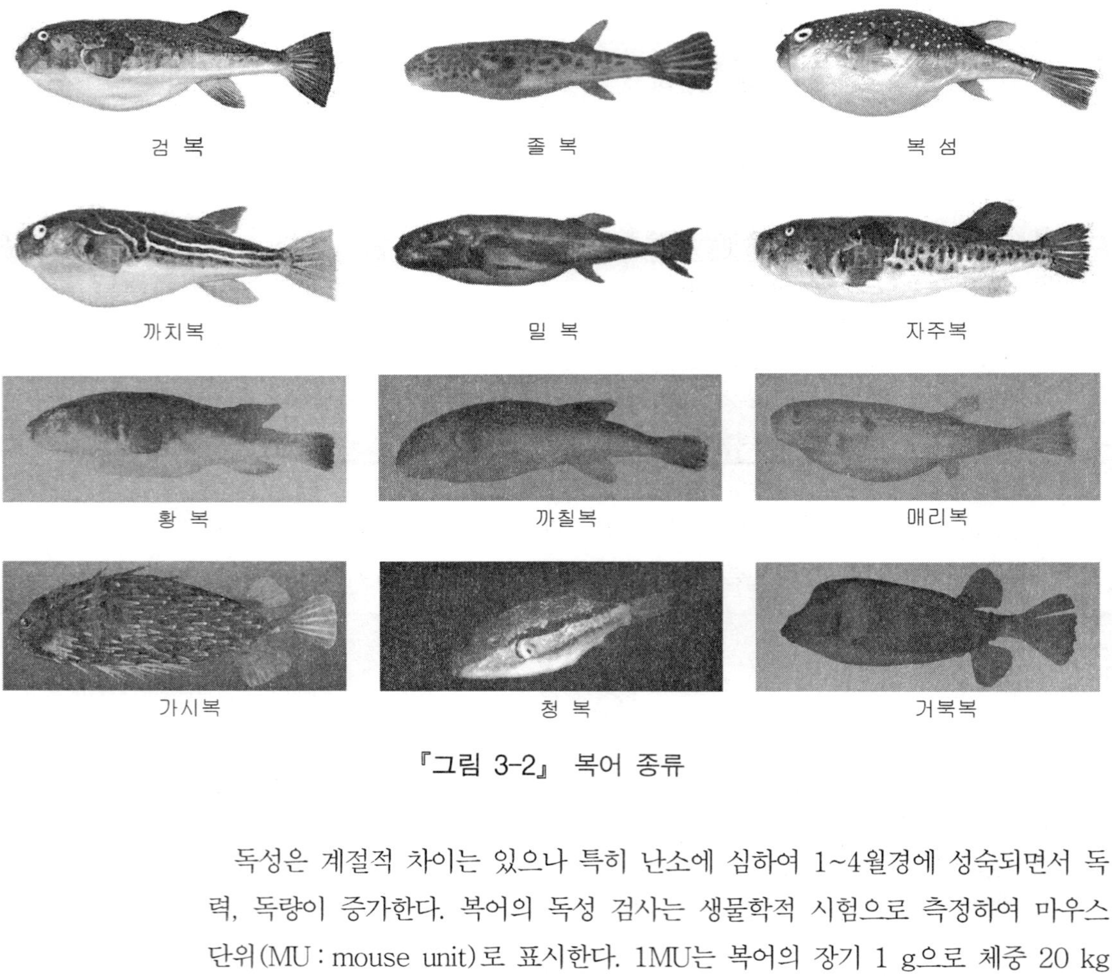

『그림 3-2』 복어 종류

독성은 계절적 차이는 있으나 특히 난소에 심하여 1~4월경에 성숙되면서 독력, 독량이 증가한다. 복어의 독성 검사는 생물학적 시험으로 측정하여 마우스 단위(MU : mouse unit)로 표시한다. 1MU는 복어의 장기 1 g으로 체중 20 kg의 생쥐를 죽일 수 있는 독력을 말한다.

$$독력(MU) = \frac{원액의\ mL액 \times mouse\ 체중(g)}{검체중량(g) \times 주사액량(0.5\ mL) \times 최소\ 치사량에\ 있어서\ 원액의\ 희석도}$$

『표 3-2』 복어별 각 부위의 독력과 독량(units)

종 류	성 별	생 식 선	간 장	껍 질	창 자	고기살	피	안 구	독의 강도
검 복	♀	4,000	100,000	2,000	4,000	100			맹 독
	♂	100	10,000	4,000	2,000	100			〃
매 리 복	♀	4,000	20,000	10,000	4,000	400			〃
	♂	<20	400	1,000	200	100			〃
복 섬	♀	40,000	100,000	4,000	40,000	400			〃
	♂	1,000	4,000	400	4,000	200			〃
졸 복	♀	20,000	100,000	10,000	4,000	100	100		〃
	♂	1,000	40,000	2,000	2,000	100	40		〃
황 복	♀	100,000	4,000	2,000	4,000	<20			〃
	♂	100	2,000	200	400	<20			〃
흰 복	♀	20,000	100,000	2,000	4,000	400			〃
	♂	2,000	20,000	2,000	2,000	200			〃
바 실 복	♀	10,000	4,000	400	4,000	<20		<20	〃
		(독력 920,000)							
	♂	<20	2,000	200	<20	<20			〃
자 지 복	♀	10,000	10,000	100	200	<20	<20	<20	강 독
	♂	<20	2,000	40	400	<20	<20	<20	〃
동 가 지 복	♀♂	10,000	10,000	40	200	<20	<20	<20	〃
까 치 복	♀	10,000	4,000	100	400	<20			〃
		(독력 870,000)							〃
	♂	40	200	40	40	<20			〃
까 칠 복	♀	2,000	<20	200	100	<20			〃
	♂	400	40	100	<20	<20			〃
청 복	♀,♂	<200	200	4,000	400	<20			〃
눈 불 개 복	♀	4,000	4,000	2,000	400	<20	<20	<20	〃
	♂	<20	4,000	4,000	1,000	<20	<20	<20	〃
강 복	♀	<20	<20	<20	<20	<20			거의 무독
	♂	<20	<20	<20	<20	<20			〃
밀 복	♀	<20	<20	<20	<20	<20			〃
	♂	<20	<20	<20	<20	<20			〃

<제공 : 정문기; 어류박물지 p245, 1974>

복어 중독의 예방은 복어 요리 전문가가 요리한 것을 먹어야 하며 가급적이면 난소, 내장, 간, 알 등의 부위에 독성이 강하므로 육질만을 섭취하도록 한다.

복어독에 중독되었을 때는 신속하게 위장 내의 독소를 제거하여야 하므로 중독초기에 구토, 위세척, 설사를 유도하고 운동장해는 strychinine, 호흡장해는 lobeline, 혈액장해는 adrenalin 등을 투여하는 것도 효과가 있다.

복어독의 중독 증상으로 일본의 후꾸다(福田)는 증상에 따라 다음과 같이 4단계로 나누고 있다.

① 제1도 : 입술의 주위나 혀끝이 마비되고 구토를 하며 무게에 대한 감각의 둔화와 술에 취했을 때와 비슷하게 비틀거리는 걸음을 한다. 이와 같은 증상은 섭취 후 20~30분, 늦어도 2~3시간 내 나타난다. 구토를 할 경우에는 비교적 회복이 느리다.

② 제2도 : 촉각, 미각 등이 둔화되고 동시에 손발의 운동장해가 일어날 뿐만 아니라 발성장해도 일어나며 호흡곤란을 느끼게 된다. 혈압 강하는 현저하나 근육의 연축작용이 변함이 없으며 의식은 뚜렷하다.

③ 제3도 : 골격근의 완전 마비로 운동 불능이 되며 근육의 연축작용도 미약하다. 발성과 연하(嚥下)작용이 점점 이상해지고, 혈압이나 호흡은 더욱 약화된다. 이어서 청색증(cyanosis)이 나타나며 모든 반사기능이 소실되고 의식도 점점 혼탁해진다.

④ 제4도 : 의식이 불명해지고 대개는 호흡이 정지되어 사망하게 된다. 이때에도 심박동(心拍動)은 미약하지만 유지되고 있다. 동물의 경우는 중독사 직전에 경련을 일으킨다.

3.1.2. 섭조개(홍합) 및 대합조개

섭조개(*Mytilus edulis*), 홍합(*Mytilus coruscus*), 대합조개(*Meretrix lusoria*) 등의 독성분은 saxitoxin, gonyautoxin, protogonyautoxin으로 간장에 함유하고 있으며 이 중의 saxitoxin은 생쥐에 대해 LD_{50}=10 mg/kg이고 사람의 최소 치사량은 0.5 mg 이하로 추정되어 복어독과 같은 정도의 맹독성이고, 그 약리작용은 근육 및 신경세포의 세포막 밖의 Na^+의 유입을 저지 할 뿐만 아니라 탈분화(脫分化)를 방해하기도 한다. 이 독은 패류의 소화기관 및 간장 부위에 있는 중장선(中腸腺)에 집중적으로 존재하고 있다.

섭조개 대합

『그림 3-3』 섭조개 및 대합조개

중독 증상은 식후 30분 정도면 발생하고 중증일 때는 12~24시간 이내에 사망한다. 그러나 24시간이 지나면 회복은 비교적 순조롭고 경증 일 때는 24~48시간에 회복된다.

발병 초기에는 입술이나 혀, 안면의 마비가 시작되며 사지(四肢)로 확대되어 간다. 중증일 때는 운동장해, 보행곤란, 언어장해, 연하곤란, 두통, 메스꺼움, 구토, 호흡마비를 일으켜 사망하게 된다.

치료에는 특효약이 없고 구급법으로서 위세척이나 인공 호흡 등 대증 요법이 효과적이다. 또한 독성 물질이 중장선(中腸腺)에만 국한되어 축적되기 때문에 이것을 제거하면 중독 방지에 효과가 있다.

홍합 바깥면 홍합 안쪽면 진주담치 바깥면 진주담치 안쪽면

『그림 3-4』 홍합 해부도 및 진주담치 해부도

3.1.3. 모시조개 및 굴

모시조개(*Cyclina simensis*), 굴(*Crassossostrea gigas*), 바지락(*Ruditapes philippinarum*) 등에 의하여 발생되는 것으로 이를 venerupin 식중독이

라고 하며 1889년 일본에서 굴 중독 발생을 시작으로 1942년 3월 시즈오까(靜岡)현 아라이마찌(新居町)에서 모시조개를 섭취하여 334명이 식중독을 일으켜 114명이 사망한 대집단 중독사건이 발생하였다. 또한 이 지역에서 1943년에도 굴에 의한 중독 사건이 발생하였으며 1949년과 1950년 이른 봄에도 모시조개, 굴 등에 의한 집단 중독이 발생하였다.

Venerupin은 바지락의 속명인 venerupis에서 유래된 이름으로 그 화학구조는 밝혀져 있지 않으며 에테르, 클로로폼, 에틸알코올에 불용성이지만 메틸알코올에는 잘 용해되고 열에 비교적 안정하여 pH 5~8에서 100℃로 1시간 가열하여도 파괴되지 않으나 pH 9 이상에서 오래 끓이면 파괴된다.

잠복기는 보통 24~48시간이며 빠르면 12시간, 늦으면 7일정도이다.

중독증상은 식욕감퇴, 두통, 복통, 구토, 변비, 사지(四肢)에 적자색의 출혈반응 등이 나타나며 간장비대, 황달 등의 간기능 저하도 동반된다. 중증일 때는 뇌증상으로 의식혼란, 불안상태가 계속되며 1주일 이내에 죽게 되며 생쥐에 대한 치사량은 5 mg/kg 정도이다.

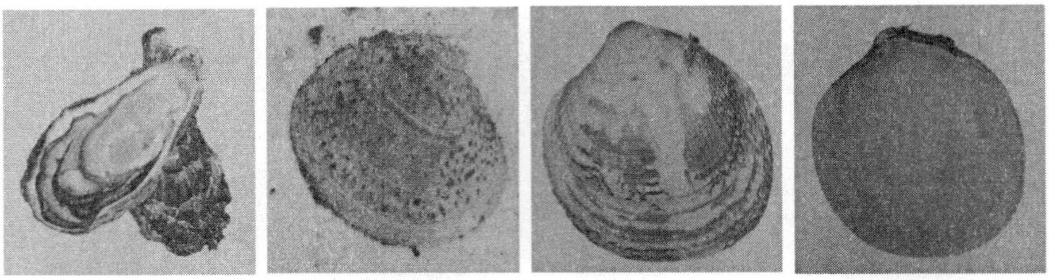

굴　　　모시조개　　　바지락 바깥면　　　바지락 안쪽면

『그림 3-5』 굴, 모시조개, 바지락

3.1.4. 시구아테라(ciguatera)

열대, 아열대 해역의 산호초 주변에서 서식하는 어패류에 의하여 발생하는 식중독을 총칭하여 ciguatera 독이라고 하며 사망률은 비교적 낮다.

일본의 경우는 오끼나와 지방에 많으며 우리나라에는 아직 ciguatera 어류와 같은 유독어류에 의해 중독된 보고는 없지만 최근 남방 해역의 어로 진출과 원양 어패류의 국내 반입이 증가하고 있기 때문에 앞으로 ciguatera에 대해 많은 주의와 연구가 있어야 하겠다. Ciguatera의 유독성분은 ciguatoxin, ciguaterin, scaritoxin 등이 알려져 있다. 이중 ciguatoxin은 생쥐에 대한 치사량은 8~10

mg/kg이며 복어의 독성과 같아서 말초신경과 중추신경에 작용하여 근육이나 신경세포에 있는 Na^+의 투과성을 현저하게 증가시킨다.

중독증상은 잠복기가 1~8시간이지만 때로는 2일 이후에 나타날 때도 있다. 주요증상은 구토, 설사, 복통 등의 소화기계 증상과 혀, 입술, 사지 또는 전신 마비 등의 신경장해가 나타난다. 그 외에 권태감, 관절통, 탈력감, 현기증, 호흡곤란, 시력감퇴, 저혈압 등 다양한 증상을 나타낸다. 이같은 증상을 고려해 볼 때 중독 원인은 단일독에 의한 것이 아니라 여러 종류의 독성분의 영향이 미친 것으로 추정된다.

3.1.5. 고둥류

한류성 깊은 바다에서 서식하는 육식성 권패(卷貝)인 소라고둥(*Neptunea arthritica*), 수랑(*Babylonia japonica*), 조각매물고둥(*Neptunea intersculpta*) 등이 있는데 소라고둥과 조각매물고둥을 섭취 하였을때 발생하는 식중독의 독소는 타액선인 테트라민(tetramine, $(CH_3)_4N^+$)으로서 섭취하면 식후 30분에 두통, 구토, 현기증, 멀미증상, 눈에 피로감을 느끼고 다리의 휘청거림, 머리가 무겁고 시각이상 현상이 나타난다. 중독은 약 20개 정도의 고둥을 섭취해야 일어나며 대개 2~3시간으로 회복되고 사망하는 일은 거의 없다.

수랑은 육식성 권패로서 섭취하였을 때, 일어나는 식중독으로 독성분은 neo-surugatoxin, prosurugatoxin으로 일종의 마비성독으로 유기용매에는 녹지 않고, 물이나 메틸알코올에 녹는 성질이 있다.

중독 증상은 섭취 후 3~18시간 후에 동공확대, 언어장해, 의식혼탁, 복부팽만, 시력감퇴, 변비, 혈압강하 등이 나타나지만 사망하는 일은 거의 없고 일반적으로 약 1주일 후에는 회복된다.

소라고둥　　수　랑　　조각매물고둥　　대만수랑

『그림 3-6』 소라고둥, 수랑, 조각매물고둥, 대만수랑

3.1.6. 기타

어패류 이외의 알에도 독성이 매우 강한 독성물질이 함유된 사실이 알려져 있으나 이 물질에 대한 연구는 확실히 밝혀져 있지 않으며 동갈치의 경우 대부분 위장장해를 일으키는 것으로 알려져 있고, 뱅어의 경우 독성물질을 섭취하면 비장과 간장에 괴저를 일으킨다고 한다.

그 외에 독성 물질을 함유하는 것으로 알려진 어류의 종류는 곤들매기, 바아벨 등이며 돗돔의 간장은 특이한 식중독을 일으킨다. 간장 중독은 돗돔 이외에 다랑어, 참치, 상어, 바다표범, 고래 등의 간장에 의해 일어날 수 있다.

『그림 3-7』 돗돔, 곤들매기, 뱅어, 다랑어

3.2. 식물성 자연독

식물성 자연독에 의한 식중독은 동물성 자연독에 의한 식중독과 같이 그 원인은 부주의에 의하여 유독 물질이 식품에 혼입되거나, 식용 가능한 것으로 잘못 알고 있는 경우와 유독 성분이 제거 되지 않은 경우, 그리고 식물 중에 특정 부위나 시기에 유독성분을 함유하고 있는 것을 모르고 섭취한 경우 등이다.

3.2.1. 독버섯

1. 독버섯의 종류

버섯에 의한 식중독은 식물성 자연독에 의한 식중독의 대부분을 차지하고 있는데 발생 시기는 10월경에 많으며 식물성 자연독에 의한 식중독의 발생 중 가장 많이 차지하고 있다.

버섯은 식물분류학상 진균류 중 담자균류의 대부분과 자낭균류의 일부에 해당되며 옛부터 맛과 향기가 좋고 영양가가 높아 식용으로 사용하였다. 그뿐만 아니라 최근에는 항암효과가 있고 체내에서 cholesterol치를 떨어뜨린다는 연구 결과에 따라 건강을 위하여 약용식품으로 식이요법에 많이 사용되고 있다. 그러나 우리나라에서 알려진 식용버섯은 300여 종에 달하지만 유독버섯은 50여 종에 이르고, 그 중 맹독성 독버섯은 20여 종인 것으로 알려져 있으므로 잘 구별하여 섭취해야 할 것이다.

독버섯의 종류는 일반적으로 광대버섯, 화경버섯, 무당버섯, 땀버섯, 끈적버섯, 웃음버섯, 미치광이버섯, 깔때기버섯 등이 있으며 그들의 독성분은 대체로 muscarine, muscaridine, neurine, choline, phaline, amanitatoxin, agaricic acid, pilztoxin 등이다. 이러한 독성분은 같은 종류라도 산지나 시기에 따라 유독함량에 차이가 있으며 조리방법에 따라 다르다.

또한 독버섯을 섭취하였을 때 함유된 독성분에 따라 그 증상도 다른데 Husemann은 버섯중독을 위장형 중독, cholera형 중독, 뇌증형 중독의 세가지로 분류하고 화경버섯, 무당버섯 등은 구토, 복통, 설사를 주로하는 위장염 증상을 나타내며, 중독이 심하면 허탈감을 일으킬 수도 있다. 알광대버섯, 독우산버섯, 마귀곰보버섯 등은 콜레라와 비슷한 증상을 나타내는데 경련을 일으키고 혼수상태가 되어 죽게 되며 이들은 phaline, amanitatoxin 등의 유독 성분을 함유하고 있는 것으로 알려져 있다. 파리버섯은 뇌증형 중독을 일으키는 독버섯 중의 하나로 부교감 신경 자극 증상을 나타내는데 이 독성분을 muscarine이라고 한다. 또한 미치광이 버섯은 특유의 정신 착란 증상을 나타내는 등 각각 특이한 신경 장해가 나타난다.

일반적인 치료법은 위세척을 빨리하는 것이 가장 효과적이며 일정한 시간이 경과 되었을 경우 강심제, 포도당 등을 주사하는 대중 요법을 실시하는 것이 좋은 방법 중의 하나이다.

Husemann은 독버섯의 중독증상을 다음과 같이 3가지로 분류하였다.

- **위장형 중독** : 주로 위장 카타르 증상을 나타내며 구토, 복통, 설사, 허탈 등의 증상을 나타낸다.
- **콜레라형 중독** : 심한 위장 카타르 증상을 나타내며 허탈, 경련, 헛소리, 혼수를 일으키고 때때로 용혈현상을 나타내며 황달, cyanosis, 혈색소뇨 등을 일으킨다.
- **뇌증형 중독** : muscarine은 유연(流挺), 발한(發汗), 지맥(遲脈), 산동(散瞳), 소광상태(騷狂狀態), 축동(縮瞳) 등의 부교감 신경 자각 증상 등을 나타내고.amanitatoxin은 근육경직 등의 증상을 나타낸다.

일반적으로 독버섯의 감별법은 예외가 있기 때문에 결정적인 것은 아니지만 그 몇 가지를 열거하면 다음과 같다.

① 줄기가 세로로 쪼개지기 쉬운 것은 무독하다.
② 색이 아름다운 것은 유독하다.
③ 악취가 나는 것은 유독하다.
④ 줄기가 거칠게 느껴지는 것은 유독하다.
⑤ 쓴맛, 신맛이 있는 것은 유독하다.
⑥ 유즙이 있는 것은 유독하다.
⑦ 버섯을 끓였을 때 나오는 증기에 은수저가 흑색으로 변하는 것은 유독하다.

1) 알광대버섯(*Amanita phalloides*)

Death cap이라고 불리는 알광대버섯은 세계에서 가장 잘 알려진 맹독성이다. 갓의 지름이 7~8 cm로 처음에는 난형이나 나중에는 편평하게 변하면서 표면은 황갈색으로 약간의 점성이 있다. 주름살은 떨어진 형이며 빽빽하고 백색이다. 줄기는 위쪽이 약간 가늘고 막질의 턱받이가 있으며 아래쪽은 인련이 덮여 있으며 여름과 가을에 침엽수림의 땅위에 탄생한다. 유럽의 학자에 의해 많이 연구되어 왔으며 유독성분은 phallotoxin류와 amanitatoxin류가 함유되어 있다. 특히 α와 β-amanitin은 독성이 강하고 치사량 LD_{50}=0.1 mg/kg으로서 50 g의 버섯에 약 5 mg이 함유되어 있으며 체중 60 kg인 사람의 치사량이 된다.

중독증상은 맹독성으로 식후 6~24시간 격렬한 콜레라와 유사한 설사, 구토, 복통 등의 증상에 이어 간장, 신장, 조직의 괴사가 진행되고 혼수상태에 빠져 사망하게 된다. 해독 치료제로는 중금속 중독에 의한 간장 장해의 치료제로 사용되고 있는 치옥탄산이 효과가 있다.

알광대버섯

광대버섯

2) 광대버섯(*Amanita muscaria*)

광대버섯은 일명 fly agaric 또는 fly amanita라고도 하며 9월 하순, 주로 산림내의 지상(地床)에 발생한다. 키가 10~20 cm, 갓의 지름이 6~10 cm인 큰 버섯으로 갓은 처음에 산같이 둥그나 나중에 편평해지며 황록색이다. 줄기는 백색이고 아래 끝에 항아리 모양의 받침, 위쪽에는 아래로 늘어지는 턱이 있다. 주름은 밀생하고 백색이며 포자는 구형으로 평활하며 백색이다. 유독 성분은 자율신경계에 작용하는 독소인 muscarine과 특히 중추 신경계에 작용하는 독소인 ibotenic acid, muscimol이라고 불리는 아미노산으로 함유량은 소량이다.

3) 독우산버섯(*Amanita virosa*)

Destroying angel이라고 하는 독우산버섯은 여름과 가을에 걸쳐 평지의 잡목림에서부터 아고산(亞高山) 지대의 밤나무림에 발생한다.

유독 성분은 알광대버섯과 같으며 중독 증상은 식후 6~12시간 사이에 발병하는데 구토, 설사를 시작으로 탈수, 경련, 혼수상태와 같은 콜레라 증상을 나타내며 사망률은 50% 이상이다.

4) 깔때기버섯(*Clitocybe acromelalga*)

일명 화상균이라고도 하며 10월 상순과 중순에 대밭이나 잡목림에 많이 발생하는데 강렬한 독성이 있기 때문에 특히 위험하다.

유독성분으로 알려져 있는 clitidine이 주된 독성분인지 또는 일부의 독성분인지는 아직 확실하지 않으나 자율신경계에 작용한다.

중독 증상은 식후 4~5일을 걸쳐 발병하고 손과 다리 끝이 붉어지며 불에 덴 것 같은 심한 통증을 느끼고, 통증이 1개월 이상 지속되지만 치명적인 것은 아니다.

독우산버섯

깔때기버섯

5) 마귀곰보버섯(*Gyromitra esculenta*)

4~5월경, 침엽수림의 지상에 발생한다. 조리에 의하여 독성은 제거되며 이러한 사실을 아는 유럽사람 특히, 독일 사람들이 즐겨 먹으며 대량으로 시판되고 있다.

유독성분인 gyromitrin은 체내에서 가수분해되어 보다 독성이 강한 mono-methylhydrazine이 되며 중독의 원인이 된다. 또한 세포를 파괴하고 간장, 신장을 침해하는 치명적인 맹독의 일종으로서 자비(煮沸) 또는 건조에 의하여 분해, 무독화된다. 특히 독성분이 포자 중에 다량 함유되어 있어 공중에 방출된 포자가 사람의 눈에 들어가면 침해를 받을 수도 있다.

중독 증상은 식후 수 시간 내에 발병하여 구토, 설사, 심한 두통을 일으키며 체내에서는 적혈구가 파괴(용혈작용)되고 허탈 상태에 빠져 죽게 된다.

마귀곰보버섯

미치광이버섯

6) 화경버섯(*Lampteromyces japonicus*)

지름이 15~20cm이며 갓은 반원형~신장형으로 표면은 처음에 담황갈색을 띠다가 암갈색으로 변한다. 갓의 살은 희고 두꺼우며 자루의 살은 암색~흑갈색인 것이 특징이다. 주름은 줄기에서 방사선으로 뻗고 폭이 넓으며 흰색이다. 10월 상순과 중순경에 주로 산지의 밤나무 고목에 무더기로 발생하는데 주름(자실체)에 발광성이 있어 어두운 곳에서는 청백색의 형광을 발한다.

Illudin과 동일한 유독 성분을 함유하고 있어 이것을 섭취하면 격렬한 위장장해를 일으키며 복통, 구토, 설사로 고통은 있으나 죽는 일은 거의 없다.

7) 땀버섯(*Inocybe rimosa*)

우리나라에는 13종이 기재되어 있으며 대부분 크기가 작아 식용의 대상이 되지 않지만 큰 것은 조심해야 한다. 땀버섯은 자율신경계에 작용하는 독성분인 muscarine을 많이 함유하고 있으며 중독 증상은 섭취 후 30분 정도 지나면서 심한 발한(發汗)이 있고, 구토, 설사 뿐만 아니라 동공축소, 혈압저하, 호흡곤란으로 때로는 심장마비를 일으켜 죽게 된다. 이때의 응급조치로는 위세척, atropin의 피하주사가 큰 효과가 있다.

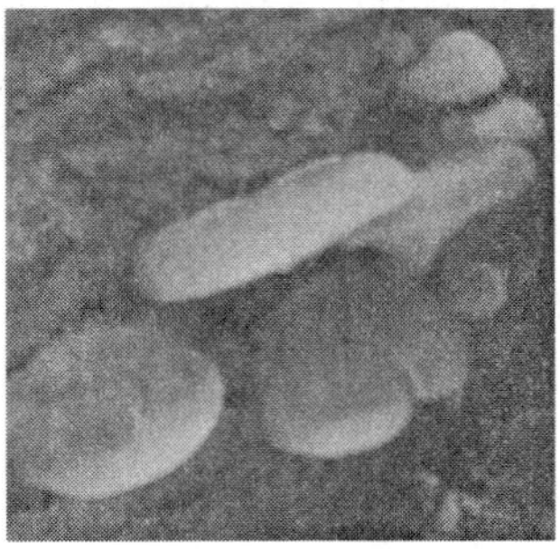

화경버섯

땀버섯

이 외의 독버섯으로는 미치광이버섯(*Gymnopilus spectabilis*), 외대버섯(*Rhodophyllus sinuatus*), 노란다발버섯(*Naematoloma fasciculare*), 무당버섯(*Russula emetica*), 굴털이버섯(*Lactarius piperatus*), 나팔버섯(*Gomphus floccosus*), 냄새무당버섯(*Russula emetica*), 파리버섯(*Amanite melleiceps*), 깔때기무당버섯(*Russula foetens Pers.*), 자주빛무당버섯(*Russula violeipes*), 개나리광대버섯(*Amanita subjunquillea*) 등이 알려져 있다.

나팔버섯 노란다발버섯 냄새무당버섯
깔때기무당버섯 굴털이버섯 파리버섯
개나리광대버섯 흰알광대버섯 자주빛무당버섯

『그림 3-8』 독버섯의 종류

3.2.2. 감자독

감자의 발아(發芽)부위와 녹색부위에는 solanine($C_{45}H_{73}NO_{15}$)이라는 배당체가 생성되므로 이 부분을 제거하지 않으면 중독을 일으킨다.

Solanine은 solanidine이란 steroid계 alkaloid로서 rhamnose, galactose, glucose가 결합된 배당체이며 용혈작용 및 운동중추의 마비작용을 가지며 열에 비교적 안정적이다. 이것은 생체 내에 존재하는 cholinesterase의 작용을 억제함으로써 독성작용을 나타내는 것으로 알려져 있다. 감자의 solanine 함량은 계절적인 차이가 있으나 0.04~0.11 g/kg 정도면 중독의 위험은 없으나 발아부위나 녹색부위가 있는 감자는 그 함량이 1 g/kg 이상에 달하는 것이 있다.

Solanine 함유량 0.2~0.4 g/kg 이상의 것은 중독의 위험이 있다. 중독증상은 섭취 후 수 시간 내에 발병하여 복통, 위장장해, 현기증, 허탈, 졸음, 가벼운 의식장해 등을 일으키며 발열은 없다. 그리고 저장 중에 생긴 녹색부위와 발아부위 그리고 일광에 의해 녹화된 부분에는 독소가 특히 많다. 예로서 발아되어 싹튼 부위는 100 mg%에 달하고 있지만 박피함으로써 70% 정도 제거된다.

따라서 중독의 주된 원인은 사용된 감자의 박피 불충분이라고 할 수 있으므로 감자의 껍질은 발아부위까지 제거하거나 충분히 익혀 먹어야 안전하다. 또한 부패한 감자에서 Sepsine($C_5H_{11}N_2O_2$)이라는 독성물질이 생성되어 중독을 일으키는 경우도 간혹 있다.

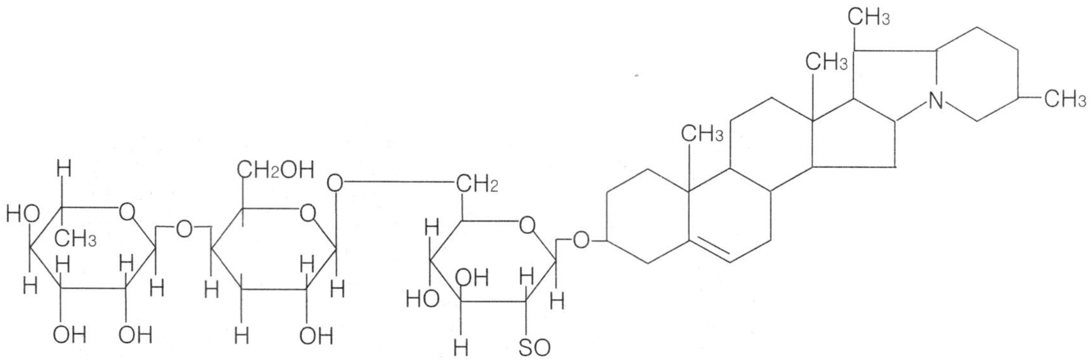

Solanine

감자 꽃 및 잎

감 자

3.2.3. 시안배당체

1. 미숙한 매실(*Prunus mume*)

대개 5월말에서 7월초에 걸쳐 수확되는 매실나무의 미숙과로서 cyan 배당체인 amygdalin은 emulsin이라고 하는 청매 자체 효소에 의하여 benzaldehyde, glucose와 cyan(청산, HCN)을 생성함으로써 유독하게 된다.

중독 증상은 생체에 흡수된 cyan이 중추신경의 자극과 어지러움을 동시에 일으키고 혈액 중의 산화환원작용을 억제시키므로 심하면 사망하게 된다.

건조 매실의 종자 17~25 g(매실 112개에 해당됨) 중에는 성인의 치사량인 64 mg 정도의 cyan을 함유하고 있다.

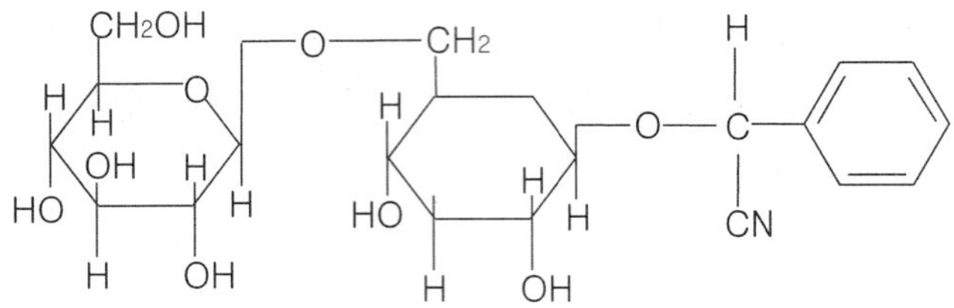
Amygdalin

매 화

매 실

2. 수수(*Sorghum*)

수수는 밭에서 재배하는 1년생 식물로 키가 2 m, 원줄기의 속이 충실하며 오곡의 하나이다. 8월에 높게 자란 줄기 끝에 원뿔꼴의 이삭이 패어 꽃이 피는데 이삭은 붉은 갈색으로 익는다. 수수류에는 cyan 배당체인 dhurrin이 함유되어 있다.

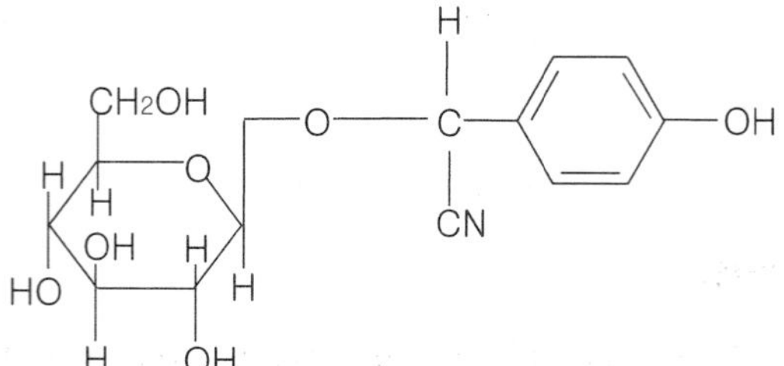
Dhurrin

수 수

3. 오색두

오색두(五色豆, 오색콩, 미얀마콩, 리마콩)에는 phaseolunatin(linamarin, $C_{10}H_{17}NO_6$)이라는 cyan 배당체가 함유되어 있어 자신의 효소에 의하여 분해산물로 청산(HCN)이 생성되고 이것으로 인하여 중독을 일으킨다.

오색두 내에는 HCN으로 0.05~0.27%가 들어 있으며 생체 내에서 HCN은 중추신경 마비와 자극을 동시에 일으키고 혈액 중의 산화 · 환원작용을 상실시켜 순간적으로 사망하게 된다.

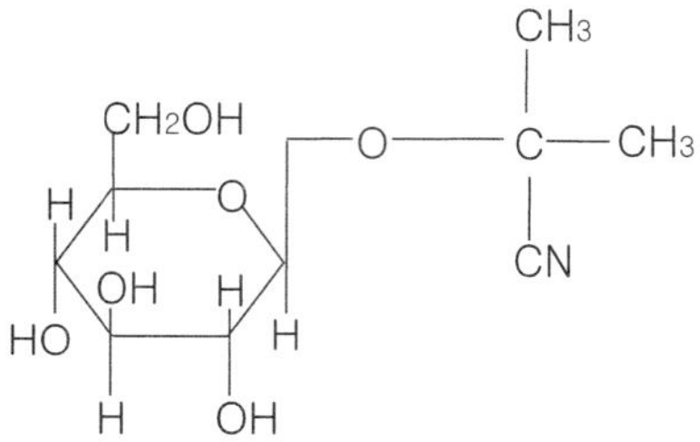

Phaseolunatin

리마콩

4. 은행(*Ginkgo*)

은행은 공원, 길가 또는 사원의 뜰에 많이 심는 은행나무의 열매(종자)이다. 육질의 과육 중에 존재하는 bilobol이 유독성분이며 보통 우리가 먹는 시기의 열매에는 함유되어 있지 않지만 계절에 따라 청산 화합물이 존재하여 중독을 일으키는데 확실한 것은 아직 알려져 있지 않다.

일반적인 중독 증상은 섭취 후 구토, 두통, 복통 및 설사 등의 소화기계 증상이 나타나며 아주 심할 경우에는 호흡 중추 마비에 의하여 죽게 된다.

생성된 청산의 제거는 물에 오랫동안 끓이든가 물로서 씻으면 효과가 있다.

은행나무 숫꽃

은행나무 암꽃

은행나무 열매

5. 시안 배당체의 중독증상 및 예방법

자연계의 식물 중에는 여러 가지의 cyan 배당체들이 함유되어 있는데 이들은 효소나 산에 의하여 가수분해 되면 HCN을 형성하여 독성을 나타낸다. 시안 배당체의 중독 증상은 초기에는 구토, 설사, 두통, 복통 등 소화기계 증상과 심하면 호흡곤란, 전신의 강직성 경련을 일으켜 호흡중추 마비로 죽게 된다. 시안 배당체의 중독을 예방하기 위해서는 수용성이므로 물에 담가서 용출시켜 제거하거나 오래 끓여서 청산을 휘발시켜야 한다.

3.2.4. 독미나리(*Cicuta virosa*)

대관령 북쪽 습지에서 자라는 다년생 초목의 유독 식물로서 남부지방에서도 잘 자라며 풀 전체에 함유되어 있는 cicutoxin은 지방족 불포화 고급알코올이며 맹독 성분이다.

식용되는 미나리와 비슷하여 잘못알고 섭취하면 신경중추에 작용하여 경련을 일으키며 위통, 구토, 현기증을 거쳐 심하면 호흡곤란으로 죽게 된다.

$$HOCH_2(CH_2)_2-(C\equiv C)_2-(CH=CH)_3-\overset{\displaystyle OH}{\overset{|}{C}}HCH_2CH_2CH_3$$

Cicutoxin

독미나리

3.2.5. 피마자(*Ricinus communis*)

열대산의 1년초이지만 원산지에서는 나무처럼 자라는 다년초이기도 하다. 종자는 타원형으로서 밋밋하며 암갈색 반점이 있고 설사약, 포마드, 도장밥 또는 공업용 윤활유의 원료로 사용된다. 피마자유 및 그 박(粕) 중에는 열에 쉽게 파괴되지만 독성이 강한 ricin과 그 보다 약한 ricinin, 알레르기성 증상을 나타내는 allergen이 함유되어 있다. 그러나 ricin은 피마자유를 용매로 추출한 다음 그 용매를 제거하는 과정에서 없어지는 것으로 알려져 있다. 일반적인 중독 증상은 복통, 설사 및 알레르기를 나타낸다.

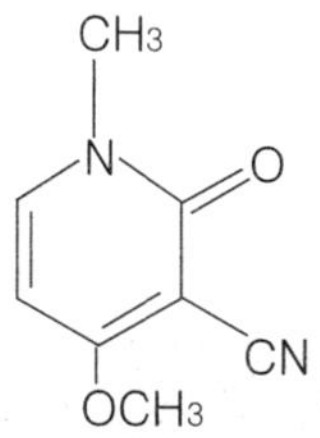

Ricinin

피마자

3.2.6. 목화씨(*Gossypium indicum*)

섬유작물로 재배하고 있는 1년 초로서 동아시아가 원산지이다. 목화의 종자를 덮고 있는 털을 떼어 솜으로 사용하고 종자는 기름을 짜서 면실유로 사용하고 있다. 목화의 종자, 뿌리, 줄기에는 gossypol이라는 유독성분이 함유되어 있는데 정제가 불충분할 경우 gossypol이 남게 되어 중독의 원인이 된다. 일반적인 중독 증상은 현기증, 위장장해, 피로, 졸음 및 정력 감퇴 등이다.

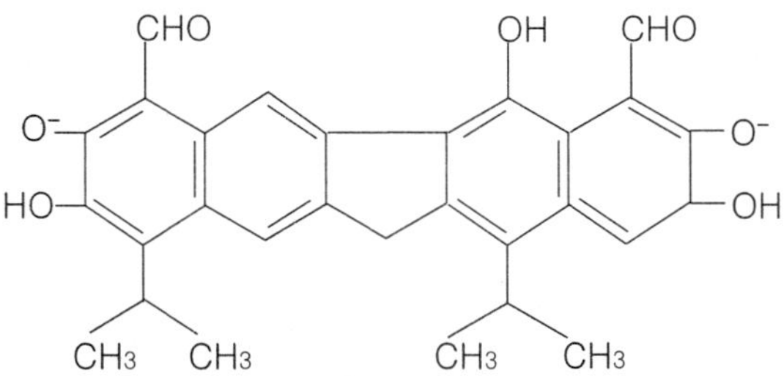

Gossypol

목 화

3.2.7. 고사리(*Pteridium aguilum*)

고사리는 산나물로 우리나라 사람들이 즐겨 먹고 있는 것으로 새순을 가축이 먹으면 비뇨기나 장관(腸管)에 출혈을 일으켜 죽게 되는데 그 원인 물질은 braken fern toxin이다. 또한 최근 히로소(廣野) 등에 의해 분리 되어 ptaquiloside(배당체)라고 명명하였으며, 이 성분은 불안정하여 가열로 물에 우려내는 처리로 쉽게 분해되어 발암성이 저하되나 생고사리를 먹은 소의 우유를 통하여 발암물질이 검출되는 것이 우려된다.

고사리의 발암성분은 줄기보다는 뿌리가 주로 식용으로 사용하는 엽상체(葉狀體)에 많이 들어있다.

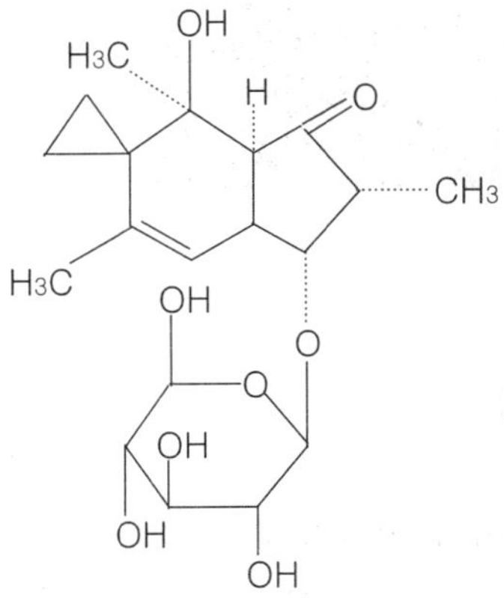

Ptaquiloside

고사리 새잎

고사리

3.2.8. 독보리(*Lolium temulentum*)

식물의 형태가 밀과 비슷한 유럽산 1년초로 보리밭에 혼생한다. 독보리의 종자에는 temuline이라는 유독 성분을 함유하고 있으며 보리에 혼입된 것을 섭취하면 두통, 현기증, 구토 등의 증상을 일으키고 심할 경우에는 허탈상태에 빠져 죽게 된다.

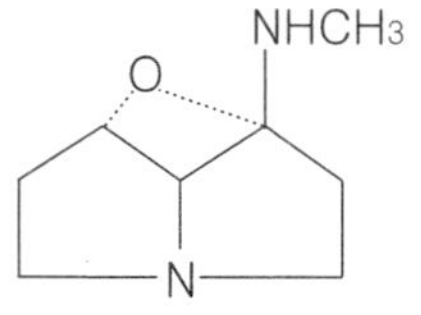

Temuline

독보리

3.2.9. 기타

1. 디기탈리스(*Digitalis purpurea*)

유럽이 원산지인 다년초로서 약용 또는 관상용으로 재배하고 있다. 유독 성분은 배당체로서 purpurea glucoside A, luteolin glucoside, digitinin 및 giotinin 등의 saponin을 함유하고 있다. Purpurea glucoside가 가수분해되면 gitoxigenin이 생성되는데 이것은 강심이뇨제(强心利尿劑)로서 오래전부터 사용되고 있으나 잘못 사용하면 심장의 정지로 죽게 된다. 따라서 약용으로서는 귀중한 것이지만 극약이기 때문에 의사 등 전문가 이외의 사람은 사용이 금지 되어 있다.

$$HOCH_2(CH_2)_2-(C{\equiv}C)_2-(CH{=}CH)_3-\underset{}{\overset{OH}{\overset{|}{C}}}HCH_2CH_2CH_3$$

Digitinin

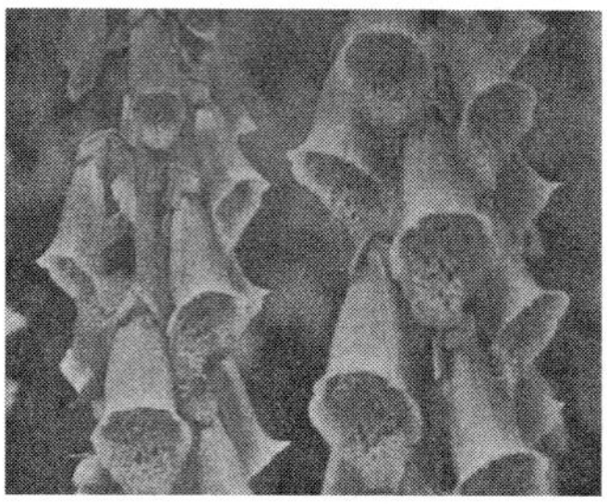

디기탈리스

2. 미치광이풀(*Scopolia parviflora*)

미치광이풀은 가지과의 다년생 초본으로 산골 음지에서 자라며 설앵초나 마(痲)와 비슷하기 때문에 뿌리를 마로 잘못알거나 어린 싹을 산나물로 잘못 알고 섭취하는 경우가 많다. 유독 성분은 hyoscyamine이 주성분이고 그 외에 atropine과 scopolamine 등이 잎, 줄기, 뿌리에 함유되어 있으며 산지, 개체, 계절에 따라 유독 성분이 다르다.

Atropine은 부교감 신경 말초 마비작용이 있으며 눈의 동공 확대, 흥분, 호흡곤란 등이며 흥분기에는 광란상태가 되어 뛰어 돌아다니는 일이 있으므로 미치광이풀이라 불리웠다.

Scopolamine은 최면 작용이 강하며 동공 확대 작용도 atropine의 10배가 되는데 섭취량이 많으면 호흡정지가 되는 경우가 있다.

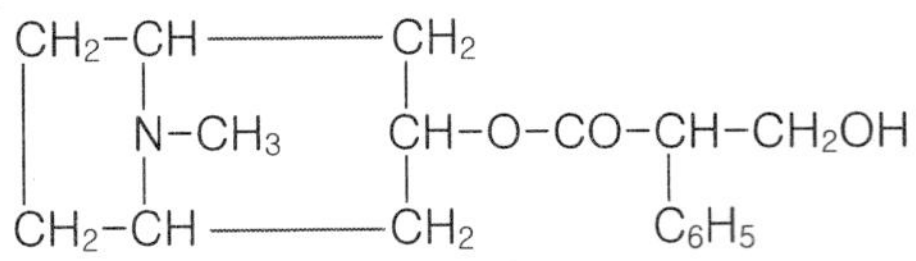

L 체 : hyoscyamine
DL체 : atropine

미치광이풀

3. 붓순나무(*illicium anisatum*)

목련과에 속하는 상록수 관목으로서 이 열매는 향신료로 사용되는 회향(茴香)과 비슷하기 때문에 잘못 알고 섭취하므로 중독을 일으키는 경우가 있다. 이 열매는 shikimin, anisatin, neoanisatin 등의 유독 성분을 함유하고 있다.

주된 중독 증상은 구토, 경련, 현기증 등이 일어나며 과실에서 얻어지는 1%의 정유(精油)는 방향성이 있어 훈제의 향료로 이용되기도 한다.

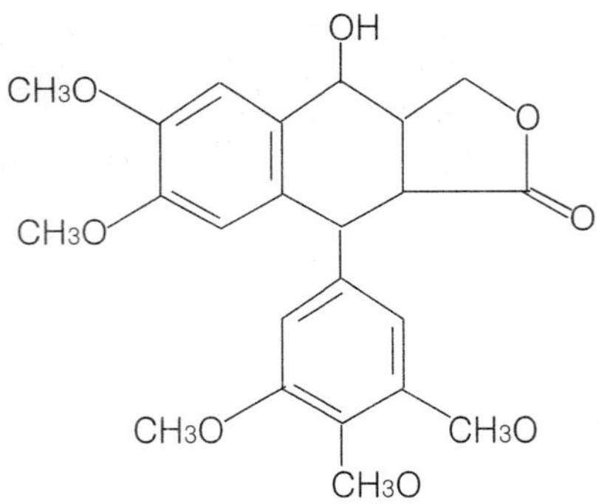

Shikimin

붓순나무

4. 꽃무릇(*Lycoris radiata*)

꽃무릇은 야생의 다년생초로서 비늘줄기로 번식하며 가을에 분홍색 꽃이 핀다. 유독 성분은 lycorine이라고 하는 alkaloid로서 비늘줄기에 함유되어 있으며 이를 식용하였을 때 강한 구토작용을 하며 정분의 정제가 불충분하면 중독을 일으킨다. 그러나 비늘줄기는 구토제로 사용되며 alkaloid만 제거하면 좋은 전분을 얻을 수 있다. 중독 증상은 구토가 주로 나타나며 심하면 경련과 호흡마비를 일으켜 사망하는 경우도 있다.

이 외에도 고추씨에는 capsaicin, 레몬즙에는 isopimpinellin과 furocoumarin 등의 유독 물질이 함유되어 있어 전신 경련, 호흡 곤란, 피부 발진 등의 증상을 나타낸다.

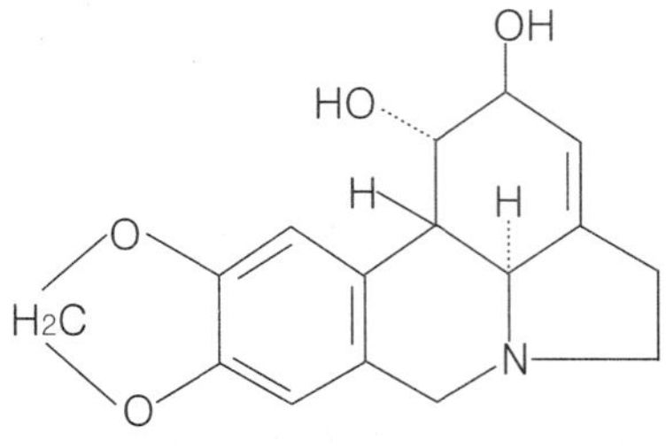

Lycorine

꽃무릇 잎

꽃무릇 꽃

3.3. 곰팡이독

곰팡이독은 곰팡이류의 2차 대사산물로서 사람이나 가축의 체내에 섭취되었을 때 어떤 급성 또는 만성의 기능적 기질적인 장해를 유발하는 물질을 곰팡이독(mycotoxin, 眞菌毒)이라 한다. Mycotoxin의 섭취에 의해서 일어나는 건강장해를 mycotoxicosis(眞菌中毒症)라고 하며 곰팡이의 감염에 의해서 발병하는 mycosis((眞菌症)와 구별된다. 이것의 원인 식품은 곡류, 두류 및 그 가공품 등 탄수화물이 많은 식품일 때가 많다.

3.3.1. Mycotoxin과 Mycotoxicosis

1. Mycotoxicosis의 특징

Mycotoxin을 경구적으로 섭취하므로서 일어나는 질병을 총칭해서 곰팡이독증(眞菌中毒症, mycotoxicosis)이라 한다. Forgacs는 이들의 특징을 다음과 같이 설명하고 있다.

① 곰팡이 중독증은 쌀, 땅콩 및 목초 등 특정식품 혹은 사료의 섭식(攝食)과 관계가 있으며, 탄수화물이 풍부한 곡류에 압도적으로 많이 발생한다.

② 곰팡이 독은 계절적인 관련성이 있다. 그 예로 *Aspergillus*속이 생산하는 곰팡이 독은 봄과 여름(열대지역)에 사고가 많이 발생하고 *Fusarium*속에 의한 독소는 한냉기(한대지역)인 겨울철에 많이 발생하는 사례가 있다.

③ 곰팡이 중독증은 직접 동물에서 동물로 또는 사람에서 사람으로 전파되지 않는다.

④ 발병된 동물에 대해서는 약제요법이나 항생물질 등에 의한 효과를 기대하기 어렵다.

⑤ 의심되는 원인식품이나 사료를 검사하면 곰팡이가 분리되는 경우가 많다.

『표 3-3』 대표적인 mycotoxin

Mycotoxin	주된 생산균명	주된 증상	원인 식품
Hepatotoxin			
Aflatoxin	*Asp. flavus*	간장해, 간암	땅콩, 면실
	Asp. parasiticus	간장해, 간암	밀가루
Sterigmatocystin	*Asp. versicolor*	간장해, 간암	옥수수
Ochratoxin	*Asp. ochraceus*	간장해, 유산	남아연방의 지방식물
Islanditoxin	*Pen. Islandicum*	간출혈	황변미
Luteoskyrin	*Pen. Islandicum*	간장해, 간경변	황변미
Ruburatoxin	*Pen. rubrum*	간장해, 장기출혈	옥수수
Cyclochlorotin	*Pen. Islandicum*	간장해	황변미
Neurotoxin			
Citreoviridin	*Pen. citreoviride*	신경장해	쌀
Patulin	*Pen. patulum*	신경장해	곡류, 맥아근
	Pen. expansum		
Maltoryzine	*Asp. oryzae* var. *microsporum*	신경장해	곡류, 맥아근
Cyclopiazonic acid	*Pen. cyclopium*	신경장해	보리, 옥수수
Nephrotoxin			
Citrinin	*Pen. citrinum*	신장염	황변미
	Pen. viridicatum	신장염	밀, 배합사료
Fusarium 독			
Zearalenone	*Fus. graminearum*	발정증후군	옥수수
Trichothecene	*Fus.* sp.	백혈구 감소증, RNA 저해	
(그외 독소)			
Sporodesmin	*Pithomyces chartarum*	광과민성 피부염	목초
Ergotoxin	*Claviceps purpurea*	경련형, 괴저형	맥각, 보리

Asp : Aspergillus, Pen: Penicillium, Fus: Fusarium

2. 독성에 따른 mycotoxin의 분류

곰팡이독의 종류와 분류법에는 여러 가지가 있으며 S.K. Majumder는 곰팡이류의 속(屬)에 따라서 독성대사 생산물을 분류하였고, R.J. Townsend(1964년)는 장해를 일으키는 기관이나 생체 부위별로 다음과 같이 분류하였다. 이것은 어디까지나 편의상 분류이고 실제로 곰팡이독은 몇 개의 증상이 겹쳐서 나타나는 경우가 많으며, 동물의 종(種)에 따라 같은 곰팡이독이라도 주증상이나 주장해 부위가 다른 경우로 알려져 있다.

① 간장독(hepatotoxin) : aflatoxin, sterigmatocystin, ruburatoxin, luteoskyrin, ochratoxin, islanditoxin 등 생체에 간경변, 간종양 또는 간세포의 괴사(壞死)를 일으키는 곰팡이독군

② 신장독(nephrotoxin) : citrinin, citreomycetin, kojic acid 등 신장에 급성 혹은 만성 장해를 일으키는 곰팡이독군

③ 신경독(neurotoxin) : patulin, maltoryzine, citreoviridin 등 뇌나 중추신경계에 장해를 일으키는 곰팡이독군

④ 기 타 : sporidesmin과 psoralen(광과민성 피부염 물질, photodynamic metabolites), slaframine(침흘림 유발 물질), zearalenone(발정 유발 물질), fusariogenin(조혈기능 장해 물질) 등이 알려져 있다.

3.3.2. Aflatoxin

1. 생산균종 및 생산조건, 독성

1) Aflatoxin

1960년 봄부터 여름에 걸쳐 수개월 동안 10만 마리 이상의 칠면조 새끼가 집단 중독으로 폐사하는 사건이 영국의 동남부 지방에서 발생하였다. 이에 대해 영국 정부가 설치한 대책위원회, Tropical Products Institute, 유니레바 연구소 등이 심혈을 기울인 연구의 결과 브라질 등지에서 수입된 사료용 땅콩 박(粕)에 기생한 *Aspergillus flavus*의 형광 대사산물이 칠면조 새끼에 급성 간장장해를 일으킨 병인(病因) 물질로서 확인 되었는데, 생산 곰팡이의 이름을 따서 그 독성물질을 aflatoxin이라고 명명하였다.

이것이 오늘날 곰팡이 독의 연구가 세계적 문제로서 취급되는 도화선이 되었으며 강력한 천연 발암 물질인 aflatoxin의 탄생이다.

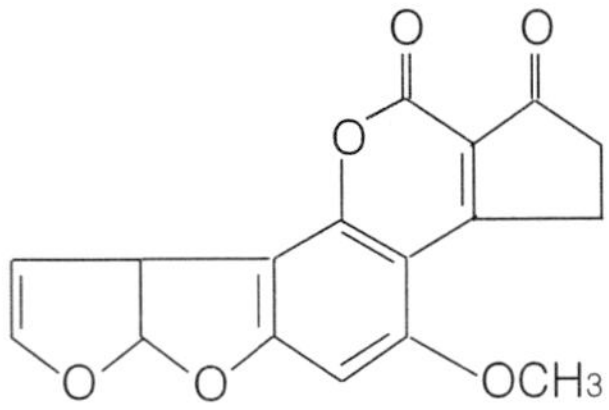
B_1

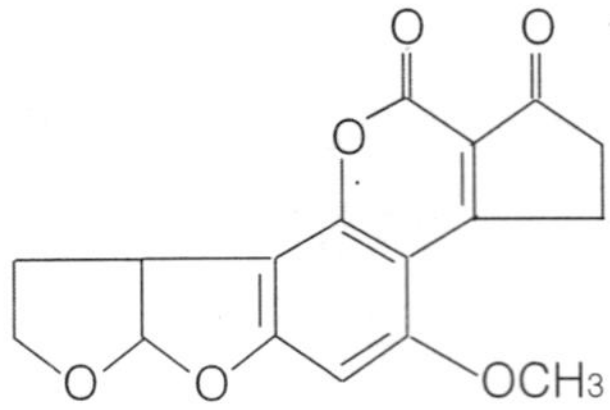
B_2

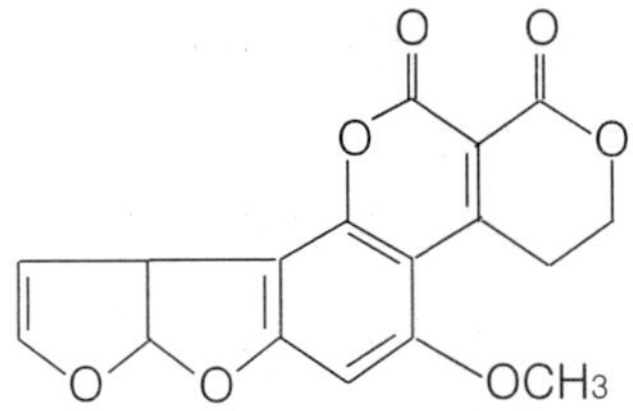
G_1

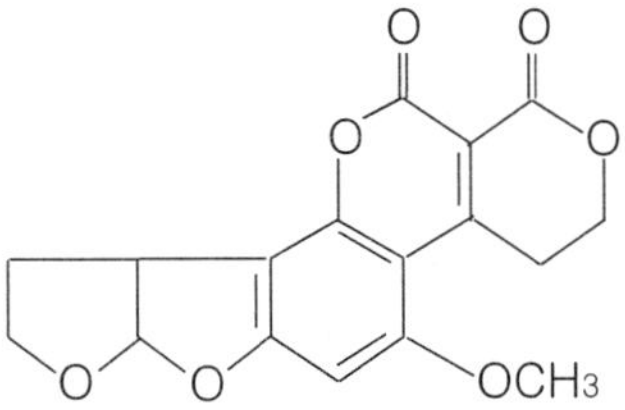
G_2

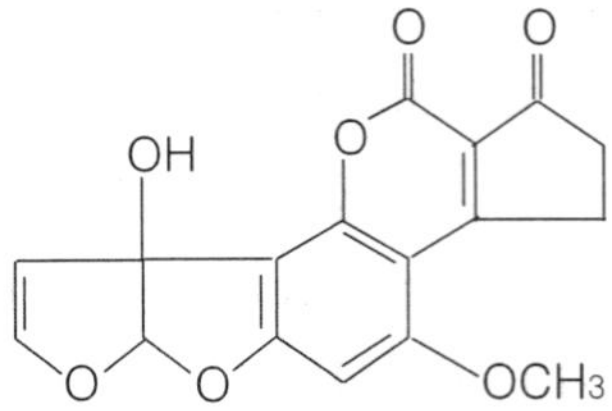
M_1

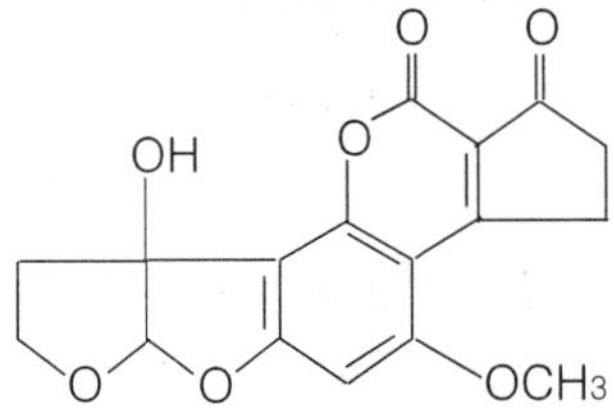
M_2

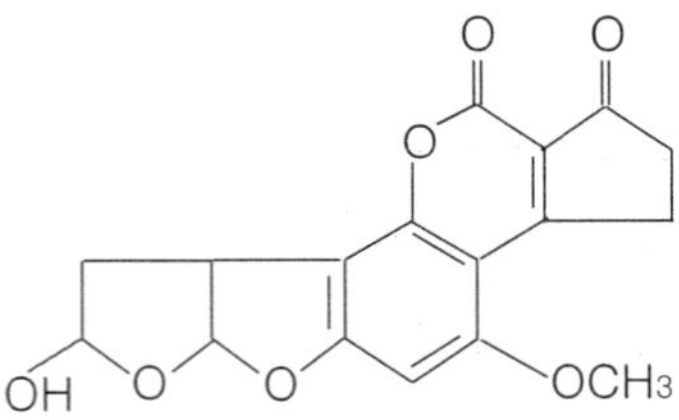
B_{2a}

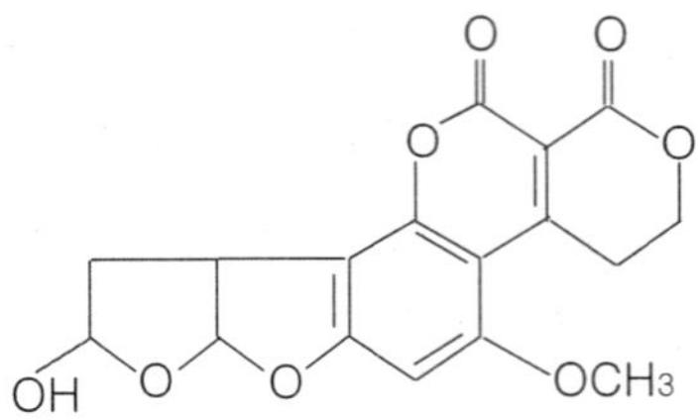
G_{2a}

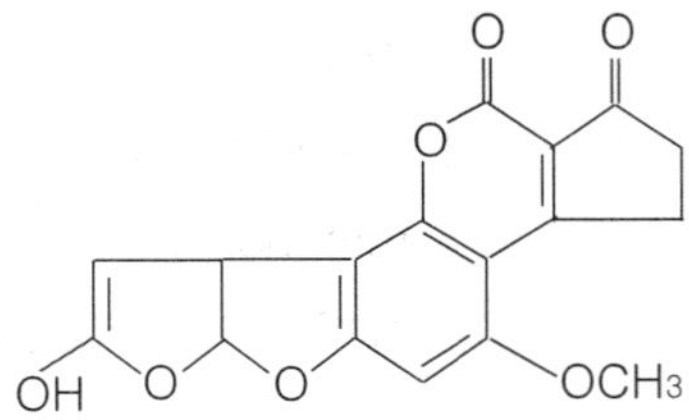
Aflatoxicol(R_0)

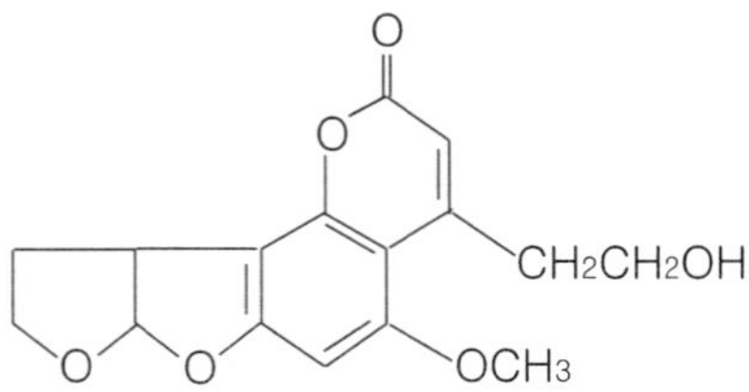
parasiticol(B_3)

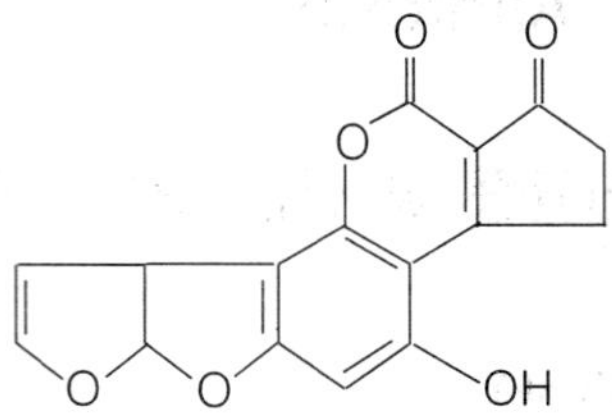
P_1

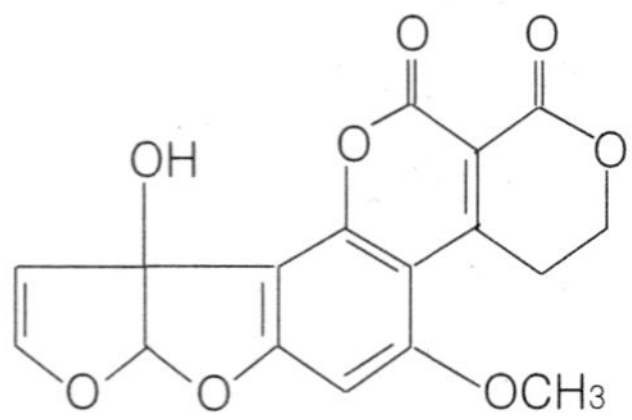
GM_1

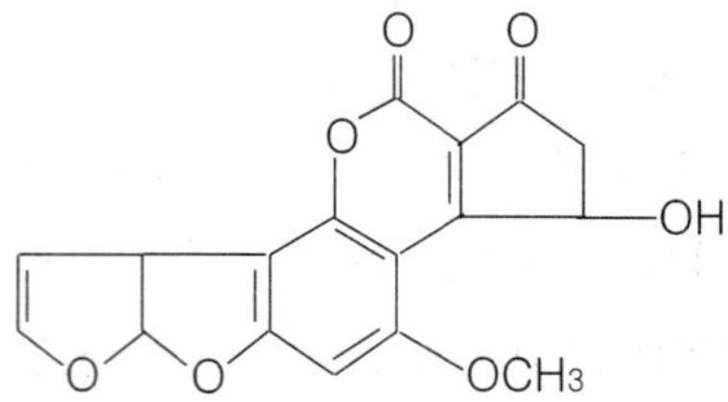
Q_1

『그림 3-9』 Aflatoxin류의 급성독성

Aflatoxin 생산 곰팡이는 *Asp. flavus* 외에 *Asp. parasiticus*에 속하는 특정 균주로서 그 분포는 일반적으로 열대·아열대의 토양에 널리 분포하여 식품을 오염시키고 있으며 이스라엘의 보고에 의하면 그 지방에서 발견되는 진균류의 80%는 aflatoxin의 생성 능력을 가지고 있다고 한다. 그러나 같은 *Asp. flavus* 및 그 유사 균주도 온·한대 지역에서의 독성주(毒性株) 검출 빈도는 매우 낮다는 사실이 흥미가 깊다.

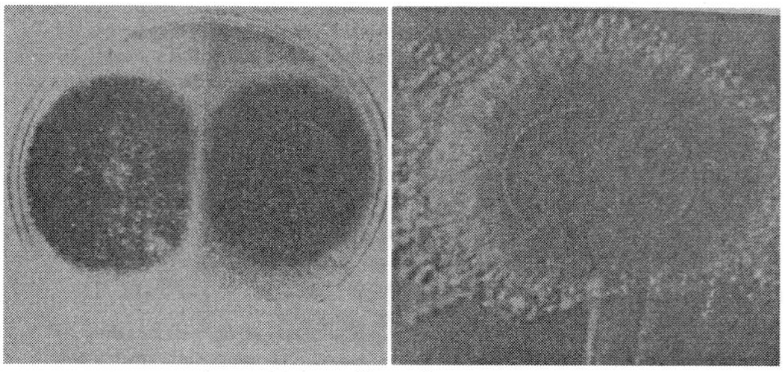

Aspergillus flavus

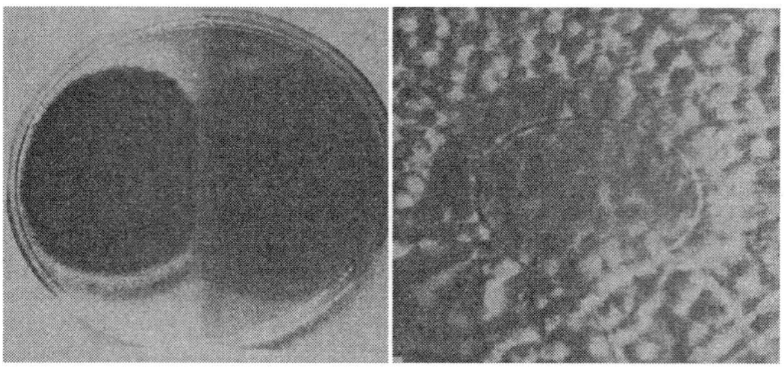

Aspergillus parasiticus

이들 독성 생성 균주의 aflatoxin 생산 최적 조건은 기질 수분 16% 이상, 상대 습도 80~85% 이상, 온도 25~30℃이며 탄수화물이 풍부한 농산물 특히, 쌀·보리·옥수수 등 주요 곡류가 그 좋은 기질이 된다. 따라서 식품 위생상 aflatoxin의한 위해(危害) 예방의 확실한 방법은 수확 직후에 이들 곡류의 건조 및 저장 조건에 유의하여 독생산 곰팡이의 번식을 억제하는 것이다. Aflatoxin에는 박층(薄層) chromatography 상에서 청색 형광을 발하기 때문에 이름 붙여진 aflatoxin B_1 및 B_2, 황록색 형광을 발하는 G_1 및 G_2 외에, 이들 물질을 섭취한 동물의 생체내 대사물로 오줌, 분변, 유즙 등에서 보여 지는 M_1 및 M_2 등을 비롯하여 현재 관련 유사 구조를 가진 물질로서 13여종이 알려져 있다(그림 3-9).

이들 중 특히 식품 위생상 중요한 것은 Aflatoxin B_1과 M_1이며 이들은 강력한 발암성으로 강알칼리(pH 10 이상)와 강산(pH 3 이하), 산화제, 환원제 및 UV와 γ-선에 의해서 분해되거나 독력이 낮은 유도체로 변하긴 하지만 건조 상태에서는 280~300℃의 가열로서 분해되기 때문에 일반의 식품가공 살균 처리로는 파괴되지 않는다는 점에 주의하여야 한다.

Aflatoxin의 동물에 대한 급성 독성은 B_1의 LD_{50}은 쥐의 수컷이 7.2 mg/kg, 암컷이 17.9 mg/kg(경구), 생쥐는 9 mg/kg, 집오리 새끼는 364 μg/kg이다. 또 만성 독성은 쥐에 15 μg/kg/24hr의 경구 투여로써 68~82주 후에 간염이 인정되었다. 따라서 미국의 FDA에서도 식품의 최대 허용량을 30 ppb로 정하고 있다.

곡물을 주식으로 하고 발효식품을 많이 섭취하고 있는 우리나라 실정을 고려할 때 전국적인 규모로서 aflatoxin의 오염 상태와 생산균의 검색은 물론, 배양학적 조건들을 조사함과 동시에 aflatoxin의 오염 억제 방안을 체계적으로 연구할 필요성이 있으며 거기에 따른 대책도 절실히 요청되고 있다.

3.3.3. 황변미

1. *Penicillium citreoviride*

이것은 주로 대만산의 저장 쌀에서 황색의 변질된 쌀에서 발견 되었으며 그 원인은 푸른곰팡이인 *Penicillium citreoviride*(*Penicillium toxicarium*)의 착생이었다는 사실이 1937년 일본 농림성 미곡 이용연구소의 미야케(三宅)에 의해서 보고되었다.

우리나라의 연질미에도 간혹 발생되며 색소는 광선에 예민하여 햇빛에 닿으면 퇴색된다. 현미에서의 피해가 현저하며 상처나 배아 부위에서부터 균이 침입하여 황색 반점을 만든다.

독소는 히라다(平田)에 의해서 연구되어 citreoviridin이라고 명명 보고 되었다. 이것은 *Pen. toxicarium*이 그 후의 연구 결과에서 *Pen. citreonigrum*과 동일한 균주라는 결론에서 붙여진 이름이다.

독성과 자연 오염에 대한 예로서 고양이, 개 등에 경구투여에서 구토, 경련, 호흡장해를 일으키는 신경독으로서 생쥐에 대한 급성 독성은 LD_{50}=7.5 mg/kg(복강), 20 mg/kg(피하), 29 mg/kg(경구)이다.

동물에 대한 각기 모양의 증상에서 우라구찌(浦口)는 황변미와 사람의 각기병(脚氣病)과의 관계가 확인 되었다고 한다.

*Pen. citreoviridin*은 12~18℃와 같이 낮은 온도 조건에서 15%의 수분이 함유되어 있을 때 가장 잘 생육한다.

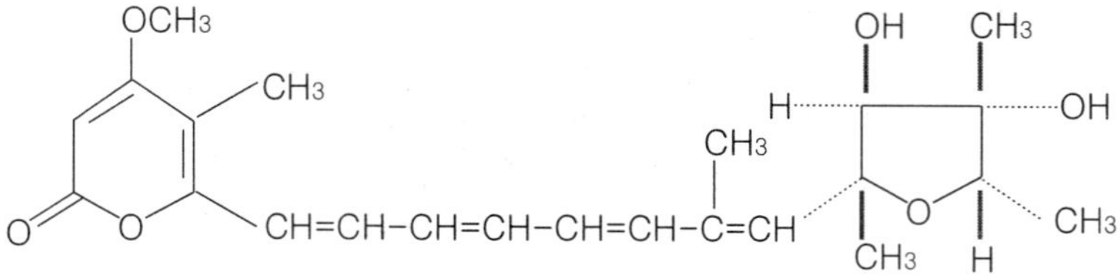

Citreoviridin

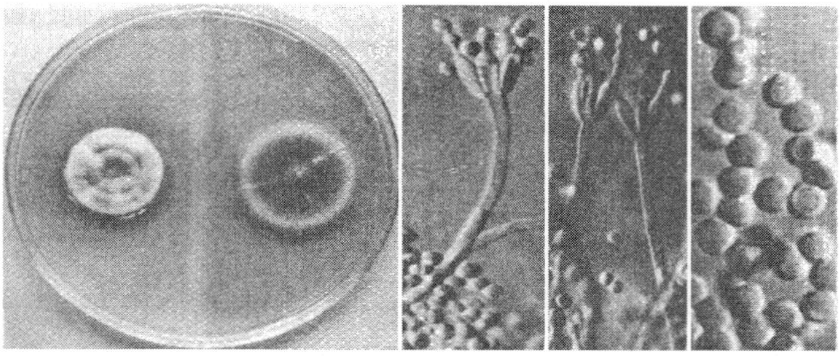

Penicillium citreonigrum

2. *Penicillium islandicum*

이것은 1948년 이집트에서 수입된 쌀에서 발견된 것이 계기가 되어 생쥐, 쥐 등에게 곰팡이에 오염된 쌀을 투여한 결과 간경변증을 일으켜 죽게 됨으로써 일본의 농림성 식량 연구소의 쯔노다(角田)에 의해서 식품위생상의 문제가 되었다. 원인균 *Pen. islandicum*은 세계적으로 널리 분포하며 동남아시아, 미국, 유럽 등 각지에서 생산되는 곡물에서 분리되고 있다.

*Pen. islandicum*이 생산하는 대표적인 독성물질은 luteoskyrin, islanditoxin, cyclochlorotin과 같은 함염소(含鹽素) peptide이고 이들은 급성간장 장해를 일으키며 더욱이 장기 투여시 간의 발암성이 증명되고 있다.

*Pen. islandicum*의 발육온도 범위는 10~38℃이고, 최적온도는 31℃, 발육한계 수분활성은 Aw 0.83, 최적 수분활성은 0.9이다.

생쥐(수컷)에 대한 luteoskyrin의 급성독성은 LD_{50}=145 mg/kg(피하), 221 mg/kg(경구), 6.65 mg/kg(정맥내)이다.

간장 장해의 특징은 간소엽중심성(肝小葉中心性)의 세포 괴사와 지방변성이다. 이와 같은 간장 장해는 동물의 성별, 연령에 따라 다르며 생쥐의 암컷에는 독성이 약하다.

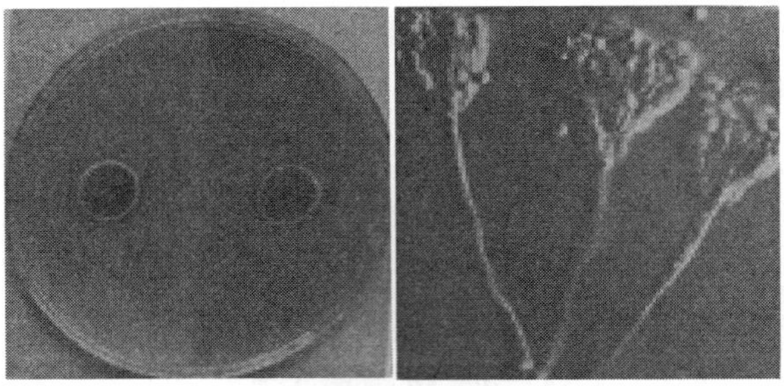

Penicillum islandicum

발암 실험에서는 생쥐(수컷)에 대하여 150~500 μg/day로 현저하게 발암성이 인정되며, 최소 발암일수는 216일 정도이다.

Islanditoxin, cyclochlorotin은 생쥐(수컷)에 대한 급성 독성이 LD_{50}=0.338 mg/kg(정맥내), 0.475 mg/kg(피하), 6.55 mg/kg(경구)으로 luteoskyrin보다 강하여 급격히 작용하여 간의 충혈, 간소엽 주변에 공포(空胞) 변성이 생겨 괴사하게 된다. 만성 독성은 생쥐에 대하여 40~60 μg/day의 투여로서 226일 후에 약 20%의 동물에 선종(腺種)이 확인되었다.

*Pen. islandicum*의 자연 오염에는 쌀 외에 보리, 밀가루 등에도 잘 발생된다.

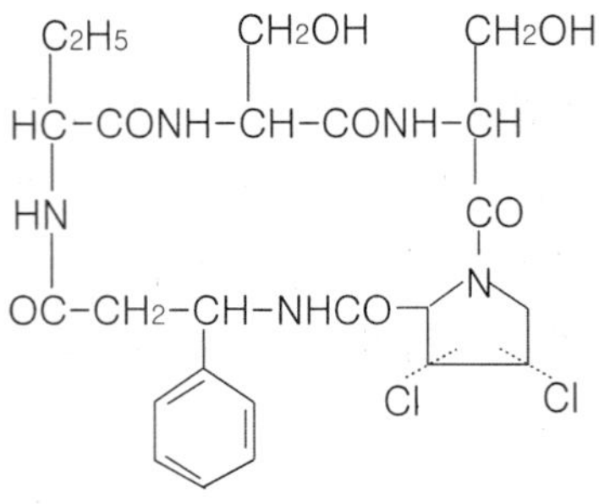

Islanditoxin

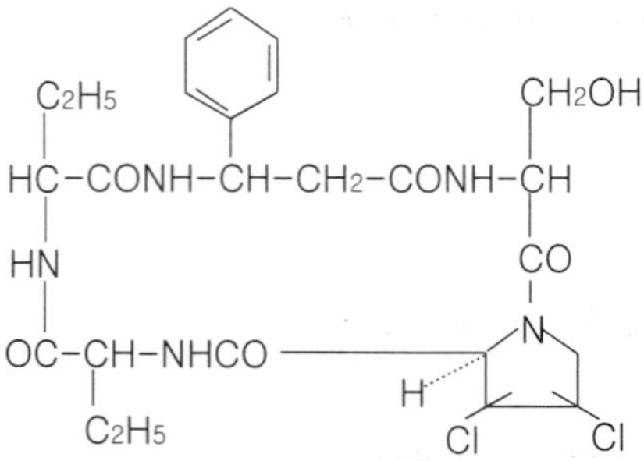

Cyclochlorotin

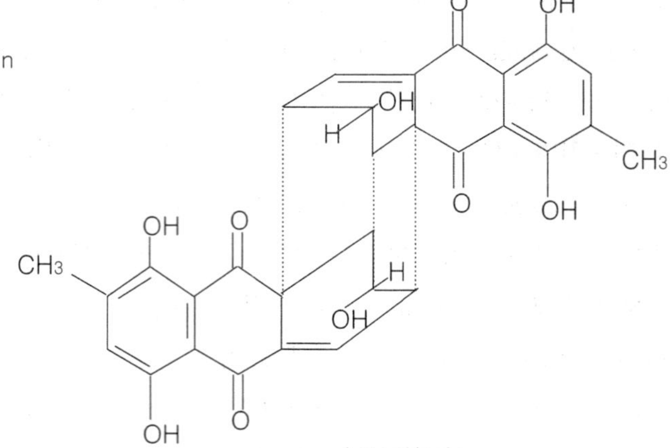

Luteoskyrin

3. *Penicillium citrinum*

1951년 태국에서 일본에 수입된 쌀이 황변(黃變)하였는데 이것은 *Pen. citrinum*에 의한 오염이라는 것이 일본 농림성 식량 연구소의 쯔노다(角田)로부터 보고되었다. 그 후 히라야마(平山)의 연구에 의해 그 독성 물질이 *Pen. citrinum*이 생산하는 이미 항생물질로 잘 알려진 citrinin이라고 하는 phenol 화합물이라는 것이 밝혀졌다.

Citrinin은 자외선을 쪼이면 강한 레몬색의 형광을 발하기 때문에 검출하기 쉬우며 Mp는 172℃이고 그 구조는 항생물질로서 Hetherington, Raistrick (1931), Brown(1949)에 의하여 연구되었다.

생쥐에 대한 급성 독성은 LD_{50}=35 mg/kg(피하 혹은 복강), 쥐는 67 mg/kg, 토끼는 19 mg/kg, 돼지는 20~40 mg/kg으로 생육 장해 등을 일으킨다.

증상은 전형적인 신장독으로서 급성 혹은 만성의 신장독(nephrosis)을 일으킨다. 이 때 신장에 있는 물의 재흡수가 저해된다.

최근에는 이또(伊東)에 의하여 신장암의 가능성도 인정되고 있으며 특히 aflatoxin 등 다른 독소와의 복합적인 오염이 발암성을 더 증가 시킨다고 한다.

*Pen. citrinum*은 자연계에 널리 분포하고 있으며 특히 온대 지방의 옥수수, 쌀, 보리 등의 곡류와 땅콩에 많이 발생한다. 식빵의 citrinin 오염도 인정되고 있으며 보리에는 70~80,000 ppb가 인정되고 있다.

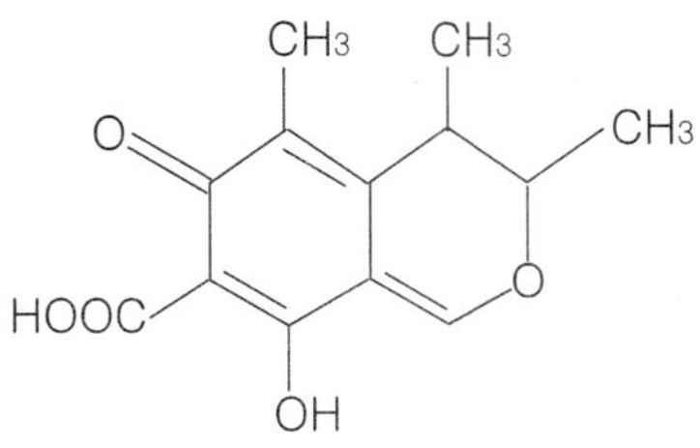

Citrinin

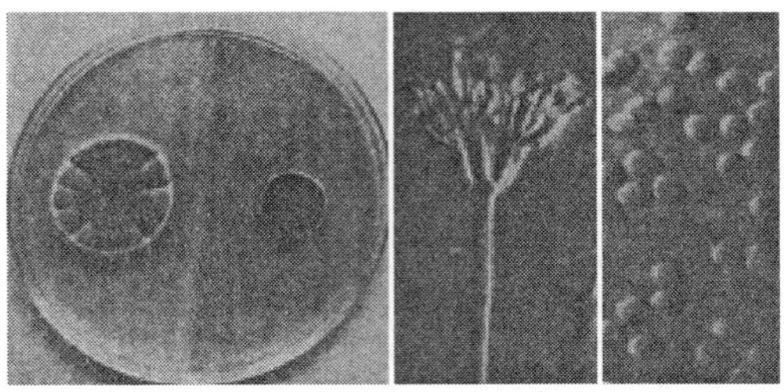
Penicillum citrinum

3.3.4. 맥각

맥류인 호밀, 보리, 밀의 개화기에 자낭균류에 속하는 *Claviceps purpurea*(맥각균) 곰팡이에 의해 보리는 암자색, 흑색, 흑갈색의 단단한 균핵(菌核)을 형성하는데 이것을 맥각(麥角)이라고 하며 이것이 혼입된 곡물을 섭취하면 맥각중독(ergotism)을 일으킨다.

맥각의 생리적 작용은 교감신경 마비와 분만촉진용 의약품으로 사용되어 왔으나 그 후에 교감신경 차단작용이 있는 ergotoxin, ergotamin, 자궁 수축작용이 있는 ergometrine 등 3군의 유독 알칼로이드와 histamine, isoamylthin, ethylamine, methylamine, trimethylamine 등의 아민류(amines)가 들어있어 이들의 복합작용에 의해 중독을 일으키는 것으로 여겨진다.

이들 알칼로이드는 구조상으로 모두 lysergic acid 또는 isolysergic acid의 유도체이며 lysergic acid에 diethylamide가 결합한 lysergic acid diethylamide(LSD)는 환각제로서 정신병 분야의 의학적 연구에 사용되고 있다. 맥각은 곡물 중에 0.5% 이상 혼입되면 만성 중독을 일으키기 때문에 미국에서는 0.3%, 캐나다 0.2%, 소련 0.15%로 규정하고 있다.

맥각의 독성작용은 교감 신경 마비와 자궁 근육 및 혈관 수축의 작용이 있으며 주된 증상은 소화기 계통의 장해와 두통, 무기력이 오며 중증일 때는 지각이상 등을 일으켜 사망하게 되고, 임산부의 경우 유산이나 조산의 원인이 되기도 한다. 만성일 경우에는 발꿈치에 농포(膿泡)가 생기고 동창상괴저(凍瘡狀壞疽) 또는 경련성 증상을 일으킨다.

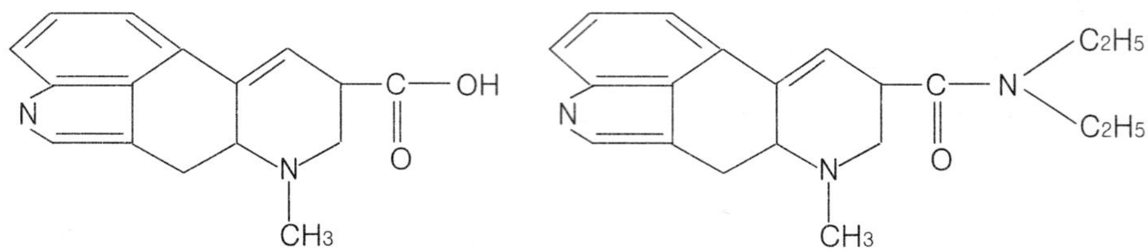

Lysergic acid　　　　Lysergic acid diethylamide

3.3.5. 광과민성 피부염 물질

1. Psoralens

이 물질은 독성대사에 의하여 일광피부염을 일으키는데 셀러리의 홍부 병원균인 *Sclerotina sclerotorium*이 기생한 셀러리를 수확할 때 접촉한 사람이 햇볕을 쪼이면 피부염을 일으키는 것으로 그 물질은 4', 5', 8'-trimethyl psoralen과 8-methoxy psoralen의 두가지의 물질이다.

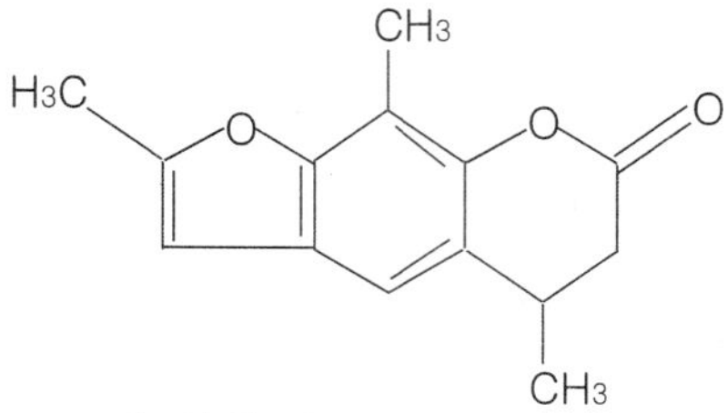

4', 5',8'-trimethyl psoralen

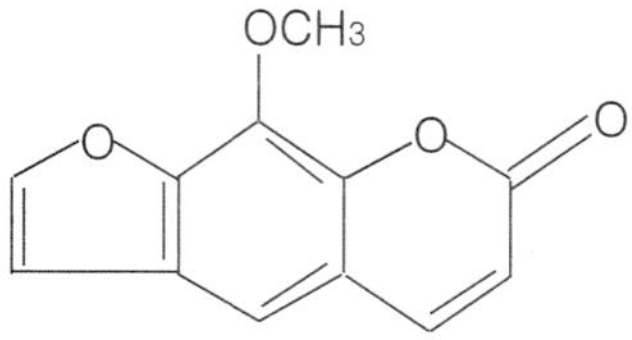

8-methoxy psoralen

2. Sporidesmins

뉴질랜드 및 오스트레일리아의 일부 지방에서 발견된 가축의 안면일광피부염증인데 이 물질은 건초 등에 기생하는 사물기생(死物寄生) 곰팡이인 *Sporidesmium bakeri*(*Pithomyces chartarum*으로 개명)의 유독대사산물에 기인하며, 동물이 이것을 섭취하였을 때 체중감소, 황달 및 간장 장해를 받아 간의 이상대사의 결과로 일광 피부염을 일으킨다. 어떤 특정한 기후조건에서 원인 곰팡이가 포자를 형성하고 유독물질은 그 포자 중에 함유하는데 그 원인 물질은 sporidesmin A, B, C의 세 종류가 있다.

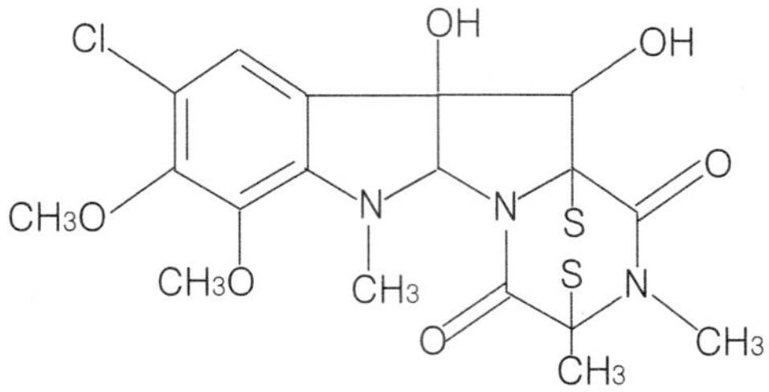

Sporidesmin A

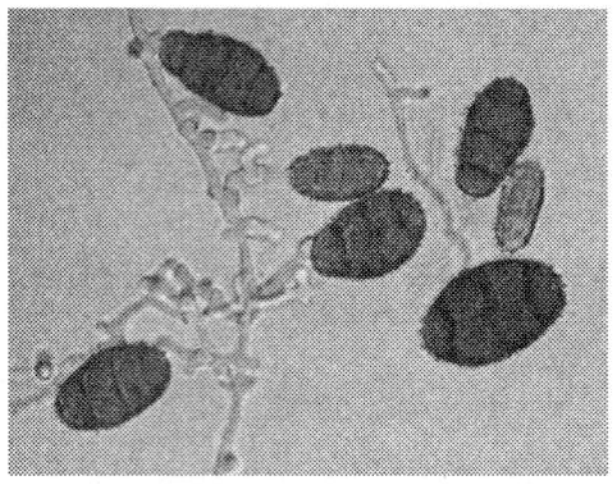

*Sporidesmium bakeri*의 사진

3.3.6. *Fusarium* 독소균

1. 식중독성 무백혈구증

식중독성 무백혈구증(ATA : alimentary toxin aleukia)은 기온이 낮고 적설량이 많은 지방에서 주로 봄과 겨울사이에 발생하는 유독곰팡이로서 *Fusarium tricinctum*, *F. sporottrichoides*, *Cladosporium epiphylum*, *Cladosporium fagi* 등에 의해 발생하며 이 균들이 생성하는 독성물질인 sporofusariogenin, epicladosporic acid, fagicladosporic acid 등이다. 사고의 발생은 공통적으로 기온이 매우 낮고(2~15℃) 강설량이 많은 지방에서 발생한다.

중독 증상은 구강 및 소화기에 이상을 가져오며 급성 증상은 구역질, 구토, 위염, 만성중독일 경우 조혈기능 장해 현상이 현저하고, 림프샘의 증대, 소화관과 신장의 출혈, 백혈구의 감소, 임파구수(淋巴球數)의 이상증가, 혈액응고 시간의 지연 등의 현상이 일어나는데 이러한 증상을 식중독성 무백혈구증 이라고 한다.

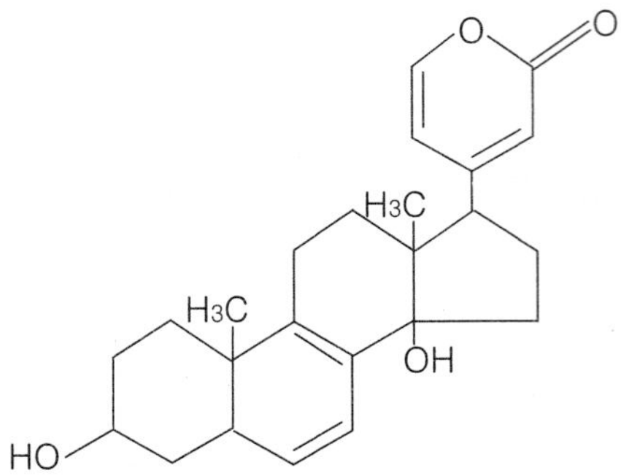

$CH_3(CH_2)_7CH=CH(CH_2)_{13}COOH$
(Epicladosporic acid)

$CH_3(CH_2)_9CH=CH(CH_2)_9COOH$
(Fagicladosporic acid)

Sporofusariogenin

2. Zearalenone

Zearalenone은 *Fusarium graminearum, F. roseum, F. tricinctum, F. oxysporum*이 생성하는 2차 대사산물로서 F-2 toxin, fermentation estrogenic substance(FES)라고도 한다.

미국 · 호주 · 프랑스 등 여러 나라에서 옥수수, 보리 목초 등에 곰팡이가 사료를 먹은 돼지와 양의 어린 암컷에서 이상발정(異常發情)을 일으킨 것이 최초로 보고되었다.

중독 증상은 외음부의 팽창과 질의 탈출, 불임, 태아의 성장저해 및 유산 등의 생식장해를 유발하는 특징이 있으며 가축의 발정증후군(estrogenic syndrome)이다. 동물에 대한 급성독성은 약하며 증상은 사료 중의 농도가 1~2 ppm 일 때 나타난다.

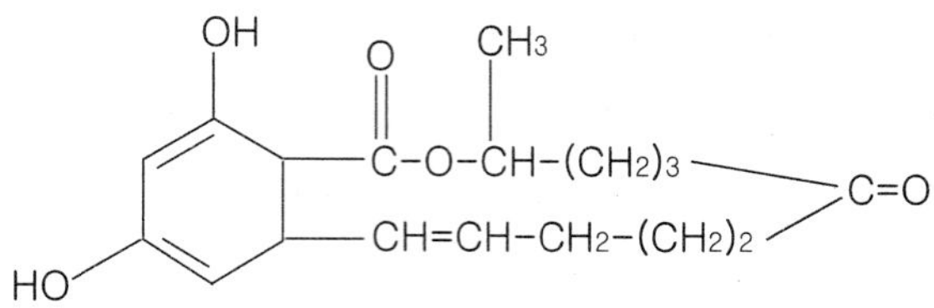

Zearalenone(F-2-toxin)

3. 푸모니신(Fumonisin)

Fumonisin은 *Fusarium moniliforme*가 생성하는 독으로 옥수수 배양물에서 6종류의 이성체 B_1, B_2, B_3, B_4, A_1, A_2가 존재하는 것으로 알려졌다. 그 중에서도 B_1, B_2, B_3는 자연발생 또는 옥수수 배양액으로부터 분리되었으며 B_4, A_1 및 A_2는 옥수수 배양액에서 매우 소량으로 검출된 것으로 보고되고 있다. 특히 Fumonisin B_1은 *Fusarium moniliforme* 외에도 *F. proliferatum*과 *F. nygamai*에서도 생성되는 것으로 밝혀지고 있으며 가장 강한 독성과 높은 오염도를 나타내는 것으로 알려져 있다.

Fumonisin은 한국을 포함한 중국, 미국, 캐나다, 페루, 이집트 및 남아프리카 등에서 수입한 옥수수에서 이 독이 검출되고 있으며, 옥수수 외에도 조, 보리, 벼 등에서 흔히 자연적으로 발생하며 이들을 원료로 한 가공식품에서도 검출된다. 중독 증상으로는 여러 동물에게 독성을 나타낼 뿐만 아니라 사람의 간암, 식도암 유발과 상관관계가 있는 것으로 조사되어 있다.

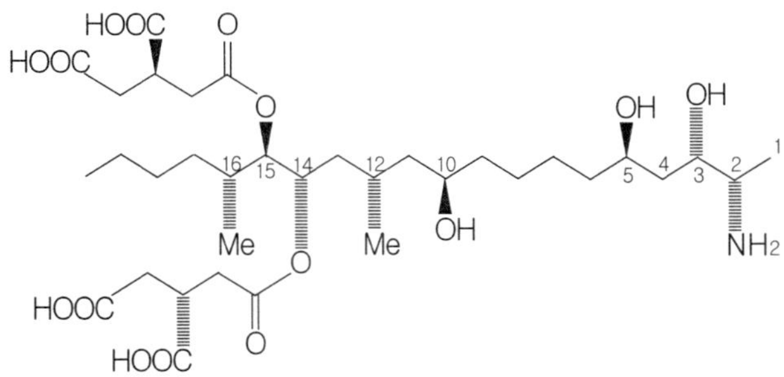

푸모니신 B_1의 구조

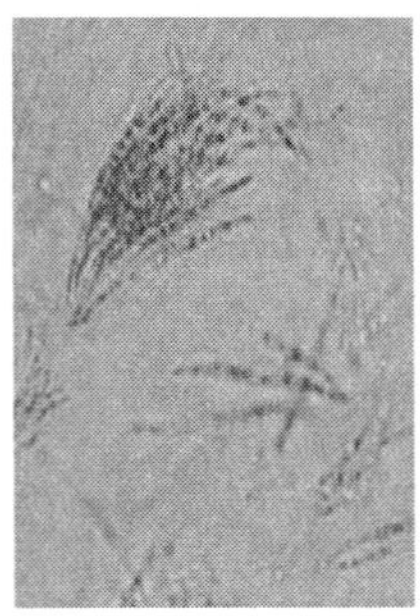

Fusarium moniliforme

*Fusarium moniliforme*가 자란 옥수수

4. 데옥시리발레놀(Deoxynivalenol, DON)

데옥시리발레놀은 sesquiterpenoid 구조를 갖는 트리코테신(trichothecene)계로 *Fusarium* 곰팡이가 생산하는 독소이며 150여 종의 독성 물질이 분리되었다. 이 중 몇 종만이 사람과 가축에게 중독을 일으키는 원인 물질로 알려져 있다. 데옥시리발레놀은 *F. graminearum*과 *F. culmorum*에 의해 생성되며 주로 밀, 보리, 귀리, 옥수수 그리고 다른 여러 곡류에서도 발견된다. 데옥시리발레놀은 수용성이고 대부분의 식품가공 조건 하에서 화학적으로 매우 안정하다.

데옥시리발레놀은 사람과 동물에 있어 구토, 설사, 체중감소를 일으키고 면역체계에 영향을 끼치는 것으로 알려져 있다.

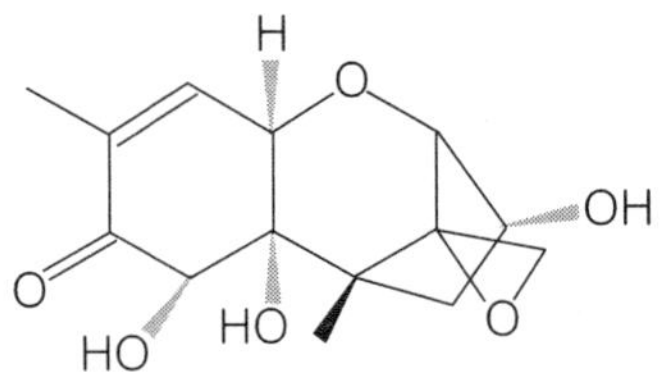

데옥시리발레놀의 구조

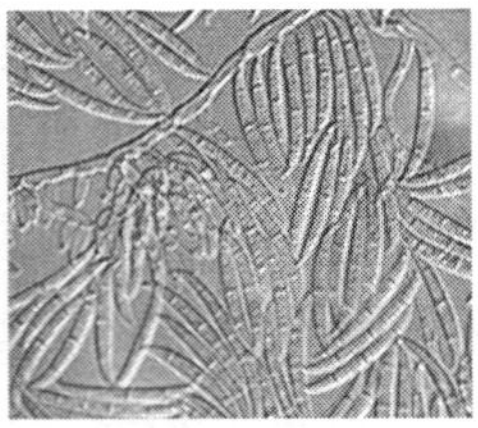

Fusarium graminearum

*Fusarium graminearum*으로 오염된 보리

3.3.7. 간장독

1. Ruburatoxin

1957년 Burnside는 *Penicillium rubrum*에 오염된 옥수수 사료를 먹은 소와 면양에서 중독된 사실을 보고하였다.

증상으로는 장기(臟器) 출혈과 간장 및 신장에서 조직 장해가 일어났고, Wilson은 병인 물질로서 수용성이고 열 저항성이 있는 *Pen. rubrum*의 대사산물인 ruburatoxin을 분리 하였다.

Ruburatoxin은 현저하게 간에 독작용을 나타내며 이 물질을 생쥐에 대한 급성독성은 LD_{50}=3.7 mg/kg(복강내)로 간 기능의 장해를 일으키고 또한 신장과 폐에도 유해 작용을 나타내는 것으로 인정된다고 한다.

Ruburatoxin B의 구조를 1968년 Moss에 의해 구조를 제안 하였으며, 생쥐에 대한 급성 독성은 경구 투여로써 LD_{50}=400 mg/kg, 복강주사로서 2.6 mg/kg으로 알려져 있다.

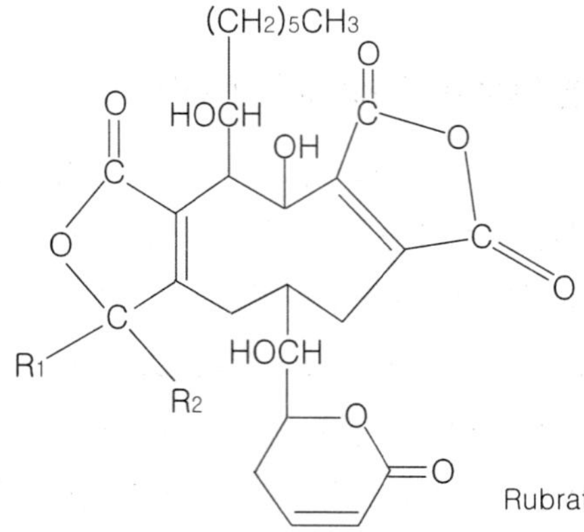

A : R_1=H, R_2=OH
B : R_1=R_2=O

Rubratoxin

2. Ochratoxin

1965년 남아메리카의 Van der Merwe에 의해서 처음 보고 되었으며 원인은 *Aspergillus ochraceus*의 독성대사 산물로서 ochratoxin A, B, C로 3여종이 알려져 있으나 이중에서 가장 독성이 강한 것은 ochratoxin A로 그 장해는 주로 간장과 신장에 나타난다.

급성지방 변성은 간장 장해로 확인되고, B와 C의 독성은 A의 1/1,000 이하이다. ochratoxin A는 여러 종류의 식품 원료에 발생되며 생쥐, 쥐, 집오리 등에 간장 장해를 나타내는 것으로 밝혀졌다.

Ochratoxin 중에서 A의 급성독성은 쥐에 대하여 경구 투여로써 LD_{50}= 20~22 mg/kg이며 기타 돼지, 고양이, 송어, 닭 등에도 독성을 나타내어 간장 및 신장 장해를 일으킨다.

최근 발암성의 연구로서 생쥐에 연속적으로 40 ppm을 매일 투여 하였더니 45주 후에 신장암, 간암의 발생이 관찰되었다. Ochratoxin을 생성하는 곰팡이는 자연계에 널리 분포되어 쌀, 보리, 밀, 옥수수 등에서 발견되며 오염량은 0.03~2.7 mg/kg 정도의 범위로 보고되고 있다.

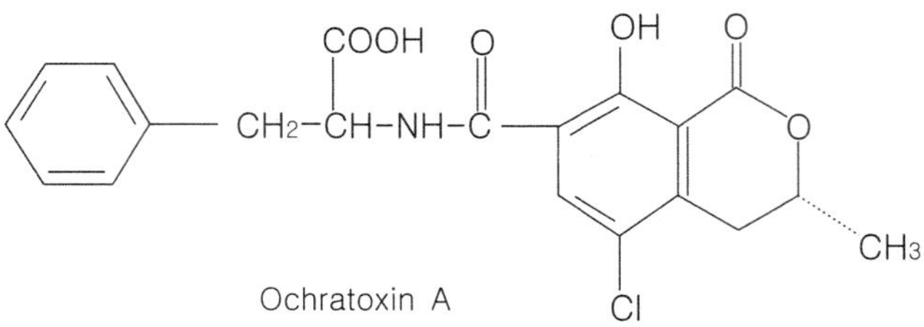

Ochratoxin A

3.3.8. 신경독

1. 파툴린(patulin)

파툴린은 항생물질로 사용된 적이 있으나 현재는 독성 때문에 사용되지 않는다. 1954년 일본에서 100만 마리 이상의 젖소 집단 식중독 사건이 있었는데, 원인 물질로 맥아뿌리를 오염시킨 *P. patulium*이 생성한 파툴린으로 밝혀졌다.

파툴린은 *Penicillium patulium* 이외에 *P. expansum, Aspergillus clavatus* 등을 포함한 30속 60여종의 곰팡이들이 생산하는 미생물 독소로 주로 사과, 복숭아, 포도 및 메론 등에서 생성된다. 파툴린은 식품이나 사료에 있어 독성물질로 문제시 되고 있다. 이 독은 열저항성이 있고 pH 6 이하에서는 살균을 하여도 쉽게 파괴되지 않고 안전하다. 그러나 파튤린은 알코올 발효에 의해 파괴되므로 알코올음료에서는 발견되지 않는다.

파튤린은 신경독으로 출혈성 폐부종, 간장과 비장, 신장의 모세혈관 손상, 뇌와 중추신경에 출혈반이 생기며 피하종양을 일으키는 것으로 알려져 있다.

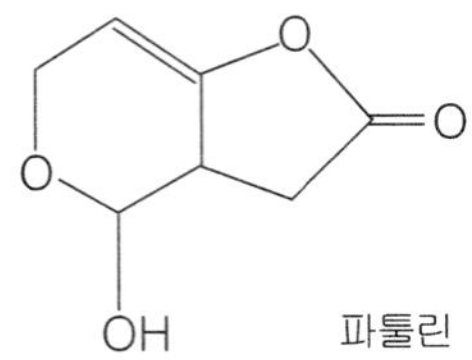

파튤린 구조

2. Maltoryzine

1954년 일본에서 맥아근(麥芽根)을 사료로 먹은 젖소가 식욕부진과 다리의 힘이 약해지고 유즙분비의 감소, 허리마비 등 집단 식중독 현상이 발생 하였는데 중독을 일으킨 사료를 균학적 조사를 한 결과 그 원인은 *Aspergillus oryzae* var. *microsporus* 균주가 중추신경계 독소인 maltoryzine에 의한 중독 증상은 식욕부진, 근육마비, 뇌 및 장막(漿膜)에서의 현저하게 출혈 등이 나타난다. 생쥐에 대한 급성독성은 복강주사로써 LD_{50}=3 mg/kg이라고 한다.

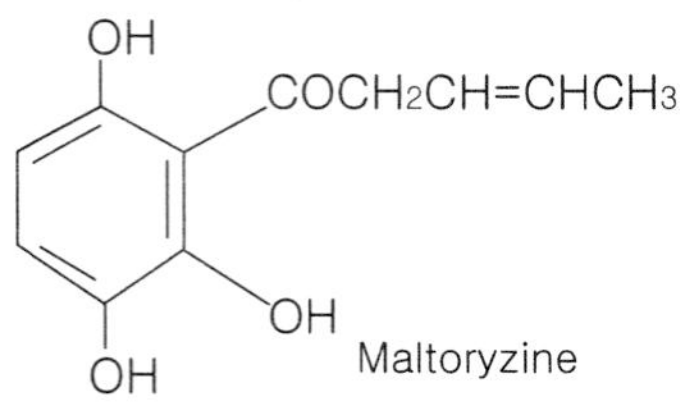

Maltoryzine

3.3.9. 국가별 곰팡이 독 규격

우리나라를 비롯한 미국, 일본, 호주, 케나다 등 대부분의 국가들이 아플라톡신 외 한 두개 정도의 곰팡이 독소에 대하여 규격을 정하고 관리하고 있다. 그런데, 지금까지 알려진 아플라톡신 외에 사람과 동물에게 유해한 작용을 하는 곰팡이 독이 10~20종류에 이른다. 곰팡이독에 가장 규격이 엄격한 유럽연합(EU)은 아플라톡신 외에 오크라톡신, 파튤린, 데옥시니발레놀, 제아랄레논, 푸모니신, 톡신(T-2+HT-2) 등 7종의 곰팡이 독에 규격을 정해 관리를 하고 있다. 표 3-4에서는 우리나라와 Codex의 곰팡이 독소 규격을 독소별, 식품별 그 기준을 나타내었다.

『표 3-4』 우리나라와 Codex의 곰팡이 독소 규격(자료 : 식품의약품안전처)

국가명	대상독소	대 상 물 질	기 준
한국	Aflatoxin B_1	곡류, 두류, 견과류 및 그 단순가공식품(분쇄, 절단 등)	10 μg/kg
		메주, 땅콩 및 견과류 가공품	10 μg/kg
		기타 식품류(찐쌀)	10 μg/kg
		고추장, 된장, 고춧가루 등	10 μg/kg
	Aflatoxin M_1	제조 가공 직전의 원유 및 우유류	0.5 μg/kg
	Patulin	사과주스, 사과주스 농축액(원료용 포함, 농축배수로 환산하여)	50 μg/kg
	Fumonisin	옥수수	4 mg/kg 이하 (B_1 및 B_2의 합으로서)
		옥수수 단순가공품(분쇄, 절단 등), 옥수수 가루	2 mg/kg 이하 (B_1 및 B_2의 합으로서)
	Ochratoxin A	밀, 보리 및 호밀	5 μg/kg 이하
		커피콩, 볶은커피	5 μg/kg 이하
		인스턴트커피	10 μg/kg 이하
Codex	Aflatoxin (B_1+B_2+G_1+G_2)	아몬드, 헤즐넛, 피스타치오넛(가공) 7단계	8 μg/kg
		아몬드, 헤즐넛, 피스타치오넛(비가공) 7단계	15 μg/kg
		땅콩(가공안한 것)	15 μg/kg
	Aflatoxin M_1	우유	0.5 μg/kg
	Ochratoxin A	보리, 호밀, 밀 (7단계)	5 μg/kg
	Patulin	사과주스	50 μg/kg

요 약

자연독 식중독의 종류는 동물성 식중독, 식물성 식중독, 곰팡이독이 있다. 동물성 자연독은 내인성과 외인성의 독물이 있으며, 이에 의한 식중독은 대부분 어패류로 육지의 동물이나 조류에서는 자연독이 거의 없다. 복어독인 tetrodotoxin(마비성)은 난소에 가장 많이 함유되어있으며, 독성은 종류, 장기, 계절 및 개체에 의한 차이가 있다. 이 독소는 물에 녹지 않은 약 염기성 물질로 유기용매에 녹기 어려우나 알칼리에 의하여 2-amino 6-hydroxymethyl 8-hydroxyquinazoline이 되며 또한 열에 매우 강하여 120℃에서 1시간 이상 가열하여도 파괴되지 않는다. 동물성 자연독 중 사망률이 가장 많이 발생(치사율 40~80%)하고 산란기 직전에 가장 독력과 독량이 강하다. 중독 증상은 4단계로 나뉘며 입술의 주위나 혀끝 마비, 구토증상(제1도), 촉각이나 미각 둔화, 운동장해, 호흡곤란(제2도), 골격근의 완전마비, 혈압이나 호흡약화, 청색증, 의식혼탁(제3도), 의식불명, 호흡정지, 사망(제4도) 등이 나타난다. 예방법은 복어 요리 전문가의 요리만 먹고, 유독부위(난소, 내장, 간, 알)를 제거하고 육질만 섭취한다. 섭조개(홍합) 및 대합조개의 독은 saxitoxin(마비성)으로 패류의 소화기관, 간장 부위에 있는 중장선에 집중적으로 존재한다. 초기에는 입술이나 혀, 안면마비가 시작되며 사지마비로 확대되고, 심하면 호흡마비를 일으켜 사망한다. 모시조개 및 굴의 독은 venerupin(간장독)으로 치사율은 40%정도이며, 열에 비교적 안정하여 pH 5~8에서 100℃로 1시간 가열 시에도 파괴되지 않으나 pH 9 이상에서 오래 끓이면 파괴된다(알칼리에서 파괴). 주요 증상으로는 식욕감퇴, 복통, 간장비대, 황달 등의 간 기능 저하이다. 열대·아열대 해역의 산호초 주변에서 서식하는 어패류에 의하여 발생하는 식중독을 총칭하여 시구아테라(ciguatera)독이라고 한다. 독소명은 ciguatoxin으로 소화기계(구토, 설사, 복통), 신경장해(혀, 입술, 사지, 전신마비) 증상을 보인다. 고둥류 독은 tetramine으로 식후 30분에 두통, 구토, 멀미증상이 나타나며 동공확대, 언어장해, 의식혼탁 등의 증상을 보이지만 사망하는 일은 거의 없다.

식물성 자연독의 원인은 부주의로 인해 유독 물질이 식품에 혼입, 식용 가능한 것으로 잘못 인식, 유독성분이 제거되지 않은 경우, 그리고 식물 중 특정 부위나 시기에 유독성분을 함유하고 있는 것을 모르고 섭취하는 경우이다. 버섯은 식물분류학상 진균류 중 담자균류의 대부분과 자낭균류의 일부에 해당된다. 독버섯의 종류로는 광대버섯, 화경버섯, 무당버섯, 땀버섯, 끈적버섯, 웃음버섯, 미치광이버섯, 깔때기버섯 등이 있으며 독성분은 muscarine, muscaridine, neurine, choline, phaline, amanitatoxin, pilztoxin 등이다. 섭취 시 증상으로는 화경버섯, 무당버섯 등은 구토, 복통, 설사를 주로 하는 위장염 증상(위장형 중독)을 나타내고, 알광대버섯, 독우산버섯, 마귀곰보버섯은 콜레라와 비슷한 증상(콜레라형 중독)을 나타내는데 유독성분인 phaline, amanitatoxin을 함유하고 있다. 파리버섯의 독성분은 muscarine이며 뇌증형 중독을 일으켜 부교감 신경 자극 증상을 나타내고, 미치광이 버섯은 신경계 장해형 중독을 일으켜 정신 착란 증상(신경계형 중독)을 나타낸다. 감자독인 solanine은 배당체로, 감자의 발아부위와 녹색부위에 나타나고, cholinesterase의 작용을 억제해 독성작용이 나타난다. 부패한 감자에서는 sepsine이라는 독성물질이 생성된다. 시안배당체를 함유한 식물과 배당체에는, 미숙한 매실의 amygdalin. 수수의 dhurrin, 오색두의 phaseolunatin(linamarin), 은행의 bilobol 등이 있다. 중독증상으로 초기에는 구토, 설사, 두통, 복통 등의 소화기 증상과 심하면 호흡곤란 등을 일으켜 호흡중추 마비로 사망한다. 예방하기 위해 시안배당체는 수용성이므로 물에 담가서 용출시켜 제거하거나 오래 끓여서 청산(시안)을 휘발시킨다. 그 밖의 식물성독으로는 독미나리의 cicutoxin, 피마자의 ricin, ricinine, allergen, 목화씨의 gossypol, 고사리의 ptaquiloside, 독보리의 temuline(alkaloid), 미치광이풀의 hyoscyamine (alkaloid), 꽃무릇의 lycorine(alkaloid) 등이 있다.

곰팡이독은 곰팡이류의 2차 대사산물로서 진균독(mycotoxin)이라 한다. 곰팡이독은 곡류에 압도적으로 많이 발생하고 계절적 관련성이 있으며 전파되지 않는다. 또한 약제요법이나 항생물질 등에 의한 효과를 기대하기 어렵다. Aflatoxin은 땅콩 박(粕)에 기생한 *Aspergillus flavus*의 형광 대사산물이 칠면조 새끼에 급성간염장해를 일으킨 병인물질로서 생산 곰팡이는 *Asp. flavus, Asp. parasiticus*다. Aflatoxin 생산 최적 조건은 기질 수분 16% 이상, 상대습도 80~85% 이상, 온도 25~30℃ 그리고 탄수화물이 풍부한 농산물(특히 쌀·보리·옥수수)이 좋은 기질이 된다. 식품위생상 중요한 것은 Aflatoxin B_1, M_1이며 강력한 발암성으로 강알칼리와 강산, 산화제, 환원제 및 UV와 γ-선에 의해 분해되고, 건조 상태에서는 280~300℃ 가열로 분해되기 때문에 살균처리로 파괴가 어렵다. 우리나라는 곡물을 주식으로 하고 발효식품(간장, 된장 등)을 많이 섭취하고 있어 감염확률이 높다. 황변미를 일으키는 곰팡이로는 *Penicillium citreoviride, Penicillium islandicum, Penicillium citrinum*이 있다. *Penicillium citreoviride*은 대만산의 황색의 변질된 저장 쌀에서 발견된 푸른곰팡이다. 독소는 citreoviridin으로 구토, 경련, 호흡장해를 일으키는 신경독이다. *Penicillium islandicum*은 이집트 수입쌀에서 발견된 것으로 생산하는 대표적 독성물질은 luteoskyrin, islanditoxin이고, 급성간장장해를 일으킨다. *Penicillium citrinum*은 태국 수입쌀을 황변시킨 것으로 독성물질은 citrinin이라고 하는 phenol 화합물이다. 증상은 전형적인 신장독으로 신장에 있는 물의 재흡수가 저해된다. 맥각의 원인 *Claviceps purpurea* 곰팡이는 맥각중독을 일으킨다. 맥각은 ergotoxin, ergotamin, ergometrine 등의 유독 알칼로이드와 histamine 등의 아민류(amines)가 들어있어 이들의 복합작용에 의해 중독을 일으킨다. 맥각의 독성작용은 교감신경마비와 자궁근육 및 혈관 수축의 작용이 있으며 주된 증상은 소화기 계통의 장해와 두통이다. *Fusarium* 독소균에는 기온이 낮고 적설량이 많은 지방에서 주로 봄 겨울사이에 발생하는 유독곰팡이인 식중독성 무백혈구증(ATA)과 중독증상으로 생식장해를 유발하는 zearalenone, 옥수수 배양액에서 검출되어 사람의 간암, 식도암 유발과 관계가 있는 푸모니신(fumonisin), 구토, 설사, 체중감소를 일으키고 면역체계에 영향을 끼치는 데옥시발레놀(deoxynivalenol, DON) 등이 있다. 간장독으로는 *Penicillium rubrum*에 의한 ruburatoxin과, *Aspergillus ochraceus*에 의한 ochratoxin이 있다. Ochratoxin 중 가장 독성이 강한 것은 ochratoxin A로 장해는 주로 간장과 신장에 나타난다. 신경독은 *Penicillium patulium*이 생성한 파툴린(patulin), *Aspergillus oryzae* var. *microsporus* 균주가 생성한 중추신경계 독소인 maltoryzine이 있다.

우리나라를 비롯한 대부분의 국가들은 곰팡이 독소에 대하여 규격을 정하고 관리를 하고 있다. 우리나라는 Aflatoxin B_1, M_1, patulin, fumonisin 및 ochratoxin A를 그리고 Codex는 Aflatoxin ($B_1+B_2+G_1+G_2$), M_1, patulin 및 ochratoxin A를 규제 대상으로 하고 있다.

4장 화학적 식중독

기술혁신을 통해 우리는 급속한 산업발전과 눈부신 경제성장을 가져 왔지만, 한편으로는 환경오염이 급속히 진행되어 우리의 건강을 해치거나 일상생활을 저해하는 등 커다란 피해를 주고 있다.

개인의 오용, 오인, 부주의 등으로 인하여 발생되는 사고는 그 범위가 좁지만, 연기, 자동차 배기가스, 먼지, 유해 유독한 물질을 함유한 공장폐수, 농약의 살포시 잔존량, 핵폭발에 의한 방사성 강하물의 낙하 등은 광범위한 환경의 오염을 일으켜 직간접으로 식품을 오염시키고 있다.

이러한 환경의 오염은 식품의 재료가 되는 생물자원을 비롯하여 음료수를 오염시키며, 식품에 혼입할 기회가 많으므로, 공해문제는 인간의 건강 위생상 중요한 사회문제가 아닐 수 없다. 따라서 식품 위생학적인 면에서 공해에 관한 대책이 수립되어야 할 것이다.

4.1. 환경오염에 의한 식중독

4.1.1. 내분비계 장애물질

체내 세포에 의해 분비되어 다른 세포의 기능에 영향을 주는 물질을 내분비물이라 하며, 몸 안에는 미량이 존재하는 유기물질인데 낮은 농도에서도 표적세포 및 조직에 작용해서 여러 기능과 역할을 한다.

내분비계 장애물질(일명 환경호르몬)이란 몸밖에 있던 물질이 사람이나 동물의 몸속에 들어가서 마치 정상적인 호르몬인 것처럼 작용하거나 정상적인 작용을 방해하거나 교란시키는 물질들을 말한다.

이들 내분비계 장애물질의 작용기작은 모방(mimics), 차단(blocking), 촉발(trigger), 간접영향 등 네 가지로 대별할 수 있다.

내분비계 장애물질에는 환경오염물질로 PCB, 다이옥신, DDT, DDE, 프탈산 유도체, bisphenol A, styrene dimer, styrene trimer 등이, 합성에스트로겐성 물질로 diethylstilbestrol(DES), estradiol 등이, 식물성 에스트로겐성 물질로 genistein, coumesterol, daidzein 등이 각각 알려져 있다.

1. PCB

PCB(polychlorinated biphenyl)는 biphenyl의 수소가 1~10개의 염소로 치환된 물질로서, 지금까지 생산된 것은 주로 염소수 2~6개 정도의 것이었다.

화학적으로 안정하여 산이나 알칼리에 강하고, 불연성이며 내열성이 있고, 절연성이 좋은 것 등 우수한 전기적 특성이 있다. 금속에 대한 부식성이 낮으며, 물에 불용인 점 등 다양한 성질을 가지므로 용도가 넓다.

용도로는 트랜스나 콘덴서의 절연유, 열매체, 윤활유, 도료, 인쇄잉크, 합성 접착제, no-carbon지, 복사지, 가소제 등이다.

PCB는 물에 녹지 않기 때문에 미생물에 의한 분해속도가 아주 늦고 또한 물리·화학적으로 안정하기 때문에 환경오염물질로서 관심의 대상이 되고 있다. 1966년 스웨덴에서 죽은 새에서 다량의 PCB가 검출된 것이 PCB의 최초 보고이다. 그 이후 PCB는 DDT와 함께 환경오염물질로 주목을 받아 왔다.

PCB에 의한 대표적인 식품오염 사건은 1968년 일본에서 발생한 유증(미강유 중독)사건이며, 1979년 대만에서도 일본에서와 유사한 사건이 있었다(214쪽 참고).

PCB의 생체에 대한 영향은 유증 환자의 증상을 보면 뚜렷한데 증상이 너무 다채롭고 복잡하기 때문에 어느 기구에서 독성이 발현하는가를 알기 어렵다. 이 경우 PCB를 동물에 투여하는 실험결과를 이용하는 것이 가장 좋다. PCB를 사료에 첨가해서 쥐를 사육하면 외견상으로는 약간 성장의 억제가 일어나는 정도이지만, 해부해보면 간장이 비대해지고 색조도 흑색으로 변화되어 있다. 간장의 조직소견을 보면 세포내에 지방축적에 의한 구멍이 형성되고, 핵과 원형질은 한쪽으로 밀린 것 같이 나타난다. 간장이 커지는 것은 지방침착이 일어나는 것과 단백질도 증가하여 개개의 세포가 커지기 때문이다. 이와 같이 PCB의 주요한 표적 장기는 간장이다. 간장에는 축적한 흑색 색소는 세로이드라고 하는 색소로 이것은 지질이 산화되어 생기는 것이다.

PCB의 독성은 급성독성이 되면 초기에는 눈꺼풀과 다리가 붓고, 식욕부진, 구토증세가 있고, 심하게 되면 피부의 색소가 검은색으로 변하고 전신에 여드름 같은 것이 생긴다. 임신 중에 여성의 체내에 들어가면 태반을 거쳐 태아의 피부를 검게 하고 때로는 사산을 가져오기도 한다. 이와 같은 PCB는 생체에 대해 이상한 색소 침착을 발생시키는 인자를 갖고 있는 것 같지만 확실한 기구는 아직 알 수가 없다.

미국과 일본은 표 4-1과 같은 PCB 잔류허용 기준치를 설정하여 시행하고 있다.

『표 4-1』 식품 및 사료에 대한 PCB의 허용기준(단위 : ppm)

식 품 군	미 국	일 본
우 유	2.5(지방기준)	0.1(전유 중)
우유가공품	2.5(지방기준)	1(전량 중)
가금류	5(지방기준)	-
계 란	0.5	0.2(전량 중)
육 류	-	0.5(전량 중)
어린이식품	0.1	0.2(분류, 전량 중)
어패류(가식부)	5	0.5(원양, 해외)
		3.0(내해, 내만)
가축사료(완성품, 배합)	0.5	0.5
사료원료(어분 등 동물성)	5	5
식품용 용기 포장	5	5

우리나라에서는 환경보전법에서 공장폐수와 방류수에 대해서는 0.003 ppm 이하, 사람의 건강보호를 위한 수질의 환경기준에서는 전 수역에서 검출되어서는 안 되는 것으로 규정하고 있다. 그러나 아직 식품에 대한 잔류기준은 마련되어 있지 않다.

PCB에 의한 환경오염 방지를 위해 PCB의 생산 및 수입 금지, 사용 제한조치, 배출 규제조치가 있어야 하며 건강 장애 예방을 위해 식품에 대한 함량 규제가 필요하다.

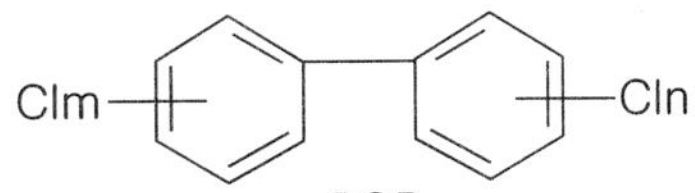

PCB

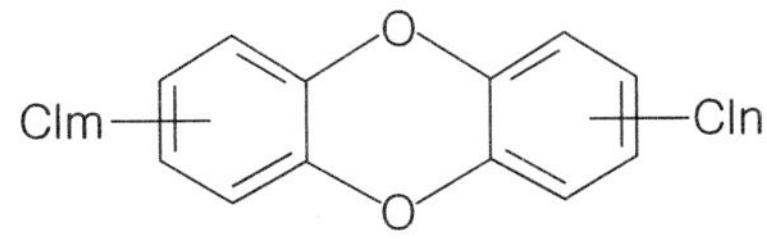

Polychlorodibenzo-ρ-dioxin
(PCDD)

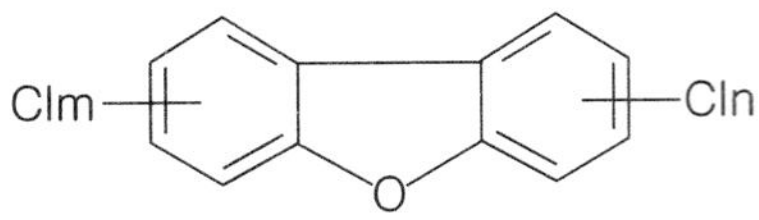

Polychlorodibenzofuran
(PCDF)

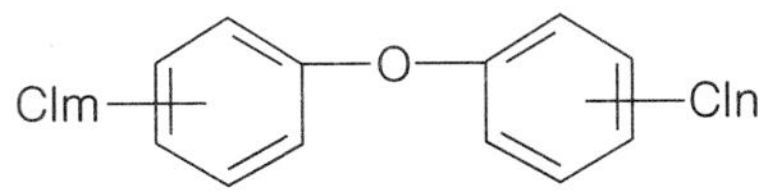

Polychlorodiphenyloxide

『그림 4-1』 PCB와 관련 유독물질

2. Dioxin

Dioxin이라 부르는 화합물은 화학적으로는 그 명칭이 정확하지 않다. 이 물질은 비교적 안정하면서도 발암성이나 기형아 유발 작용이 있는 독성이 극히 강하여 지상 최악의 물질 중의 하나라고 알려져 있다.

이른바 "다이옥신" 으로 불리우는 화합물은 dibenzo-*p*-dioxin(DD)의 염소체로서(75개의 이성체가 있다.), 특히 2,3,7,8-tetrachlorodibenzo-*p*-dioxin (2,3,7,8-TCDD)은 매우강한 독성(특히 최기형성)이 있는 것으로 알려져 있다. 그림 4-2에서 보는바와 같이 dioxin은 dibenzo-*p*-dioxin(DD)이 골격이 되며 2개의 benzene ring이 2개의 산소와 결합해서 3개의 ring을 가지는 구조이다.

다이옥신은 매우 안정하고 상온에서는 무색이며 물에는 녹지 않고 유기용매에 잘 녹는다. 생리적으로도 매우 안정하여 인체 내에서의 반감기가 약 7년으로 매우 서서히 대사된다.

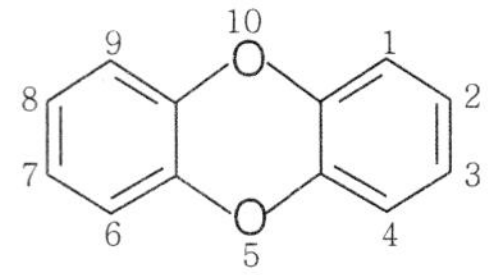

Dibenzo-ρ-Dioxins

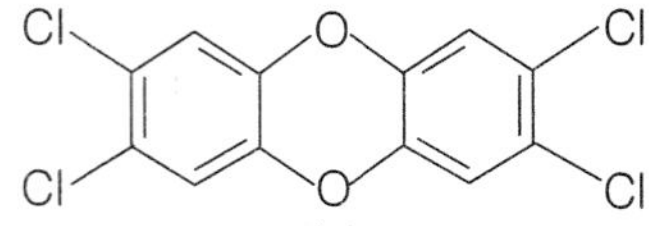

2,3,7,8-4염화 dibenzo-ρ-Dioxins

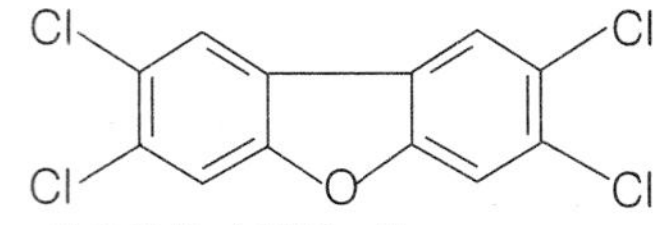

2,3,7,8-4염화 dibenzopuran

『그림 4-2』 Dioxin의 구조와 유사 화합물의 구조

1872년 독일에서 염화 다이옥신류가 최초로 합성되었으나 그동안 특별한 주목을 끌지 못했다. 1948년 미국에서 2,4,5-T를 제초제로 허가하였고, 1957년에는 다이옥신이 2,4,5-T 제조상의 피할 수 없는 부산물임이 확인되었다. 베트남 전쟁(1962~70년)에서는 agent orange (2,4-D와 2,4,5-T의 동량 혼합물) 등의 제초제가 고엽제로 대량 살포되었고, 그 결과 1973년에는 제초제 살포지역 주민에게서 간암, 유산, 기형발생률이 타 지역에 비해 높게 나타나기도 하였다.

다이옥신의 전구체로 가장 대표적인 것은 2,4,5-trichlorophenol(TCP)인데, TCP는 제초제 2,4,5-T와 소독제 hexachlorophene 합성에 쓰이는 중간체이다. 이런 이유로 제초제와 소독 살균제의 제조과정에서 부산물로 생성된다.

다이옥신은 연소에 의해서도 생성되는데 특히 목재 방부제인 pentachlorophenol(PCP)과 같은 염화페놀류, PCB와 같은 염화비페닐류 등을 연소할 때는 고농도의 다이옥신이 생성된다.

또한 석탄, 석유 등을 사용하는 발전소, 자동차 배기가스, 도시가스의 세정수, 각종 PVC 제품 등 쓰레기의 소각과정에서도 극히 미량이지만 다이옥신이 생성된다. 현재 가장 우려되는 환경으로의 유입경로는 일반폐기물과 특정 폐기물의 소각, 그리고 폐기물의 무단투기이다.

다이옥신이 환경오염물로서 중요시 되는 이유는 독성이 강력하고 만성적인 영향이 큰 점, 환경시료에서 미량의 다이옥신 분석이 어려운 점, 환경에서의 잔류성이 큰 점, 독특한 화학적 성질 때문에 생물 농축계수가 지나치게 큰 점 등을 꼽을 수 있다. 표 4-2(192쪽 참고)에서 보듯이 다이옥신의 독성을 다른 독성물질과 비교해 보면 인공 합성품 중 가장 강력한 독성물질임을 알 수 있다.

대부분의 동물에게 공통적으로 나타나는 것은 흉선 임파구의 감소현상이다. 미량의 다이옥신에 의해서도 생쥐는 기형성을 나타내고 사산과 유산이 관찰된다. 사람에게는 가장 대표적인 증상이 염소여드름인데 단순 폭로 후에는 몇 달 내에 그 증상이 없어진다. 그밖에 피로와 쇠약, 말초신경계 이상, 간 손상이 몇 년간 지속된다.

선진국의 조사결과를 보면 다이옥신은 해역, 호수, 하천 등 주변환경에서 미량이지만 발견된다. 식품오염은 어류와 육류에서 주로 문제가 되고 있는데, 오염방지를 위해, WHO에서는 0.001~0.004 μg/kg의 기준치를 마련하고 있고 미국, 일본 등 선진국에서는 0.001~0.005 μg/kg의 1일 섭취허용량을 정하여 시행 중이다.

우리나라에서는 아직까지 다이옥신에 대한 오염사건은 발생하지 않았지만, 일반 및 특정 폐기물의 소각과정에서 발생할 수 있어 주의가 요망된다. 또한 환경 중에서 미량이나마 다이옥신류가 없다고 단정할 수 없는 실정이므로, 이로 인해 식품이 오염되고 최후에는 먹이연쇄를 통하여 사람이 피해를 입을 가능성도 충분히 있다.

『표 4-2』 다이옥신과 다른 독성물질의 비교

물　질	동　물	최소 치사량	비고
Botulinus독소	생　쥐	3.3×10^{-17}	
파상풍 독소	생　쥐	1.0×10^{-15}	
디프테리아 독소	생　쥐	4.2×10^{-12}	
2,3,7,8-TCDD	기니아피그	3.1×10^{-9}	
Bufotoxin	고 양 이	5.2×10^{-7}	열대 두꺼비독
Curare	생　쥐	7.2×10^{-7}	화살독
Strychnine	생　쥐	1.5×10^{-6}	마전자의 alkaloid
Muscarine	고 양 이	5.2×10^{-6}	
Diisopropylfluorophosphate	생　쥐	1.6×10^{-5}	독가스
Sodium cyanide	생　쥐	2.0×10^{-4}	

4.1.2. 중금속에 의한 식품오염

매연, 폐수, 하수, 고형폐기물 등에는 각종 중금속이 함유되어 있고 이것이 대기, 수질, 토양오염은 물론 식품에도 오염되어 먹이연쇄를 통하여 농축되고 최종적으로 인체에 흡수, 축적되어 만성중독을 일으키게 된다.

1. 수은

수은은 지각의 구성성분이고 가성소다, 전기제품, 도료, 약품, 농약 등의 제조에 이용된다. 수은은 무기수은과 유기수은으로 구분되는데 환경 중으로 배출되는 수은은 무기수은이지만 어패류 등 동물성 식품에 축적된 것은 대부분 유기수은인 메틸수은이다. 이 메틸수은은 지용성이므로 쉽게 인체의 소화관과 폐로 흡수되어 중추신경계와 태아조직에 농축된다.

1950년대에 일본에서 발생한 미나마타병은 대표적인 수은중독 사건이다. 구마모토현 미나마타만의 어부들에게 원인을 알 수 없는 신경장애질환이 발생하여 팔다리의 마비, 보행장애, 언어장애, 시야협착, 난청 등의 증상을 나타내다가 사망하였는데 살아남아도 후유증이 심해 완전회복은 곤란 하였다. 또 이병은 태아에게도 치명적인 영향을 미쳐 선천적인 장애아가 태어나기도 하였다.

원인을 조사한 결과 플라스틱 제조 시 촉매제로 사용된 염화제2수은이 폐수 중으로 방출되어 메틸수은으로 전환되었고, 이것이 수중에서 먹이 연쇄에 의해 어패류에 농축된 것을 식품으로 섭취한 것이 사람에게 이행, 축적되었기 때문이다.

2. 카드뮴

카드뮴은 합금, 전기도금, 배터리, 도료 등에 널리 이용되고 있어서 환경이나 식품을 오염시킨다. 우리나라에서 가장 우려되는 것은 매일 섭취하는 쌀 중의 카드뮴 함량으로 아직까지는 큰 문제가 되지 않고 있다. 하지만 폐광 주변의 쌀은 오염에 의한 카드뮴 중독 우려가 있으므로 주의를 요한다.

카드뮴의 소화관 흡수율은 5% 정도이며 체내에 들어온 카드뮴은 대부분 간과 신장에 축적된다. 급성 중독 시는 메스꺼움, 구토, 설사, 복통 등을 일으키고 만성 중독 시에는 신장 세뇨관에 병변을 일으켜 재흡수 작용을 방해하므로 당, 아미노산, 저분자 단백질, 칼슘, 인 등의 배설이 촉진되어 골연화증을 일으킨다.

일본에서 1940년대를 전 후하여 발생한 이타이이타이(itai itai)병은 금속광업 제련소로부터 배출된 폐수에 카드뮴이 녹아 있어 이를 이용해 생산된 쌀을 장기간 섭취하여 일어난 것이다. 초기에는 어깨, 허리, 무릎 등에 신경통과 같은 통증이 생기고 이어 몸 전체에 통증이 퍼지는 증상이 나타나다가 보행이 어려워지고 약간의 충격에도 골절이 되며 아프다고 신음하면서 사망하게 된다. 이것은 카드뮴에 의한 골연화증으로 중년여성, 특히 출산횟수가 많은 사람에게 많이 발생한다.

3. 납

납의 독성은 예부터 많이 알려져 있으며 인체 섭취량의 약 60%는 식품에서 유래한다. 식품 중의 납은 쌀, 야채, 어패류가 주요한 급원이며 특히, 어패류는 수질오염을 통하여 오염된다. 그 외에 유약처리가 불충분한 도자기 그릇에서 산성식품으로 납이 용출되어 중독되는 경우, 땜납으로 밀봉한 통조림에서 용출되어 중독되는 경우도 있다.

납중독은 대부분 만성중독으로 중추신경장애, 조혈기능장애, 신장 및 소화기장애 등을 나타낸다. 더욱 진행되면 납창백(모세혈관 수축으로 인한 얼굴 창백), 연록(鉛緣, 잇몸 가장자리가 황화납에 의해 흑자색으로 변색), 말초신경염, 변비, 납산통(배꼽 주변 복부의 찌르는 듯 한 통증) 등의 증상이 나타난다.

4. 비소

비소는 오래전부터 의약품, 안료, 방부제, 살서제, 농약으로 널리 사용되어 왔으며 자연계에는 주로 As^{3+}, As^{5+}의 화합물로 존재한다. 대부분의 식품에 비소가 함유되어 있으나 특히 해산물의 비소 함량이 대단히 높다. 흡수된 비소의 80%는 주로 간, 신장, 뼈, 피부, 손톱, 발톱, 모발 등에 축적된다.

급성중독에서는 발열, 식욕부진, 구토, 설사, 탈수증상 뒤에 복통, 체온저하, 혈압저하, 경련, 혼수상태가 되어 사망한다. 만성중독의 경우에는 오심, 구토, 설사 등의 위장장애 외에 흑색색소 침착, 손·발·피부의 각화, 정신신경장애, 간·신장장애 등을 일으킨다.

식품 중의 비소에 의한 중독으로는 1955년 일본 모리나카 조제분유 사건으로 원유의 산도를 안정화시키기 위해 사용한 제2인산나트륨에 아비산이 불순물로 함유되었기 때문에 발생했다.

4.1.3. 농약류

우리나라에서는 오래전부터 납, 구리, 비소 등의 무기화합물과 니코틴의 유기화합물을 원료로 하는 농약류가 사용되어 왔다. 그러나 얼마 전부터는 병충해에 유효한 유기인제, 유기염소제 또는 유기수은제가 도입되면서 농산물의 증산에 크게 공헌하였다, 그 반면 인·축에 대한 독성, 자연계에서는 어패류와 조수 등 기타 생물에 영향이 나타나고, 자연환경의 파괴는 세계적으로 큰 문제가 되어 왔다.

농약류의 인체에 직접적인 위해와 원인, 동기는 주로 취급이 부주의하거나 의식적으로 악용(자·타살 등)하거나 하는 급성중독이다. 새로운 농약의 도입 초기에는 잘못으로 다수의 중독사고가 발생하였지만 현재는 격감하고 있다.

한편 식품위생에서 보면 이들이 사용되는 농약류의 대부분은 매우 오랜 기간 농작물에 부착하거나 침투하여, 원래의 형태 또는 대사산물 혹은 분해산물로서 미량이지만 잔류한다. 또 그림 4-3에서 보는 바와 같이 살포한 농약류가 물 또는 토양을 오염시키고 다시 어패류 기타 다른 생물에 이전, 농축해서 축적된다는 것도 밝혀졌다. 이들 농작물 혹은 섭취한 가축류를 식품으로 장기간 섭취함으로써 일어나는 만성질병에 대해서 최근에는 전 세계적으로 대단한 관심을 보이고 있어 우리나라에서도 여기에 대한 대책이 시급하다.

이와 같은 인축에 미치는 영향을 고려하여 최근에는 무공해 농약, 즉 미생물 살충제(bioinsecticide)에 대한 연구가 활발히 이루어지고 있으며, 농약 등을 쓰지 않고 농작물을 재배하는 유기농법에 대한 관심도 크게 높아지고 있다.

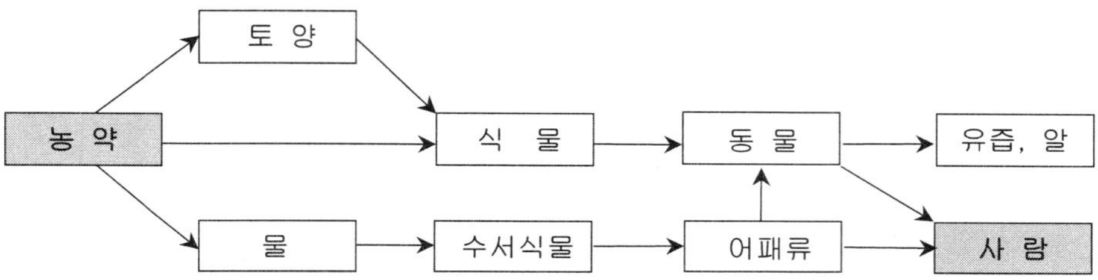

『그림 4-3』 농약이 인체에 들어오는 경로

1. 농약의 잔류성

농약은 그 잔류성에 따라 비 잔류성(nonpersistent), 중간 잔류성(moderately persistent) 및 잔류성(persistent)으로 구분한다. 농약의 잔류기간은 살포장소에서 농약 잔류물이 75~100% 소실되는 데에 걸리는 기간을 말한다. 잔류기간은 환경조건에 따라 달라지지만 대개 비잔류성 농약은 1~12주, 중간 것은 1~18개월, 잔류성은 2~5년이다(표 4-3).

『표 4-3』 농약의 토양 중 잔류기간

농 약 명	잔류기준	농 약 명	잔류기준
Chlordane	5년	Aldrin	2년
DDT	4년	Chlorpropham	8개월
BHC	3년	2,4-D	1개월
Dieldrin	3년	Diazinon	12주
Heptachlor epoxide	3년	Parathion	1주
Heptachlor	2년	Malathion	1주

* 토양 중에서 75~100% 소실되는 기간

잔류농약으로는 DDT, BHC, drin제 등의 살충제와 diquit, paraquit 등의 pyridine계 제초제가 대표적이고, 중간 잔류성인 것에는 simazine, atrazine 등의 triazine계 제초제, linuron, karbutilate 등의 phenylurea계 제초제, trifluralin pendimethalin 등의 dinitroaniline계 제초제 등이 있고, 비잔류성 농약은 2,4-D, maneb, zineb, nabam, 합성 pyrethroid, 유기인계 및 carbamate계 살충제 등이 알려져 있다.

농약에는 등록 시에 대상작물과 안전 사용기준(사용기간, 사용량, 회수 등)이 정해져 있다. 이것은 독성시험으로 얻어진 최대 무작용량에서 산출한 ADI(1일 허용섭취량)를 기초로 정해진 「잔류 허용기준」을 초과하지 않도록 실험적으로 결정된다(그림 4-4).

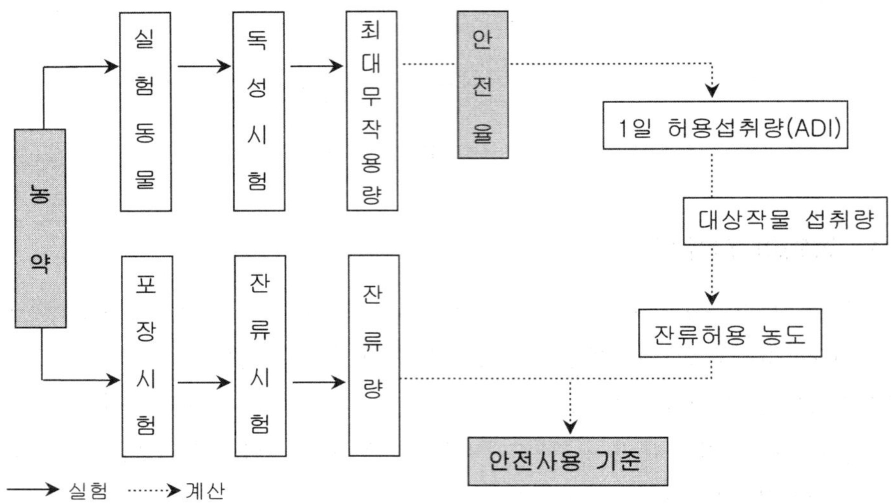

『그림 4-4』 농약의 허용농도와 사용기준

따라서 올바르게 사용기준을 준수하면 허용농도 이상의 잔류는 일어나지 않는다. 그러나 경우에 따라서는 대상 이외에 농약을 사용하는 작업자의 건강에 대한 영향은 노동 위생적인 의미에서 매우 주의해야 한다.

현재 사용되고 있는 농약은 화합물로서 유기인제가 가장 많고, carbamate계 화합물 또는 염소화방향족(아닐리드, phenol, phenylether 등을 함유) 화합물이 그 다음이다.

2. 농약의 종류

농약은 살충제, 살균제, 제초제 등으로 크게 나눌 수 있으며 화학적으로는 금속 함유농약, 유기염소제, 유기인제, 유기불소제, carbamate 등으로 분류된다.

1) 금속함유 농약

(1) 비소제

무기비소제는 비산납, 비산석회가 사용되고 있다. 두 가지 모두 독물로서 담배와 차(茶)에는 사용이 금지되어 있다. 야채나 과일 등 생식하는 농작물인 경우는 살포 후 1개월 이상 경과 후 수확해야 한다. 유기비소제로는 벼 문고병 등의 살균제로 methylaldin의 유도체 등이 사용되고 있다.

(2) 구리제

황산동과 소석회를 혼용한 이른바 bordeaux액은 살균제로서 거의 모든 농작물에 사용되어 왔다. Bordeaux 이외에 8-oxykinorin의 동착염도 사과, 배, 포도 등의 과수에 사용되고 있다.

2) 유기염소제

유기염소제는 염화탄화수소류를 말하며 1883년 Muller가 최초의 DDT의 살충력을 발견한 이래 1940년부터 1960년대에 걸쳐 다용도로 사용되었으며, 주로 살충제로 쓰이고 살균제, 제초제 등으로도 널리 이용되고 있다.

용도별로 구분하면 살충제로 DDT, BHC, drin제(aldrin, dieldrin, endrin), heptachlor, chlordane, toxaphene, methoxychlor 등이, 살균제로 procymidone, thalonil 등이, 제초제로 PCP(살균제로도 사용), 2,4-D, 2,4,5-T 등이 쓰였거나 현재도 사용 중이다. 몇 가지 유기 염소제를 그림 4-5에 나타내었다.

살충제 중에서 잔류성이 지나지게 크고 지용성이기 때문에 인체 지방조직에 축적되는 것이 있어서, 각국에서는 상용금지나 사용제한 등의 조치를 강구하고 식품 중의 잔류도 규제하고 있는 실정이다.

우리나라에서도 DDT, dieldrin, aldrin, endrin, PCP(제초용), BHC, heptachlor, epoxide 등에 대해서 생산중지, 전 농작물에 대한 사용금지 등의 조치를 취한 바 있다. 그러나 dicofol(kelthane), methoxychlor, methiochlor, chlorbenzylate 등의 살충제는 잔류성이 낮아 비교적 널리 사용되고 있다.

유기염소계 약제는 축적성이 있다. 유기염소계 농약의 생체에 대한 작용 메카니즘은 유기인제 약제만큼 명확하지는 않지만 중추신경계에 주로 작용하는 것이라고 생각된다.

중독의 초기는 두통, 현기증, 전신권태감, 구토 등이 있는데 중증이 되면 경련, 발작, 의식장해를 일으킨다. 방치하면 호흡마비로 사망한다. 치료법은 대중요법으로 진정제를 투여하는 방법이 있다.

일반적으로 경구적으로 농약을 섭취한 경우 농약을 될 수 있는 한 빨리 체외로 배출하는 것이 중요하다. 위세척을 실시한 후 흡착제를 투여하거나 하제, 이뇨제를 추여하고 혈액투석을 하는 것이 효과적이다.

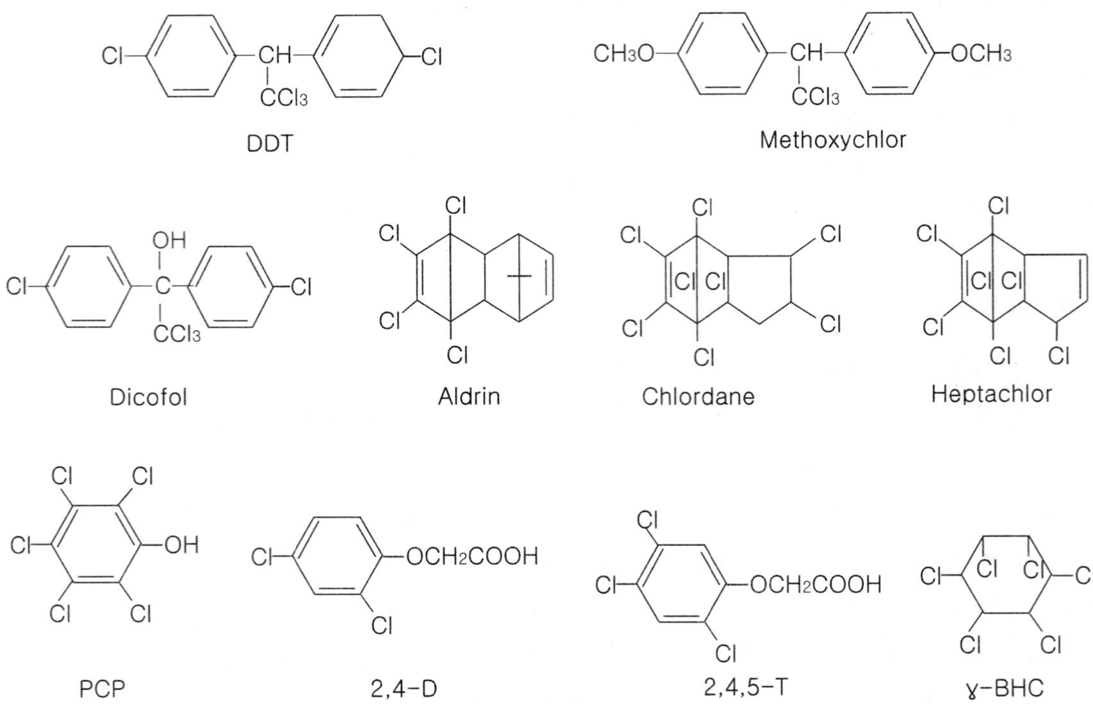

『그림 4-5』 주요한 유기 염소제

3) 유기인제

Parathion, methyl parathion 등 침투성 유기인제는 다른 농약에서는 볼 수 없을 정도의 강한 살충력을 갖기 때문에 광범위하게 사용되어 왔다. 반면 독성이 강하므로 중독사고가 많이 발생하고, 살포직후 오이 등의 야채에 부착된 것을 먹거나 충분히 세척하지 않고 먹어서 발생한 급성중독의 사고 예가 있다. 지금까지 여러 종류의 유기인제가 개발되어 왔지만 최근에는 저독성 유기인제로서 diazinon, smithion, malathion 등이 개발되어 사용되고 있다(그림 4-6). 일반적으로 유기인제는 살포 후 분해가 빠르므로 잔류 독성 면에서는 그다지 문제되지 않는다.

유기인제는 곤충류에 대해서 신경접합부(synapse)에서 cholinesterase를 저해함으로써 살충효과를 나타낸다. 따라서 인체에 대한 작용도 cholinesterase의 저해에 의한 신경증상이다.

즉 부교감신경의 흥분에 의한 타액분비항진, 다한, 축동, 다발 신경염, 지각이상, 전신권태감, 기억력저하 등을 일으킨다. 종래에는 parathion 중독이 특히 유명하였지만 현재는 급성독이 약한 저독성 유기인제가 많이 이용되고 있다. 저독성이라 해도 유독성이 변하지 않는다. 진단은 혈액 중 cholinesterase 활성을 측정하면 좋다.

치료는 atropine, PAM(2-pyridine aldoxime methiondide)의 투여가 있다.

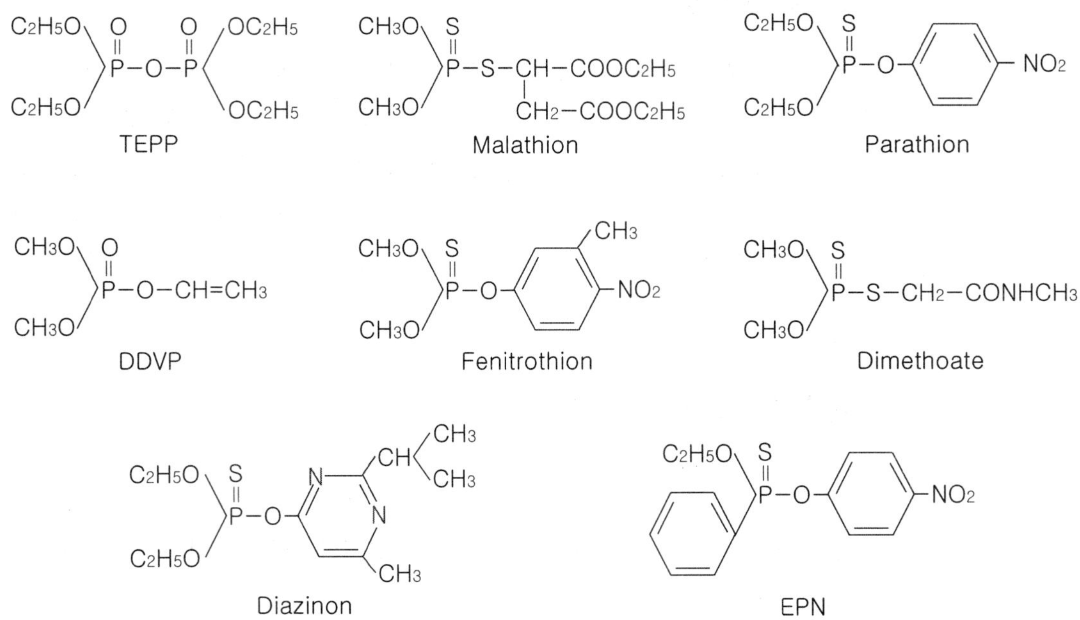

『그림 4-6』 주요한 유기인제

4) Carbamate제

제초제로 오래전부터 이용되어 왔는데 최근에는 유기염소제의 2,4-D, PCP 대신에 serin 등이 제초제로서 벼나 과수 등에 사용되고 있다. 또 살충제로 BPMC, MIMC, NAC 등이 널리 사용되고 있다.

Carbamate계 화합물 중의 physostigmine은 cholinesterase의 저해작용이 있기 때문에 녹내장의 안압저하 목적으로 치료에 이용된다. 이와 같이 이 농약도 유기인제와 유사한 작용을 갖고 있기 때문에 중독 증상도 유사하다. 그러나 생체 내에서 대사, 분해, 배설이 빠르므로 회복도 빠르다. 진단법, 치료법은 유기인제에 준하지만 PAM은 효과가 없다.

5) 유기불소제

Monoflouroacetate 및 그 유도체가 여기에 속한다. 우리나라에서는 야생 쥐의 구제에 사용되고 있다. 또 monoflouroacetamide 및 그 유도체는 감귤류 등 과수의 침투성 살충제로서 사용되고 있다.

6) 유기수은제

유기수은제는 살균제로서 종자소독, 벼의 도열병 방제, 과수 · 채소의 각종 병해 방제용 살포제, 토양 소독제 등으로 광범위하게 사용되어 왔으나, 강한 축적성과 만성독성 때문에 종자 소독용을 제외한 다른 목적으로는 사용을 금지한 경우가 많다. 우리나라는 1970년부터 살포용 유기수은제 사용을, 1978년부터 종자 소독용 유기수은제의 사용을 금지시킴으로써 현재는 전면 사용 금지된 상태이다.

4.1.4. 방사성 물질

방사성 물질에 오염된 식품을 섭취하게 되면 방사성 물질은 그 핵종 고유의 성질에 따라 흡수, 침착, 배설되는데 이 과정에서 방사선을 방출하여 여러 장애를 일으킨다.

방사선의 인체에 대한 장애는 오염된 식품의 경우 만성적 장애가 대부분이다. 주요 장애로는 탈모, 눈의 자극, 궤양의 암변성, 세포분열억제, 세포기능장애, 세포막투과성 변화, 생식불능, 백혈병, 염색체의 파괴, 유전자의 변화, 돌연변이 유발 등인데 방사성 물질은 신체조직에 침착되는 성질이 있으므로 친화성과 침착부위에 따라 장애부위가 다르다.

주요 방사성 핵종의 그 표적조직은 표 4-4와 같다.

『표 4-4』 주요 방사성 핵종과 그 표적조직

핵종	유효반감기*(일)	표적조직
^{90}Sr(스트론튬)	6,400	뼈, 백혈병, 조혈기능장애, 골수암
^{89}Sr	50.3	뼈
^{137}Cs(세시윰)	70	연골, 내장
^{14}C	12	지방, 전신
^{131}I	7.6	갑상선장애
^{3}H	12	전신

* 유효반감기(생체내에서의 방사선동위원소의 반감기)
=생물학적반감기 물리적반간기/생물학적반감기+물리적반감기

1. 방사성 물질 장해에 대한 방지책

방사선 장해를 방지하기 위해서는 우선 방사선 취급 장소에 방어벽을 장치하고 일정한 거리에서 작업을 해야 한다. 방어벽으로서는 주로 α선이나 β선에 대하여 알루미늄(Al), 철(Fe)판 또는 4 mm 이상 두께의 유리판이 사용되며, X선이나 γ선인 경우에는 납(^{83}Pb)판을 사용하고, 특히 γ선인 때에는 X선 보다도 투과력이 더 강하기 때문에 철이나 콘크리트 벽을 두껍게 쌓아야 안전하다. 그리고 그런 위험한 환경에서 작업을 하는 사람은 납이 들어 있는 고무제품의 방어복을 착용하는 것을 원칙으로 한다.

특히 방사성 물질에 의한 공기 오염에 대해서는 강하되고 있는 낙진(방사선 먼지 혹은 죽음의 재)에 대하여 직접 간접적인 피복을 피해야 한다.

종합적인 일반 대책으로서는 방사선원의 원격작업, 방어벽의 장치, 또는 R.I 취급자들에게는 주기적인 피폭량 검사를 실시함으로써, 최대 허용량 이하가 되도록 피폭시간을 단축시키거나, 반드시 작업을 할 때 개인보호구를 착용하게 하는 동시에, 이들에 대한 정기적인 의학적 건강진단을 병용하는 일을 게을리 해서는 안 된다.

4.1.5. 음료수의 염소 소독 시 생성되는 발암성 물질

1. Trihalomethane

암으로 인한 사망률이 제일 높은 시대에 살고 있는 우리들은 매일 음용하고 있는 음료수 중에 발암성 물질이 있다면 여간 심각한 문제가 아니다. 환경오염 문제가 심각해지고부터는 상수도수에 대한 우려감이 높아지면서 무분별한 지하수 개발과 그 여파로 정화수나 지하수의 오염도 사회문제로 대두되고 있다. 상수도 수원이나 정화수 등에서 문제가 있는 유기염소 화합물 중에서 분해가 잘 안 된다든지, 생체 내에서 축적능이 장기적으로 독성을 가지고 있는 물질들이 특히 문제가 크다.

Trihalomethane(THM)은 methane의 3개의 수소가 할로겐으로 치환된 화합물로서 chloroform($CHCl_3$), bromoform($CHBr_3$), bromodichloromethane ($CHBrCl_2$)의 총칭이다. 이들 물질은 물의 염소 소독시 유기물질과의 반응에 의해 생성되는 물질로서 물속의 total organic carbon 량이나 COD값이 증가함에 따라 생성량이 증가된다. 1974~1975년의 EPA(미국 환경 보호청)의 조사에 의하면 미국내 80개 도시의 모든 수돗물 검사결과에서 $CHCl_3$ 0.1~311 μg/L, $CHBr_3$ 0~92 μg/L, $CHBrCl_2$ 0~116 μg/L, $CHBr_2Cl$ 0~100 μg/L의 농도로 검출되었다. 일본의 수도국에서는 동경($CHCl_3$로서 평균 41 μg/L), 오사카 (10~80 μg/L), 아이찌(1.5~79 μg/L)로 검출됨으로써, 1981년에 수돗물 중의 trihalomethane의 제어 목표치가 0.1 mg/L(총 trihalomethane으로서 연간 평균치)로 설정되었다. 이 규제치는 미국의 규제치와 동일하고 캐나다의 규제치 (0.35 mg/L)에 비해 낮다.

WHO는 1984년, 수돗물 중의 chloroform은 0.03 mg/L 이하로 규제하여야 한다는 보고치를 내놓고 있으며, 일본에서도 총 trihalomethane 0.1 mg/L, chloroform 0.03 mg/L를 규제 목표치로 하고 있다. 한편 우리나라에서도 음용수 수질기준에서 총 trihalomethane은 0.1 mg/L 이하로 규제하고 있다.

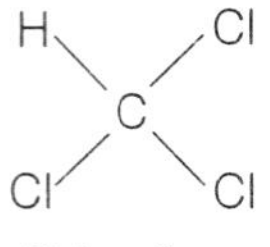
Chloroform (trichloromethane)

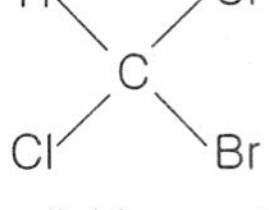
Bromodichloromethane

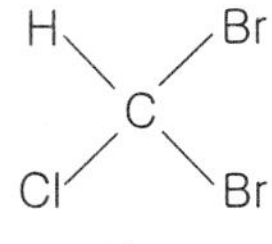
Dibromochloromethane

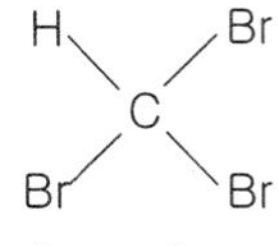
Bromoform (Tribromomethane)

EPA의 계산으로는 사람의 연간 chloroform 섭취량 93 mg 중, 음용수를 통한 섭취가 64 mg으로 69%를 차지하고 있으며, 공기를 통한 섭취는 20 mg, 식품을 통한 섭취는 9 mg이다. Trihalomethane은 물에 함유된 humin질에서 생성되는 것으로 추정된다. Chloroform에는 약한 발암성이 있는 것으로 보고되고 있다.

이와 같은 물질 중에서 발암성 물질로 알려져 있는 것은 trichloroethylene, tetrachloroethylene, 1,1,1-trichloroethane 등이 있으며 그 규격은 표 4-5와 같다.

『표 4-5』 먹는 물의 일부 수질기준

구 분	기 준
미생물 기준	일반세균수가 1 mL중 100 CFU 이하일 것 대장균군은 100 mL에서 음성일 것
유기염소화합물	물 1 L당 trihalomethane 0.1 mg 이하 물 1 L당 trichloroethylene 0.03 mg 이하 물 1 L당 tetrachloroethylene 0.01 mg 이하 물 1 L당 1,1,1-trichloroethane 0.1 mg 이하 물 1 L당 phenol 0.005 mg 이하

4.2. 화학성 식중독

사람이 유독한 화학물질에 의해 오염된 식품을 섭취함으로써 중독증상을 일으키는 것을 화학성 식중독(chemical food poisoning)이라 한다. 감염형 식중독을 제외한 모든 식중독 원인물질은 화학물질에 의한 것이라고 할 수 있다.

화학물질에 의한 식중독의 발생은 계절과의 관계가 없고 특정 다발성 식품도 없다. 화학물질에 의한 식중독은 유해물질이나 식품 중에 고의 또는 무지, 부주의, 기타 원인으로 혼입되어 일어나는 일이 대부분이기 때문에, 그의 예방대책은 소비자에 요구할 수 없는 일이 많고 식품의 가공 제조업자, 그 음식물을 취급하는 사람들의 준법정신, 위생지식의 향상 그리고 올바른 위생관리의 철저와 무엇보다 양심적인 생활 자세에 기대할 수밖에 없다.

화학성 식중독의 원인물질은 식품 중에 존재하는 과정에 따라서 다음과 같이 분류할 수 있다.

① 고의 또는 오용에 의한 식중독
② 기구, 용기 포장재에서 용출되는 유독성분
③ 제조, 가공 중에 생성되는 유독물질
④ 제조, 가공 중에 혼입되는 유독물질
⑤ 부주의로 혼입되는 유독물질

4.2.1. 고의 또는 오용에 의한 식중독

1. 유해 감미료

설탕의 대용으로 각종 감미료가 출현하여 각종 장애를 일으켰다. 설탕대용의 감미료는 허가된 것이라 하더라도 영양가가 전혀 없으며, 많은 양을 사용하면 유해한 것이 많기 때문에 주의하여야 한다.

1) Dulcin

백색결정으로 공기 중에 장기간 방치하거나 오랫동안 가열하면 분해되어 적자색으로 착색한다. 냉수에 잘 녹지 않고 열탕에 녹으며 감미는 설탕의 약 250배이다. Saccharin sodium과 병용하면 감미도가 커지고 설탕과 비슷한 맛을 내므로 청량 음료수, 과자류, 절임류 등에 널리 쓰였으나 독성 때문에 우리나라에서는 1966년 11월 이후 사용이 금지 되었다.

섭취 후 혀에 불쾌한 느낌이 남으며 소화효소에 대한 억제작용이 있고, 분해되어 생성되는 *p*-aminophenol이 혈액 속에 생겨 중추신경계에 자극을 주는 것으로 알려져 있다.

동물실험 결과 간 종양(liver tumors)을 일으키거나 적혈구의 생산을 억제한다는 사실이 밝혀졌다.

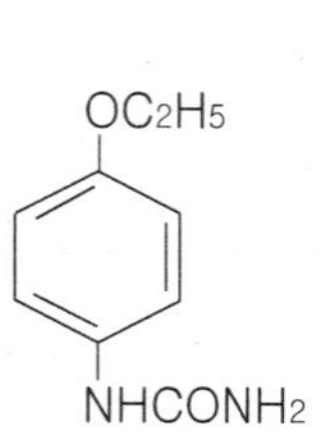

Dulcin

2) Cyclamate

Sodium cyclamate(sodium cyclohexyl sulfamate)와 calcium cyclamate(calcium cyclohexyl sulfamate)가 대표적이며, 무색~백색의 결정성 분말로서 물에 잘 녹고, 알코올 · 에테르 · 클로로포름 · 벤젠 등에는 난용이거나 불용성이다. 설탕보다 약 40~50배 감미를 가지며, 열에 안정하고 청량감을 주며, 설탕과 유사한 감미를 가지고 있는데, 거의 무독하므로 최근까지 가장 많이 사용된 인공감미료 중의 하나이다. 그러나 최근 발암성 때문에 각국에서 사용이 금지되었고, 우리나라에서도 광범위하게 사용되어 왔으나 1970년 4월부터 사용이 금지되었다.

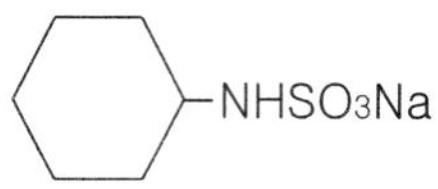

Sodiunm cyclamate

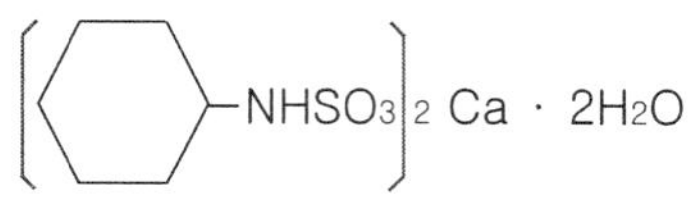

Calcium cyclamate

3) *p*-Nitro-*o*-toluidine

원래 색소의 원료로서, 설탕보다 약 200배의 감미가 있어 설탕이 부족되었던 시기인 제 2차 세계대전 후 일본에서 사용되어 많은 중독사고를 일으켜 살인당 또는 원폭당이라는 별명이 있다. 독성이 강하여 섭취 2일 후에 위통이 일어나고 4일 후에 사망한 예도 있다. 증상은 섭취 후 2~3일 후 나타나며 위통, 식욕부진, 구역질, 권태, 미열 및 황달증상을 일으키고 혼수상태에 빠진 후 사망한다.

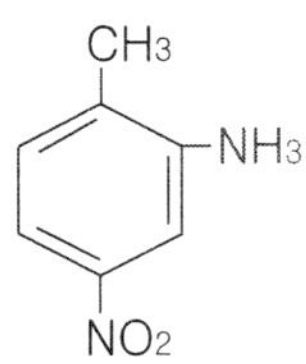

p-Nitro-*o*-toluidine

4) Ethylene glycol

무색 · 무취의 점조성 액체로서 원래 엔진의 냉각수의 부동액으로 사용되었는데, 단맛이 있기 때문에 감미료로 사용되기도 하였다. 이것은 체내에서 산화되어 수산(oxalic acid)이 되며, 이 염류는 뇌와 신장에 장애를 일으킨다. 치사량은 약 100 mL정도이다.

중독증상은 구토, 요의 빈발, 호흡곤란 등으로 중증일 때는 의식불명에 들어가서 사망한다.

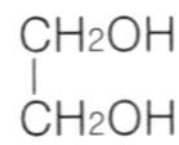

Ethylene glycol

5) Perillartine

자소유(紫蘇油)중의 성분인 peryllaldehyde에서 추출되며 설탕의 약 2,000배의 감미를 가진다. 이 화합물은 oxime기를 가지고 있어 불안정하므로 쉽게 aldehyde로 분해되며, 동물 실험결과, 신장을 자극하며 염증을 일으킨다.

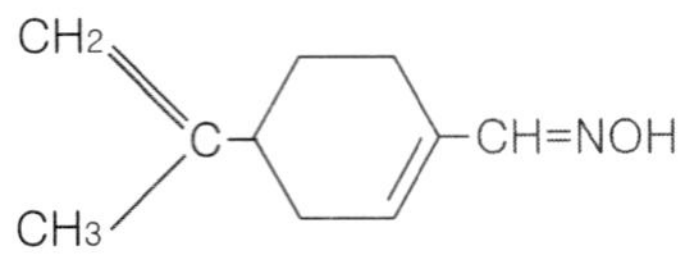

Perillartine

2. 유해 보존료

식품위생법에서 식품의 보존에 사용하는 방부제의 사용은 엄격하게 규제하고 있어, 현재 우리나라에서는 13종이 허가되어 있으며, 이는 대상 식품과 사용량과의 엄중한 기준이 설정되어 있다. 그러나 허가되어 있지 않은 유해방부제가 경제적인 이유, 방부 효과 등의 이유로 부정 사용되는 경우가 있다.

1) 붕산(H_3BO_3, boric acid)

붕산(H_3BO_3) 및 붕사($Na_2B_4O_7 \cdot 10H_2O$)는 의약품 이외에도 옛날부터 방부제로서 식육, 식육제품, 우유, 유제품, 마아가린 등에 사용되어 왔으나 방부력은 비교적 약하다.

붕산은 비교적 신축성이 있어 서서히 배설된다. 소량(0.5 g 정도)을 계속 섭취하면 체내에 축적되어 소화효소의 작용을 저해하기 때문에 식욕감퇴, 소화불량, 영양소의 동화작용 저하, 지방의 분해촉진 등을 일으키므로 체중이 감소된다. 사람은 1~3 g으로 중독, 8~17 g으로 사망한다고 하며, 다량 섭취하면 2~3시간 후에 구토, 설사 허탈을 일으키고, 홍반이 생겨 3~5일에 사망한다.

2) Formaldehyde(HCHO)

여러 종류의 표본 보존에 formalin(HCHO의 수용액)이 사용되고 있는 것으로 방부력이 강하다. 주류, 육, 육제품, 우유, 유제품에 부정 사용된 일이 있다.

이 화합물의 묽은 용액도 단백질의 변성작용이 있어서 살균 및 방부작용을 나타낸다. 즉, 0.1% 용액으로 포자형성세균에 유효하며, 0.002% 용액으로 세균의 발육이 저지된다.

훈연제품과 같이 훈연할 때 생기는 formaldehyde와 기타 휘발성 물질을 이용하여 방부하는 식품도 있다. 그러나 독성이 강하여 사용이 금지되고 있으며, 0.3% 수용액으로 소화효소의 작용을 저해시키고, 중독 증상으로서 두통, 위통, 구토, 발진 등을 일으킨다.

우리나라 식품위생법에도 대부분의 식품에서 formaldehyde가 검출되어서는 안 된다고 규정하고 있다.

3) Urotropin(hexamethylene tetramine)

Formaldehyde와 ammonia가 결합하여 생성되는 것으로, 물에 잘 녹고 포름알데히드가 유리되어 방부효과가 있으므로 음식물에 첨가하는 수도 있다. 의약품으로 urotropin의 이름으로 요도 살균제로서 사용되고 있으나, 식용으로는 부적당하다. 피부에 발진을 일으키고 신장이나 방광을 자극하며 혈뇨, 구토 등을 일으킨다.

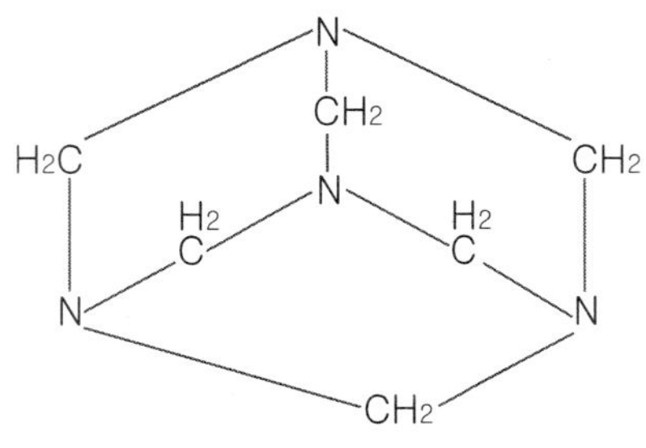

Urotropin

4) 승홍($HgCl_2$, 염화제2수은)

수은염 특히, 염화제2수은(승홍, $HgCl_2$)은 독성이 강하므로 섭취하게 되면 30분 이내에 갈증, 구토, 복통, 수양성 설사를 일으키며, 심할 때에는 허탈에 빠져 사망한 급성중독 예도 있다. 승홍은 성인에 있어서 0.5 g으로 중독을 일으키며, 1~3 g으로 사망한다.

수은염이 소화관에서 흡수되면 순환기 계통에 강력하게 작용하여 요 중에 극히 서서히 배설되며, 머리털, 손톱, 피부에 축적된다.

5) *β*-Naphtol

곰팡이의 발육 저지력이 강하고 간장의 표변에 생기는 흰 효모(*Zygosaccharomyces*)를 방지하는데 사용하는 일이 있었으나, 독성이 강하므로 현재는 사용을 금지시키고 있다.

신장을 해치고 단백뇨를 일으킬 위험이 있다. 고양이에 0.1 kg을 경구 투여하면 수 시간 내에 죽는다고 한다.

급성증상은 구토, 복통, 경련, 현기증 등을 나타낸다.

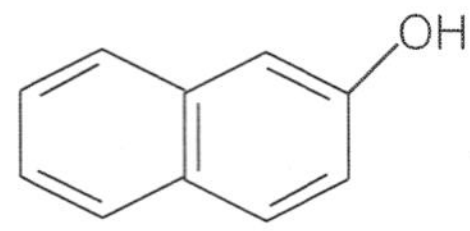

β-Naphtol

6) 로단 초산 ethylester($CH-CH_2-COOC_2H_5$)

무색~미황색의 액체이며, 간장의 곰팡이 방지제로 지정되어 한때 사용하였으나, 효과에 비하여 독성이 강할 뿐만 아니라 이것을 첨가하면 좋지 않은 냄새가 나기 때문에 사용이 금지되었다.

3. 유해 인공 착색료

식품의 상품적인 가치를 높이기 위하여 여러 가지 색소를 식품에 첨가한다. 옛날에는 주로 식물성 착색료를 사용하였으나, 최근에는 tar색소가 많이 사용되고 있다. Tar색소는 제조과정 중 불순물이 함유될 가능성이 많으며, 대부분 인체에 유해하다.

현재 우리나라 식품위생법에서는 29종의 색소가 사용 허가되고 있으나, 가끔 허가하지 않은 부정 착색료가 사용되는 것으로 다음과 같은 것이 있다.

1) Auramine

염기성 황색색소로 자외선에서 황색형광을 나타낸다. 착색성이 좋고 값이 싸며, 빛과 열에 안전하여 널리 이용되고 있다.

특히 과자, 단무지, 팥앙금류, 카레가루, 빈대떡가구, 종이, 완구류 등에 널리 이용될 가능성이 있다.

쥐에 대한 LD_{50}=0.48 g/kg으로 만성독성도 강하여, 간장에 대한 발암성이 의심되고 있다.

체내 흡수가 높고 다량을 섭취하면 20~30분 후에 두통, 심계항진, 맥박감소, 의식불명을 일으킨다.

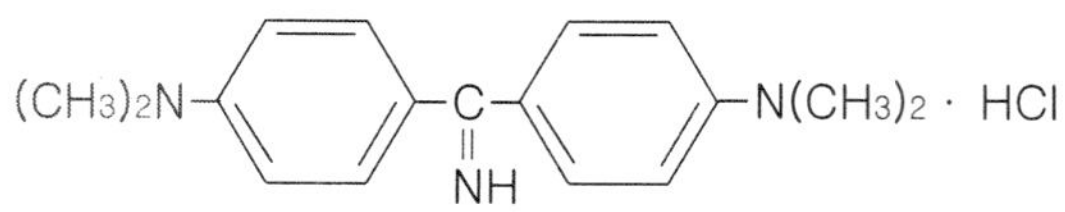

Auramine

2) Rhodamine B

분홍빛의 염기성 색소로 auramine과 같이 쉽게 구입되므로 과자나 붉은 생강, 어묵, 과자 등에 부정으로 사용되는 일이 있었다. 자외선 조사에 의한 등적색의 형광을 발생한다. 급성독성으로 전신착색, 색소뇨 배출(혈뇨로 착각하는 일이 있다) 등을 일으키고 치사량은 0.1~0.2 mg/kg(쥐투여)에 이른다. 전신착색은 0.1 g/kg(사람)에서 일어난다. 중증 예에서는 오심, 구토, 설사, 복통 등을 볼 수 있다. 만성독성도 강하므로 식용에 이용하는 것은 위험하다.

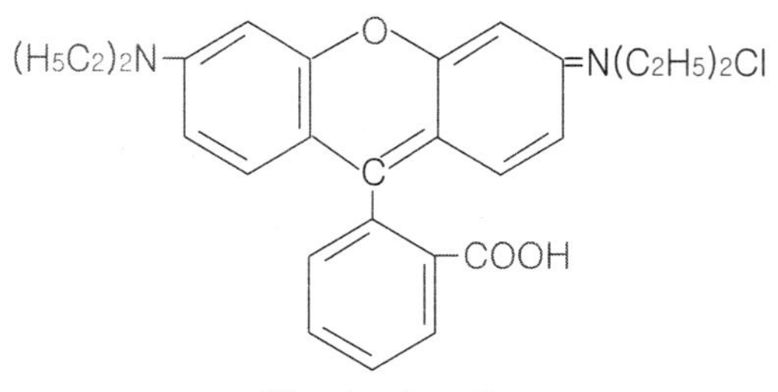

Rhodamine B

3) *p*-Nitroaniline

황색의 유용성 합성 착색료이며, 무미, 무취이고 물에 녹지 않는다. 방향족 아민이나 nitro화합물에 공통된 혈액독과 신경독을 가지고 있다. 섭취 10~30분 후 두통, 청색증(cyanosis), 혼수, 맥박감소, 심계항진, 황색뇨 등의 증상이 나타난다.

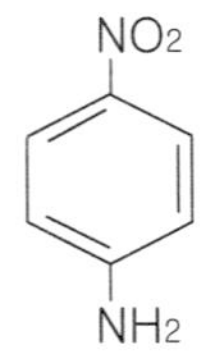

p-Nitroaniline

4) 기타

Picrinic acid(황색) 등의 화학약품이나 silk scarlet(등적색), methyl violet(자색), butter yellow 또는 spirit yellow 등의 발암성 유해 착색료가 사용된 일이 있고, 고춧가루를 붉게 착색하기 위해 sudan III가 자주 사용되었다.

이 외에도 불허용 유해 착색료로는 orange II, methylene blue, malachite green, crystal violet, gentian violet, bismark brown 등이 있으며, 한때 사용하다가 유해한 것으로 판명되어 사용금지 된 orange I, orange SS, ponceau SX, oil red XO, naphtal yellow S, yellow OB, yellow AB, guinea green B, light green, SF yellowish, acid violet GB 등이 있다.

이들 tar색소는 그 독성이 다르나 일반적으로 장기, 혈액, 신경계에 대하여 독성을 나타낸다. 급성은 물론 만성중독에서도 발암성과 장기에 대한 만성적 장해를 일으키는 문제점이 있다.

4. 유해 표백료

좋지 못한 식품의 원료색깔을 표백하여 제품의 색깔을 좋게 하기 위하여 표백제가 사용된다. 산화작용을 이용한 H_2O_2, 환원작용을 이용한 아황산계통의 표백제가 식품첨가물로 지정되어 있으나 다음과 같은 유해 공업용 표백제가 이용되기도 한다.

1) Rongalite

Formaldehyde에 산성아황산나트륨을 축합시킨 후 이것을 환원하여 제조한 것으로 sodium formaldehyde bisulfide와 sodium formaldehyde sulfoxylate

의 혼합물이다.

물중에서 아황산이 유리되어 나오므로 표백력이 강하게 나타나는데, 물엿의 표백에 쓰이는 수가 있다. 식품 중에 아황산 외에 상당량의 formaldehyde가 유리되어 신장을 자극하는 등 독성을 나타내므로 사용을 금지하고 있다.

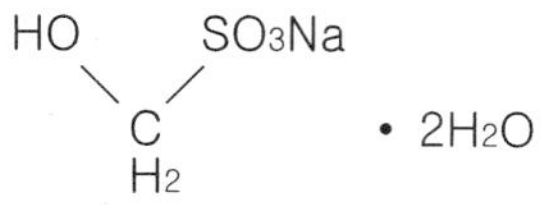

Sodium formaldehyde bisulfite

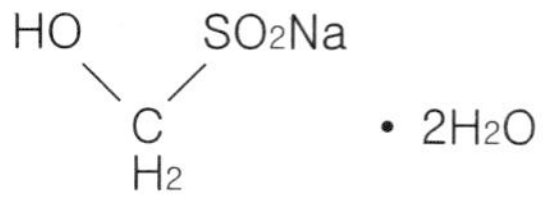

Sodium formaldehyde sulfoxylate

2) 삼염화질소(NCl_3, nitrogen trichloride)

자극성이 있는 휘발성의 황색유상의 액체이다.

밀가루 표백료로서 미국에서 사용하였는데, 이것으로 표백한 밀가루로 개를 사육하면 히스테리양 증상을 나타내기 때문에 그 사용이 금지되어 있다.

3) 형광 표백제

가공식품, 특히 압맥, 국수, 생선묵 등에 형광성 표백제가 때때로 사용되고 있으며, 독성관계로 사용이 금지되어 있다. 형광성 표백제로 사용될 가능성이 있는 것은 diamino-stilben sulfonic acid의 유도체이다. 근래 우유병의 종이마개를 희게하기 위해서 사용하여 물의를 일으켰다.

5. 증량제

곡분, 어분, 향신료 등에 증량을 목적으로 산성백토, bentonites, 탄산칼슘, 탄산마그네슘, aluminium silicate, magnesium silicate, 규조토 등의 영양적으로 가치가 없는 광물성 물질은 첨가하여 판매하는 경우가 있다. 이와 같은 증량제를 다량 섭취하면 소화불량, 설사, 복통, 구토 등 소화기계 장애를 일으키므로 주의하여야 한다.

6. 기타 화합물

1) Methyl alcohol(CH_3OH)

무색의 액체로 주류의 대용으로 사용하며 많은 중독사고가 발생하였다. 현재는 주류의 methyl alcohol 함유량은 보통 0.5 mg/mL(과일주만은 1.0 mg/mL)이하로 규제하고 있다. Methyl alcohol은 알코올 발효과정에서 pectin으로부터 생성되기 때문에 포도주, 사과주 등의 주류나 정제가 불충분한 ethyl alcohol이나 증류주에 미량씩 함유되어 있다.

중독증상은 섭취한 후 수 시간 내에 두통, 현기증, 복통, 설사 등을 일으키고 특히 시신경 장해에 의해서 눈에 염증을 일으켜 실명의 원인이 된다. 중증인 경우에는 마취상태에 빠지고 호흡장애나 심장 쇠약에 걸려 사망하게 된다.

Methyl alcohol의 독성은 체외로의 배설과 체내에서의 산화가 느려서 formaldehyde와 formic acid 등이 생성되기 때문에 acidosis를 일으키고 시신경 세포에 formic acid가 영향을 미친다.

2) 4-에틸납(tetra ethyl lead)

4-에틸납은 유상의 액체이며, 휘발유의 antiknocking제로서 첨가한다. 알코올로 오인하여 음용하거나, 비행기 연료를 땅 속에 묻어 보관하던 중 용기의 파손으로 흙에 침투되어 지하수에 혼입된다. 이 물질은 자동차의 배기물 속에 섞여 나오므로 호흡기를 통하여 인체 내로 흡수된다. 이 물질은 극히 독성이 강하여 위험하다. 신경 및 소화기 장애를 일으키며, 발광 상태가 나타나는 경우가 있다.

3) 시안화합물

청산칼슘(KCN)이나 청산나트륨(NaCN)은 도금공업, 사진제판, 제약원료 등으로 사용되는데, 독성이 강하여 때때로 고의 또는 기타 사고로 식중독을 일으킨다.

중독증상은 두통, 구토, 경련 등이며, 치사량은 KCN의 경우 0.2~0.3 g이라고 한다. 다량 섭취하면 질식사한다.

4) 아질산염

아질산나트륨($NaNO_2$)이나 아질산칼륨(KNO_2) 등은 공업약품으로서 여러 가지 용도가 있으나, 식육가공품의 발색제로서 사용되는데, 이것은 발암물질인 nitrosamine을 생성한 것으로 알려져 있다.

아질산염은 혈액 및 신경독으로 오심, 구토, 발한(sweating), 청색증

(cyanosis) 등을 일으킨다.

5) Barium(Ba)

바륨은 쥐약으로 사용되고 있는데, 밀가루와 혼동하여 섭식한 예가 있다. 그리고 X-ray 조영제로 사용하는 황산바륨($BaSO_4$)과 혼돈, 탄산 바륨($BaCO_3$)을 투여하여 사망한 예도 있다. 황산바륨은 물에 녹지 않기 때문에 독성이 없으나, 탄산바륨은 위 속에서 염화바륨으로 변화, 가용성으로 되어 흡수되기 때문에 중독된다.

증상은 구토, 설사, 복통, 경련, 심장마비이며 사람에 대한 치사량은 4 g/kg이다.

6) DDT(dichlorodiphenyltrichloroethane)

DDT는 가장 많이 사용하였던 유기염소계 살충제인데, 독성은 비교적 낮으나 축적성이 높기 때문에 사용이 금지되었다.

종래 밀가루, baking powder로 오인하여 중독발생 한 사례가 있었다. DDT의 중독증상은 급성시 섭취 20~30분 후 두통, 구토, 복통, 설사, 현기증, 입과 손발의 마비, 경련 등을 일으키며 시력감퇴, 전신권태, 심하면 혼수상태에 빠져 사망한다. 그리고 효소 합성저하, 내분비 장애, 신진대사 장애, 정신 장애 등이 있다.

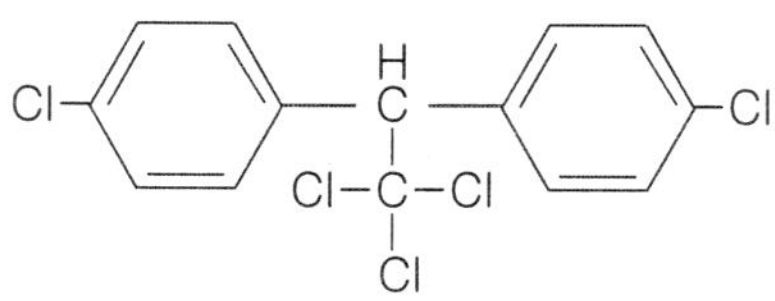

DDT

7) Hexogen

Hexogen은 백색의 분말이며 원래 폭약으로 개발된 화합물이나, 쥐가 잘 먹고 중독사 하므로 쥐약으로 사용되기도 한다. 이것을 밀가루로 오인하여 먹고 중독된 사례가 있다.

증상은 섭취 수분 후 구기, 현기증, 안면창백(pallor), 간질환증상, 경련, 구토 등의 신경계 증상을 나타낸다.

4.2.2. 기구, 용기, 포장재에서 용출되는 유독성분

각종 식품의 포장, 용기에 사용되는 재료에는 인체에 유해 · 유독한 성분이 함유되어서는 안 되지만, 용기, 포장 재료에 유해한 성분이 함유되어 이것이 식품 중으로 이행하여 문제가 되는 일이 있다.

주요한 유기 금속염으로서는 Pb, Cd, As, Zn, Sn, Hg, Ag, Sb, Cu 등 인데, 이들은 모두 강한 독성물질이다.

1. 금속제품

수은, 카드뮴, 납, 비소의 생체영향(192~194쪽)에 관해서는 이미 4.1절 환경요인에서 언급하였다.

1) 구리(Cu, cupper)

구리는 열전도성이 좋고 부식되지 않으므로, 각종 식기 또는 기구 등에 이용된다.

구리는 습기나 이산화탄소가 많은 환경 중에서는 녹청($Cu(OH)_2 \cdot CuCO_3$)이 잘생기므로 주의해야 한다. 구리뿐만 아니라 놋쇠, 청동, 양은 등 구리합금에 대해서도 주의가 필요하다. 이는 중성이나 알칼리에는 안정하나 산성에는 쉽게 용출된다.

구리는 인체에 필수적인 무기질이나 다량 섭취하면 중독을 일으킨다. 1회 섭취량이 500 mg 정도이면 중독이 되며 치사량은 15~20 g 정도이다.

습성중독의 경우 메스꺼움, 구토, 발한, 다량의 수액분비, 복통, 현기증, 호흡곤란 등의 증상이 일어난다.

2) 주석(Sn, tin)

주석은 통조림 관을 만드는데 사용하는 금속물질로서, 비교적 독성이 약한 금속이다. 특히 주스 통조림에서 주석이 용출되어 중독되는 경우가 있으나, 알킬화 주석화합물은 수용성이기 때문에 인체에 잘 흡수되므로 매우 유독하다고 한다.

통조림 주스의 경우 용출되어 나오는 주석의 최대 허용량은 미국은 300

ppm, 영국은 250 ppm, 우리나라와 일본은 150 ppm 이하로 규정하고 있다.

중독증상은 구역질, 구토, 설사, 권태감 등이 나타난다고 한다.

3) 아연(Zn, zinc)

아연의 독성은 납이나 카드뮴 등 다른 유해금속에 비하여 약하나, 아연제 물통 및 용기에 주스와 같은 산성 식품을 넣으면, 아연이 침식해서 아연염으로 용출되어 식품에 혼입되어 중독사고가 일어난다. 급성 중독량은 아연으로 400~500 mg/kg이며, 치사량은 황산아연으로 3~5 g이다. 중독 증상은 납중독과 비슷한데, 섭취 후 30분~1시간에 오심, 구토, 설사 등이 있으며, 혈변이나 경련을 일으키기도 한다.

4) 안티몬(Sb, antimonium)

범랑, 도자기, 고무판 등의 착색료로서 또는 에나멜 도료에 안티몬 안료가 사용되며, 또한 세공하기 쉬우므로 식품 제조용 기구나 용기에 사용된다. 이러한 범랑제 식기는 오래되어 닳아서 벗겨지며 안티몬이 용출되어서 중독을 일으킨다. 식품위생법에서는 안티몬을 5%이상 함유하는 금속으로 기구나 용기 · 포장을 제조 또는 수리하여서는 안 된다고 규정하고 있으며, 완구에도 사용을 금지하고 있다.

중독증상은 구역질, 구토, 설사, 경련 등이며 심하면 심장마비로 사망하기도 한다.

5) 크롬(Cr, chromium)

크롬(Cr)은 은백색의 단단한 금속으로 상온에서도 안정성이 높으며 대기와 물에 의해 산화되지 않아 녹이 슬지 않으므로 도금이나 합금에 널리 쓰인다. 따라서 크롬은 도금공장의 폐수나 광산폐수에 함유되어 수질오염을 일으킬 수 있다. 크롬의 원자가는 2, 3, 4, 5, 6으로 나누어지며, 인간에게 가장 위험한 물질로는 6가 크롬이다.

크롬은 독성이 강하여 피부암, 복통, 빈혈, 간장장애, 폐암 등을 일으킨다. 특히, 비중격천공(鼻中隔穿孔)은 유명한 크롬중독증상으로, 콧구멍에 구멍이 뚫리는 병으로 우리나라의 경우 1985년 울산의 컨테이너 제조업체에서 발생한 사례가 있다. 중독증상은 작업도중 갑자기 코피를 갑자기 흘리는데, 2~3개월 전부터 코피를 자주 흘리다가 코 안의 물렁뼈가 완전히 망가질 만큼 큰 구멍이 생기게 된다. 이 같은 증상은 도금작업을 할 때 크롬증기에 중독된 것으로 확인되었다. 기타 납, 수은, 카드뮴 등은 176~178쪽에서 이미 언급하였다.

2. 도자기, 범랑제품, 옹기

유리 제품은 고온인 1,200~1,500℃에서 소성시켜 유리화시키므로 독성은 없으나, 제품의 표면에 색, 그림, 모양 등을 나타내는데 사용하는 전사지에는 연단(Pb_3O_4)을 50% 이상, 붕산 또는 붕사를 10~20% 함유하고 있기 때문에 소성온도가 비교적 저온인 600~700℃인 경우, 산성 물질과 접촉할 시 쉽게 용출된다. 범랑제품은 철판상에 유리화하여 얻은 성분을 도포하여, 약 800℃에서 가열하여 용착시킨 것으로, 법랑면을 미려하고 매끈하게 하기 위하여 저용융유약으로서 붕사 또는 납, 주석, 티탄, 크롬, 코발트 등의 산화물 또는 황화물이 사용되고 있다. 범랑제품으로는 조리기구, 식기류 등이 있다.

옹기는 우리나라의 고유 용기로서 김치 및 장류의 용기로 사용되고 있으며, 이들은 제조과정에서 납이 다량 함유되어 있는 연단을 사용하는 데, 소성과정에서도 적정온도를 유지하지 않아 김치 등의 산성식품과 장기간 접촉하면 납이 용출되는 사례가 있으므로 납을 함유한 유약을 사용하지 못하게 하고 있다.

3. 종이류

현재 식품포장의 재료에서 가장 광범위하게 사용되는 것이 종이이다.

종이는 목재펄프를 주원료로 하여 표백제, 사이징제, 충진제, 착색료 등의 첨가물을 가하여 제조한다.

가공지는 종이의 제조 시에 화학합성 섬유를 섞거나 제지 후에 주로 방습, 방수의 목적으로 파라핀 왁스, 마이크로 크리스탈린 왁스 또는 폴리에틸렌, 염화비닐수지, 폴리프로필렌 등의 합성수지를 도장가공하거나 알루미늄과 폴리에틸렌을 라미네이트(laminate)하거나 복합필름으로서 폴리에스테르, 폴리아미드 등을 적층한 다층의 포장용 가공지가 사용되고 있다.

종이는 식품포장용을 제외하고 대부분이 경제적인 이유로 종이 원료인 신성한 펄프에 탈묵, 표백한 수십%의 오래된 종이를 혼합하거나 비위생적인 폐지로 만든 재생지가 오용되기도 한다.

또한 제조과정에서 각종 첨가제가 사용되고 있는데, 이들 물질은 다소나마

독성이 있으며, 일부 제조업자들 중에는 사용이 금지된 형광염료를 첨가해서 형광증백하고 있다.

우리나라에서는 식품 포장지 및 냅킨에서 형광증백제가 검출된 사례가 있으며, 지력증강제로서 요소수지 또는 멜라민수지가 첨가되었을 때, 포름알데히드가 다량 용출될 가능성이 있다.

규제항목은 침출용액으로 시험할 때 비소, 중금속, 포름알데히드, 형광증백제, 타르색소, 증발잔류물 등 6가지이다.

4. 합성수지(플라스틱)

합성수지는 가소성을 갖고 있는 유기 고분자화합물을 주성분으로 하는 합성물질로서, 열경화성 수지와 열가소성 수지로 분류할 수 있다. 열경화성 수지는 열을 가하면 초기에는 가소성을 가지고 있지만 한 번 경화하면 다시는 유연하게 되는 성질을 갖지 않게 된다. 이것은 가열에 의해서 망상을 화학결합이 진행하여 분자가 자유로이 움직이지 않기 때문이다.

열가소성 수지는, 가열하면 연화하여 가소성을 보이고, 냉각하면 고화하는 합성수지를 총칭하는 말이다. 열가소성 수지는 가열에 의해 연화, 고화를 반복해도 본질적인 분자구조의 변화는 없기 때문에, 가열하여 연화상태로 성형가공과 부형조작을 행하여 용기 등의 제품을 만들 수가 있다.

합성수지의 종류 및 용도는 표 4-6과 같다.

합성수지는 화학적으로 안정하여 유해성은 없는 것으로 인정을 받고 있다. 그러나 성형, 가공, 사용상의 문제로 첨가제가 가해지고 또한 중합공정상 미반응의 단량체(monomer)가 잔존하여 용출되는 일이 있다.

열경화성 수지인 페놀수지, 멜라민수지, 요소수지는 제조 시 가열 · 가압조건이 부족할 때는 미 반응원료인 페놀, 포름알데히드가 용출되는 경우가 있다.

열가소성 수지에는 폴리에틸렌, 폴리프로필렌, 폴리스틸렌, 염화비닐수지 등이 있다.

염화비닐수지에 첨가되는 물질은 표 4-7과 같다.

가소제로는 프탈산에스테르 등이 통상 15~30% 첨가되고 있는데, 프탈산에스테르 중 dioctyl phthalate(DOP)는 기구 및 용기, 포장을 제조함에 있어서 사용하지 못하도록 식품위생법에 규정하고 있다.

『표 4-6』 합성수지의 종류와 주요용도

	수 지 명	식 품 및 부 엌 용 도	원료단량체
열경화성수지	Phenol 수지	주발, 찬합, 냄비손잡이 등	페놀, 포름알데히드
	Urea 수지	쟁반	요소, 포름알데히드
	Melamine 수지	급식용식기, 젓가락, 쟁반 등	멜라민, 포름알데히드
	Guanamine 수지	급식용식기, 젓가락, 쟁반 등	구아나민류, 포름알데히드
	불포화 polyeseter silicon 수지	우유병 꼭지, 관, 후라이팬, 가공 등	무수마레인산, 무수프탈산, 글리콜류
	Epoxy 수지	통조림통, 내면도장 등	비스페놀, 에피크로르히드린
열가소성수지	Polyethylene	병, 용기, 물통, 바구니, 포장대	염화비닐
	Polypropylene	밀봉용기, 쓰레기통, 전기 기기부품 등	염화비닐리덴, 염화비닐
	염화 vinyl 수지	병, 호스, 뚜껑, 포대	에틸렌
	염화 vinylidene 수지	햄포장	프로필렌
	Styrol 수지	컵, 주발, 용기, 요구르트 용기 등	스틸렌
	A.S 수지	컵, 샐러드 주발 등	스틸렌, 아크릴로니트릴
	ABS 수지	버터상자, 용기 등	아크릴로니트릴, 부타디엔, 스틸렌
	Methacryl 수지	컵, 접시, 용기 등	
	Polycarbonate	우유병, 급식용식기 등	
	Polyamide	용기 포대 자동밥솥, 냉동식품 포장 등	
	초산 cellulose 수지	용기	
	Polyurethane	스폰지	
	Polyurethane terephthalate(PET)	인스탄트면용 컵, 청량음료수 용기	

『표 4-7』 PVC 제조에 사용되는 첨가제의 종류

종 류	첨가량	대 표 적 인 화 학 물 질
가 소 제	15~30%	프탈산에스테르, 아디핀산에스테르, 크레졸인산에스테르, 구연산에스테르, 에폭시화유, 세파진산에스테르
안 정 제	2~3%	지방산의 Ca, Li, Mg, Al, Zn, Ba, Cd, Pb 염, 유기주석화합물
산화방지제	0.5%	BHT, BHA, TNBT, Tono×200, Iono×330, Topanol 330
자외선흡수제	0.5%	살리실산 유도체, 벤조페논 유도체
착 색 제	0.1%	$PbCrO_4$, CdS, TiO_2, ZnO, carbon, black, CoO · $NSnO_2$, HgS, Pb_3O_4, $(NH_4)_2MnO_2(P_2O_7)_2$

안정제로는 납, 칼슘, 카드뮴, 아연의 지방산염 및 유기 주석화합물이 통상 2~3% 사용되고 있으며, 최근에는 칼슘 및 아연의 지방산염, 유기 주석화합물이 사용되기도 한다.

식품위생상 문제가 많은 열경화성 수지가 포함된 합성수지류는 페놀, 포름알데히드, 중금속, 색소, 증발잔류물, $KMnO_4$ 소비량을 규제하고 있다. 한편 열가소성 수지류 중 가장 문제가 되는 염화비닐수지의 경우는 재질시험에서 납, 카드뮴, 디부틸주석화합물, 염화비닐을 규제하고 있다. 그리고 용출시험에서 중금속, $KMnO_4$ 소비량, 증발 잔류물을 규제하고 있다.

『표 4-8』 주요 단량체의 독성

단량체명	독성
포름알데히드	점막자극, 토혈, 호흡곤란
페놀	피부염, 식욕부진
염화비닐	의식상실, 간혈관육종
아크릴로니트릴	중추신경마취작용, 급성죽도전신작용, 최기성
부타디엔	돌연변이 유발
스틸렌	피부자극, 점막자극, 중추신경계 작용

4.2.3. 제조 · 가공 · 조리 중에 생성되는 유독물질

1. N-nitroso 화합물

아질산염은 반응성이 대단히 강해서 식품의 가공 · 보존 중에 식품성분이나 첨가물과 쉽게 반응한다. 이들 반응 생성물 중 아질산염이 아민이나 amide류와 반응하여 생성하는 N-nitroso 화합물은 발암물질이어서 식품위생상 중요한 문제를 야기한다.

N-Nitrosamine N-Nitrosamide

동물실험에서 90% 이상이 발암성과 관련되어 있음이 증명되었고, 이 등은 사람에게도 암을 일으킨다는 간접적인 증거가 발견되었다.

몇 가지 화합물의 발암성을 표 4-9에 나타내었다.

아질산염과 질산염은 육류의 발색제로서 육류의 색소고정 외에 *Clostridium botulinum*의 억제효과를 나타내는 등 유용하게 사용되는 첨가물이고, 식품 중에도 상당량 분포되어 있다.

질산염은 야채, 특히 절임채소 등에 최고 수천 ppm까지, 토마토, 오이, 아스파라거스 등에는 몇 ppm 정도, 무, 시금치, 상추 등에는 수백 ppm이 함유되어 있다.

아민은 식품 중 특히 어패류에 많은데 dipropylamine, dimethylamine이 주성분이고, diethylamine도 미량 함유한다. 생선의 알에서도 100~300 ppm의 diethylamine이 검출된다. 또한 아민은 식품 성분인 trimethylamine, 아미노산, 단백질, 인지질에서 쉽게 생성될 수 있다.

『표 4-9』 N-Nitrosamine의 발암성

종 류	생물명	발암부위
니트로소디메틸아민 (NDNA)	쥐(소량, 장기) 쥐(다량, 단기)	간암 직장암
니트로소디에틸아민 (NDEA)	쥐 햄스터	간암 호흡기암
니트로소디부틸아민 (NDBA)	쥐	방광암
니트로소디아밀아민 (NDAA)	쥐	폐암

2. 포름알데히드

식품의 품질과 색의 보존을 위해 식품을 처리하는 침지액이나 침지 시 식품첨가물과 식품의 일부 성분이 반응하여 인체에 유해한 포름알데히드가 생성되는 경우가 있다.

포름알데히드는 체내에 축적되면 소화작용을 저해하며, 두통, 구토, 현기증, 식도나 위에 염증 등을 유발한다. 그러므로 유독한 포름알데히드가 침지과정에서 최소로 생성되도록 침지액의 농도, 침지시간 등의 침지조건, 식품첨가물의 농도를 제한하는 것이 반드시 필요하다.

3. 트랜스 지방산

천연에 존재하는 불포화지방산은 시스형으로 인체에 해를 끼치지는 않으나 온도와 빛과 같이 저장환경에 따라 트랜스형으로 전환되며 전환된 트랜스형 지방은 인체에 해로운 작용을 한다. 예를 들어 올리브기름이나 카놀라기름에는 탄소 18개와 이중결합 하나로 구성된 시스형의 올레산이 있어 심장병 억제 등 건강에 매우 유익하나 고온다습한 환경에 보관하면 몸에 해로운 트랜스형의 엘라이드산으로 전환된다. 또한 불포화지방산을 가진 식물성기름(액체)에 수소를 첨가하면 가공과정 중에 트랜스형의 포화지방산(고체)으로 변형되는데 이러한 지방산을 가진 지방을 트랜스 지방이라 한다. 시중에 유통되는 대부분의 가공 식품과 패스트푸드에 사용하는 마가린과 쇼트닝이 대표적인 트랜스 지방이다. 그 외 파이, 냉동피자, 도넛, 케이크, 빵류, 쿠키, 크래커, 전자레인지용 팝콘, 스프, 일부 가공 유제품, 어육제품 등에 들어있다.

트랜스 지방은 혈액 내 나쁜 콜레스테롤(LDL)농도를 높여 혈관벽에 축적시키고 좋은 콜레스테롤(HDL) 작용을 억제시켜 각종 순환계질병 및 성인병의 원인을 제공하기도 한다. 트랜스 지방이 원인인 질병으로는 심장병, 동맥경화증, 고혈압, 복부비만, 당뇨병, 기억력 감퇴, 면역력 감소, 심근세포의 칼슘축적으로 인한 부정맥 유발 등이 있으며 최근에는 발암과도 관련 있는 것으로 의심하고 있다. 이와 같이 인체에 심각한 부작용을 일으키기 때문에 이미 미국이나 유럽 등 선진국에서는 트랜스 지방에 대한 규제를 강화하고 있으며, 세계보건기구(WHO)에서도 1% 이하의 섭취를 권고하고 있다.

우리나라도 2007년 12월부터 패스트푸드 등에 트랜스지방 함량을 의무적으로 표시하도록 '식품 등 표시기준' 개정안을 고시하였다. 따라서 외국의 브랜드를 포함한 패스트푸드점들은 마가린이나 식물성경화유가 함유된 모든 식품에서 이러한 유지를 대체할 유지의 선택이 시급하다.

4. 변성유지

식품 중에 함유된 지질성분인 불포화지방산은 산소에 의해 산화되면 과산화물, 분해산물, 중합체가 생성된다. 이들 지질의 산화생성물은 화학반응성이 높고 독성이 강해서 식욕감퇴, 구토, 설사, 동맥경화, 간·신장의 비대, 기타 조직의 변화를 가져오게 한다.

지질의 산화생성물 중에는 과산화물인 hydroperoxide와 그 2차 산화생성물의 독성이 가장 잘 알려져 있다. 특히 2차 산화생성물 중에는 과산화물보다 급성 독성이 강한 것도 있다.

불포화지방산 linoleic acid의 산화 생성물에 대한 급성독성을 보면 표 4-10과 같다.

지질과산화물인 알데히드 중 유지산패의 지표가 되는 malonaldehyde는 발암성이 의심되고 있는데, malonaldehyde는 아미노기와 높은 반응성 때문에 DNA와 반응하여 발암성과 돌연변이 유발성을 나타낸다고 한다. 강력한 발암성 물질로 알려진 다환 방향족 탄화수소(PAH)는 생체 내에서 지방의 과산화를 일으켜 malonaldehyde의 생성을 촉진시키며, 육류의 가열조리 중에는 malonaldehyde의 함량이 크게 증가한다는 보고도 있다.

『표 4-10』 Linoleic acid methyl ester의 산화생성물의 급성독성

산 화 생 성 물	LD_{50}(m mole/kg, 마우스)
n-Hexanal	82.79
2-Hexanal	6.98
2-Hydroxyhexanal	5.15
Hydroxyaldehyde	4.79
4-Hydroperoxy alke-2-enal	0.45
Methyl linolate hydroperoxide	39.10

5. 단백질성 및 지질성식품의 열 변성물질

가열식품 중에는 강력한 발암성 또는 변이원성 물질이 포함되어 있음이 밝혀지고 있어 많은 관심의 대상이 되고 있다.

1) 다환 방향족 탄화수소(polycyclic aromatic hydrocarbon, PAH)

산소가 부족한 상태에서 식품이나 유기물을 가열할 때 생기는 타르상 물질의 구성성분으로, 그 중 benzo[α]pyrene(3,4-benzopyrene)이 가장 강력한 발암물질로 알려져 있다. PAH의 생성은 300℃ 또는 그 이상의 고온에서 촉진되며, 식품의 가열가공이나 훈연과정에서도 이 온도에 쉽게 접근할 수 있다. 식품 중 benzo[α]pyrene의 함량은 식품의 종류, 가열방법에 따라 다르지만 훈연품,

구운 생선, 구운 육류 등에서는 10 ppb를 초과하는 경우도 있다고 한다.

Benzo[α]pyrene 외에 1970연대에 들어와 구운생선이나 육류로부터 새로운 돌연변이 유발물질인 헤테로고리아민류(heterocyclic amines)가 발견되었다. 이는 아미노산과 크레아틴이 반응하여 생성되는 화합물이다.

이들은 식품 자체 또는 아미노산, 단백질을 300℃ 이상 온도에서 가열할 때 생성되는 열분해 산물(pyrolysate)로부터 분리 · 확인되었다.

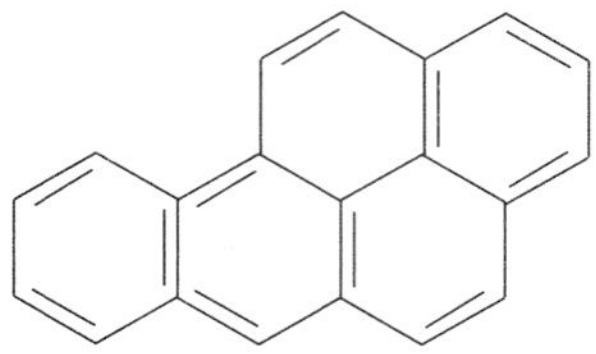

Benzo[α]pyrene

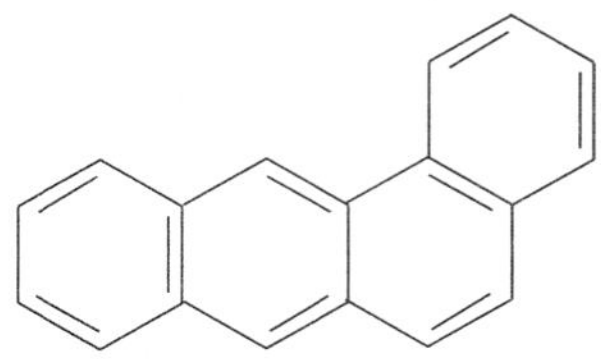

Benzo[α]anthracene

2) 아크릴아미드

식품을 조리하거나 제조 · 가공 중 전분 급원식품(감자, 고구마, 곡류 등)을 120℃ 이상의 고온에서 튀기거나 구울 때 식품에 존재하는 아스파라긴과 당의 마이얄반응에 의해 아크릴아미드가 생성되고 이는 가열시간에 비례하여 증가한다. 120℃ 보다 낮은 온도에서 삶거나 끓이면 아크릴아미드는 생성되지 않는다.

최근까지의 연구에 의하면 프렌치프라이, 포테이토칩, 감자스낵류, 시리얼, 빵류, 건빵, 비스킷, 누룽지 등에서 아크릴아미드가 발견되었다.

IARC에 의하면 아크릴아미드는 유전자의 변형을 유발하는 물질로 동물실험 결과 악성 및 양성위암을 일으키는 물질로 확인되었고 인간에게는 발암유발물질로 알려져 있다. 하지만 현재까지 아크릴아미드가 사람에게 암을 일으킨다는 결정적 증거는 나오지 않았다. 그러므로 아크릴아미드에 대한 지속적인 연구와 모니터링을 통하여 인체에 발암유발 가능성이 있는지 꾸준히 규명되어야 할 것이다. 현재 아크릴아미드의 위해성에 대한 국제적인 연구가 활발히 진행 중이므로 아크릴아미드의 함량을 줄이는데 기여할 것이다.

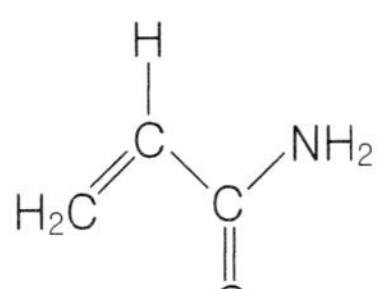

아크릴아미드

3) 아크롤레인

고온에서 지질을 가열하면 가수분해되어 글리세롤이 생성되는데 이를 반복적으로 가열하면 글리세롤이 다량 생성된다. 이 글리세롤에서 물 두 분자가 탈수되면 발연점이 낮아져 연기가 난다. 이때 코와 호흡기에 매우 자극적인 냄새와 맛을 가진 아크롤레인이 생성된다.

또한 아크롤레인은 기름이 다량 흡수된 음식이 공기 중에 장시간 노출되면 산패하게 되는데 이때도 생성된다. 따라서 식용유를 보존하는 경우에는 되도록 건냉암소에 보관하고, 소량의 환원제(폴리페놀류 등의 항산화제)를 첨가한 기름을 사용하면 식품의 조리 시 기름의 산화를 막을 수 있다. 항상 식품을 조리 시는 신선한 기름을 쓰고 튀긴 음식은 바로 먹는 것이 좋다.

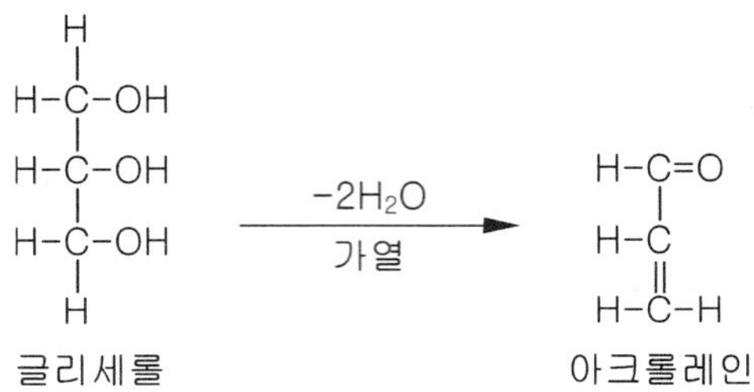

4.2.4. 제조 · 가공 중에 혼입되는 유독물질

최근 식품공업의 발달과 함께 식품의 제조 가공의 기계화가 급증하고 있다. 기계설비의 결함이나 기술부족으로 인하여 잘못 처리된 사건 또는 시설을 과신하여 소홀히 처리된 위생관리로 인하여 열매체 등이 누출되어 식품 중에 섞이어 큰 중독사건을 일으킨 경우가 있다.

1. 비소에 의한 식중독

비소는 수은과 함께 그리스, 로마시대로부터 의약으로서 사용되어 온 오랜 역사를 가졌으며 우리나라에서도 잘 알려진 독물이다. 화합물의 형태에 따라 독성이 크게 다른데 물에 녹아서 아비산으로 된 3산화비소(As_2O_3)는 인간의 최소치사량이 70~180 mg으로 무기화합물 중 가장 독성이 강하다.

1901년 영국에서 발생한 맥주 중독은 비소가 수백 ppm 함유된 포도당을 원료로 사용했기 때문에 제품인 맥주에 비소가 5~15 ppm 혼입되었다. 환자발생은 6,000명 이상이었고 70명 이상의 사망자가 발생하였다.

1955년 일본에서 발생한 조제분유에 의한 유아의 비소중독은 산도가 높은 원유로부터 분유를 제조할 때 유질 안정제로 사용하는 인산나트륨(sodium phosphate)에 비소를 다량으로 함유한 불결한 약품을 사용했기 때문에 일어난 것이다. 비산나트륨을 함유한 인, 바나듐, 나트륨 등이 혼합된 인산나트륨을 주성분으로 하는 불순한 혼합물이다. 이 약품 중의 비소 함량은 As_2O_3로 환산해서 5~8%이며 사고를 일으킨 분유 중에는 21~35 ppm의 비소(As_2O_3로 환산)가 함유되어 있었다. 이 때문에 출생 후 2개월에서 두 살 된 중독 아는 2~5 mg/일의 비소를 섭취한 것이 된다. 중독량은 성인 5~150 mg, 극량은 1일 15 mg으로 되어 있으므로 체중을 고려하면 다량의 비소를 섭취한 셈이 된다.

증상은 전형적인 비소중독으로 37~38℃의 발열을 수반하며 운동저하, 식욕부진, 설사, 구토, 기침, 눈물이나 피부증상 등 여러 가지로 나타나는데 즉 신경염, 흑피증, 각화증, 빈혈이 나타난다.

2. 미강유에 의한 식중독

미강유 섭취에 의한 장해는 polychlorobiphenyl(PCB)에 의한 식품의 직접 오염으로 전형적인 식품제조 공정상의 과실이었다.

1968년 10월 일본의 서부일대에 피부에 색소 침착, 종창, 발진 등의 증상이 나타내는 병이 발생하였다. 자각증상에 의해서 나타난 환자 수는 14,000까지 달하였다. 원인식품은 미강유(쌀겨기름)로 판명되었으며, 이 병은 유증(油症)으로 불리워졌다. 이 PCB는 미강유의 탈취공정에서 탱크 중의 기름을 가열하기 위한 열매체로 사용된 것인데, 이것이 파이프에 생긴 미세한 구멍으로 누출되어 기름에 혼입되었다.

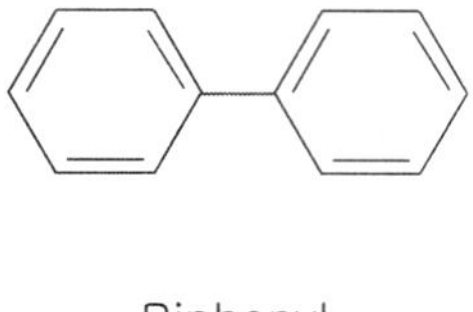

Biphenyl

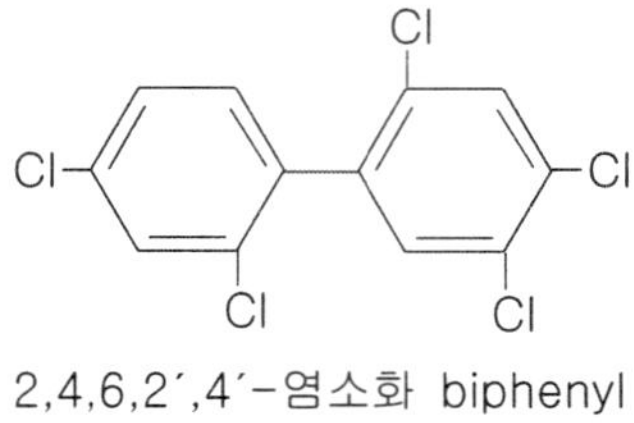

2,4,6,2′,4′-염소화 biphenyl

1979년에는 대만 중부에서도 이 사건과 유사한 PCB에 의한 미강유중독사건이 발생하였다. 미강유 중에는 50~400 ppm의 PCB가 들어 있었고 1,152명이 중독되었다. 중독자의 혈중 PCB 농도는 2~460 ㎍/mL 정도였다. 중독 증상은 일본의 경우와 유사하였으나 다소 가벼웠다. 중독증상은 이미 PCB(188쪽 참조)에서 이미 언급하였다.

4.2.5. 부주의로 혼입되는 유독물질

요즈음 농약에 대한 연구의 발전으로 농산물 생산에 많은 성과를 거둔 반면, 이의 오용 및 분무잔류(spray residue)에 의한 중독사고가 많이 발생하고 있다. 1984년 말까지 262개 품목의 농약이 고시되었으며, 그 사용량도 1960년 이후 20년간에 걸쳐 10배가 증가되어 1981년에 유효성분으로 환산하여 15,000 M/T에 이르렀다.

농약이란 일반적으로 농·축산물을 해치는 동식물을 방제하기 위하여 쓰여지는 약제로서 살균제, 살충제, 제초제 및 이들 약제의 효력을 증가시키기 위하여 첨가되는 여러 가지 보조제 등을 총칭하며, 식물 호르몬제도 넓은 의미에서 농약에 속한다.

농약은 거의 유기화합물이므로 무기화합물보다 인체조직에 보다 쉽게 흡수, 축적되는 반면에 그 분해속도나 체외로 배설되는 속도가 느려서 체내에서 독성이 제거되기는 어렵다. 또한 농약의 양이 적다해도 인체에 축적되므로 그 잔류농약에 대한 피해는 무시할 수 없다. 그리고 농약의 종류, 구조, 중독증상 등은 이미 4.1절 환경요인에서 설명하였다.

폐수의 오염지표

수질오염은 수질과 오염물질 사이의 물리적·화학적·생물학적 작용의 복합이므로, 단일항목으로 표현하기는 곤란하며 물리적·화학적·생물학적 요소들을 종합하여 판단한다.

물리적 지표로는 온도, 탁도, 색, 취기, pH 등이 쓰이고, 화학적 지표는 알칼리도, 산도, 용존산소(dissolved oxygen, DO), BOD(생물화학적 산소요구량, biochemical oxygen demand), COD(화학적 산소요구량, chemical oxygen demand), 부유물질(suspended solid, SS), 질소화합물 등이 있으며, 생물학적인 것으로는 세균, 대장균군의 수가 널리 쓰인다.

1. 냄새와 색(odor, color)

냄새와 색의 원인은 식품 자체에 의하여 유래되는 경우가 많으며, 유기물의 부패로 아민 화합물 · 황화물이 생긴다. 이러한 물질의 악취는 방산되어 공기오염의 원인이 되며, 하천의 어류에 흡수되어 식용하기에 부적당한 상태가 되는 경우도 있다. 어떤 식품공업 폐수는 착색되어 하천의 외관을 악화시키며, 오염의 지표가 된다.

2. 용존산소(dissolved oxygen ; DO)

물의 오염상태를 나타내는 하나의 지표로서 물에 녹아있는 유리산소량(O_2)를 말한다. 그러므로 일반적으로 DO가 높은 물은 하천수, 지표수, 복류수, 지하수의 순이다. 또한 하천수가 오염될 경우 유기물의 분해 시 수중 미생물에 의하여 DO를 소비해 유기물이 산화 분해된다. 따라서 DO가 부족하게 되면 수중에 서식하는 어패류의 생존을 위협하게 되며, 너무 많은 유기물이 분해되면 용존산소의 과다 소비로 인한 산소의 결핍으로 혐기성 상태가 되어 환원이 일어나 H_2S, NH_3, CH_4 등을 발생시킨다.

폐수에 있어서 DO의 측정은 BOD의 측정과 불가분의 관계가 있으며, 양자는 항상 병행해서 검토되어야 한다.

3. 생물화학적 산소요구량(biochemical oxygen demand ; BOD)

BOD는 일반적으로 세균이 호기성 상태에서 분해 가능한 유기물질을 20℃에서 5일간 안정화 시키는데 소비한 산소량을 ppm으로 표시한 것이다. 수중에 함유되어 있는 분해 가능한 유기물질의 함유량 정도를 아는 데 간접적 측정법으로 이용된다.

통상 BOD는 BOD_5를 말하며, BOD 농도가 높다 함은 수중에 유기물질이 다량 함유되어, 호기성 세균이 이것을 분해 · 안정화 하는데 많은 양의 유리 산소(O_2)를 소모했다는 것을 말하고, 반대로 BOD 농도가 낮다 함은 수중에 유기물질이 소량 함유되어 세균이 이것을 분해 · 안정화하는데 적은 양의 유리 산소(O_2)를 소모했다는 것을 말한다. 그러므로 수질 오염강도의 측정에 많이 이용된다. 따라서 미생물은 유기물질을 영양원으로 이용하며 유기물을 분해 섭취하여 세포를 합성하는데, 즉 먹이로서 유기물질을 섭취한 양에 비례하여 유리

산소를 소모하게 된다.

4. 화학적 산소요구량(chemical oxygen demand ; COD)

화학적 산소요구량은 물속의 산화 가능성물질, 즉 오염원이 될 수 있는 물질이 산화되어 주로 무기성 산화물과 가스로 되기 위해 소비되는 산화제(주로 $KMnO_4$, $K_2Cr_2O_7$)에 대응하는 산소량을 ppm으로 나타낸 것이다. $KMnO_4$ 또는 $K_2Cr_2O_7$을 가하여 20℃에서 산화하였을 때, 그 소비량에 의해 피 산화물의 량, 주로 하수의 유기물량을 추정하는 방법이다.

COD와 BOD의 측정값을 비교해 보면, 유기물중 미생물에 의해 분해가 되지 않는 유기물이 많고 산화제에 의해서 완전 분해되면 COD=BOD가 된다.

일반적으로 폐수의 COD 값은 그 BOD 값보다 높은데, 이것은 미생물에 의하여 분해되지 않는 유기물까지 산화제에 의해서 산화되기 때문이다.

5. 부유물질(suspended solids ; SS)

부유물질이란 무기와 유기의 물질을 함유한 0.1μm 이상부터 2mm 이하의 고형물질로서 물에 용해되지 않는 물질을 말하며, 탁도(turbidity)의 원인이 되기도 한다. 수중에 부유물질이 유기물일 경우는 용존산소를 소모시키며, 많을 경우는 어류의 아가미에 부착되어 패사를 시키고, 빛의 수중 전달률을 방해하거나 식물의 광합성에 장애를 일으킨다.

6. 용해성 물질(soluble matter)

물속에 용해되어 있는 물질은 눈에 보이지 않으나 생물에 유해한 것이다. 식품공업과 화학약품공업 등의 폐수 중의 용해성 물질이 직접적인 피해를 줄 경우도 많으며, 유기물, 특히 알코올, 유기산이 많은 것은 어류 등에 큰 피해를 준다.

7. 유지류(grease)

식품공업의 폐수에는 유지를 함유하는 경우가 많다. 유지류로서 흔히 유지, wax, 유리지방산, 비누류, 광유 및 용제에 녹는 그 밖의 물질 등이 함유되어 있다. 유지류가 다량으로 방출되면 생물이 유지박막으로 덮여 사멸 · 부패의 원인이 되고 생물학적 정화를 어렵게 한다.

8. 색도 및 탁도

정제수에 용해한 염화 백금산칼륨 중 백금이 1 mg/L일 때 색도를 1도라 하며, 정제수중 백도토(kaolin) 1 mg/L일 때는 탁도 1도라 한다.

9. 대장균군 및 일반세균

1) 대장균군(coliform group organisms)

보통 인축의 장관 내에서 서식하는 정상세균으로, 이의 검출은 인축의 분뇨의 오염을 나타내며 병원성 세균 오염의 지표로 사용한다. 대장균군 자체가 위험한 것은 아니지만 대장균군의 오염된 물은 소화기계 병원균 등의 존재를 의심할 수 있으며, 검출이 간단하므로 수질오염의 지표로 삼고 있다.

검사법으로는 시료 10 mL씩을 5개의 유당부이온 배지가 들어 있는 발효관(durhum or smith)에서 배양시켜 추정시험을 하고 다시 확정시험 및 완전시험을 한다.

2) 일반세균

티오황산나트륨($Na_2S_2O_3$)분말 0.02~0.05 g을 넣어 고압 멸균한 채수병에 무균적으로 채취한 시료 1 mL를 페트리 접시에 담고, 이에 미리 녹여서 약 45 ℃를 유지한 보통 한천배지 약 15 mL를 분주한 후, 굳기 전에 잘 섞고 식힌 후, 뒤집어서 35~37℃에서 22~26시간 배양하여 집락수를 계산한다.

요 약

환경오염에 의한 식중독으로, 생식기관이나 내분비계 장애물질인 PCB(polychlorinated biphenyl)는 산, 알칼리에 강하고 유기용매에 녹으며 불연성과 절연성이 뛰어나 변압기나 콘덴서에 효과적인 가열매체로 사용되었다. PCB는 지방조직에 축적되고 배설 속도가 매우 느리며, 표적 장기는 간장이다. 급성중독 시 식욕부진, 구토와 눈꺼풀 다리가 붓고 심하면 피부 색소가 검게 변하고 임신 시 태아의 피부를 검게 하고 때로는 사산된다(임신부 중독). 우리나라의 경우 환경보전법에 의해 공장폐수와 방류수에 0.003 ppm이하로 규정한다. 1968년 일본 가네미사의 미강유 제조중 가열매체로 사용하던 PCB가 부식된 가열 파이프를 통해 미강유로 혼입된 사건이 유명하다. 다이옥신은 인간이 만든 지상 최악의 물질로, DD(dibenzo-*p*-dioxin)의 염소체이며 특히 2,3,7,8-TCDD는 매우강한 독성이 있다. 상온에서 무색, 유기용매에 녹는다. 반감기는 7년이며 대표전구체는 2,4,5-TCP(trichlorophenol)이다. 제초제와 소독살균제 제조 시, 그리고 PCP(pentachlorophenol; 목제 방부제), PCB, PVC(polyvinyl chloride; 플라스틱 제품) 제품 연소 시에도 생성된다. 증상으로 동물은 흉선 임파구 감소, 사람은 염소여드름, 말초신경계 이상, 간 손상이 나타난다.

중금속류는 단백질 침전제로 유기금속은 지용성이 높아 중추성의 독성을 나타내고 무기금속은 신장이나 뼈 조직에 영향을 준다. 납(Pb)은 거의 만성중독이며 전신권태, 두통, 식욕부진이 나타나며(신경장애) 경 조직에 축적되고 빈혈 등의 혈액장해(조혈작용 독성)가 나타난다. 카드뮴(Cd)는 이타이이타이병으로 카드뮴의 소화관 흡수율은 5% 정도로, 체내에 들어온 카드뮴은 대부분 간과 신장에 축적된다. 급성중독으로 메스꺼움, 구토, 설사, 복통 등을 일으키고 만성중독 시는 신장 세뇨관에 병변을 일으켜 재흡수 작용을 방해한다. 초기는 신경통을 호소하고 점차 진행하여 뼈의 만곡, 변형으로 보행 불능(골연화증)이 된다. 수은(Hg)은 미나마타병(중추신경계 질환)으로 acetaldehyde를 합성하는 화학공장에서 메틸수은이 해수로 유출되어 중독된 어류를 섭취 시 발병한다. 모발, 소변 중의 Hg의 양 측정으로 진단한다. 비소(As)는 안료, 방부제, 살서제, 농약으로 사용되며 간, 신장, 뼈, 피부 등에 축적된다. 급성중독에서는 발열, 식욕부진, 구토, 설사, 탈수증상 뒤에 복통, 체온저하, 혈압저하, 경련, 혼수상태가 되어 사망한다. 만성중독의 경우에는 오심, 구토, 복통, 설사 등의 위장장해에 피부의 흑색색소침착, 손·발·피부의 각화증, 정신신경장해, 간·신장장해 등을 일으킨다. 1955년 일본 모리나카 조제 분유사건으로 많은 어린이의 환자와 사망자를 발생하였다.

농약은 토양, 물, 식물, 동물, 어패류 등을 거쳐 인체에 유입된다. 금속함유 농약은 비소제·구리제가 있다. 유기염소제는 살충제로 DDT, 제초제로 PCP(고엽제)가 있고 잔류성이 크며 지용성으로 인체 지방조직에 축적되어 사용 규제한다. 중증은 경련, 발작, 의식장해가 발생한다. 유기인제는 침투성 parathion, 저독성 diazinon, malathion, smithion 등이 있다. 신경접합부에서 cholinesterase를 저해해 곤충에는 살충효과를 나타내고, 인체에는 신경증상이 있다. Carbamate제는 제초제로 2,4-D나 PCP 대신에 벼나 과수 등에 사용되고 있다. Cholinesterase 저해작용과 신경증상이 나타내는 유기인제와 중독 증상도 유사하다. 유기불소제는 monoflouroacetate가 있고 살충제로 이용되며, TCA cycle의 aconitase 작용을 저해한다. 유기수은제는 강한 축적성과 만성독성으로 종자소독용(벼의 도열병 등)에만 이용된다.

폐수의 오염지표 중 용존산소(DO)는 4 mg/L 이상 물에 녹아 있는 유리산소량으로 DO가 높을수록 깨끗하다. 생물화학적 산소요구량(BOD)은 20 mg/L 이하에서 호기성세균이 분해 가능한 유기물을 20℃에서 5일간 안정화 시켜 소비한 산소량으로 BOD가 높을수록 더럽다. 화학적 산소요구량(COD)은 오염원(유·무기물)이 산화되어 가스로 소비되는 산화제에 대응하는 산소량으로 같은 폐수의 COD는 BOD보다 크거나 같다. 부유물질(SS)은 무·유기물질을 함유한 0.1 ㎛~2 mm 크기의 고형물질로 물에 불용이며 탁도의 원인이 된다. 용해성물질은 눈에 보이지 않고 생물에 유해하며 유기물, 알코올, 유기산이 많다. 유지류는 사멸·부패의 원인이 되고 정화가 어렵다. 대장균군은 추정시험, 확정시험, 완전시험으로 정성 및 정량하고, 일반세균은 한천평판배지(예, PCA)를 이용하여 집락수를 계산하여 검사한다.

방사선 사고사례로 Three Mile Island(1979년 미국) 원자로 사고, Chernobyl 사고(1986년 러시아), 후쿠시마 원자(2011년 일본)로 사고가 있다. 방사선 단위는 흡수선량 단위(rad)를 사용하며, 인체에 침착(Cs : 근육, S : 피부, I : 갑상선, Co : 췌장, Fe : 혈액, Sr : 뼈, Ru : 신장)하여 장애를 준다. 핵종 중 Sr-90은 뼈 조직에 침착하여 β선을 방출하고 배설이 완만하여 물리학적 반감기가 28년 유효 반감기가 18년으로 백혈병, 조혈기능장해, 골수암을 일으킨다. Cs-137는 물리학적 반감기가 30년 유효 반감기가 70일이고 β선을 방출해 근육(연조직)에 모인다. I-131는 β, γ-선 방출하여 갑상선 장해를 일으킨다. 방지책으로는 납(Pb)판, 콘크리트 벽을 두껍게 쌓는 방법이 있다.

음료수 염소 소독 시 생성되는 발암성 물질은 THM(trihalomethane)이다. 음용수 수질 기준은 pH 5.8~8.5, 색도 5 이하, 유기염소화합물에는 1,1,1-THM 0.1 mg/L이하 그리고 미생물은 일반세균수가 1 mL중 100 CFU 이하, 대장균군 100 mL에서 음성이여야 한다.

화학성 식중독으로 유해감미료인 Dulcin은 설탕의 250배 감미가 있고 독성으로 사용 금지되었다. Cyclamate는 설탕의 40~50배 감미가 있고 발암성으로 사용 금지되었다.

ρ-Nitro-o-toluidine은 살인당, 원폭당이라 불리며 설탕의 200배 감미가 있고 독성이 강하다. Ethylene glycol은 엔진 냉각수의 부동액으로 사용되었는데, 단맛이 있기 때문에 한때 감미료로 사용되기도 하였다. Perillartine은 설탕의 2,000배 감미(유해성 감미료 중 감미도가 가장 강함)를 가지며 신장을 자극하여 염증을 일으킨다. Urotropin은 포름알데히드와 암모니아가 결합하여 생성되는 것으로 분해되면 포름알데히드가 생성되어 방부효과가 있다. 피부발진, 신장, 방광을 자극하며 혈뇨, 구토 등을 일으킨다. 기타 승홍($HgCl_2$)은 갈증, 구토 복통 등으로, β-Naphtol은 단백뇨의 위험이, 로단 초산 ethylester는 곰팡이 방지제로 독성이 강해 사용 금지되었다. 유해 인공착색료인 Auramine은 염기성 황색색소로 단무지 등에 불법 이용된다. Rhodamine B는 분홍빛 염기성 색소로 생강, 어묵, 과자 등에 사용되며 전신착색, 색소뇨 증상을 보인다.

ρ-Nitroaniline은 황색 착색료로 청색증을 일으킨다. Sudan Ⅲ는 가짜 고춧가루를 붉게 착색시키고 그 밖에 orange Ⅱ, methylene blue가 있다. 유해 표백료인 Rongalite는 물에 아황산이 유리되어 표백력이 강해 물엿, 연근 표백에 사용되는 수가 있다. 그 밖에 삼염화질소(밀가루 표백료)와 형광 표백제(압맥, 국수 등)가 있는데 모두 사용 금지되었다. 증량제는 곡분, 어분, 향신료의 증량을 목적으로 쓰였다. 기타 화합물인 methyl alcohol은 주류에서는 0.5 mg/mL(과일주는 1.0 mg/mL) 이하로 규제한다. 중독증상으로 시신경 장해로 실명의 원인이 된다. 4-에틸납은 호흡기를 통하여 흡수되어 신경 및 소화장애, 발광 상태가 나타난다. 시안화합물은 청산칼슘과 청산나트륨으로 두통, 구토, 경련, 질식사를 일으킨다. 아질산염은 발색제로, 발암물질 nitrosamine을 생성한다. 바륨과 hexogen은 쥐약으로 사용된다. DDT는 유기염소계 살충제로 축적성이 높다. 금속제품으로 구리(Cu)는 500 mg 정도이면 중독이 되고 치사량은 15~20 g 정도이다. 주석(Sn)은 통조림에서 용출되어 중독된다. 아연(Zn)은 산성식품을 넣으면 아연염이 용출된다. 안티몬(Sb)은 범랑, 도자기, 고무판 등의 착색료, 에나멜 도료로 사용되며 닳아 벗겨진 범랑제 식기에서 용출될 경우 중독된다. 크롬(Cr)은 독성이 강해 피부암, 복통, 빈혈, 간장장해, 폐암, 비중격천공이 나타난다. 도자기, 범랑제품, 옹기 중 유리제품(광물질)은 전산지에 연단 50% 이상, 붕산 10% 이상을 사용하는데, 600~700도에서 산성 물질과 접촉 시 용출된다. 범랑제품을 매끈하기 하기위해 저용융 유약으로서 붕산, 납 등의 산화물 또는 황화물을 사용한다. 옹기는 제조과정에서 납이 함유된 연단을 사용해 산성식품과 접촉 시 용출된다. 종이류의 규제항목은 비소, 중금속, 포름알데히드, 형광증백제, 타르색소, 증발잔류물이다. 합성수지(플라스틱)에는 열경화성 수지인(phenol, urea, melamine) 수지는 제조 시 가열, 가압 조건이 부족할 때 미 반응 원료인 페놀과 포름알데히드가 용출되는 경우가 있다. 열가소성 수지(PVC, PE, PP, PVDC, PS, PC)를 가열시 연화되어 가소성(물렁해짐)을 보이고 냉각 시 고화(딱딱해짐)하는 합성수지를 말한다. 염화 vinyl수지(PVC)는 에틸렌, VCM이 원료 단량체이며 독성이 나타난다. 가소제로서 프탈산 에스테르 중 DOP(dioctyl phthalate)가 쓰인다.

그리고 식품제조, 가공 및 조리 중에 생성되는 유독 물질로, N-nitroso 화합물(N-nitrosamine, N-nitrosamide)은 육류의 발색제로 사용하는 아질산염이 아민이나 amide 류와 반응하여 생성되는데, 발암물질로 알려져 있다. 식품의 품질과 색의 보존을 위해 식품을 처리하는 침지액이나 식품첨가물과 식품의 일부 성분이 반응하여 유해한 포름알데히드가 생성되는 경우가 있다. 트랜스 지방산은 천연에 존재하는 불포화지방산이 시스형에서 트랜스형으로 전환된 것으로 인체에 해롭다. 변성유지는 malonaldehyde(유지산패의 지표)는 아미노기와 높은 반응성으로 DNA와 반응 한 뒤 발암성 돌연변이를 유발한다. 다환 방향족 탄화수소(PAH; polycyclic aromatic hydrocarbon)는 단백질성 및 지질성 식품의 열 변성물질로, PAH는 산소가 부족한 상태에서 가열시(300℃ 이상) Tar상 물질이다. 이것에는 벤조피렌, 헤테로고리아민류가 있다. 아크릴아미드는 고온에서 아스파라긴과 당의 마이얄 반응으로 생성된다. 이는 유전자의 변형을 유발하는 발암물질로 알려져 있다.

5장 감염병, 기생충 및 위생동물

감염병(infectious disease)이란 병원성 미생물이 생물에 감염을 일으키고 전파되어 가는 질병을 말한다. 감염성질환은 사람과 사람 사이에 전파되는 것(전염병)과 다른 생물 사이에 전파되는 것(인축공통감염병)이 있다. 우리나라에서는 감염병의 감염속도와 생명에 미치는 위해정도에 따라 제1군감염병, 제2군감염병, 제3군감염병, 제4군감염병, 제5군감염병, 지정감염병, 세계보건기구 감시대상 감염병, 생물테러감염병, 성매개감염병, 인수(人獸)공통감염병 및 의료관련감염병으로 분류하고 있다

자연계에서 생물은 독립된 생활로 영양을 섭취하지만 어떤 생물은 타 생물에 침입하여 영양을 섭취하는 기생생활을 하는 두 종류로 나눌 수 있다. 이러한 기생생활을 하는 생물을 기생충(parasite)이라 하며, 기생하는 상대를 숙주(host)라 한다. 숙주는 기생충이 성주기(sexual stage)를 거쳐 완전 발육하는 경우를 종말숙주(final host), 어느 정도까지 발육하고 종말숙주로 감염되는데 도움을 주는 것을 중간숙주(intermediate host)라 한다. 기생충 중에는 중간숙주를 전혀 필요로 하지 않는 것과 하나 혹은 두 개의 중간숙주를 필요로 하는 것이 있다. 2개의 중간숙주를 필요로 할 때 성장단계에 따라 제1 혹은 제2 중간숙주로 부른다.

위생동물(위생곤충 포함)은 식품을 오염시키고 병원체를 전파시켜 인체에 질병을 일으키거나 자상(刺傷)이나 흡혈 등의 직접상해를 통하여 많은 피해를 주고 있으며 식품에 번식하거나 침입하여 외관을 손상시켜 식품의 식품적 가치를 저하시킨다. 또한 이들의 사체와 배설물 등은 불쾌감과 더불어 식품위생상의 문제를 야기시킬 뿐만 아니라 직접 및 간접적으로 질병을 전파한다.

5.1. 법정 감염병의 분류

식품과 관련된 질병은 세균성 식중독 이외에도 여러 가지가 있다. 이 중 병원성 미생물이 일으키는 경구감염병과 인수공통감염병이 중요하다(표 5-1). 경구감염병은 병원체가 음식물이나 음용수에 부착되거나 사람의 손이나 의복 등을 통해서 인체 내로 들어가 감염을 일으키는 것이며, 주로 소화기 계통에 설사 등의 증상을 일으키는 감염병을 말한다. 인수공통감염병은 사람과 동물을 공통숙주로 하는 병원체에 의해서 일어나는 감염병이다.

『표 5-1』 법정감염병으로 지정된 감염병

1군(6종)	2군(10종)	3군(19종)
마시는 물 또는 식품을 매개로 발생하고 집단 발생의 우려가 커서 발생 또는 유행 즉시 방역대책을 수립하여야 하는 감염병	예방접종을 통하여 예방 및 관리가 가능하여 국가예방접종사업의 대상이 되는 감염병	간헐적으로 유행할 가능성이 있어 지속적으로 그 발생을 감시하고 예방대책의 수립이 필요한 감염병
콜레라, 장티푸스, 파라티푸스, 세균성이질, 장출혈성대장균감염증, A형간염	디프테리아, 백일해, 파상풍, 홍역, 유행성이하선염(볼거리), 풍진, 폴리오, B형간염, 일본뇌염, 수두	말라리아, 결핵, 한센병(나병, 문둥병), 성홍열, 수막구균성수막염, 레지오넬라증, 비브리오패혈증, 발진티푸스, 발진열, 쯔쯔가무시증, 렙토스피라증, 브루셀라증, 탄저, 공수병, 신증후군출혈열(유행성 출혈열), 인플루엔자, 후천성면역결핍증(AIDS), 매독, 크로이츠펠트-야콥병(CJD) 및 변종크로이츠펠트-야콥병(vCJD)

제1, 2, 3군 외에 제4군감염병은 국내에서 새롭게 발생하였거나 발생할 우려가 있는 감염병 또는 국내 유입이 우려되는 해외 유행 감염병(페스트 외 18종), 제5군감염병은 기생충에 감염되어 발생하는 감염병으로서 정기적인 조사를 통한 감시가 필요한 감염병(회충증 외 6종), 지정감염병이란 제1군감염병부터 제5군감염병까지의 감염병 외에 유행여부를 조사하기 위하여 감시활동이 필요하여 보건복지부장관이 지정하는 감염병(C형간염 외 17종), 이밖에 세계보건기구 감시대상감염병, 생물테러감염병, 성매개감염병, 인수공통감염병, 의료관련감엽병 등이 있다.

5.2. 경구 감염병

5.2.1. 경구 감염병 개론

1. 경구 감염병의 발생 특징

입을 통하여 감염되는 것을 말한다. 경구 감염병은 환자나 보균자의 분뇨가 직접, 또는 파리, 쥐, 바퀴벌레 등 해충을 통하여 오염된 식수, 음식 등을 섭취하거나 병원체가 있는 손, 식기 등에서도 감염된다(그림 5-1). 대표적인 경구 감염병으로는 세균이 옮기는 콜레라, 세균성 이질, 장티푸스, 파라티푸스 등이 있고, 바이러스가 관여하는 간염, 폴리오, 성홍열 등이 있으며 그밖에도 원생동물이 일으키는 아메바성 이질 등이 있다.

경구 감염병의 특징은 위생처리 시설이 열악한 개발도상국에서 자주 발생하며, 계절적으로는 습하고 더운 여름에, 그리고 한번 시작하면 폭발적으로 감염되는 경우가 많다.

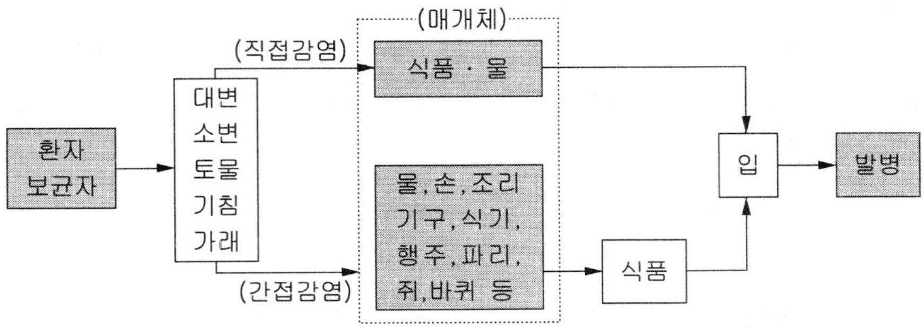

『그림 5-1』 경구 감염병의 감염경로

2. 경구 감염병의 일반적인 예방대책

예방대책은 환자 및 감염자를 격리, 치료하고 그 주변을 철저히 소독한다. 분뇨를 위생적으로 처리하여야 하며, 식수는 끓인 후 사용하거나 철저히 소독되어야 한다. 파리, 쥐 등 매개 동물 및 곤충의 접근을 차단한다. 개인위생 특히 손을 잘 씻고, 식품이 오염되지 않도록 주의하여야 하며 보균자가 음식을 취급하지 못하게 하여야 한다. 필요할 경우 예방접종을 실시한다.

5.2.2. 중요한 경구 감염병

1. 세균성 이질

세균성 이질(적리)은 우리나라에서 가장 많이 발생하는 제 1군 법정 감염병이다. 발열, 복통, 구토와 함께 혈액, 점액, 고름 등이 섞인 설사를 한다. 그러나 우리나라에 유행하는 *S. sonnie*에 의한 경우는 혈액이나 고름 등이 섞인 설사를 하지 않는 경우가 대부분이며 심한 증상을 보이는 경우는 10%미만이다. *S. sonnie*에 의한 사망률은 매우 드물지만 *S. dysenteriae*의 경우에는 사망률이 20%에 달한다.

우리나라의 경우 봄과 가을에 많이 발생하며 여름에는 오히려 감소하는 경향을 보이고 있는데 이는 아마도 초등학교, 중 · 고등학교가 방학에 들어감으로서 학교 급식이 중단되는 영향으로 추정된다.

(1) 병원체

이질균(*Shigella*)은 그람 음성이고 운동성이 없으며 협막이 없고 포자도 만들지 않는다. 형태는 비교적 작은 간균으로 대장균(*E. coli*)과 매우 비슷하게 생겼다. 당 분해와 혈청반응에 의하여 A군 : *Shigella dysenteriae*, B군 : *Shigella flexneri*, C군 : *Shigella boydii*, D군 : *Shigella sonnei*의 4종으로 나뉜다. 이 가운데 A군에 속하는 *Shigella dysenteriae*가 가장 악성이다.

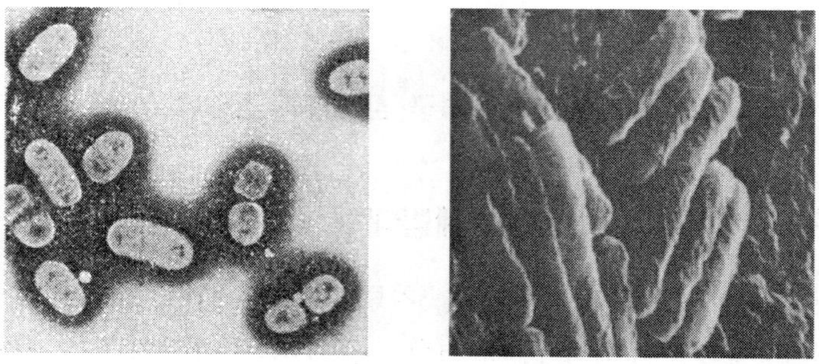

『그림 5-2』 이질균

이질균의 가장 큰 문제점은 각종 항생제에 내성을 갖는 종이 많다는 것인데 이는 인체 내에 상존하는 대장균과 같은 세균들과 유전자 교환에 의하여 이루어졌을 가능성이 크다.

(2) 감염경로

환자의 분변에서 파리나 오염된 손을 통하여 감염이 이루어진다. 이질은 식품 등에서 증식하지 않은 상태에서도 소수의 세균만으로도 감염이 가능하다. 소아 발병과 사망률이 전체의 2/3에 달한다. 잠복기는 보통 1~3일 정도이고 길면 1주일 정도이다.

(3) 예방 및 치료

제1군 법정 감염병인 세균성 이질은 발견 즉시 보건소에 신고하고 격리시킨다. 환자 및 보균자와의 접촉을 주의한다. 예방접종은 없으며 치료는 항생제를 사용하고 있으나 내성을 지닌 세균이 워낙 많아 항생제 사용에 주의를 기울여야 한다. 철저한 개인 위생관리가 중요하다.

2. 장티푸스

장티푸스는 우리나라 토착 감염병으로 불량한 위생 상태나 보균자에 의하여 매년 300~400명의 환자가 발생하고 있다.

지속적인 고열과 두통, 느린 맥박, 회장의 페이어 집선(Peyer's patch)의 궤양, 장천공(약 1%), 중추신경계 이상, 급성 담낭염, 골수염 등이 나타날 수 있으며, 항생제로 치료하지 않을 경우 치사율이 10%에 달한다. 잠복기는 8~14일 정도이며 치료받지 않을 경우 약 10% 환자는 회복된 이후에도 균을 감염시키

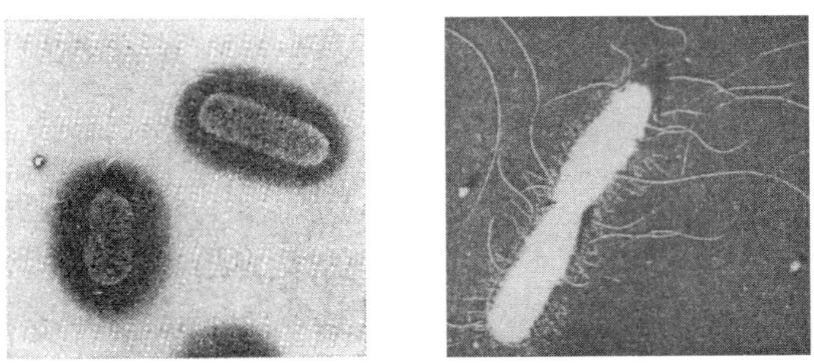

『그림 5-3』 장티푸스균

며 2~5%는 영구 보균자가 된다. 증상이 나타나지 않는 사람일지라도 보균자일 수 있는데 특히 중년 여성이 많으며, 방광이 주혈흡충에 감염되어 있는 사람은 장기 보균자가 될 가능성이 크다.

(1) 병원체

장티푸스균은 *Salmonella enterica serovar typhi* 인데 보통 *Salmonella typhi*로 표기한다. 그람 음성 간균으로 파지(Phage)형에 따라 107종류가 있다. *Salmonella typhi*는 대변에서 60시간, 물에서 5~15일, 얼음에서 3개월, 수분이 많은 흙에서는 수개월간 생존이 가능하다. 여러 가지 항생제에 내성을 갖는 균이 많다.

(2) 감염경로

환자나 보균자의 대소변에 오염되거나 이를 매개한 파리 등이 음식물에 접촉함으로서 이루어진다. 균이 음식물에서 10^6~10^9/g 정도로 증식하면 병을 감염시킬 수 있다.

(3) 예방 및 치료

손 씻기 등 개인위생을 철저히 하도록 하며, 익히지 않은 음식물을 먹지 않는다. 물은 끓여 마시고, 파리 등 병원균을 옮길 수 있는 곤충이 식품에 접근하는 것을 막는다. 예방접종은 Vi 폴리사카라이드 백신과 경구용 생백신이 있다.

발견된 환자는 즉시 격리하고 대소변관리를 철저히 한다. 항생제 치료가 가능하나 내성이 생긴 균이 많은 만큼 항생제 내성 결과를 확인하여야 한다. 완전히 치료가 끝난 후에도 보균 가능성에 대하여 의사의 검사가 필요한 질병이다.

3. 파라티푸스

파라티푸스는 장티푸스와 비슷한 증상을 보인다. 그러나 장티푸스보다는 기간이 짧고 증세가 경미하여 식중독과 구분이 안 되는 경우가 많다. 2002년에 413명의 환자가 보고되었다.

혈청형에 따라 *Salmonella paratyphi* A, *Salmonella paratyphi* B, *Salmonella paratyphi* C 타입이 있다. 장티푸스균과 유사한 특징을 갖는다. 항생제에 내성을 갖는 것이 많다.

감염경로는 환자나 보균자의 대·소변을 통하여 직접 또는 파리 등의 곤충을 통하여 전파된다.

예방및 치료는 장티푸스에 준하여 관리한다. 그러나 파라티푸스는 효과적인 예방접종이 없다.

4. 콜레라

콜레라는 위와 장에 감염된 세균이 독소를 생성, 극심한 설사를 일으키는 병이다. 감염 후 발병이 매우 빠르고 구토, 설사, 수양성 설사에 따른 탈수증상을 보인다. 세계적으로 6차례의 대 유행이 있었으며 현재는 7차 유행이 진행되고 있다. 오늘날 세계에서 발견되는 콜레라 유형은 1961년 인도네시아에서 시작되어 아시아를 거쳐 러시아, 중동, 아프리카, 미국 그리고 남아메리카까지 진행되어 1994년의 경우 남아메리카에서만 100만 명 이상의 환자가 발생하였다. 우리나라의 경우 2001년 162명의 환자가 보고되었다.

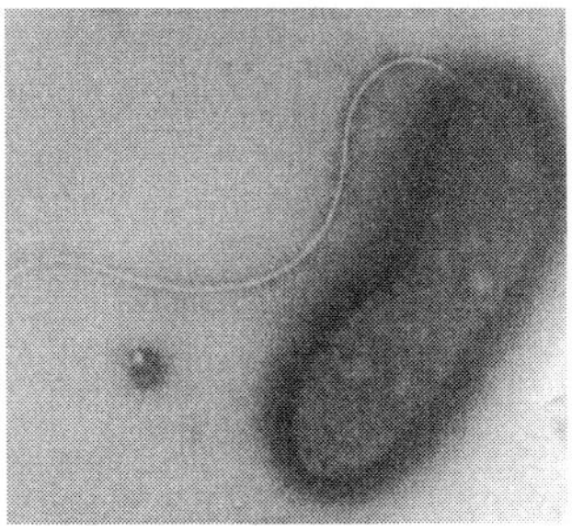

『그림 5-4』 콜레라균

(1) 병원체

*Vibrio cholera*로 그람 음성의 간균이다. 현재 세계적으로 유행하고 있는 콜레라균은 *Vibrio cholera* O1 EL Tor형으로 고전형 콜레라균의 변형체이다. 엘토르 형은 고전형 콜레라균에 비하여 그 정도가 약하여 사망률이 현저히 낮다. 1992년 인도에서 *Vibrio cholera* 0139가 창궐하였는데 이는 매우 악성이었다. 그 후 세력이 점차 약해져 현재 발생하는 콜레라의 약 10~15%를 차지하고 있다. 콜레라균은 물에서 4~7일 정도 살 수 있으며 바닷물에서는 이보다 더 오래 생존할 수 있다.

(2) 감염경로

콜레라 환자의 대변이나 토사물에 오염된 식수나, 파리 등에 의하여 음식물을 통하여 감염된다. 우리나라의 경우 해산물을 날 것으로 먹어 1차 감염을 일으키는 경우가 많다. 이렇게 발생한 환자가 다른 사람에게 2차 감염을 일으킨다.

(3) 예방 및 치료

환자에 대한 신속한 격리와 치료가 이루어져야 한다. 환자가 사용한 물건을 철저히 소독하고 특히 토사물이나 분변이 묻은 이불, 옷가지 등은 그냥 버리지 말고 잘 소독하여야 한다. 콜레라 예방접종은 거의 효과가 없다. 콜레라는 매우 심한 수양성 설사를 일으키므로 손실된 체액을 보충하기 위하여 수액치료가 중요하다. 테트라사이클린과 같은 항생제로 치료가 가능하다.

5. 장출혈성 대장균 감염증

2000년 8월부터 법정 감염병으로 지정된 장출혈성 대장균은 1982년 미국에서 덜 익힌 햄버거 고기를 먹은 사람에게 처음 발생하였다. 현재 매년 2만 명 정도의 환자가 발생하며 이 가운데 약 250명 정도가 사망한다. 캐나다에서도 발생하고 있으며, 1996년 일본에서 크게 유행하여 1~2천명 정도의 환자가 발생하였고 이 가운데 12명이 사망하였다. 일본에서의 오염원은 생선 초밥용 재료로 사용하는 무순을 키우던 물이 오염되었던 것으로 일부 밝혀졌다. 우리나라에서도 계속 발생하고 있으며 다른 나라의 예를 볼 때 큰 유행을 일으킬 가능성이 있어 주의 할 필요가 있다.

(1) 병원체

병원성 대장균으로 *E. coli* O157:H7 이 주요 병균이며, *E. coli* O17:H18, *E. coli* O26:H11 등도 장출혈을 일으킨다. 균은 장점막에 부착하며, 내산성 균으로 pH 2~4 에서도 생존가능하다. 병원성 대장균이 만들어 내는 독소에 의하여 용혈성 요독증후군, 혈전성 혈소판 감소성 자반증과 같은 심각한 합병증을 유발한다.

(2) 감염경로

오염된 쇠고기가 주요 감염원이었다. 특히 햄버거용 페티에서 문제가 되었는데 이는 병원성 대장균에 감염된 쇠고기 마쇄기를 사용하여 쇠고기를 갈 때 균이 옮긴 것으로 추정된다. 소 분뇨에 오염된 물 또는 오염된 우유 등에 의하여 감염되기도 하며, 특히 환자나 보균자에 의하여 직접적으로 감염되는 경우도 매우 많다.

(3) 예방 및 치료

예방접종이 불가능하다. 감염원을 신속하게 차단하도록 한다. 보균자나 환자가 질병을 전파하지 못하도록 격리하여 사람간의 전파를 철저히 차단한다. 손을 철저히 씻고 개인위생을 잘 지킨다. 미국의 경우 햄버거용 페티를 완전하게 익히도록 권고하고 있다. 일반적인 패스트푸드업계에서는 굽는 온도와 시간 규정을 지킬 경우 문제가 없다고 한다. 그러나 가정이나 야외에서 햄버거 페티를 구울 경우 속까지 완전히 익히도록 하고 있다.

항생제로 치료가 잘 안 되는 경우가 있으며 지사제를 사용해서는 안 된다. 요독증후군일 경우 혈액투석을 해야 한다. 환자의 5% 정도는 매우 심한 후유증을 갖는다.

6. 간염

간염이란 염증으로 간세포의 손상이 일어난 상태를 말하며, 급성간염은 임상증상 및 간 기능이 발병 후 3~4개월 내에 회복 또는 완치되는 것을 말하며, 만성간염은 임상증상, 간기능검사 및 간조직 소견상 간염이 6개월 이상 지속되는 상태를 말한다. 간염은 간염 바이러스, 알코올, 약물, 자가면역질환, 대사질환 등 여러 가지 원인에 의해 발생 할 수 있다. 지금까지 알려진 간염 바이러스는 A, B, C, D, E, G형 등이 발견되었는데, 우리나라에서 흔한 간염은 A, B, C형으로 이 중 만성간염을 일으킬 수 있는 것은 B형과 C형이며, A형 간염은 급성간염을 일으킬 수 있으나 만성으로 이행되지 않으며 일단 A형 간염에서 회복되면 평생 면역이 획득된다. 각 A, B, C형 간염의 특성은 표 5-2와 같다.

『표 5-2』 바이러스성 간염

분류	원인	전파경로 및 역학	증상	진단, 치료 및 예방
A형	A형 간염 바이러스[구형 단일사슬 RNA 바이러스(Hepatitis A virus; HAV)]	· 감염자의 분변, 혈액, 혹은 이것이 오염된 음식이나 물 · 발병직후 타액으로도 감염됨 · 대개 개인위생 관리가 좋지 못한 저개발 국가에서 발생	· 한달 정도의 잠복기를 지나 갑작스러운 발열, 권태감, 식욕부진, 오심, 구토, 황달, 복통, 설사, 두통 · 예후가 좋아서 1~2개월 안에 간기능이 정상화	· 혈액검사로 A형 간염 바이러스 항체 검사로 확인 · 안정을 취하고 고단백 식단을 섭취할 것 · 끓인 물이나 충분히 익힌 음식을 섭취 · 예방 백신 2회접종(한번 접종 후 6~12개월 후 추가접종)
B형	B형 간염 바이러스(DNA 바이러스; HBV)	· 우리나라 만성 간질환 중의 하나 · 주사침 사고, 약물 남용자의 불결한 침, 장기이식, 성접촉, 산모와 태아의 수직감염	· 전구기 : 오심, 구토, 설사 · 발열기 : 오한, 고열 · 황달기 : 2~4주~수개월 · 회복기 : 2~6주에 치유 · 발병이 잠행성으로 간기능 장애 유발	· 만성적으로 B형간염에 감염되어 있는 경우 그렇지 않는 사람에 비해 간경변증이나 간암으로 이행될 확률이 40~ 200배까지 증가 · 6개월에 1번은 간기능검사, 종양지표검사, 간 초음파검사로 조기에 발견하는 것이 중요함 · B형 간염 예방 백신은 3차 접종(0, 1, 6개월)으로 80%이상 항체가 형성
C형	C형 간염 바이러스(소형 단일사슬 RNA 바이러스; HCV)	· 비경구적으로 전파, B형 간염 바이러스와 같이 주사침 사고, 약물 남용자의 불결한 침, 장기이식, 성접촉 등	· 증상이 거의 없다 · 증상이 있는 경우는 6% 정도로 피로감이 가장 흔한 증상이다 · 발병율은 B형간염보다 낮으나 만성가능성	· 만성 C형 간염은 그 유전자형에 따라 6개월내지 1년간 주 1회 페그 인터페론 주사와 경구 항바이러스제를 이용한 치료로 완치 가능 · 백신이 없으며 접촉을 피하는 것이 가장 좋은 예방법이다.

1) A형 간염

감염성 바이러스로 위생상태가 좋지 못하였던 시절 거의 모든 사람들이 걸렸다. 보통은 일반 감기처럼 가볍게 앓고 지나가기 때문에 문제가 되지 않았다. 그러나 지금은 어릴 때 면역을 얻지 못한 사람들이 많아지면서 성인이 된 후에 걸리는 경우가 많아지고 있다. 현재 법정 감염병으로 되어 있다.

병원체는 RNA 형 바이러스로 Picornaviridae에 속하는 Hepatitis A 바이러스(HAV)이다. 열에 강하여 60℃에서도 수 시간을 견딘다.

감염경로는 분변을 통하여 오염된 음식물을 섭취함으로서 감염되거나, 성행위, 오염된 주사기 또는 침 등의 사용 등에 의하여 감염된다. 주요 증상은 피로, 메스꺼움, 구토, 발열, 가려움, 황달 등이 나타난다.

예방 및 치료는 환자와의 접촉을 피하고 술잔을 돌리지 말아야 하며, 음식 등을 함께 먹어서는 안 된다. 위생적인 환경이 중요하다. 불활성화 백신을 사용한 후 1개월 정도 지나면 면역력이 생긴다. 특이한 치료 방법은 없다.

2) B형 간염

제2군 감염병으로 우리나라 성인 급성 바이러스 간염 중 가장 흔한 질병이었다. 꾸준한 홍보와 HBV 예방접종으로 그 수가 감소하여 현재 약 178만 명 정도의 환자가 있는 것으로 추정된다. 건강한 성인의 경우 급성 B형 간염은 황달을 수반하거나 뚜렷한 자각 증상 없이 나타나 6개월 정도에 자연적으로 회복된다. 그러나 감염될 경우 유아 90% 이상, 유년기 20~50%, 성인 5% 정도가 만성간염으로 진행된다. 또한 만성 간질환과 간암의 가장 중요한 원인이 된다.

병원체는 DNA형 바이러스로 Picornaviridae에 속하는 Hepatitis B 바이러스(HBV)이다.

감염경로는 B형 간염은 어머니와 자식 간의 수직감염, 오염된 혈액의 수혈, 타액, 술잔 돌리기, 성행위 등을 통하여 감염된다. 주요 증상으로는 피로, 구역, 구토, 근육통, 미열, 황달 등이 나타난다.

예방 및 치료는 간염환자와의 접촉을 피하고 위생적인 생활을 한다. B형 간염의 예방은 예방접종으로 혈장 B형 간염백신을 사용한다. 특별한 치료법은 없다.

3) C형 간염

우리나라에서 B형 간염 다음으로 문제가 되고 있다. 만성 간염으로 이행되는 비율이 B형 간염보다 훨씬 높아 C형 간염환자 중 80~90%가 만성 감염환자가 되고 있으며 non A형, non B형 만성간염, 간경변증, 간암의 중요한 원인이 되고 있다.

병원체는 RNA 형 바이러스로 Picornaviridae에 속하는 Hepatitis C 바이러스(HCV)이다. 주요 증상으로는 피로, 구토, 근육통, 미열, 황달 등이 나타난다.

감염경로는 오염된 주사바늘, 오염된 혈액, 침, 문신, 귀 뚫기, 성행위, 키스 등으로 통하여 감염된다. 상처부위의 모세혈관을 조심하여야 한다.

예방 및 치료는 위생적인 생활이 중요하다. 1회용 주사바늘을 사용하고 불결한 침 바늘 사용, 피어싱 등을 조심하여야 한다. RNA 유전자 변이로 말미암아 백신개발이 쉽지 않다.

7. 폴리오(Poliomyelitis ; 급성회백수염, 소아마비)

소아마비로써 일종의 급성 열성질환이다. 환자는 거의 어린이로써 1~2세의 유유아가 걸리기 쉬우며 연령이 많아짐에 따라 이환율이 떨어진다.

우리나라에서는 1960년대 초반까지 크게 유행하다가 그 후 경구용 생 vaccine 예방약의 사용으로 크게 감소되고 있다. 어른에서의 이환율이 아주 적은 것은 어릴 적에 이미 감염을 받아 면역을 얻었기 때문이라고 본다.

병원체는 신경 친화성의 회백수염 virus(Poliomyelitis virus)이며 항원성에 따라 I, II, III형이 있으며 이 virus는 50℃에서 30분, 자외선, H_2O_2로 파괴되며 0.05 ppm의 유리염소를 함유한 물속에서 10분 내에 불활성이 된다.

주요 증상으로는 1~3주(보통 12일)의 잠복기를 거쳐 처음에는 독감이나 감기증상과 비슷하게 시작하여 두통, 발열이 1~3일 지속된다. 이렇게 열이 있는 동안에 간혹 근육의 마비가 일어나 마비형이 되는 수가 있다. 39℃ 정도의 발열에서 현기증, 두통, 근육통, 강직, 피부지각 이상 등의 신경증상이 나타나고 근육마비가 일어나다 1~2주 지나면 회복기에 들어가는데 반년이 지나도 계속적인 마비상태이면 영구화되기 쉽다.

감염원 및 감염경로는 병원소인 분변의 오염에 의한 virus가 식품을 통하여 경구 감염된다. 그 밖에 인후 분비액인 콧물, 재채기를 통해서 virus가 비말감염(飛沫感染)되는 수가 있다.

예방방법으로는 예방접종이 가장 효과적이며 특히 생 vaccine이 뛰어난 예방약이다. 현재 우리나라에서는 정기적인 예방접종에 대한 인식이 잘되고 있어 소아마비는 거의 없어진 셈이다.

8. 수족구병

수족구병(手足口炳, Hand, foot and Mouth Disease, HFMD)이란 대개는 가벼운 질환으로 미열이 있거나, 열이 없는 경우도 있다. 입 안의 인두는 발적되고 혀와 볼 점막, 후부인두, 두 개, 잇몸과 입술에 수포가 나타날 수 있다. 발진은 발보다 손에 더 흔하며 3~7 mm 크기의 수포성으로 손바닥과 발바닥 보다는 손등과 발등에 더 많이 나타난다. 엉덩이와 사타구니에도 발진이 나타날 수 있고, 엉덩이에 생긴 발진은 대개는 수포를 형성하지 않는다. 수포는 1주일 정도가 지나면 호전된다. 엔테로바이러스 71에 의해 생긴 수족구병은 콕사키바이러스 A16 보다 더 심하게 나타나며 무균성 뇌막염, 뇌염, 마비성 질환 등의 신경계 질환을 동반할 수 있다.

(1) 병원체

주로 콕사키바이러스 A16에 의해 발생하며 최근 엔테로바이러스 71에 의한 수족구병의 집단 발생이 보고되고 있다. 그 외에도 콕사키바이러스 A5, A7, A9에 의해서도 발병할 수 있다.

(2) 감염경로

수족구병은 유아나 아동이 흔히 감염되는 감염병이다. 보통 접촉에 의해 감염되며, 침이나 타액, 진액 또는 감염자의 배설물에 의한 직접적인 접촉에 의해 감염이 된다. 초등학교 저학년이나 유치원 이하의 어린 아동이나 유아들이 감염되며, 여름에서 가을까지 유행을 한다. 일반적인 잠복기는 3~7일이다. 성인에게는 극히 예외적인 질병이긴 하지만, 가능성은 남아있다. 대부분의 성인은 이러한 바이러스를 충분히 퇴치할 수 있는 면역력을 가지지만 면역결핍의 사람들에게는 매우 걸릴 확률이 높은 질병이기도 하다.

(3) 예방 및 치료

기저귀를 갈고 난 후나 분변으로 오염된 물건을 세척하고 난 후 비누를 사용하여 손을 잘 씻도록 해야 한다. 환자 아이와의 신체 접촉을 제한함으로서 감염 위험성을 낮출 수 있고, 감염의 확산을 막기 위해 발병초기 수일간 집단생활에서 제외시키기도 한다. 대부분의 환자들은 7~10일 후 자연적으로 회복될 수 있다. 심한 질환을 동반하는 경우 그에 따른 치료를 받게 된다.

5.3. 호흡기계 감염병

5.3.1. 호흡기계 감염병 개론

호흡기계 감염병은 환자나 보균자가 재치기를 하거나 콧물 또는 가래 등을 통하여 배출되는 미생물에 의하여 감염되거나 오염된 공기나 먼지를 통하여 이루어진다.

결핵, 디프테리아, 백일해, 홍역, 인플루엔자, 중증 급성호흡기 중후군(사스) 등으로 바이러스가 원인소가 되는 경우가 많으며 세균 등도 있다.

개인위생이나 환경개선으로 막을 수 없는 질병이 많기 때문에 예방접종이 중요하며 감염병 창궐시 사람이 많이 모이는 곳을 피하고 면역력이 떨어지지 않도록 한다.

5.3.2. 중요한 호흡기계 감염병

1. 결핵

결핵은 인류의 가장 오래된 질병 중의 하나이다. 전 세계적으로 매년 800만 명 이상의 환자가 발생하고 있으며 약 200만 명 이상이 사망하는 것으로 추정된다. 90% 이상이 개발도상국에서 발생하고 있다. 그러나 결핵약에 내성을 지닌 수퍼 결핵균이 러시아 등 구 공산권의 병원, 교도소 등에서 나타나고 있으며, 에이즈가 확산되면서 면역력이 떨어지는 사람들에게 발생하는 폐 이외 부위에서의 결핵 감염이 큰 문제가 되고 있다.

(1) 병원체

Mycobacterium tuberculosis complex에 해당되는 세균으로 주로 사람이 걸리는 *M. tuberculosis*와 소가 걸리는 *M. bovis*로 구분된다.

(2) 감염경로

감염은 주로 도말 양성 폐결핵이나 후두 결핵에 걸린 감염성 환자의 기침, 재치기, 가래 또는 말을 할 때 튀어 나오는 미세한 침방울에 들어 있는 결핵균에 의하여 이루어진다. *M. bovis*에 의하여 감염되는 것은 주로 개발도상국에서 살균되지 않은 우유를 마실 때 발생한다.

(3) 예방 및 치료

결핵 환자와의 접촉을 조심하여야 한다. 유아 및 소아에서 발생하는 결핵성 뇌막염, 속립성 결핵 등을 막기 위하여 BCG 접종이 중요하다. 화학치료 방법으로 isoniazid, rifampicin, pyrazinamide, ethambutol, SM과 같은 1차 항결핵 약제를 사용한다.

2. 디프테리아

사람에게만 감염되는 질병으로 독소가 조직을 파괴한다. 주요 감염 장소는 비강, 편도, 인두, 피부, 눈, 성기 등이며 심근염, 신경염, 혈소판 저하, 요 단백 등을 일으킨다.

질병 부위에 따라 비강 디프테리아, 인두 디프테리아, 편도 디프테리아, 후두 디프테리아, 피부 디프테리아 등으로 구분된다.

(1) 병원체

*Corynebacterium diphtheriae*로 호기성 그람 양성 간균이다. 독소 생성균으로 *gravis, intermedius, mitis*의 3가지 형이 있으며 이 가운데 *gravis*형이 독성이 가장 강하다.

(2) 감염경로

호흡기를 통해 사람 간에 전파된다. 드물게는 피부병변이나 환자 또는 보균자의 분비물에 의하여 감염되기도 한다. 잠복기는 2~5일이다.

(3) 예방 및 치료

발병이 확인되면 즉시 격리 수용한다. 예방접종이 효과적이며 파상풍, 백일해와 함께 디프테리아 독소를 혼합한 백신을 생후 2개월부터 2개월 간격으로 기초 접종하고 15~18개월, 그리고 4~6세에 다시 접종한다. 환자는 항생제로 치료한다.

3. 백일해

세균이 만들어낸 독소와 항원으로 인하여 인체에 병리적 반응이 나타난다. 점차 기침이 심해지며 심하면 폐렴 등으로 사망할 수 있다. 주로 영아시기에 문제가 된다.

(1) 병원체

*Bordetella pertussis*이다. 호기성이며 그람 음성 간균이다.

(2) 감염경로

환자나 보균자의 기침, 가래, 콧물 등에 의하여 전파된다. 잠복기는 7~10일이다.

(3) 예방 및 치료

디프테리아, 파상풍, 백일해 혼합 백신을 접종하는 것이 가장 효과적이다. 부작용이 적은 무세포백신(acellular vaccine)을 주로 사용한다. 항생제로 치료를 한다.

4. 홍역

전 세계에서 발생하는 어린이 호흡기 질병으로 늦은 겨울과 봄에 주로 발생한다. 발열, 식욕부진, 기침, 콧물, 결막염 등의 증상을 보이며, 39.5℃까지 오르는 열이 4일간 계속된다. 발진이 생기고 사라질 때 색소침착 현상이 나타난다. 합병증으로 중이염, 폐렴, 장염, 뇌염 등이 발생할 수 있으며 소아에서는 폐렴에 의한 합병증으로, 청소년과 성인의 경우에는 뇌염으로 인한 합병증으로 사망할 수 있다.

(1) 병원체

RNA 바이러스인 *Mobilivirus*(measles virus)이다.

(2) 감염경로

사람이 유일한 숙주이며 환자나 보균자와의 호흡 또는 접촉을 통하여 감염된다. 호흡 상피 조직에 바이러스가 침투하여 증식한다.

(3) 예방 및 치료

예방 접종이 중요하다. 볼거리와 풍진 혼합백신을 사용한다. 생후 12~15개월, 4~6세 정도에 2회 접종한다. 치료는 대증요법이 일반적이다.

5. 인플루엔자

바이러스가 일으키는 고열과 통증을 수반하는 급성 호흡기 감염병이다. 1918년 제 1차 세계대전이 끝날 무렵 유럽 전선의 참호전 속에서 시작된 스페인 독감(Spain Flu, H1N1)은 제1차 세계대전으로 죽은 모든 사람들보다도 더 많은 인명을 앗아갔다. 당시 독감으로 죽은 사람의 수는 5천만 명을 넘었다고 한다. 그 후 1957년 아시아 독감(H2N2), 1968년 홍콩 독감(H3N2)으로 각각 백만 명 이상의 사망자를 내었다. 1997년 조류독감(H5N1)이 홍콩에서 시작하여 현재 전 세계적으로 퍼지고 있다. 아직까지는 조류에서 사람으로 또는 사람에서 사람으로 직접 전파되지는 않는다고 하였지만 2005년 가을 베트남, 중국 등의 몇몇 경우에서 사람 대 사람 감염이 일어난 것으로 보고되었다. 인류가 조류 독감에 대한 면역력이 없는 가운데 호흡 감염으로 전 세계로 퍼질 경우 대재앙이 우려되고 있는 상황이다.

(1) 병원체

독감 바이러스에는 A, B, C 3가지 형태가 있다. 이 가운데 사람에게 병을 일으키는 것은 주로 A형과 B형이다. 이들의 아형을 구분하는 방법은 혈구응집소(hemaglutinin, H)와 뉴라미니다제(neuraminidase, N)의 표면 항원의 종류에 따라 H1N1(스페인 독감), H5N1(조류 독감) 등으로 구분된다.

독감 바이러스는 RNA형으로 유전자 교환을 쉽게 일으켜 항원의 변이를 가져올 수 있다. B형은 병원소가 사람으로 국한되므로 유전자 변이가 훨씬 느리게 일어난다. 하지만 A형은 사정이 달라 그 숙주가 야생 조류, 가금류, 돼지, 사람 등이며 특히 조류에서는 15가지 H아형과 9개의 N아형이 모두 존재한다. 따라서 조류를 감염시킨 바이러스가 종간의 경계를 넘어 돼지 등을 감염시키고 이들과 가까이 생활하고 있는 사람에게 변이된 바이러스가 옮겨간다.

이들이 전해 주는 바이러스는 조류형과 사람형의 수용체를 동시에 갖는 돼지의 체내에서 유전자 조합을 일으켜 새로운 독감 바이러스가 만들어진다.

(2) 감염경로

기침이나 재치기를 통한 직접 전파이다. 사람이 많이 모인 곳에서는 직접 전파도 가능하다고 한다.

(3) 예방 및 치료

환경 개선이나 소독 등이 전혀 효과를 갖지 못한다. 독감이 유행할 때는 외출을 삼가고 사람 밀집지역을 피하며 집에 돌아와서 손과 얼굴을 잘 씻으며 양치질을 하도록 한다. 면역력이 약해지지 않도록 주의한다.

예방접종을 하도록 한다. 그러나 독감 예방주사는 매년 유행할 독감을 예측하여 만들기 때문에 만일 전혀 새로운 변종이 나타날 경우 그 예방효과가 없을 수 있다.

치료는 대증요법을 사용하며 A형의 경우 아만타딘(리만타딘을 48시간 안에 사용하면 효과가 있다), A형, B형 모두에 뉴라미니다제 저해제를 사용하기도 한다. 현재 문제가 되고 있는 조류독감은 타미플루를 사용할 경우 예방 및 치료 효과를 볼 수 있다.

6. 중증 급성호흡기 증후군(사스)

심각한 고열과 호흡곤란을 보이는 사스(SARS ; severe acute respiratory syndrome)는 21세기에 들어서 나타난 신종 감염병이다.

2002년 11월 중국 광동성에서 다수의 환자가 발생하였으며 2003년 2월 사스에 감염된 상태에서 광동에서 홍콩에 온 한 교수와 함께 호텔 엘리베이터를 탔던 12명의 사람들에 의해서 수 일 사이에 싱가포르, 미국, 베트남, 캐나다, 아일랜드 등지로 퍼져 나갔다.

2003년 10월 사스 환자는 29개국에서 8,008명이 발생하였으며 이 가운데 774명이 사망하였다. 사스의 사망률은 9.6%에 달하였으며 경제, 사회 전반에 막대한 피해를 끼쳤다.

(1) 병원체

동물이나 곤충을 통하여 유전자 변이를 일으킨 후 사람에게 감염된 새로운 바이러스로 추정된다. 병원체는 SARS-Corona virus(SARS-CoV)로 이름지어졌다.

(2) 감염경로

환자나 보균자의 기침, 재치기, 가래 등을 통하여 토출된 병원체가 사람의 눈, 코, 입 등의 점막에 부착함으로서 감염된다고 판단된다. 그러나 공기 감염도 완전히 배제할 수 없는 상황이다. 또한 대변과 소변에서도 바이러스 양성반응을 보였다. 잠복기는 3~7일 정도이다.

(3) 예방 및 치료

환자는 즉시 격리시키고 환자와 접근할 때에는 N95 마스크와 고글을 사용하며 새로운 감염병인 사스 바이러스에 사람들은 면역력을 갖고 있지 않다. 따라서 일반적인 대증 요법과 항바이러스제 및 스테로이드를 사용한다.

7. 조류인플루엔자

조류독감의 정확한 병명은 조류인플루엔자(AI, Avian Influenza)이다. 닭, 칠면조, 오리와 같은 가금류 또는 야생조류에서 생기는 바이러스의 하나로서, 임상증상은 잘 나타나지 않으면서 바이러스를 분변으로 배출한다. 조류인플루엔자는 100여 년 전부터 나타났으며 이후 전 세계적으로 퍼졌다. 1997년 홍콩에서 조류 인플루엔자에 감염된 조류와 접촉한 사람들 중 18명이 감염되고 그중 6명이 사망하는 사건이 발생해 사람도 감염되는 것으로 알려졌다.

병원성에 따라 고병원성 조류인플루엔자와 저병원성 조류인플루엔자로 구분되며 고병원성 조류인플루엔자(HPAI : Highly Pathogenic Avian Influenza)는 국내에서는 제1종 가축 감염병으로 분류하고 있다.

일반적으로 인플루엔자 바이러스는 A, B, C형으로 구분되는데, 이 중 A, B형이 인체감염의 우려가 있으며, 그 중 A형만이 대유행을 초래할 수 있다고 알려져 있다. 인플루엔자 바이러스의 표면에는 hemagglutinin(H)과 neu-raminidase(N)라는 두 가지 단백질이 있는 데, H는 16종이, N은 9종이 있으므로 이론상으로는 두 가지 단백질의 조합에 따라 모두 144종류(=16×9)의 인플루엔자 바이러스가 존재하게 된다. 이 중에서 사람에게 인플루엔자 감염을 일으키는 바이러스의 형태로는, 일반적으로 3종류의 H(H1, H2, H3)와 2종류의 N(N1과 N2)이 보고되고 있고, 조류의 인플루엔자 감염은 주로 H5형이나 H7형과 관련이 있는 것으로 알려져 있다. 아시아 지역에 유행하는 조류 인플루엔자 바이러스는 혈청형이 'H5N1'이다. 고병원성으로서, 우리가 알고 있는 가금류 조류인플루엔자 집단 발생의 원인으로 알려져 있다.

주요 증상으로는 기침, 인후통, 호흡곤란, 근육통, 두통, 설사, 발열, 오한 등이 나타난다.

조류인플루엔자 바이러스는 비말, 물 등에 의하여 전파될 수 있으며 가장 중요한 전파방법은 분변의 직접적 접촉이다. 사람의 발, 사료차, 기구, 장비, 계란 표면에 분변이 묻어 다른 닭에게 직접적으로 전파가 된다. 계란을 통한 난계대 감염은 일어나지 않으나 난각에 오염된 분변을 통하여 전파될 수 있으므로 질병 발생 종계에서 생산된 종란과 병아리의 이동은 질병을 전파시킬 수 있다. 반면 오리(집오리, 철새), 거위, 메추리 등의 경우에는 조류인플루엔자 바이러스에 감염이 되지만 임상증상은 잘 나타나지 않으면서 바이러스를 분변으로 배출한다. 국가 간의 AI전파는 주로 감염된 철새의 배설물에 의해 전파되는 것으로 알려져 있으며, 가금사육 농장 내 또는 농장 간에는 주로 오염된 먼지, 물, 분변 또는 사람의 의복이나 신발, 차량, 기구 및 장비, 달걀껍질 등에 묻어서 전파된다. 그러나 공기를 통해서는 다른 지역으로 전파되지는 않는다.

감염 시 확실한 치료법이 없다. 따라서 감염 조류로부터 사람에게 감염을 막기 위한 예방적 차원에서 백신의 개발이 시급한 질병이다.

8. 신종플루

플루는 인플루엔자를 줄여서 부르는 말로, 일반인에게는 '플루'라는 용어로 굳어져 있으며 우리말로는 독감이다.

신종플루 A(H1N1)는 지난 4월 멕시코를 중심으로 감염자가 발생하기 시작했으며, 우리나라의 경우 멕시코에 다녀온 수녀가 2009년 5월 2일 첫 확진 환자로 판정받았다. 이어 미국, 멕시코, 캐나다 등의 발생 지역을 방문했던 사람들과 확진 환자와 밀접하게 접촉한 사람 중심으로 발생하다 지역사회 감염으로 유행했다.

세계보건기구(WHO)는 5월 말 전 세계 50여개국에서 신종플루 환자가 1만 5천명을 넘어서자 6월 11일 감염병 경보의 최고의 단계인 인플루엔자 A(H1N1) 바이러스의 대유행(pandemic)을 선언했다. 또한 우리나라의 경우도 2009년 7월 21일 국가감염병 위기단계를 경계단계로 상향조정한 후, 2009년 11월 3일 인플루엔자A(H1N1 · 신종플루) 감염 증가 추세가 가파르게 상승하자 감염병 위기단계를 최고 단계인 '심각'으로 조정했다.

(1) 병원체

인플루엔자 바이러스는 조류 인플루엔자 병원체를 참고하라.

(2) 감염경로

바이러스의 전파 경로에 대해서는 아직까지 명확하게 밝혀지지 않았지만, 기존의 계절 인플루엔자 바이러스와 유사하게 비말(飛沫) 감염, 곧 감염된 사람의 기침이나 재채기 등을 통하여 주로 사람 대 사람으로, 감염자와 가까운 접촉자 사이(약 2 m 이내)에서 전파되는 것이 일반적인 경우로 알려져 있다. 식품으로는 전파되지 않기 때문에 돼지고기나 돼지고기 가공품을 섭취하는 것만으로는 감염되지 않으며, 70℃ 이상으로 가열 조리하면 바이러스가 사멸된다.

(3) 증상

잠복기도 확실하지는 않지만 대략 1~7일 사이로 추정된다. 증상은 확진 환자에게서 발열, 오한, 두통, 기침 · 인후통 · 콧물 · 호흡곤란 등의 상기도증상, 근육통, 관절통, 피로감, 구토 또는 설사 등이 나타난다. 감염기는 보통 증상이 발생하기 하루 전부터 발생 후 7일까지 감염력이 있는 것으로 보고되었으며, 어린이의 경우는 10일 이상으로 길어질 수도 있다.

(4) 예방 및 치료

치료제는 인플루엔자 치료제인 오셀타미비르(Oseltamivir, 상품명 타미플루)와 자나미비어(Zanamivir, 상품명 리렌자)가 효과가 있는 것으로 보고되었다. 예방 조치로는 손을 자주 씻을 것, 손으로 눈 · 코 · 입을 만지지 말 것, 재채기나 기침을 할 경우에는 화장지로 입과 코를 가리고 한 뒤 손을 깨끗이 씻을 것, 발열이나 호흡기 증상 등이 있는 사람과 접촉을 피할 것 등을 권고한다.

5.4. 곤충 매개 감염병

지구상의 생물 가운데 가장 많은 개체 수를 갖는 곤충은 먹이의 연쇄사슬, 현화식물의 수정 등에 없어서는 안되는 자리를 차지하고 있다. 그러나 또한 동물이나 사람에게 기생하거거나 질병을 전달하기도 한다. 즉 곤충을 매개로 하여 전달되는 질병으로 이, 벼룩, 빈대, 모기, 파리, 바퀴벌레 등이 주 역할을 하고 있다.

병원체에 따른 곤충 매개 감염병의 종류로 페스트, 말라리아, 발진티푸스, 재귀열, 뇌염, 황열, 뎅기열 등이 여기에 해당된다.

곤충 매개 감염병의 일반적인 예방 대책으로 쥐 등을 철저히 없애도록 하여야 하며, 청결한 주위 환경을 갖추도록 한다. 모기 등이 번식하지 못하도록 주변에 물이 고여 있는 곳이 없도록 하여야 한다. 감염병이 창궐할 경우에는 매개곤충을 죽일 수 있는 소독을 하며 필요하면 예방접종을 하여야 한다.

5.4.1. 중요한 곤충 매개 감염병

1. 페스트(흑사병)

쥐벼룩이 옮기는 질병이다. 역사적으로 가장 크게 창궐했던 경우는 1348년 이탈리아에서 시작되었다. 베네치아에 입항한 무역선에서 내린 쥐가 옮기기 시작하여 당시 유럽 인구의 1/3을 죽음으로 몰고 갔다.

(1) 병원체

*Yersinia pestis*이다. 페스트에는 림프절 페스트, 폐 페스트, 패혈증 페스트의 3가지 유형이 있다. 치료하지 않을 경우 림프절 페스트의 사망률은 50% 가 넘으며 폐·패혈증 페스트의 사망률은 치료하지 않으면 거의 사망한다.

(2) 감염경로

야생 쥐가 병원소이다. 야생 토끼, 야생 동물 등도 병원소가 될 수 있으며 야생 쥐에 기생하던 쥐벼룩이 집쥐에 옮김으로서 집쥐도 병원소가 될 수 있다. 쥐벼룩에 물리거나 환자나 보균자의 침, 재치기, 가래 등으로 옮긴다. 잠복기는 1~6일 정도이다.

(3) 예방 및 치료

주변의 쥐를 철저히 박멸한다. 살충제를 사용하여 주위 환경에서 쥐벼룩을 완전히 없애고, 산 또는 들에서의 야외활동을 금한다. 치료는 스트렙토마이신이 효과가 좋으며 기타 항생제를 사용한다.

2. 말라리아(학질)

원생동물이 일으키는 질병으로 간세포나 적혈구에 원충이 기생하여 세포를 파괴한다. 적혈구 세포를 파괴하고 나온 원충은 또 다른 세포로 침투하여 기하급수적으로 증가하는데 이 과정에서 매우 심한 열이 나게 된다. 지금까지 전 세계적으로 가장 많은 사망자를 낸 감염병으로 알려져 있다.

(1) 병원체

*Plasmodium*속(*P. vivax, P. ovale, P. malaiae, P. falciparum*) 원생동물이다. 삼일열로 알려진 국내 말라리아는 *P. vivax, P. ovale*가 일으키며 한방에서는 학질이라고 말한다. 열대 지방에서 발생하는 말라리아는 *P. falciparum* 원충 감염에 의한 것으로 치료하지 않을 경우 치사율이 매우 높다.

(2) 감염경로

우리나라에서의 말라리아 감염은 얼룩날개 모기가 원인이다. 말라리아 원충인 포자소체(sporozoite)를 갖고 있는 암모기에게 물렸을 때 감염된다. 혈관에 침투한 sporozoite는 간세포에서 적혈구외 분열체(extraerythrocyte schizonte)로 발육한다. 간세포가 터지고 비생식성 원충인 메타크립토메로조이트(meta-cryptomerozoite)가 혈관으로 들어와 적혈구에 침입해서 발육하고 주기적으로 적혈구를 파괴하고 나와 증식한다. 이러한 과정에서 일정한 간격으로 고열이 발생한다.

(3) 예방 및 치료

모기에 물리지 않는 것이 최선이다. 모기 유충이 증식할 수 있는 물 엉덩이 등을 없애도록 하고 특히 폐타이어 속에 고인 물이 없도록 한다. 가축 축사 등을 철저히 소독하여 모기를 박멸하도록 한다.

치료는 클로로퀸(chroloquine)을 3일간 투여한 후 재발 방지를 위하여 프리마퀸(primaquine)을 14일간 투여한다.

3. 발진티푸스

비위생적으로 살았던 과거에는 우리나라에서 여러 차례 유행했던 감염병이다.

1967년 이후 환자가 더 이상 발생하지 않았다.

(1) 병원체

*Rickettsia prowazekii*이다.

(2) 감염경로

몸 이가 옮긴다. 비위생적 환경에서 발생한다. 잠복기는 6~15일이며 평균 7일 정도에 발병한다. 짙은 반점 형태의 발진이 몸통과 겨드랑이에서 나타나기 시작하여 팔다리로 퍼진다.

(3) 예방 및 치료

환자는 물론 주변 사람들과 침구, 가구 등에서 몸 이를 철저히 박멸한다. 치료는 독시사이클린을 사용한다.

4. 중증 열성 혈소판감소 증후군(SFTS)

2009년 늦봄과 초여름 사이에 중국의 농촌지역 여러 곳에서 지금까지 보지 못한 열병이 발견되었으며 이 병에 걸린 환자들은 심한 열과 함께 혈소판이 감소하는 증상을 보였다. 우리나라에서도 2013년 5월 16일 제주에서 발생한 살인진드기 바이러스 감염의심환자가 숨졌으며 서울, 부산, 대구, 전북 등 5곳에서 5명의 살인진드기 의심 환자가 보고되고 있다.

중증 열성 혈소판감소 증후군(SFTS, Severe Fever with Thrombocytopenia Syndrome)은 가축이나 야생동물의 털에 기생하며, 풀밭이나 나무 덤불에 주로 서식하는 '작은 소참진드기(일명 살인 진드기)'를 매개로 포유동물(인간포함)에 바이러스가 전파되어 발생하는 감염병이다. 살인진드기는 아시아와 오세아니아, 일본 및 국내에서도 전국적으로 분포하며 주로 들판이나 산의 풀숲에 서식한다.

(1) 병원체

단일가닥 RNA 바이러스인 부니아 바이러스(Bunyavirus)이다.

(2) 감염경로

잠복기가 1~2주로 SFTS 바이러스는 작은 소참진드기에 물려서 감염되며 환자의 혈액이나 체액에 의해서도 감염되는 것으로 알려져 있다.

(3) 증상

치사률이 10~30%로, 38℃ 이상의 발열과 함께 식욕저하 · 구토 · 설사 · 복통 등 소화기 질환, 혈소판 및 백혈구 감소 등의 증상이 나타난다.

(4) 예방 및 치료

작은 소참진드기의 활동 시기는 5~8월인데, 이 시기에 진드기가 많이 서식하는 숲속에서는 나무나 풀과의 접촉을 되도록 피한다. 수풀이 우거진 야외에서 활동 시는 긴 바지나 긴팔옷을 입고 모자를 쓰도록 한다. 치료는 아직까지 효과적인 항바이러스제나 백신은 없어 대증요법(병의 원인을 제거하기 위한 직접적인 치료법과는 달리 증상 완화를 위한 치료법)을 시행한다.

5.5. 인축 공통 감염병

5.5.1. 인축 공통 감염병의 개론

인축 공통 감염병은 사람과 동물이 동시에 걸릴 수 있는 감염병을 말하며, 병원체는 바이러스, 리케차, 세균, 진균, 원충, 체내 기생충, 체외 기생충 등으로 구분할 수 있다. 국내에서 발생한 인축 공통 감염병은 탄저, 부르셀라증, 공수병, 유행성 출혈열, 야토병, Q열, 리스테리아증, 렙토스피라증, 우형 결핵 등이 있다.

1. 탄저(Anthrax)

탄저는 초식동물이 걸리는 질병이지만 사람이나 육식동물도 감염시킨다. 9.11사건(2001년) 이후 탄저를 이용한 생물학적 테러가 미국에서 발생하여 시민들을 공포로 몰아넣었다.

(1) 병원체

탄저균이라 불리는 *Bacillus anthracis*이다.

(2) 감염경로

감염된 가축 및 야생 초식동물이 혈액 등으로 옮긴다. 탄저균은 공기 중에서 포자를 만드는데 탄저 포자는 매우 저항력이 강하여 일반적인 소독 등에 의하여 사멸되지 않는다. 감염된 동물과의 접촉, 오염된 육류 섭취, 포자 흡입 등에 의하여 감염된다.

수포성 궤양을 일으키는 피부 탄저, 마른기침, 출혈성 괴사와 부종 그리고 폐혈성 쇼크로 사망하는 흡입 탄저, 토혈, 복통, 패혈증을 일으키는 소화기 탄저로 구분된다.

우리나라에서도 경주에서 1994년 2월 죽은 소를 밀도살하여 먹었던 사람 가운데 28명의 소화기 탄저가 발생하였고 3명이 사망하였으며, 2000년 창녕에서 탄저가 발생하여 2명이 사망한 사례가 있다.

(3) 예방 및 치료

개인위생을 지키고 예방접종을 한다. 탄저로 사망한 동물은 소각하여야 하며 묻을 경우에는 깊이 묻고 5% 양잿물이나 무수산화칼슘을 뿌려 소독한다.

2. 브루셀라증(파상열)

동물과 접촉이 많은 사람들이 걸린다.

(1) 병원체

Brucella melitensis, B. arbotus, B. suis, B. canis 등이 원인균이다.

(2) 감염경로

도축장, 가축병원, 축산가 등이 주로 감염된다. 소, 돼지, 염소, 양, 개 등이 병을 옮기며 감염된 동물의 체액이나 조직을 직접 접촉하거나 소독되지 않은 우유나 양유 등을 먹고 감염되기도 한다.

(3) 예방 및 치료

가축에 대한 예방접종이 중요하다. 유제품은 살균하여야 한다. 치료는 리팜핀이나 스트렙토마이신을 사용한다.

3. 공수병

가축이나 야생동물에 물려 감염된다. 우리나라에서는 주로 개에 물려 걸린다.

(1) 병원체

공수병 바이러스(rabies virus)이다.

(2) 감염경로

개과 동물이나 박쥐에 물려 감염된다. 바이러스가 신경계에 침투하여 뇌척수염을 일으킨다. 감염초기에 발열, 두통, 전신쇠약 등의 증상이 나타나고 후기에는 물을 무서워하며, 불안, 마비, 흥분, 침을 과다하게 분비하며 수일 안에 사망한다. 잠복기는 1~3개월 걸리며 물린 부위가 중추신경계에서 멀면 잠복기가 길어진다.

(3) 예방 및 치료

개나 고양이 등에 예방접종을 실시한다.

4. 유행성 출혈열 (hemorrhagic fever with Renal syndrome : HFRS)

한국전쟁 중 경기 이북 지방에서 발생하였던 괴질로, 1976년 병원체를 분리하여 한탄강 지명을 딴 한탄 바이러스(Hantaan virus)로 명명하였다. 그 후 미국에서도 발견되었는데 원주민의 기록을 조사한 결과 옥수수 농사가 잘 되면 들쥐가 증가하고 질병 발생 빈도가 높아졌음을 확인하여 전 세계적으로 존재하는 것임이 확인되었다.

(1) 병원체

Hantaan virus이다.

(2) 감염경로

등줄 쥐와 집쥐가 주원인이다. 감염된 설치류의 소변, 대변, 침 등에서 나온 바이러스가 공기 중을 떠다니다 사람을 감염시키는 것으로 추정된다. 잠복기는 2~3주이다.

(3) 예방 및 치료

야외활동을 할 때 풀숲에 들어 눕거나 옷가지를 벗어 놓지 않도록 한다. 예방접종은 있지만 그 효과는 미미하다.

5. 야토병(野兎病, Tularemia)

야토병은 설치류(齧齒類), 특히 산토끼, 들쥐, 다람쥐들 사이에 자연 감염되는 일종의 유행병이다. 1912년경에 미국에서 발견되어 사람에 감염하는데서 주목되고 있으며 미국, 유럽, 아시아 등 세계 각지에 퍼져 있다.

(1) 병원체

야토병균(*Pasteurella tularensis*)에 의해서 일어나며 Gram 음성의 작은 간균(小桿菌)으로 pest균과 똑같다.

(2) 증 상

3~4일의 잠복기를 거쳐 오한, 전율과 발열을 한다. 균이 침입한 주위에 농소가 생겨 궤양으로 변하며 그 주변에 국소 임파선이 붓는다. 균이 코에 침입할 경우 비강점막을 해치고 눈에 침입할 경우 악성 결막염을 일으키기도 한다. 이 밖에 균혈증을 일으키고 장티푸스 같은 증상을 일으키는 일이 있다.

(3) 감염원 및 감염경로

동물 상호간의 감염은 흡혈 곤충, 특히 진드기류에 의한 것으로 본다. 사람내의 감염은 병든 토끼류의 접촉에 의해 피부의 상처나 점막으로 경피감염을 일으키기도 하고 때로는 경구감염도 일어난다.

(4) 예 방

산토끼를 취급하는 사람이 주의를 하여야 한다. 이 균은 열에 약하므로 산토끼를 먹을 때에는 충분히 익혀서 먹고 또 유행지역에서의 생수(生水)의 음용은 피해야 한다.

6. Q열(Q fever)

소, 양, 염소에서 발견되는데 가축이나 사람에 공통되는 급성감염병으로 동물을 증상이 뚜렷하지 않으나 사람에서는 호흡기 증상이 나타나는 질환으로 세계 여러 나라에서 발견되고 있다.

(1) 병원체

Rickettsia인 *Coxiella burnetii*인데 구상(球狀) 또는 간상(桿狀)으로 운동성이 없으며 건조에 대한 저항성이 특히 강하고 71.5℃, 15분이면 죽는다.

1935년 Australia의 Queensland에서 처음 발생되었고 1937년 Derruck가 rickettsia성 질환이라고 기재하였다.

(2) 증 상

2~4주의 잠복기를 거쳐 두통, 권태, 38~40℃의 고열과 함께 오한, 두통, 근육통이 일어난다. 중증인 때에는 간 장해와 황달을 일으키며 3~6일의 발열기간 후 불면증, 흉통이 나타나 혼수상태가 된다.

(3) 감염원 및 감염경로

쥐, 소, 염소, 양에서 발견되는데, 소에 있어서는 진드기에 물리거나 rick-ettsia가 함유된 먼지를 흡입하여 감염된다. 병원체가 함유된 동물의 생유를 마시거나 이환 동물의 조직이나 배설물에 접촉하면 감염된다.

(4) 예방법

진드기 등 흡혈 곤충의 박멸, 우유의 살균, 가축의 감염상태 조기발견 조치가 필요하다. 치료에는 chloramphenicol이 유효하다.

7. 리스테리아증(Listeriosis)

소, 양, 말, 돼지, 산양 등의 가축 및 가금류에 널리 자연 감염되어 있으며 때로는 사람에게 감염되는 감염병이다.

(1) 병원체

*Listeria monocytogenes*이며 Gram 음성 무포자 간균이다. 다양한 모양이며 실온에서 배양할 때는 운동성이 있다.

(2) 증 상

잠복기는 수일~수주일이며 증상은 다양하고 수막염의 경과를 취하는 예가 많다. 단핵구(單核球)의 현저한 증가를 볼 수 있으며 패혈증을 일으킨다. 임산부에 있어서는 자궁 내막염이 일어나며 태아나 초생아에 있어서 사망률이 높다.

(3) 감염원 및 감염경로

사람은 감염동물과의 직접 접촉 및 오염된 식육, 유제품 등에 의한 경구감염이나 오염된 먼지의 흡입에 의하여 감염된다.

(4) 예 방

가축의 예방접종 실시와 위생관리를 철저히 한다. 철저한 우유의 살균소독, 이환 동물의 조기발견 조치가 필요하다. 예방접종에는 무독 생균 vaccine이 개발되어 있다.

8. 광우병

소해면상뇌증(BSE ; Bovine Spongiform Encephalopathy)이란 'bovine'은 라틴어로 소, 'spongeform'은 영어로 스폰지모양, 'encephal'은 라틴어로 뇌 'pathy'는 라틴어로 병이라는 뜻이다. 간혹 우뇌해면증 또는 우해면양뇌증이라는 용어도 쓰이지만, 대한민국의 국립수의과학검역원은 "소해면상뇌증"이라는 용어를 사용하고 있다. 영미권에서는 나라마다 주로 사용하는 용어가 다른데 미국 언론은 주로 소해면상뇌증을 'mad cow disease(광우병)'이라고 부르나 영국 언론은 'BSE'라고 통칭한다.

(1) 병원체

발병 원인은 소의 사료에 있다. 1980년대 초부터 영국은 젖소의 우유 생산량을 늘리기 위해 양과 소의 장기 · 뼈 · 살코기를 소의 사료 원료로 사용했다. 소에게 단백질을 충분히 공급하기 위해서였다.

소해면상뇌증의 병원체에 대해서는 여러 학설이 있지만 변형 프리온단백질이라 여겨지고 있다. 프리온(Prion)이란 말은 단백질이란 영어 단어 Protein과 바이러스란 영어 단어 Virion을 합쳐서 만든 합성단어로 "감염성이 있는 단백질"로 풀이할 수 있다. 신경세포에는 프리온이란 단백질이 존재하는데 이 단백질의 구조가 변형되면 해로운 단백질로 변하게 된다. 이러한 변형 프리온은 정상 프리온을 자기와 비슷한 병변 단백질로 만들기 때문에 결국 뇌 신경세포를 파괴하게 되므로 스펀지 모양의 병변이 나타나게 된다.

(2) 감염경로

소해면상뇌증(BSE)의 경우 현재까지 밝혀진 전파방법은 스크래피에 걸린 면양이나 소해면상뇌증에 감염된 소의 육골분 등이 함유된 사료를 섭취함으로써 감염이 이루어지는 것으로 보고되어 있고 접촉감염은 일어나지 않으며 수직전파의 가능성은 매우 낮지만 정확한 것은 밝혀져 있지 않다.

광우병의 가장 피해가 컸던 영국의 경우, 179,000마리가 넘는 소들이 감염되어 광우병 박멸을 위해 440만 마리의 소들이 도축되었다.

증명되지는 않았으나, 광우병의 소의 고기[뇌, 척수, 내장, 등꼴뼈 등 포함(이를 광우병의 특정 위해물질이라 함; SRM-specified risk material)], 또는 그 가공물을 먹은 인간에 감염될 수 있다고 여겨지고 있다. 사람에게 발병하는 병은 크로이츠펠트-야콥병(CJD)의 새로운 변종(vCJD)으로 알려졌으며, 2008년 4월까지 영국에서 163명, 기타 지역에서 37명이 사망하였고, 잠복기가 긴 광우병의 특성상 그 숫자는 증가할 것으로 예상된다.

한국에서는 아직 광우병에 대한 감염사례가 보고되어 있지 않으며, 미국에서 광우병이 걸린 소가 발견된 2003년 이후로 미국산 쇠고기 수입을 중단·제한하였으나, 2008년부터 쇠고기를 수입하기 시작했다.

(3) 예방 및 치료

현재 광우병은 예방접종(백신)이나 조기 진단 방법이 현실적으로는 없다. 진단은 병에 걸린 조직을 직접 떼 내어 조직검사를 해야 가능하다. 자기공명영상촬영 등으로 검사를 할 수는 있지만, 이미 걸린 후에나 검사가 가능하며, 치료방법도 없고 증상을 약화시킬 수만 있다. 즉 병의 원인을 제거하기보다는 증상만을 치료할 수 있을 뿐이고 일단 걸리면 치명적이다. 즉 모두 사망하게 된다. 하지만 프리온을 먹은 양에 따라 병이 나타나는 기간이 다른 것으로, 즉 많이 섭취할수록 발병이 빠른 것으로 알려져 있으므로 의심되면 안 먹는 것이 최선이다. 현재 실험실 연구에서는 프리온의 증식을 억제하는 몇 가지 화합물이 발견되었기도 했지만 인체 내에서의 효과는 실험도 해보지 않은 상태이다.

현재 우리나라에는 소해면상뇌증이 발생하고 있지 않으므로 국내에 이 질병이 유입되지 않도록 하는 것이 최선의 방역대책으로써 철저한 검역을 통하여 소해면상뇌증 발생국 산 반추류 동물이나 그 생산물(우유 및 유제품, 원피 제외)이 수입되지 않도록 해야 한다. 국내에 소해면상뇌증으로 의심되는 임상증상의 발생 시에는 방역기관에 즉시 신고하여 최단 시간 내에 정밀진단이 이뤄져야 하며, 조기에 색출하여 박멸함으로써 양축농가 및 축산업의 피해를 최소화하고 안전한 축산물을 국민에 공급하는데 방역의 초점이 맞추어져야 한다.

5.6. 기생충

기생충은 주로 경구감염되어 소화기 등에 기생한다. 경구감염 경로로는 채소, 육류 및 어패류 등을 통한 감염이 주를 이룬다. 기생충이 부착, 기생하고 있는 동물을 숙주라 하며, 이를 다시 기생충의 성충이 지속적으로 기생하는 경우를 고유숙주 또는 종말숙주라 하고, 성숙되기 전의 발육단계에서 다른 생물에 일시적으로 기생하는 것을 중간숙주라 한다.

『표 5-3』 식품을 통해 감염되는 기생충의 종류

감 염 로	원 충 류	윤 충 류
충란 등이 부착된 식품에서의 감염	이질 아메바 등의 장관기생 원충류	회충, 편충, 구충, 동양모양선충
중간숙주인 식용동물에서의 감염	없다.	폐흡충, 간흡충, 요꼬가와흡충, 조충류, 유극악구충, Anisakis 등
이환식용동물에서의 감염	톡소플라즈마	선모충

기생충은 원충류(protozoa)와 윤충류로 나뉘는데 원충류에는 이질, 아메바 등이 해당되며, 윤충류(helminth)는 다시 선충류(nematoda), 흡충류(trematoda), 조충류(cestoda)로 구분되고 선충류에는 회충, 요충, 구충, 편충, 말레이사상충, 동양모양선충 등이 있고 흡충류에는 폐디스토마, 간디스토마, 요코가와

흡충 등이 있다. 조충류에는 유구조충, 무구조충, 왜소조충, 광절열두조충 등이 있다.

기생충에 대한 예방은 감염원인의 차단이 중요하다. 즉, 식품과 식수의 위생적인 관리는 물론 화장실, 가축분뇨 처리, 하수위생에 주의해야 한다. 또한 개인위생을 철저히 하며, 개인의 식습관 등에 잘못이 없는지 잘 살펴보아야 한다.

5.6.1. 채소류로부터 감염되는 기생충

1. 회충(*Ascaris lumbricoides*, roundworm)

전 세계에 분포하고 있는 가장 흔한 기생충이다. 추운 지방보다는 습하고 따뜻한 곳, 특히 위생상태가 불량한 곳에서 많은 사람들이 감염되어 있다. 우리나라의 경우 과거 인분을 비료로 사용하던 시절 국민의 50% 이상이 감염되어 있었으나 화학비료가 널리 사용되고 나서부터 감염률은 급격히 낮아져 현재는 0.05% 이하이다.

(1) 모 양

원통형의 모양을 갖고 있다. 광택이 있으며 색은 회백색이다. 크기는 수컷의 경우 15~31 cm 정도이고 암컷은 20~35 cm로 암컷이 더 크다. 굵기도 암컷이 3~6 mm로 수컷의 2~4 mm보다 크다.

(2) 생활사

대변에 섞여 외부에 배출된 수정란은 따뜻하고 습한 토양에서 자충포장란으로 발육한다. 채소 등을 생식할 경우 체내에 들어와 소장 내에서 유충으로 부화한다. 부화된 유충은 소장벽을 뚫고 들어와 장간막, 임파계 또는 문맥을 통하여 우심에 들어가고 폐에 다다른다. 7~10일 정도 성장한 다음 기관지, 식도를 거쳐 소장 중부에 정착한다. 성충이 되기까지 2달 정도가 소요되며 수명은 약 1년 정도이다.

(3) 증 상

감염초기 유충이 폐로 이동 중이거나 폐에 있을 때 알레르기 반응이나 기침, 가래 등이 나타날 수 있으며, X-ray로 판독할 경우 결핵과 구분하기 곤란한 모습을 보이기도 한다. 소장 내에 많은 양의 회충이 있을 경우 복통, 빈혈, 영양실조, 식욕감퇴, 구토 등의 증상을 보이며 정신적으로 불안해지기도 한다. 이상 식욕 증상으로 흙 등을 먹기도 한다.

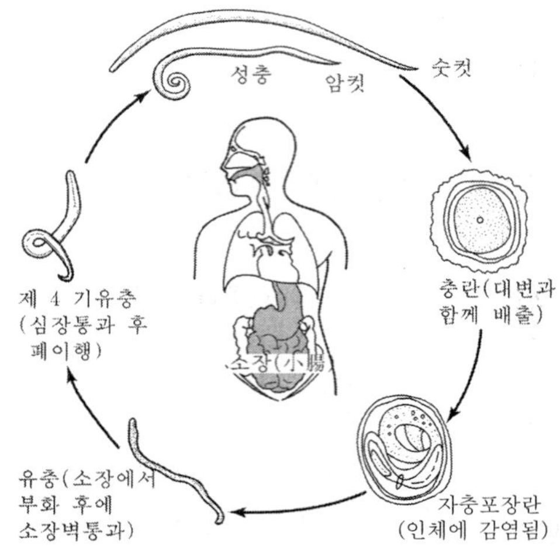

『그림 5-5』 회충의 생활사

(4) 예방 및 치료

분뇨의 위생적 처리가 중요하다. 인분을 비료로 사용할 경우 냄새가 나지 않을 정도로 3개월 이상 완전히 발효시켜야 한다. 야채는 흐르는 물에 수 회 잘 씻어 충란을 제거한다. 70℃ 이상에서 데치면 충란을 죽일 수 있다.

구충약에는 pyrantel pamoate(상품명 : Combantrin), mebendazole(상품명 : Vermax), piperazine, thiabendazole 등이 있다.

2. 요충(*Enterobius vermicularis*. seatworm, pinworm)

어린이가 많이 감염되는 기생충이다. 충란이 건조되어도 생존 가능성이 높기 때문에 침구, 놀이방, 손톱, 지폐 등에서도 발견된다. 집단 감염이 잘 되므로 우리나라의 경우 놀이방, 유아원 등을 조심하여야 한다.

(1) 모 양

수컷의 길이는 2~5 mm, 암컷은 8~13 mm 정도이다. 굵기는 수컷이 0.1~0.2 mm, 암컷이 0.3~0.5 mm이다. 색은 하얗다. 앞머리 부위가 날개처럼 생겼고 암컷은 끝 부분이 날카롭지만 수컷은 둥글게 구부러져 있다.

(2) 생활사

밤중에 항문으로 나온 암컷은 항문주위, 외음부 주위 등에 산란한다. 드물지만 자가 감염을 일으키는 경우도 있다고 한다. 충란은 이미 자충란의 상태이기 때문에 곧바로 감염을 일으킬 수 있다. 입을 통하여 감염되면 충란은 소장에서 부화하고 맹장, 상행결장하부에 기생한다. 감염 후 40일 정도면 성숙하고 수명은 11~35일 정도이다.

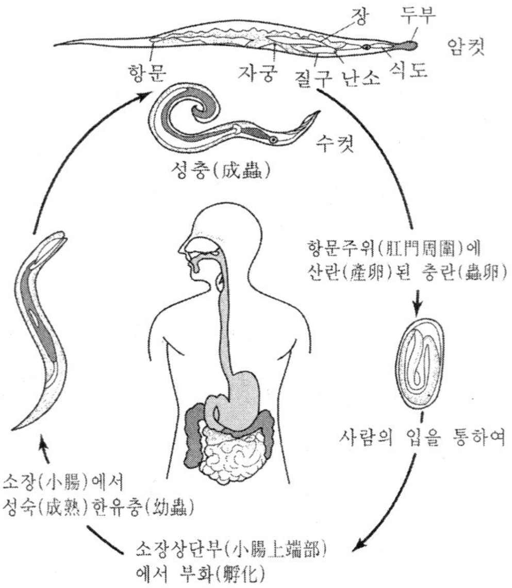

『그림 5-6』 요충의 생활사

(3) 증 상

요충의 특징적 증상은 항문 가려움증이다. 계속 긁다가 피부염증 등 2차 감염을 일으킬 수 있다. 구토, 복통 등이 나타나기도 하며, 특히 소아의 경우 가려움증 때문에 불면증, 불안 증세를 보인다.

(4) 예방 및 치료

손을 자주 씻고 내의, 침구 등을 청결하게 한다. 요충의 충란은 상당히 건조된 상태에서도 생존하므로 집안에 먼지 등이 없도록 한다. 특히 집단 감염되기 쉬운 기생충이기 때문에 집안 구성원이나 유아원 등에서 감염자가 발생할 경우 모든 사람들이 구충약을 복용할 필요가 있다.

사용되는 구충제는 vanquin, piperazine, mebendazole 등이다.

3. 구충(hookworm)

입주위에 치아와 같은 흡착기를 가지고 있어 장 점막에 붙어 기생하므로 구충이라고 한다. 인체에 기생하는 구충에는 두비니 구충(십이지장충, *Ancylostoma duodenale*)과 아메리카 구충(*Necarto americanus*)이 있다.

(1) 모 양

수컷의 길이는 5~11 mm, 암컷은 10~13 mm 정도이다. 굵기는 수컷이 0.3~0.5 mm, 암컷이 0.4~0.6 mm이다. 갈고리 모양의 흡착기를 갖고 있다. 담홍색이며 피를 빨았을 때는 붉은 색을 보인다.

(2) 생활사

감염된 사람의 변을 통하여 배출한 충란은 30℃ 정도에서 부화하여 1기 유충이 된다. 1기 유충은 3~4일간 토양에서 자란 후 각피를 벗고 2기 유충이 된다.

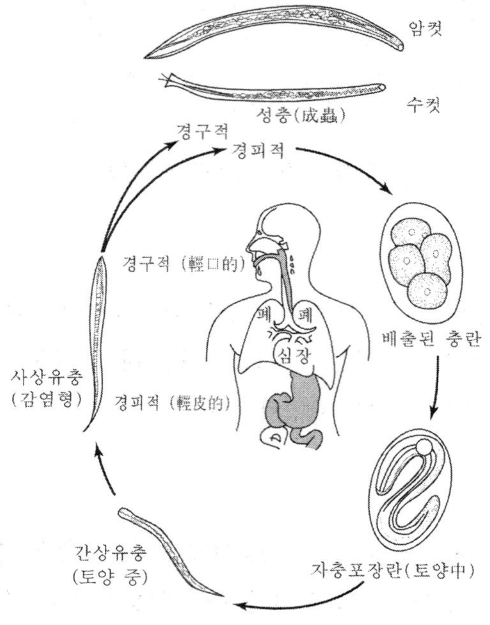

『그림 5-7』 아메리카 구충의 생활사

2기 유충은 5~8일후 탈피하여 3기 유충이 되는데 이때부터 사람을 감염시킬 수 있다.

감염경로는 야채 등을 생식함으로서 일어나는 경구감염과 토양이나 풀 등에서 곧바로 피부를 통해 침입하는 경피감염이 있다. 입으로 들어온 유충은 위나 소장 상부에서 탈피하여 십이지장, 소장에서 기생한다.

한편 피부를 뚫고 들어온 3기 유충은 소정맥, 림프관을 통하여 우심, 허파, 후두를 거쳐 소장에 기생한다.

(3) 증 상

피부를 통해 침입할 때 가려움증, 붉은 반점 등이 나타나며 유충이 체내에서 이동 할 때 기침, 천식, 가래 등의 호흡기 증상이 나타난다. 인분을 비료로 사용하던 시절, 여름철에 상추 등을 먹고 증상이 나타나 채독증이라고 불리기도 하였다. 빈혈, 권태, 무기력, 복통, 체중감소 등이 나타난다.

(4) 예방 및 치료

인분의 위생적 처리가 중요하다. 오염지역을 들어갈 때 장화나 장갑을 착용하여 피부가 노출되지 않도록 한다. 채소를 청결히 처리한다.

구충제로는 alcopar, combantrin, mebendazole 등이 있다.

4. 편충(*Tricocephalus trichiurus*, whipworm)

세계적으로 감염되고 있으며, 회충과 함께 나타나는 경향이 있다. 대표적인 토양 매개성 기생충이다.

(1) 모 양

편충의 앞 3/5부위가 가늘고 긴 편상 모양을 보인다. 나머지 2/5 부위는 두텁다. 수컷의 길이는 30~45 mm, 암컷은 45~50 mm 정도이다.

(2) 생활사

변을 통하여 배출된 충란은 흙에서 2~5주가 지나면 자충이 된다. 이 자충포장란이 채소 등을 통하여 입으로 들어오면 소장에서 부화되고 밑으로 내려가 맹장, 결장부위에 정착하여 성장한다. 인체에 들어온 다음 성충이 되기까지 약 3개월 정도가 소요되며 수명은 3~5년 정도로 매우 길다.

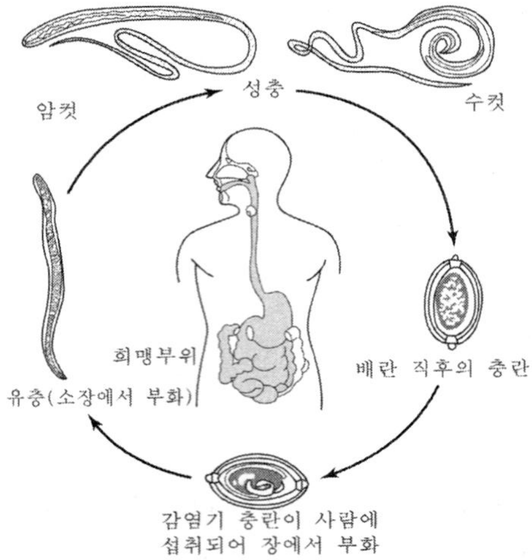

『그림 5-8』 편충의 생활사

(3) 증 상

감염 정도가 경미할 경우에는 증상이 나타나지 않는 경우가 많다. 기생충의 개체수가 많을 경우 구토, 복부팽창, 두통 등이 일어나며, 빈혈, 혈변, 체중감소를 일으킨다.

(4) 예방 및 치료

예방은 회충에 준하여 한다. 구충제는 mebendazole, oxantelpamoate 등을 사용한다.

5. 동양모양선충(*Tricostronggylus orientalis*)

유충은 저항성이 매우 커 온도 변화나 화학약품에 잘 견딘다. 아시아에 주로 분포되며 소, 양 등 초식동물에 기생한다.

(1) 모 양

부드러운 털 모양이다. 수컷의 길이는 3~5 mm, 암컷은 5~7 mm 정도이다. 굵기는 수컷이 0.02~0.07 mm, 암컷은 0.07~0.08 mm이다.

(2) 생활사

변과 함께 배출된 충란은 온도와 습도가 적당할 경우 7~8일이 지나면 2회

탈피과정을 거쳐 감염형인 3기 피낭유충이 된다. 동양모양선충의 피낭유충은 피부를 뚫지 못한다. 따라서 주로 경구적으로 감염을 일으키지만 간혹 경피감염이 되기도 한다. 감염 후 25일 정도 지나면 성충이 된다. 기생 장소는 소장이다.

(3) 증 상

기생충의 수가 많을 경우 소화불량, 빈혈 등이 나타난다.

(4) 예방 및 치료

예방은 구충예방과 동일하게 하면 된다. 구충제는 mebendazole, combantrin 등을 사용한다.

5.6.2. 육류로부터 감염되는 기생충

1. 무구조충(*Taenia saginata*, beef tapeworm, 민촌충)

세계적으로 분포한다. 주로 쇠고기를 덜 익혀 먹거나 날로 먹는 지역에 많다. 유구조충보다 감염률이 더 높다. 민촌충이라고도 한다.

(1) 모 양

1,000~2,000개 정도의 편절로 되어있으며 그 길이는 10~12 m에 달한다. 조그만 머리에 4개의 흡반이 달려 있다.

(2) 생활사

분변과 함께 배출된 편절에서 나온 충란은 풀에 붙어 있다가 중간숙주인 소가 이것을 먹으면 소의 장에서 부화하여 유구낭충이 된다. 이 유충은 소의 근육이나 기타 조직 등에 침투하여 약 2개월을 보낸 후 무구낭미충이 된다. 사람이 쇠고기를 날로 먹거나 덜 익혀 먹을 경우 무구낭미충은 소장에 자리 잡게 되고 2~3개월 지나면 성충이 된다.

(3) 증 상

편절이 떨어져 나올 때 불쾌감이 느껴진다. 상복부통증, 소화불량, 식욕부진, 구토 등을 보인다.

(4) 예방 및 치료

쇠고기를 날로 먹지 않는다. 특히 소가 먹는 풀이 인분에 오염되지 않도록 한다. 구충제로 atabrine 등이 사용된다.

2. 유구조충(*Taenia solium*, pork tapeworm, 갈고리촌충)

일명 갈고리촌충이라고도 하며 세계적으로 분포한다. 돼지고기를 날로 또는 덜 익은 것을 먹는 지역에서 발견된다.

(1) 모 양

길이가 2~4 m 정도이며, 무구조충보다 작다. 800~1,000개 정도의 편절을 갖고 있다. 둥근 모양으로 생긴 머리 부위에 22~32개 정도의 갈고리가 있다. 그 주위에는 흡반이 있는데 이 흡반과 갈고리를 이용하여 소장에 부착하여 기생한다.

(2) 생활사

분변에 섞여 나온 편절에 들어있는 충란은 풀 등에 부착되어 있다가 중간 숙주인 돼지가 이를 먹으면 돼지의 소장에서 부화한다. 부화된 유충은 혈류를 따라 피하, 근육 등에 침투하여 약 60일 정도 성장하여 유구낭충이 된다. 덜 익은 돼지고기를 사람이 먹으면 소장에서 8~10주 후에 편절을 가진 성충이 된다.

(3) 증 상

소화불량, 식욕부진, 두통, 영양불량 등이 나타난다. 인체의 근육, 피하조직, 심장, 뇌 등에 낭충이 기생하여 심각한 문제를 일으키기도 한다.

(4) 예방 및 치료

돼지고기를 완전하게 익혀 먹어야 한다. 돼지 사료가 기생충에 오염되지 않는 것이 중요하다. 구충제는 praziquantel이 사용된다.

3. 선모충(*Trichinella spiralis*)

세계적으로 분포하고 있다. 쥐, 개, 돼지 등에 존재하며 사람의 경우는 돼지를 통하여 감염된다.

(1) 모 양

수컷의 길이는 1.4~1.5 mm, 암컷은 3~4 mm 정도이다. 굵기는 수컷이 0.04 mm, 암컷은 0.06 mm이다. 앞부분이 뒤쪽보다 가늘다.

(2) 생활사

포낭에 싸인 유충에 감염된 돼지고기를 먹을 경우, 위에서 탈피하고 장으로 내려가 장점막에 기생한다. 성충이 산란한 유충은 장점막의 혈관을 따라서 심장을 지나 근육조직에 피포유충으로 머무른다.

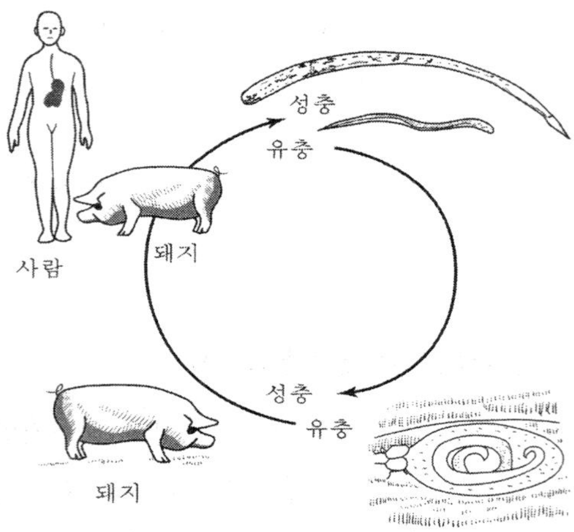

『그림 5-9』 선모충의 생활사

(3) 증 상

설사, 구토 등을 보인다. 유충이 근육조직으로 침투하면 근육통을 일으킨다.

(4) 예방 및 치료

돼지고기를 완전히 익혀 먹는 것이 중요하다. 쥐와 돼지 사이에 감염이 주로 이루어지므로 돼지우리 주변 쥐를 없애야 한다. 구충약으로는 diabendazole이 있다.

4. 톡소플라스마(*Toxoplasma gondii*)

*Isospora*속 원충이다. 고양이 장에 기생한다.

(1) 모 양

길이는 4~6 ㎛ 정도이고, 폭은 2~3 ㎛이다. 방추형으로 생겼다.

(2) 생활사

고양이 분변에 의하여 오염된 식품을 통하여 감염된다. 태반을 통한 감염도 이루어지는 것으로 생각되기 때문에 임신부는 특히 조심하여야 한다.

(3) 증 상

발열, 경련, 정신착란 등을 일으킨다. 태아가 감염될 경우 유산, 뇌장애, 실명, 육체 및 정신장애 등을 일으킬 수 있으므로 주의하여야 한다.

(4) 예방 및 치료

덜 익은 돼지고기를 먹지 말아야 한다. 고양이의 분변에 식품이 오염되지 않도록 조심한다.

5. 만손열두조충(Spirometra erinacei)

근육에 기생하는 기생충으로, 개나 고양이에게 기생하지만, 개구리, 뱀, 도마뱀 등에서도 발견된다. 뱀이나 개구리를 생식하거나, 또는 뱀의 껍질이나 근육으로 찜질(민간요법 가운데 하나)하는 경우에 감염된다. 근육 보다는 피하의 지방 조직에 더 잘 기생하는데, 감염부위에 따라서 다양한 증상이 나타난다. 심각한 경우 뇌에 감염되어 사망하는 경우가 있으며, 피하에 만져지는 종물이 있고, 개구리나 뱀 등을 생식한 경험이 있다면 의심해야한다.

5.6.3. 어패류로부터 감염되는 기생충

1. 폐흡충(*Paragonimus westermani*, lung fluke, 폐디스토마)

폐흡충은 한국, 일본, 중국, 동남아시아, 중남미, 아프리카 등에 퍼져 있다. 사람 외에도 개, 돼지, 고양이 또는 호랑이, 여우, 늑대 등 야생동물에도 기생하는 것으로 알려져 있다.

(1) 모 양

7~12×4~6×3~5 mm 정도이며 담홍색의 납작한 땅콩모양을 하고 있다.

(2) 생활사

가래를 통하여 배출된 충란은 물에서 미라시디움(miracidium)으로 발육하여 제1중간숙주인 다슬기에 들어간다. 다슬기 속에서 sporocyst(포자낭 유충), redia(레디 유충)를 거쳐 짧은 꼬리가 달린 cercaria(유미자충)가 된다. 이 cercaria는 물속을 헤엄쳐 다니다가 제2중간숙주인 가재나 민물 게에 들어간다. 가재나 게의 아가미, 내장, 살 속에서 metacercaria(피낭유충)이 된다. 가재나 게를 날로 또는 덜 익은 것을 먹으며 피낭유충은 십이지장에서 껍질을 벗은 후 장벽을 뚫고 복강, 횡경막, 흉막강을 지나 허파에서 성충이 된다. 허파에 자리 잡은 기생충은 10년 정도를 살 수 있다. 허파 이외의 장기에도 기생할 수 있으며 기생부위에 따라 흉부, 복부, 뇌부, 전신 폐흡충으로 구분된다.

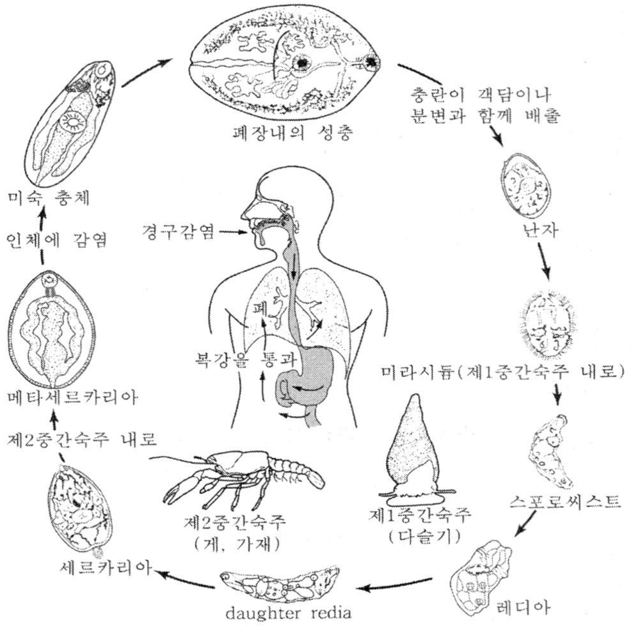

『그림 5-10』 폐흡충의 감염경로

(3) 증 상

기침과 혈담을 수반한다. 만성질환으로 폐결핵과 비슷한 증상을 보인다.

(4) 예방 및 치료

중간숙주인 가재나 민물 게를 날로 먹어서는 안 된다. 물을 끓여 마시고 함부로 가래침을 뱉어서는 안되며, 환자의 가래침은 철저히 위생 처리하여야 한다. 구충제는 bithionol 등이 있다.

2. 간흡충(*Clonorchis sinensis*, Chinese liver fluke, 간디스토마)

아시아 지역에 널리 퍼져있다. 우리나라의 5대 강 유역에 모두 분포되어 있으며 잉어, 붕어 등의 감염률이 매우 높다.

(1) 모 양

10~15×3~5 mm 정도이며 버드나무 잎 모양을 하고 있다. 편평하고 구흡반과 복흡반을 가지고 있다.

(2) 생활사

담도 내에 기생한 성충이 산란한 충란은 담즙과 함께 소장으로 나온 후 변과 함께 배출된다. 물에 들어간 miracidium은 제1중간숙주인 왜우렁이 등의 내부에서 sporocyst(포자낭 유충), redia(레디 유충)를 거쳐 짧은 꼬리가 달린 cercaria(유미자충)가 된다. 제1중간숙주에서 나온 cercaria가 제2중간숙주인 붕어, 잉어, 모래무치 등을 만나면 아가미나 피하조직을 뚫고 들어가 조직 내에서 metacercaria가 된다.

붕어나 잉어를 날로 먹을 경우 metacercaria는 소장에서 탈낭하여 담관으로 들어가 약 4주 정도 지나 성충이 된다. 성충의 수명은 약 5~10년 이상이다.

(3) 증 상

기생충의 감염 정도에 따라 그 증세가 다르게 나타난다. 심할 경우 간과 비장이 붓고 황달현상이 나타나며 빈혈, 배에 물이 차는 복수현상을 보이기도 한다.

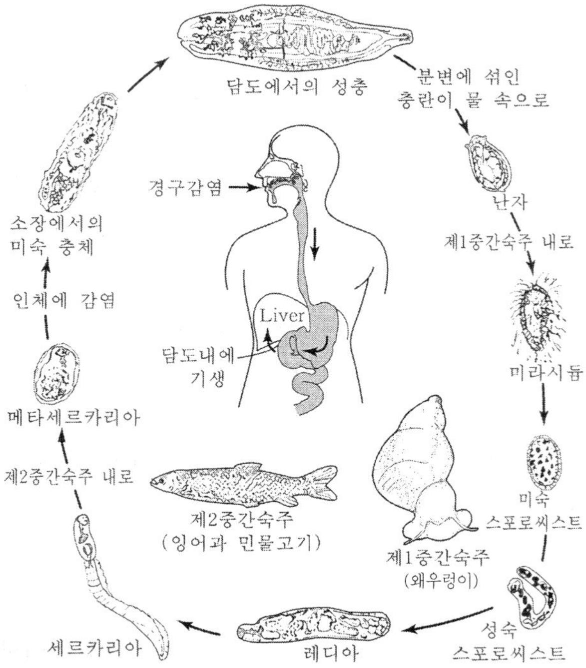

『그림 5-11』 간흡충의 감염경로

(4) 예방 및 치료

민물고기를 날로 먹으면 안 된다. 민물고기를 조리한 도마와 칼 등을 철저히 세척하고 손을 잘 씻는다. 인분을 위생적으로 처리하여야 하며, 오염지역에서는 물을 끓여 마셔야 한다.

구충약으로 chloroquin, praziquantel 등이 사용된다.

3. 요코가와 흡충(*Metagonimus yokogawai*)

우리나라 강의 전역에서 발견되며 중국, 일본, 시베리아 등에도 분포되어 있다. 폐흡충, 간흡충과 함께 우리나라 3대 흡충 중의 하나이다. 요코가와 흡충은 생선을 날로 먹는 개나 고양이 등에서도 발견된다.

(1) 모양

길이는 1.4 mm 정도이며 앞쪽은 좁으며 뒤쪽은 넓은 형태의 타원형이다.

(2) 생활사

소장에 기생하는 성충이 산란한 충란은 분변과 함께 배출된다. 물에서 충란은 miracidium으로 발육한다.

제1중간숙주인 다슬기에 들어간 miracidium은 sporocyst(포자낭 유충), redia(레디 유충)를 거친 다음 다슬기에서 나와 짧은 꼬리가 달린 cercaria(유미자충)가 된다. 물속을 헤엄쳐 다니다 은어와 같은 민물고기를 만나 근육 속에서 metacercaria가 된다. 민물고기를 생식하면 감염되고 소장점막에서 기생한다.

(3) 증 상

기생충의 개체수가 많을 경우 장점막을 손상시켜 장염, 혈변, 소화기 장애, 복통 등을 일으킨다.

(4) 예방 및 치료

은어 등 민물고기를 날로 먹어서는 안 된다. 민물고기를 조리한 도마와 칼 등을 철저히 세척하고 손을 잘 씻는다. 인분을 위생적으로 처리하여야 하며, 오염지역에서는 물을 끓여 마셔야 한다.

구충약으로 chloroquin, praziquantel 등이 사용된다.

4. 광절열두조충(廣節裂頭條蟲, *Diphyllobothrium latum*, 긴촌충)

긴촌충이라는 다른 이름을 가지며 북미주, 유럽 북부지역에 주로 분포한다. 우리나라에서는 동해안, 남해안 지역에서 산발적으로 감염 예가 있다. 성충은 약 3,000~4,000개의 마디로 연결되며 전체 길이는 3~10 cm에 이르며 회백색이다.

외계로 배출된 난자는 15~25℃ 물속에서 약 2주 후 6개의 갈고리를 가진 가는 섬모로 덮여있는 coracidium(50 ㎛ 크기)으로 되어 부화한 뒤 물속으로 나온다. 제1중간숙주인 물벼룩(copepods)에 섭취되면 약 2~3주 내에 procercoid(55×550 ㎛)까지 발육한다. 제2중간숙주인 송어, 연어 등이 물벼룩을 섭취하면 그 살속에서 plerocercoid(10×20×2~3 mm)가 된다. 이 plerocercoid가 있는 고기를 날로 먹을 때 유충은 소장에서 약 3주 후면 성숙해서 산란한다. 약 6년 이상도 살며 한사람에 1마리 또는 3마리까지 기생한다.

감염증상은 자각증세 없이 지나는 경우도 있으나 가장 많은 증세는 소화기장애로서 식욕의 감퇴 또는 이상항진, 복통, 설사, 위염, 신경증세, 영양불량, 구내염, 빈혈 등을 호소하게 된다. 그러나 빈혈이 될 경우 대개 악성형 빈혈이 되는데 그 원인은 충체의 독소에 의한다고 하나 긴촌충이 다른 조충들보다 10~50배로 비타민 B_{12}를 많이 흡수하기 때문인 것으로 알려져 있다.

예방법은 만연지대에 있는 중간숙주인 송어나 연어 등 생식을 금하고 반드시 익혀서 먹어야 한다. 고기살 속의 유충은 영하 10℃에서 24시간, 영하 50℃에서는 10분 이내에 사멸되고 고기를 말리거나 장에 조리면 죽는다. 충란은 2% formalin내에서 사멸된다.

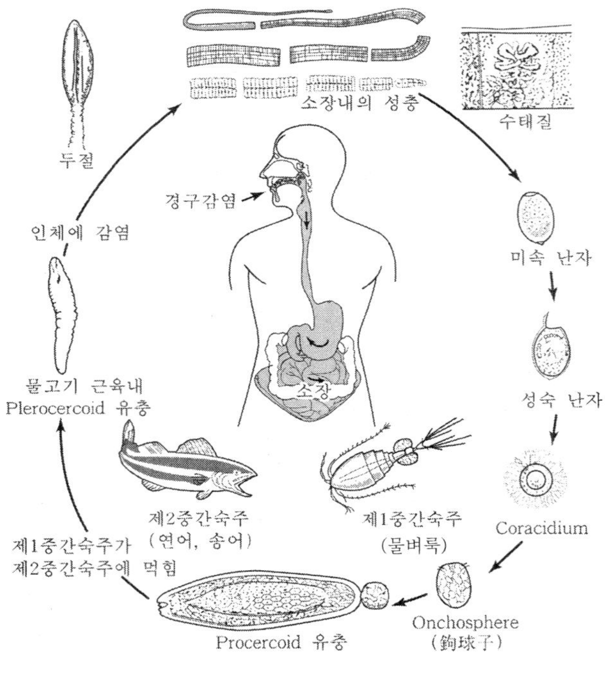

『그림 5-12』 광절열두조충의 감염경로

5. 아니사키스(*Anisakis* sp. 고래회충)

1955년 네덜란드에서 인체감염 11회의 보고가 처음 있었다.

회충상(Ascarodea) 중 Anisakinae에 속하는 것이 바다 포유동물에 기생하며, 인체에는 그 유충만이 보고되었다.

수컷 5~11 cm, 암컷 8~20 cm의 담홍색 선충으로 유충은 1~3 cm길이 이며, 앞 끝에 가시모양의 돌기(boriny tooth)가 있는 점이 특이하다.

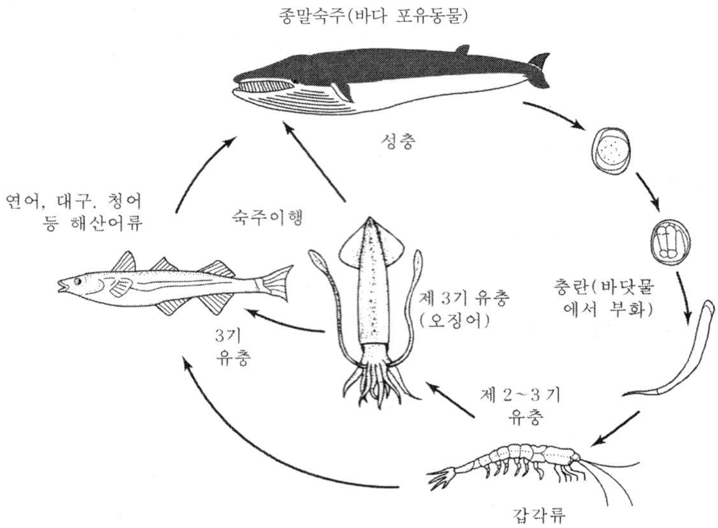

『그림 5-13』 Anisakis의 감염경로

고래, 돌고래, 실광어, 물개 등 바다서식 포유동물의 소화관에서 기생하면서 충란을 배출한다. 바닷물에서 부화된 유충(260~340 ㎛)은 제1중간숙주인 plankton에 들어간다. 이를 제2중간숙주(대구, 청어, 고등어, 조기, 오징어 등 해산어류)가 먹게 되면 그 소화관 또는 근육 등에서 cyst를 형성한다. 인체 감염은 3기 유충(2~3 cm) 까지 발육된 상태의 유충을 가진 제2중간숙주를 생식할 때 감염되며, 인두, 식도, 위, 소장점막층에 침입하여 유충상태로 병변을 일으킨다.

감염증상은 침범부위에 따라 다양하며 어류의 생식 후 2~6시간 내에 상복부 동통 및 불쾌감, 구토, 오심, 설사 등이 나타난다. 식도나 소화기 상부에 정착하여 육아성(肉芽性) 병변을 형성하면, 복통, 발열과 아울러 오심, 구토 등을 일으키고 충수염, 위궤양, 위암 등으로 오진되는 경우도 있다. 내시경상 국부에 발적, 부종 등이 나타난다.

예방법은 해산어류의 생식을 금하는 것이다. 유충은 70℃로 가열하면 죽고 −20℃로 냉각하면 5~6시간에 죽는다. 따라서 냉동처리는 감염 예방의 좋은 방법이 된다.

5.7. 위생동물

우리에게 직간접으로 피해를 끼치는 곤충과 동물을 위생동물이라 한다. 이 가운데 곤충은 지구상에서 70여 만 종 이상이 되는 가장 많은 종의 수를 갖고 있다. 적지 않은 곤충이 곡류나 기타 식품 등에 번식하여 직접적으로 식품을 손상시키거나 배설물, 사체 등으로 인하여 불쾌감을 일으키고 또는 각종 질병을 퍼뜨리는 원인이 되기도 한다. 또한 쥐와 같은 위생동물은 직접적으로 곡류나 그 밖의 식량을 먹어 없앰으로서 피해를 주며 간접적으로 쥐벼룩 등의 병원성 곤충을 옮기기도 하며 각종 식중독 균을 전파하고, 분변, 털 등을 남겨 불쾌감을 자아낸다.

5.7.1. 중요한 위생동물의 피해와 구제법

1. 쥐(rats)

쥐는 설치류에 속한다. 설치류는 앞니가 위 아래로 각각 1쌍씩 있는데 이들 이빨은 살아있는 동안 계속해서 자란다. 국내에는 20여 종의 쥐가 서식하고 있는데 이들은 주로 주거지역에서 살아가는 쥐와 산과 들에서 사는 쥐로 나뉜다. 이 가운데 식품위생에 문제가 되는 쥐는 곰쥐(*Rattus rattus*), 시궁쥐(*Rattus norvegicus*), 생쥐(*Mus musculus*)의 3종류를 들 수 있으며 이 가운데 시궁쥐는 집쥐라고도 말한다.

곰쥐는 시궁쥐보다 작아 성체의 무게가 250 g 정도 나가며 꼬리가 몸통보다 길다. 행동이 민첩하여 벽이나 관 등을 타고 잘 올라 다닌다. 시궁쥐는 곰쥐 보다 커 무게가 300~400 g 정도 나간다. 꼬리는 몸통보다 약간 긴 정도이며 굵은 편이다. 야행성이며 쓰레기장, 하수구, 화장실, 부엌 등에서 볼 수 있다. 음식 찌꺼기, 곡물, 곤충 등을 먹으며 헤엄도 곧잘 친다. 생쥐는 크기가 가장 작으며 무게는 약 50 g 정도 나간다. 꼬리가 몸통에 비하여 매우 길며 조그마한 틈만 있어도 쉽게 침투하여 아무 곳에서나 둥지를 만든다.

피해를 보면 쥐는 전선, 목재, 비누 등 모든 것을 쏠아내는데 이는 계속 자라는 이빨을 마모시키기 위한 것이다. 또한 먹을 것이 부족할 경우 자고 있는 어린아이들을 직접 공격하기도 한다. 쥐가 감염하는 질병은 여러 가지가 있다. 이 가운데 세균성 질병은 페스트, 와일병(leptosprirosis), 장티푸스, 이질, 살모넬라 등이 있으며, 리케챠성 질병은 발진열, 쯔쯔가무시병 등이 있고, 바이러스성 질병으로 유행성 출혈열 등이 있다.

쥐의 구제법으로는 서식환경을 깨끗하게 하여 쥐가 먹을 것이 없도록 하고 쥐가 침입할 수 없도록 건물관리를 철저히 한다. 비교적 독성이 약한 쥐약으로 와파린(Wafarin)을 들 수 있는데 며칠 동안 계속 먹을 경우 장기 내 출혈로 죽게 된다. 그밖에 독성이 강한 쥐약을 사용할 경우 약품의 취급이나 죽은 쥐 처리에 주의하여야 한다. 창고나 곡물 운반선 등은 밀폐한 상태에서 유황을 이용하여 훈증할 경우 효과를 볼 수 있다.

『그림 5-14』 쥐

『그림 5-15』 파리

2. 파리(flies)

중요한 파리를 분류하면 집파리과(*Muscidae*), 검정파리과(*Calliphoridae*), 쉬파리과(*Sarcophagidae*) 등이 있다. 파리는 알, 구더기, 번데기, 성충으로 단계로 바꾸어지면서 완전변태를 한다. 알에서 성충까지 기간은 종류에 따라 다소 차이가 있으나 2~3주 정도 소요된다. 수명은 계절 및 종류에 따라 차이가 있으며 대략 20~50일 정도이다.

위생상 파리가 문제되는 것은 산란과 구더기의 생육장소가 쓰레기, 재래식 화장실, 동물의 사체 등 대부분 불결한 장소이기 때문이다. 또한 성충이 된 파리는 음식뿐만 아니라 사람과 동물의 변, 고름, 뇨 등도 섭취하고 반고체성 먹이를 취할 때 소낭의 내용물을 토하는 습성이 있으며 발과 날개 등이 병원체 운반에 적합한 구조로 되어 있기 때문이다.

파리가 매개하는 질병은 분변을 통하여 이질, 콜레라, 장티푸스, 파라티푸스 등 주로 소화기계 감염병과 살모넬라 식중독 등이며 그밖에도 기생충, 결핵, 나병, 화농성 질환 등 파리는 수많은 질병과 관계하고 있다.

파리를 구제하는 방법은 환경위생개선을 통하여 파리의 발생원을 원천적으로 없애는 것이 효과적이다. 그밖에 pyrethrin, diazinon과 같은 살충제 등을 사용할 수 있으며 기생벌과 같은 천적을 이용하기도 한다.

3. 진드기(tick & mite)

절지동물로 민물, 흙, 식물은 물론 동물의 몸 안팎에 기생한다. 동물의 코, 눈썹, 폐, 위 등 몸속 깊은 곳에서도 살 수 있다. 크기에 따라 tick와 mite로 구분되는데 tick는 1~2 cm 정도의 타원형 모양을 하고 있으며 mite는 1 mm 정도로 작지만 먼지 진드기와 같은 것은 이보다 더 작아 현미경을 통하여 볼 수 있을 정도이다. 4쌍의 다리를 가지고 있다.

진드기의 증식환경은 20℃ 이상의 높은 온도와 75% 이상의 상대습도에서 잘 번식한다. 그러나 10℃ 이하가 되면 증식하지 못하고 70℃ 이상의 온도에서는 사멸한다. 식품의 수분함량이 13% 이하일 경우에는 잘 증식하지 못하므로 식품을 잘 건조하고 방습 밀폐포장할 경우에는 진드기의 피해를 막을 수 있다.

진드기류에는 곡류, 된장, 치즈, 건조과일 또는 설탕 등에서 발견되는 가루 진드기 종류가 있는데 여기에는 긴털가루 진드기, 설탕 진드기, 보리가루 진드기, 수중다리가루 진드기 등이 해당된다. 이불, 요, 베개, 다다미, 옷, 집안 먼지 등에서 발견되는 먼지 진드기는 천식 등을 일으키는 알러지의 원인이 되기도 한다.

곡식 저장창고 등에는 인화수소, methylbromide, chloropicrin 등을 태우는 훈증살균법이 유효하다.

『그림 5-16』 진드기

『그림 5-17』 바퀴벌레

4. 바퀴벌레(cockroach)

세계적으로 3,500여종 이상이 있으며 우리나라에는 9종정도가 있으며 가장 흔한 것은 독일바퀴, 검정바퀴, 일본바퀴, 미국바퀴 등이다. 바퀴벌레는 현존하는 날개달린 곤충 가운데 가장 오래된 것으로 약 3억2천 만 년 전부터 지구상에 생존하여 온 화석곤충이다. 수컷은 보통 2쌍의 날개를 가지며 암컷은 없거나 흔적만을 가진다.

바퀴는 돌출된 알주머니에 알을 넣고 다니는데 부화된 유충은 5~6차례의 탈피과정을 거쳐 성충이 되는 불완전 변태를 한다. 성충의 시기는 6개월에서 1년 6개월 정도인데 이는 종류에 따라 달라진다.

바퀴는 어둡고 습하며 따뜻한 곳을 좋아하여 열대지방이나 아열대지방에서 흔히 볼 수 있다. 해로운 바퀴는 얼마 되지 않으나 종에 따라서 상당한 해를 주며 불쾌감을 일으킨다. 온대지방의 경우 겨울철 난방이 이루어지면서 바퀴는 집안에서 상주하는 해충이 되었다.

바퀴는 잡식성으로 분변, 비듬, 음식 찌꺼기, 오물 등은 물론 우리가 먹는 음식 등도 닥치는 대로 먹는다. 또한 그 배설물은 식품과 식기 등을 오염시킨다.

바퀴에 의한 피해는 알레르기 유발, 각종 병원성 세균, 기생충, 바이러스 등을 식품에 옮겨 오염시킴으로써 각종 질병을 일으킨다.

바퀴 방제는 철저한 위생상태가 중요하다. 즉 바퀴가 발생하기 쉬운 장소의 청결과 특히 음식 찌꺼기 등이 남아있지 않도록 하며 어두운 옷장 구석 같은 곳을 철저히 청소한다.

밀폐된 창고 등에는 chloropicrin, 이황화탄소 등을 태우는 훈증 살균법도 효과적이다. 붕산분제를 살포하면 저렴하면서 효과적으로 바퀴를 구제할 수 있다. 그밖에 아비산소다, phenothiazine 등을 사용하는 방법도 있다.

요 약

감염병은 병원성미생물이 사람에게 전파되는 질병이며, 제1군~제5군, 지정감염병 등으로 분류된다. 제1군에는 콜레라 등(6종)이 있다.

경구감염병은 입을 통해 감염되며, 세균성 이질(적리)의 병원체는 이질균(*Shigella*)이고, 4종이 있는데 그 중 A형(*Shigella dysenteriae*)이 가장 악성이며, 항생제에 내성을 갖는다. 증상으로 오한, 발열, 복통, 설사(수양성, 점액성, 점혈성)를 한다. 우리나라 토착 감염병인 장티푸스의 병원체는 *Salmonella typhi*이며, 지속적인 고열과 두통 등을 보이며, 항생제 치료가 가능하지만 항생제 내성 결과를 확인해야 한다. 병원체가 *Salmonella paratyphi*인 파라티푸스는 장티푸스와 비슷한 증상을 보인다. 콜레라는 위와 장에 감염된 세균이 장간독(enterotoxin)을 생성, 극심한 설사와 탈수증상을 보인다. 병원체는 *Vibrio cholera*이며 최근 유행하는 *Vibrio cholera* O1 EL Tor형은 고전 콜레라균의 변형체이며 예방접종은 효과가 없다. 이들의 공통적인 감염원은 보균자의 분변에서 파리, 오염된 손 등이며 우리나라에서는 해산물을 날것으로 먹어 1차감염을 일으키는 경우가 많다. 장출혈성 대장균 감염증(EHEC)은 병원체는 *E. coli* O157:H7이고 독성(verotoxin)이 있어 용혈성 요독증후군, 혈전성 혈소판 감소성 자반증을 나타낸다. 감염경로는 오염된 쇠고기가 주요 감원원이다. 예방접종은 불가능하며 요독증후군일 경우 혈액투석을 해야 한다. 간세포의 손상으로 염증이 생긴 간염 중 우리나라에서 많이 발생하는 것은 A, B, C형이며 RNA 바이러스로 인한 A형간염(급성간염; 1종), C형간염(만성화 경향이 B형보다 높아 결국 만성간염→간경변→간암으로 진행; 지정)과 DNA 바이러스로 인한 B형간염(만성간염; 2종)이 있다. 폴리오(Poliomyelitis; 급성회백수염, 소아마비)의 병원체는 신경 친화성의 회백수염 virus(Poliomyelitis virus)이며, 간혹 일어나는 근육의 마비는 1~2주 후 회복기를 지나 반년이 지나도 계속적인 마비상태이면 영구화되기 쉽다.

호흡기계 감염병은 환자나 보균자의 콧물, 가래 등을 통해 감염된다. 결핵은 인축공통감염병으로 병원체는 *Mycobacterium* 속 세균이다. 신체 거의 모든 부분에 침범할 수 있는 감염병으로, 감염부위에 병변(염)을 일으키며, 특히 폐에 많이 감염된다. BCG접종으로 예방한다. 디프테리아(*Corynebacterium diphtheriae*)는 환자 또는 보균자의 분비물에 의해 감염되기도 하는 경구감염병 이기도 하다. 사람에게만 전염되며 독소를 만들어 조직을 파괴하며 예방접종(파상풍, 백일해 혼합백신)이 효과적이다. 백일해도 세균성(*Bordetella pertussis*)으로, 세균이 독소와 항원을 만들어낸다. 주로 영아에게 문제가 되는 병으로 기침(숨쉴 때마다 기침을 함)이 심해지면 사망할 수 있다. 홍역은 전 세계에서 발생하는 어린이 호흡기 질병으로, 발열, 기침, 콧물 등의 증상을 보이고 합병증으로 중이염, 폐렴, 장염, 뇌염 등이 발생할 수 있다. RNA 바이러스가 병원체로, 사람이 유일한 숙주이고 환자나 보균자와의 호흡 또는 접촉을 통해 전염되며, 볼거리와 풍진 혼합 백신을 예방접종한다. 인플루엔자는 독감이라 부르는 급성 호흡기 감염병이다. 스페인독감(H1N1), 아시아독감(H2N2), 홍콩독감(H3N2), 조류독감(H5N1)등이 있다. 예방접종을 하나 새로운 변종이 나타나 예방효과가 없을 수 있다. 중증 급성호흡기 증후군(사스)는 심한 고열과 호흡곤란 증세를 보이며 21세기에 들어 나타난 신종 감염병이다. 병원체는 SARS-Corona virus(SARS-CoV)이다. 신종플루 A(H1N1) 바이러스는 명확한 전파경로는 알 수 없으나, 식품으로는 전파되지 않으며, 70도 이상 가열조리하면 바이러스는 사멸된다. 조류인플루엔자(AI)는 가금류와 야생조류에서 생기는 virus이며 분변에 의해 감염된다. 아시아 지역 AI는 혈청형이 H5N1이며 고병원성으로 가금류 조류인플루엔자 집단 발생의 원이다. 변종이 다양해 백신을 만들기 어렵다.

곤충 매개 감염병은 페스트(흑사병)는 세균성 감염병으로 야생 쥐가 병원소이며, 병원체는 *Yersinia pestis*이다. 말라리아(학질)는 원생동물(*Plasmodium*속)이 일으키는 질병으로 얼룩날개 모기가 원인이고, 발진티푸스는 몸의 이가 옮기는 질병으로 병원체는 리케차(*Rickettsia prowazekii*)이다. 비위생적 환경에서 발생한다.

인축공통감염병은 사람과 동물이 동시에 걸릴 수 있는 전염병으로, 탄저(Anthrax)는 일반적인 소독 등에 의해 사멸되지 않으며 감염된 가축 및 야생 초식동물과 접촉, 오염된 육류 섭취 및 포자흡입 등에 의해 감염된다. 병원체는 *Bacillus anthracis*로 피부탄저, 흡입탄저, 소화기 탄저로 구분된다. 브루셀라증(파상열)는 세균성 감염병으로 주로 소, 돼지, 염소, 양, 개 등이 병을 옮기며 병원체는 *Brucella arbotus*(소), *B. suis*(돼지) 등이 원인세균이다. 공수병(광견병)은 virus 감염병으로 주로 가축이나 야생동물에 물려 감염된다. 유행성 출혈열(HFRS)은 등줄 쥐와 집쥐가 주원인으로 병원체는 한탄바이러스(Hantaan virus)이다. 야외 활동 시 풀숲에 들어 눕거나 옷가지를 벗어놓지 않도록 한다. 야토병(Tularemia)은 세균성(*Pasteurella tularensis*) 감염병으로 설치류 특히 산토끼, 들쥐, 다람쥐들 사이에 자연 감염되는 일종의 유행병이며 장티푸스와 같은 열성증상을 나타낸다. Q열은 rickettsia 감염병으로, 잠복기를 거쳐 두통, 권태, 38~40℃의 고열과 함께 오한을 일으킨다. 리스테리아증은 병원체가 *Listeria monocytogenes*로 수막염, 패혈증, 자궁내막염 등이 발생하며 광우병의 병원체는 변형 프리온 단백질로, 소해면상뇌증(BSE)라고도 부르며 소의 고기 또는 그 가공물(뇌, 척수, 내장, 등꼴뼈 등-이를 SRM이라 함)을 먹은 인간에게 있다고 여겨지고 있다. 인간광우병은 변형 크로이츠펠트-야콥병(vCJD)이다.

채소 감염 기생충은 5가지로 최종숙주는 사람이다. 이들 기생충의 생활사는 토양 중에 충란(회충알)으로 오염되어 자충포장란(성숙란)으로 발육되어 인체(경구감염)에 들어와 소장 내에서 유충으로 부화, 심장통과 후 폐로 이행, 소장에서 성충으로 정착한다. 회충은 전 세계에 분포하고 있으며 우리나라의 경우 화학비료가 널리 사용되고 나서부터 감염률이 급격히 낮아져 현재는 0.05% 이하이며 요충은 어린이가 많이 감염되고 충란이 건조되어도 생존가능성이 높기 때문에 침구, 놀이방, 손톱, 지폐 등에서도 발견되며 특징적인 증상은 항문가려움증이다. 구충은 입 주위에 치아와 같은 흡착기를 가지고 있어 장점막에 붙어 기생하며, 인체에 기생하는 구충에는 두비니 구충(십이지장충)과 아메리카 구충이 있다. 감염경로는 경구감염과 경피감염이 있다. 인분을 비료로 사용하던 시절, 여름철에 상추 등을 먹고 증상이 나타나 채독증이라고도 불리기도 하였다. 편충은 토양매개성 기생충이다. 주로 경구적으로 감염을 일으킨다.

육류로부터 감염되는 기생충은 5가지 종류가 있으며 무구조충(민촌충)은 쇠고기를 덜 익혀 먹거나 날로 먹는 지역에 많으며, 유구조충(갈고리촌충)은 돼지고기를 날로 또는 덜 익은 것을 먹는 지역에서 발견된다. 선모충은 쥐, 개, 돼지 등에 존재하며, 사람의 경우는 돼지를 통하여 감염된다. 톡소플라스마는 고양이 장에 기생하며(사람은 종말숙주가 아님) 분변에 의하여 오염된 식품을 통하거나 덜 익은 돼지고기를 먹고 감염된다. 만손열두조충은 근육에 기생하는 기생충으로 개, 고양이에게 기생하지만, 개구리나 뱀, 도마뱀 등에서도 발견된다.

어패류 감염 기생충은 미라시듐(miracidium) 형으로 제1중간숙주감염, 내부에서 스포로씨스트(sporocyst;포자낭 유충), 레디아(redia; 레디 유충), 세르카리아(cercaria; 유미자충)로 발달해 제2중간숙주를 거쳐 메타세르카리아(metacercaria; 피낭유충) 형태로, 최종숙주인 사람에게 도달하는 공통적인 감염경로를 보인다. 폐흡충(폐디스토마)의 제1중간숙주는 다슬기이고 제2중간숙주인 가재나 민물 게에게 기생한다. 폐에 자리를 잡은 기생충은 10년 정도를 살 수 있다. 허파 이외 장기에도 기생할 수 있다. 간흡충(간디스토마)의 제1중간숙주는 왜우렁이, 제2중간숙주인 붕어, 잉어 등이며, 황달이나 복수현상을 일으킨다(담도, 간에 기생). 요코가와흡충은 제1중간숙주인 다슬기에 들어간 후 제2중간숙주인 민물고기(은어)를 만나 metacercaria가 되며, 장염, 혈변, 소화기장애 등을 일으킨다(소장점막에 기생). 광절열두조충(긴촌충)은 제1중간숙주인 물벼룩이 섭취 후 제2중간숙주인 송어, 연어 등으로 옮겨진 후 plerocercoid 형으로 인체에 감염(주로 소장), 소화기장애를 일으킨다. 아니사키스(고래회충)는 제1중간숙주인 plankton에 들어가고 이것을 제2중간숙주인 해산어류가 섭취 후 소화관과 근육 등에서 cyst를 형성하여 식도, 소장점막층 등으로 감염되며 구토, 오심, 설사 등이 나타난다. 아니사키스의 종말 숙주는 포유동물(사람이 아님)이다. 공통적인 예방법으로는 민물고기나 해산어류의 생식을 금하며, 조리할 때의 위생적 처리가 중요하고 물은 끓여 마시도록 한다.

우리에게 직간접으로 피해를 끼치는 곤충과 동물 등을 위생동물이라 하며, 설치류인 쥐는 페스트(흑사병), 와일병(렙토스피라증), 장티푸스, 세균성 이질, 살모넬라증, 발진열, 쯔쯔가무시병, 유행성출혈열 등의 질병을 옮긴다. 파리는 세균성 이질, 콜레라, 장티푸스, 파라티푸스, 살모넬라 식중독과 기생충, 결핵, 나병, 화농성 질환 등과 관계가 있다. 진드기는 천식 등의 알러지를 유발하며, 20℃ 이상의 높은 온도와 75% 이상의 습도에서 잘 번식하나 10℃ 이하 70℃ 이상의 온도에서는 증식되지 못한다. 바퀴벌레는 세계적으로 3,500여종으로 알려져 있으며, 그 중 소형의 독일바퀴는 가주성 바퀴의 대표적으로 세계전역에 분포하고 있다.

6장 식품첨가물

식품은 영양소를 함유하며 위생적으로 안정하고 기호적인 면도 충족시켜 주어야 한다. 예부터 식품의 가공 건조, 염장, 냉장, 발효 등 여러 가지 처리법이 사용되고 있는데 식품의 원료인 동·식물체의 특징을 발휘시켜 향기, 맛, 색깔 기타 식감을 높여주고 있다.

근래에는 생활수준의 향상과 더불어 가공식품의 수요가 증대되고 있는데 특히 고영양식품, 기호식품, 인스턴트식품 등이 다량으로 생산, 공급되고 있다. 식품공업의 발달과 더불어 식품의 상품적 가치가 영양적 가치 및 위생적 가치를 높이거나 식품의 제조, 가공을 위해 첨가물의 사용량이나 사용빈도는 점차 증가되고 있다.

현대의 식생활에서 필수 불가결의 요소로 되어가고 있는 식품첨가물에 대한 법적 규제사항과 기타 전반적인 문재에 대하여 살펴보고자 한다.

1. 식품첨가물의 정의

식품첨가물은 식품의 조리·가공 또는 제조과정에서 식품의 상품적, 영양적, 위생적인 가치를 향상 시킬 목적으로 첨가되는 물질로서 오늘날 가공식품과 인스턴트식품 등의 소비량 증가와 더불어 식품첨가물의 이용은 점차 증가추세에 있다.

우리나라 식품위생법에서는 식품첨가물을 "식품을 제조·가공 또는 보존함에 있어 식품에 첨가, 혼합, 침윤 기타의 방법으로 사용되는 물질을 말한다" 로 규정하고 있으며 세계보건기구에서는 "식품의 외관, 향미, 조직 또는 저장성을 향상시키기 위한 목적으로 식품에 의도적으로 보통 미량으로 첨가되는 비영양물질" 로 정의하고 있다.

이와 같이 식품첨가물은 식품의 구성성분 이외의 성분으로서 뚜렷한 사용목적, 즉 식품의 부패지연 및 방지, 품질개량, 보존성 향상, 식욕증진, 영양강화 및 위생적 가치향상 등을 위해 의도적으로 사용되는 물질로 규정하고 있다.

2. 화학적 합성품

화학적 합성품이란 화학적 수단에 의하여 원소 또는 화합물에 분해반응 이외의 화학반응을 일으켜 얻은 물질을 말한다.

화학적 수단이란 효소나 세균 또는 동물에 의한 과정 등은 제외된다고 보며 화학적 수단 중에서 분해반응은 제외되고 있지만 이의 보충으로 합성반응을 크게 해석할 수 있는데, 즉 산화, 환원, 축합, 중합, 치환은 물론 중화도 포함하며 입체구조의 변화도 모두 화학적 합성으로 해석되어야 할 것으로 본다.

또한 자연계의 동·식물을 원료로 하여 화학물질을 제조할 때 전 제조공정 중에서 한번이라도 합성반응이 행해지면 그 전후의 반응이 분해반응일지라도 이 물질은 화학적 합성품으로 취급된다.

첨가물의 제조는 ① 리보오스에서 리보플라빈을 만드는 것과 같은 순합성법, ② 포도당과 암모니아로부터 L-글루타민나트륨을 얻는 반합성법, ③ 원유로부터 증류하여 유동파라핀을 얻는 비합성법의 세 가지로 대별할 수 있다.

3. 화학적 합성품의 지정

우리나라에서 처음으로 식품첨가물을 법적으로 규제하게 된 것은 1962년 1월 20일에 식품위생법(법률 제1007호)이 제정 공포되어 이 법에 의하여 1962년 6월 12일에 식품위생법시행령(각령 제811호)에 217개 품목의 화학적 합성품이 지정된 때부터이다.

그 후 그 수는 조금씩 증가하여 1999년 2월 현재 550품목에 이르고 있다.

이 중에는 화학적 합성품이 아닌 천연물질도 다수 포함되어 있는데 이는 그 물질의 규격기준을 정하여 품질관리를 하기 위해서 지정한 것이다.

국가는 식품의약품안전처 고시로 정한 화학적 합성품 이외의 화학적 합성품과 이를 함유한 제제를 식품의 첨가물로 사용하거나 이를 함유한 식품을 판매하거나 판매의 목적으로 제조, 수입, 사용, 조리, 저장 또는 운반하거나 진열하지 못하게 제한하고 있다.

이는 식품에 첨가물로 사용할 수 있는 화학적 합성품을 정부가 엄격히 통제하여 위생상 안전하거나 첨가물로서의 사용에 적합한 것만을 선정하여 사용하게

함으로써 일반식품제조업자가 임의로 어느 물질이나 사용함을 금지시키는데 목적이 있다.

허가품목 공시방식(permitted list system, positive list system)을 채택하여 현재 550종이 지정되어 있지만 필요에 따라 증감되고 있는데 이미 지정되어 있는 물질 중에도 재검토한 결과 위생상 유해함이 판명되거나 안전성이 보장되지 않는다고 인정될 때에는 이를 삭제하며, 새로운 합성품으로 위생상 안전하며 식품에 첨가물로서의 사용이 필요하다고 인정될 때에는 이를 지정한다. 지정된 화학적 합성품에 대하여 위생상의 품질 규격 및 적정한 사용을 위해 규격기준을 정하고 있다.

4. 식품첨가물의 규격 및 기준

식품의약품안전처장이 지정한 화학적 합성품이나 천연품 중에는 그 자체는 완전 무해하더라도 불순물 또는 기타 유해물이 혼입되어 있으면 위생상 위해를 일으킬 수 있으므로 첨가물의 성분 규격이 정해져 있다. 또한 사용기준, 제조기준을 정하여 사용목적, 사용 대상 식품, 사용량 등을 규제하고 있으며, 보존 시 주의가 필요한 것은 보존기준을 규정하고 있다. 사용기준은 식품첨가물의 1일 섭취허용량(ADI), 식품의 섭취량, 유효농도 등을 고려하여 결정하며, 안전성이 큰 식품첨가물에는 사용기준이 정해져 있지 않다.

모든 식품첨가물에는 표시기준이 규정되어 있어 식품첨가물이라는 표시뿐 아니라 명칭, 제조장소, 제조업소명이나 수입업소명, 제조연월일 등을 표시해야 하며, 사용방법이나 보존기준이 정해진 첨가물에 대하여는 사용방법이나 보존방법도 표시해야 한다. 식품첨가물 제제도 식품첨가물처럼 표시를 해야 한다. 즉 착향료 이외의 식품첨가물을 함유한 혼합제제의 경우 혼합된 화학적 합성품의 명칭과 함량(%)을, 천연 색소 제제의 경우 색가를 표시해야 한다. 이와 같은 식품첨가물 및 혼합제제 표시는 용기나 포장지의 보기 쉬운 곳에 한글로 기재해야 하고, 표시가 기제된 용기나 포장 위에 다시 포장을 하는 경우에는 투명한 포장을 하여 표시를 쉽게 투시할 수 있게 하거나 외포장에 다시 기재하도록 정해져 있다.

5. 식품첨가물 공전

보건복지부장관은 식품첨가물 공전을 작성하여 필요한 기준과 규격이 정하여진 첨가물에 관하여 해당 기준과 규격을 수록하여야 한다고 식품위생법에 규정되어 있다.

첨가물에 대한 기준(사용기준, 표시기준, 보존기간, 제조기준 등)과 규격을 수록한 것을 식품첨가물 공전이라 하는데 작성이유는 첨가물의 적정한 사용을 널리 일반에게 주지시키기 위함이며 오차방지를 위해 보건복지부장관만이 작성할 수 있다.

여기에는 첨가물의 규격기준 이외에 시험법 등이 수록되어 있는데 우리나라에서는 1973년 11월에 처음 발행되었다.

식품첨가물 공전은 제1. 총칙, 제2. 품목별 규격 및 기준, 제3. 일반시험법, 제4. 시약·시액·용량분석용 표준용액 및 표준용액, 제5. 제조기준, 제6. 식품첨가물의 일반 사용기준의 6개의 장으로 구성되어 있다.

6.1. 식품첨가물 각론

6.1.1. 보존료(chemical preservatives)

보존료(chemical preservatives)는 식품의 부패나 변질을 방지하기 위하여 사용되는 식품첨가물이며 식품의 신선도를 유지하는 물질로 보통 방부제라고 불리 운다. 이러한 보존료는 식품 중에서 식품의 부패나 변질의 원인이 되는 미생물을 사멸시키거나 그 증식을 억제하는 작용이 있어서 그 사용 목적은 살균료와 같지만 식품에 대한 보존기구는 살균작용보다는 부패 미생물에 대한 정균작용이나 효소의 발효작용 억제에 있다. 보존료는 식품의 풍미나 외관 등을 거의 손상시키지 않으면서 그 화학 구조와 미생물의 생리적 특질에 의하여 각각 특정한 세균에 대해서 그 효력을 발휘하게 된다.

보존료의 구비 조건으로서 미생물에 대한 작용이 강하고 지속적이어서 미량의 첨가로 유효해야 하고 식품에 대해서는 악영향을 주지 않아야 한다. 또한 인체에 무해하거나 독성이 아주 낮아야 하고 장기적으로 사용하여도 해가 없어야 한다. 그러나 이러한 조건을 모두 만족시키는 이상적인 보존료는 거의 없다. 미생물의 세포벽을 파괴하고 원형질과 반응하며 효소 단백질을 변질시킴으로써 미생물을 사멸시키거나 발육을 저해하는 점으로 보아 당연히 인체를 구성하는 세포에도 작용할 것이므로 사람에 대해서도 다소의 독성이 있는 것은 인정해야 한다. 따라서 비록 허용된 보존료라고 하더라도 그 독성과 식품의 섭취량과 빈도 등을 고려하여 식품에 첨가하는 양을 규정하고 그 사용기준이 마련되어 있다. 우리나라에서 허가된 보존료의 종류와 그 사용기준은 표 6-1과 같다.

『표 6-1』 보존료의 종류와 그 사용기준

보존료	사 용 기 준
데히드로산나트륨 (sodium dehydroacetate)	데히드로초산으로서 • 치즈, 버터, 마가린 0.5 g/kg 이하
소르빈산(sorbic acid) 소르빈산칼륨(potassium sorbate) 소르빈산칼슘(calcium sorbate)	소르빈산으로서 • 치즈 3 g/kg 이하(프로피온산염과 병용시는 사용량의 합계가 3 g/kg 이하) • 식육가공품(포장육, 양념육류, 분쇄가공품, 갈비가공품 제외), 경육제품, 어육가공품, 성게젓, 땅콩버터, 모조치즈, 저지방 마가린 2.0 g/kg 이하 • 농축과즙, 잼류, 마가린류, 드레싱, 망고처트니, 당류가공품, 염분함량 8% 이하의 젓갈류, 된장, 고추장, 춘장, 어패건제품, 팥 등 앙금류, 절임류(식초절임 제외), 알로에겔, 플라워페이스트 1 g/kg 이하 • 건조과실류, 토마토케첩, 식초절임, 당절임(건조당절임 제외) 0.5 g/kg 이하 • 발효음료류(살균한 것은 제외) 0.05 g/kg 이하 • 과실주 0.2 g/kg
안식향산(benzoic acid) 안식향산나트륨(sodium benzoate) 안식향산칼륨(potassium benzoate) 안식향산칼슘(calcium benzoate)	안식향산으로서 • 과실 · 채소류 음료(비가열품 제외), 탄산음료, 기타음료, 인삼음료, 간장 0.6 g/kg 이하 • 알로에겔 0.5 g/kg 이하 • 망고처트니 0.25 g/kg 이하 • 마가린류, 잼류, 오이초절임, 마요네즈 1 g/kg 이하
프로피온산(propionic acid) 프로피온산나트륨(sodium propionate) 프로피온산칼슘(calcium propionate)	프로피온산으로서 • 빵, 케이크류 2.5 g/kg 이하 • 치즈 g/kg 이하(소르빈산 및 소르빈산염과 병용 시는 사용량의 합계가 3.0 g/kg 이하) • 잼류 1.0 g/kg 이하(병용 시는 합계가 1.0 g/kg 이하)
파라옥시안식향산에틸 (ethyl *p*-hydroxy benzoate) 파라옥시안식향산메틸 (methyl *p*-hydroxy benzoate)	파라옥시안식향상으로서 • 캅셀류 1.0 g/kg 이하 • 간장 0.25 g/L 이하 • 식초 0.1 g/L 이하 • 과실음료, 채소류 음료(기타 음료, 인삼음료, 홍삼음료) 0.1 g/kg 이하 • 소스류 0.2 g/kg 이하 • 과실, 채소(표피부분에 한함) 0.012 g/kg 이하 • 잼류 1.0 g/kg 이하 • 망고처트니 0.25 g/kg 이하

1) 데히드로초산나트륨

데히드로초산나트륨(sodium dehydroacetic, DHA-S)은 백색의 결정성 분말로서 냄새가 없거나 조금 냄새가 있다. 물에 녹으며(33 g/mL), 알코올에 약간 녹고, 에테르에는 녹지 않는다. 수용액은 중성~미알칼리성이며 햇빛이나 열에 비교적 안정하다. LD_{50}=0.57 g/kg(쥐)로 비교적 독성이 강한 것으로 인정되며 만성 중독에 대한보고도 있다.

산성~중성에서 효과를 나타낸다. 음식물에 잘 나타나는 세균, 곰팡이, 효모 등 각종 미생물의 발육을 저지한다.

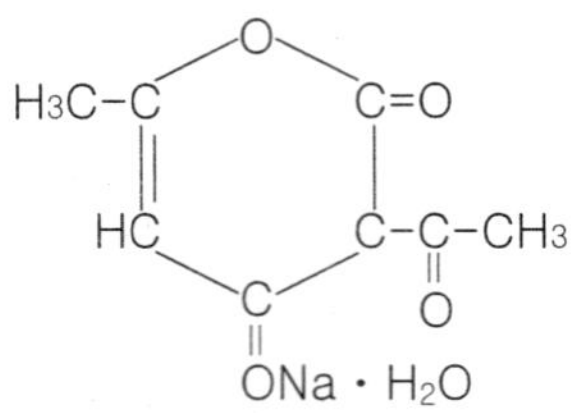

Sodium dehydroacetate

2) 소르빈산(sorbic acid)과 그 염

소르빈산(sorbic acid)은 백색의 결정성 분말로 자극적인 냄새가 약간 있는 듯하다. 광선과 열에 안정하나 공기 중에 오랫동안 방치하면 산화되어 착색되기 쉽다. 또한, 물에 녹기 어려우나 더운물, 알코올 등에는 비교적 잘 녹는 편이다. 소르빈산은 독성이 낮기 때문에 보존료 중에서 안전성이 높아 활용도가 높고, 섭취된 소르빈산은 생체내에서 다른 불포화지방산들과 같이 대사된 것으로 알려져 있다. 소르빈산칼륨염은 소르빈산보다 물에 잘 녹으며 공기 중에 방치하면 흡습성이 있다. 각종 미생물에 대하여 정균작용을 하나 그 작용이 강하지 않으며 다른 산성 방부제와 마찬가지로 산성용액에서 그 작용효력이 증대된다. 독성은 경구적으로 흰쥐에 대하여 LD_{50}=10.5 g/kg이며 K염은 LD_{50}=5.86 g/kg이다.

Sorbic acid	CH_3-CH=CH-CH=CH-COOH
Potassium sorbate	CH_3-CH=CH-CH=CH-COOK

3) 안식향산(benzoic acid)과 그 염

안식향산(benzoic acid)은 결정성 분말로서 승화성이 있고 물에는 잘 녹지 않으나 유기용매나 지방용매에 잘 녹는다. 안식향산나트륨은 물에 잘 녹으며 공기 중에서도 안전하다. 안식향산은 정균작용과 살균작용을 동시에 가지고 있으나 살균작용은 약하다. 안식향산은 pH에 대한 영향이 크기 때문에 pH 2~3에서 살균력이 가장 크게 나타나며 사용 용도는 간장이나 탄산을 함유하지 않은 청량 음료수에만 사용되고 있다. 안식향산의 독성은 경구투여 시 흰쥐에서 LD_{50}=2.7 g/kg으로 비교적 낮고 섭취하더라도 체내에 축척되지 않고 배설된다.

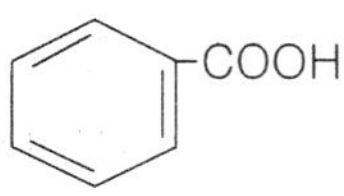
Benzoic acid

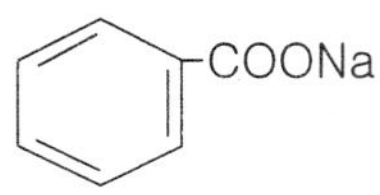
Sodium benzoate

4) 파라옥시안식향산에스테르류(*p*-oxybenzoic acid esters)

파라옥시안식향산에스테르류(*p*-oxybenzoic acid esters)는 식품첨가물로 메틸, 에틸, 르로필, 이소프로필, 이소부틸, 부틸의 6종이 허용되기도 했으나 현재 에틸, 메틸의 2종이 허용되고 있다. 파라옥시안식향산을 황산촉매하에서 각종 알코올로 ester화하여 만든다.

무색의 결정 또는 백색의 결정성 분말로 냄새는 없다. 물에는 잘 녹지 않으나 알코올, 아세톤, 에테르, 프로필렌글리콜에는 잘 녹는다. 독성은 에스테르를 구성하고 있는 알코올의 탄소수가 적을수록 강해지는 경향을 나타낸다. 그러나 안식향산에 비하면 훨씬 독성이 적으며 신장에서 배출되는데 자극성은 거의 없다.

급성독성으로 LD_{50}은 메틸 3.0 g/kg(개, 경구), 에틸 2.5 g/kg(생쥐, 경구), 프로필 3.7 g/kg(생쥐, 경구), 이소프로필 및 이소부틸 10.0 g/kg(쥐, 경구), 부틸 16.0 g/kg(쥐, 경구)이다. 항균작용은 에스테르를 구성하고 있는 알코올의 탄소수가 많을수록 커지는 경향이 있으며 파라옥시안식향산부틸이 가장 강하다.

항균작용의 기작은 균체에 대한 파라옥시안식향산기의 이행량에 의하여 결정되고, 그 이행량은 에스테르의 탄소수에 좌우되는데 에스테르의 탄소수가 늘면 농도가 낮아도 균의 사멸에 필요한 이행량에 도달한다.

그람음성간균 및 젖산균에 대한 효과는 약하지만 곰팡이와 효모의 발육저지에 이용되는데, 이 작용은 pH의 영향을 별로 받지 않는다.

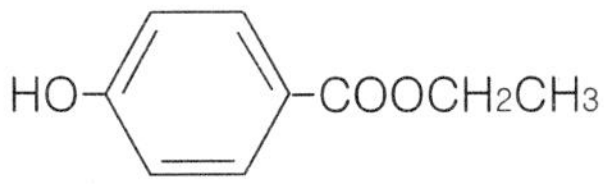

ethyl *p*-hydroxybenzoate

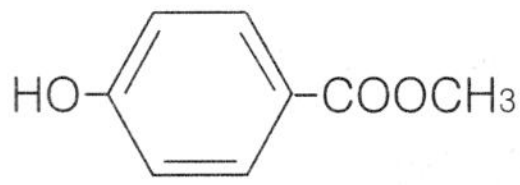

methyl *p*-hydroxybenzoate

5) 프로피온산과 그 염

프로피온산(propionic acid)은 백색의 결정이나 과립 또는 분말로서 냄새가 없으며 물과 에탄올에 잘 녹고 pH가 낮을수록 그 효과가 크다. 프로피온산은 빵류나 과자류의 미생물에 의한 부패를 억제하며 채소류의 소금절임 발효에 있어서 각종 미생물들에 의한 2차적 발효를 억제하는데 효과가 있고 인체에 대한 독성이 낮아 오래 전부터 보존료로 사용되어 왔다. 프로피온산나트륨(sodium propionate)은 백색의 결정분말로 물에 잘 녹으며 냄새가 없다. 산성용액에서 작용이 강하고 곰팡이, 효모보다는 세균에 대해서 더 강한 항균력을 나타낸다. 프로피온산칼슘(calcium proionate)은 백색의 결정 분말로 물에 잘 녹으며 냄새가 없거나 약산의 산취가 있다. 열이나 햇볕에 안정하나 흡습성이 있다. 산성용액에서 작용이 강하고 제빵용 이스트에는 거의 영향을 주지 않아 빵, 케잌류에 프로피온산의 함량으로 2.5g/kg 이하로 허용되어 있다.

Propionic acid	CH_3CH_2COOH
Sodium propionate	CH_3CH_2COONa
Calcium propionate	$(CH_3CH_2COO)_2CaO_2H_2O$

6.1.2. 살균료

1. 사용목적 및 기준

보존료가 미생물에 대하여 정균작용을 나타내는데 대하여 살균료(bacteri-ocides)는 미생물을 단시간 내에 사멸시키는 작용을 가지는 첨가물이다. 현재 허용되어 있는 살균료는 차아염소산나트륨(sodium hypochlorite), 표백분(bleaching powder), 고도표백분(calcium hypochlorite), 과산화수소수(hydrogen peroxide) 및 이염화이소시아눌산나트륨(sodium dichloroisocyanurate) 등 5종이다. 이들은 특유의 냄새가 있어 식품 중에 첨가하는 일은 거의 없고 주로 음료수의 소독이나 식기류의 등의 살균에 사용되지만 때로는 희석액을 만들어 식품을 담그거나 식품에 분무하기도 한다. 이러한 경우 염소가 남아 있어서 냄새가 나지만 방치하여 두는 동안에 염소가 휘산하므로 크게 문제가 되지는 않는다.

차아염소산나트륨(sodium hypochlorite, $CaCl_2O_2$)은 무색 내지 담황색의 액체로 염소 냄새가 나고, 물에 녹기 쉬우며 유효염소 4~15%를 함유하고 살균작용 이외에 표백과 산화작용을 가지고 있다. 살균력은 비 해리형인 차아염소산(HClO)의 농도에 영향을 받으며 pH가 낮을수록 비해리형의 비율이 증가되고 살균력이 증대된다. 살균 소독제로서 음료수, 과일, 채소 등의 소독, 유제품 제조를 비롯한 여러 식품의 제조·가공에서 장치나 기구의 살균소독에 사용되며 손의 소독에도 사용된다.

$$NaClO + H_2O \rightarrow HClO + NaOH$$

$$HClO \rightleftarrows H + ClO^-$$

표백분(bleaching powder, $CaOCl_2$)은 백색 또는 유백색의 분말이고 염소냄새가 나며 유효 염소의 함량은 25~40%이지만 고도표백분은 표백분을 정제하여 유효염소량을 60% 이상 함유하도록 정제 또는 과립형으로 순도를 높인 것이다. 공기중의 탄산가스에 의해 차아염소산이 유리되기 때문에 밀폐된 용기에 넣어서 냉암소에 보관하는 것이 바람직하다. 표백분이나 고도표백분은 채소나 과일의 소독에 유효염소 50~100 ppm, 식기나 기구의 소독은 100~200 ppm 용액에 수 분간 담가두며 손 소독에는 100 ppm정도 농도로 사용한다.

이염화 이소시아눌산 나트륨(sodium dichloroisocyanurate)은 영국 Kirby-Warrick 사에 의하여 개발된 것으로 유효염소 64% 이상을 함유하는 염소계 살균소독제이며 백색의 결정 또는 과립분말상이며 염소냄새가 난다. 물에 잘 녹아 차아염소산을 생성하여 살균력을 나타낸다. 식품의 제조 가공용 기계, 기구, 식기, 용기, 유아용 포유기구, 용기, 포장 등의 살균소독에 사용되며 음료수나 과일, 채소 등의 소독에 사용할 수 없다.

과산화수소수(hydrogen peroxide, H_2O_2)는 무색의 투명한 액체로서 그 함량은 30~35%로 규정되어 있다. 약간의 취기와 산소가 발생하는 불안정한 화합물이며, 열·광선 및 금속에 의해서 분해가 촉진된다. 대장균, 장염비브리오, 황색포도상구균 등의 미생물에 강한 살균작용을 나타내고 표백작용도 있어 표백제로도 사용된다. 그러나 독성시험에서 미미하지만 발암성이 있는 것으로 밝혀져 최종 식품의 완성 전에 반드시 분해하거나 제거하도록 사용기준을 정해 놓고 있다.

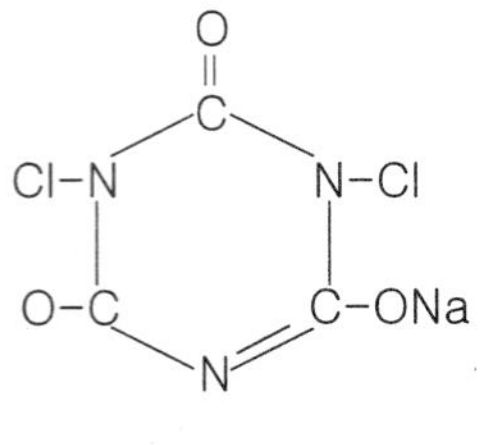

Sodium dichloroisocyanurate

『표 6-2』 허용 살균료와 그 사용기준

살 균 료 명	사 용 기 준
표백분(bleaching powder)	
고도표백분(calcium hypochlorite)	
이염화이소시아뉼산나트륨 (sodium dichloroisocyanurate)	참깨에 사용금지
차아염소산나트륨 (sodium hypochlorite)	참깨에 사용금지
과산화수소수(hydrogen peroxide)	최종제품 완성 전에 분해·제거할 것

6.1.3. 산화방지제(항산화제)

1. 사용 목적 및 기준

산화방지제(antioxidants)는 유지나 유지를 함유하는 식품 등의 보존시 공기 중의 산소에 의해 일어나는 변질, 즉 산패에 의한 이미, 이취, 변색, 퇴색, 변향 및 영양가의 감소나 독성이 있는 산화된 물질의 생성 등을 미연에 방지하기 위하여 첨가하는 물질로 수용성과 지용성이 있다.

산화방지제에는 디부틸 히드록시 톨루엔(dibutyl hydroxy toluene, BHT), 부틸 히드록시 아니졸(butyl hydroxy anisole, BHA), 티셔리부틸 히드로퀴논(tertiary-butyl hydroquinone, TBHQ), 몰식자신 프로필(propyl gallate), 에리소르빈산(erythorbic acid), 아스코르빈산(ascorbic acid) 등의 지용성인

것이 있는데, 수용성인 것은 주로 색소의 산화방지에 사용되고, 지용성인 것은 유지 또는 유지를 함유하는 식품의 산화방지에 사용된다.

산화방지제는 단독으로 사용하기도 하고 다른 산화방지제와 병용하는데, 일반적으로 병용할 때에는 단독으로 사용할 때보다 그 작용이 증강되는 경우가 많다.

『표 6-3』 산화방지제와 그 사용기준

산 화 방 지 제 명	사 용 기 준	
	사 용 식 품	첨 가 량
디부틸 히드록시 톨루엔(BHT) 부틸 히드록시 아니졸(BHA)	식용유지, 식용우지, 식용돈지, 버터류, 어패 건제품, 어패 염장품	0.2 g/kg 이하
	어패 냉동품, 고래 냉동품의 침지액	1 g/kg 이하
티셔리부틸 히드로퀴논(TBHQ)		
몰식자산프로필	식용유, 식용유지, 식용돈지 및 버터류	0.1 g/kg 이하
에리소르빈산 에리소르빈산 나트륨	기준 없음	기준 없음
L-아스코르빈산(비타민 C) L-아스코르빈산 나트륨 아스코르빈산 칼슘	기준 없음	기준 없음
아스코르빌팔미테이트 (ascorbyl palmitate) 아스코르빌스테아레이트 (ascorbyl stearate)		
DL-α-토코페롤(비타민 E)	기준 없음	기준 없음
이디티에이칼슘2나트륨 이디티에이2나트륨	드래싱 및 소스류	0.0 75g/kg 이하
이디티에이칼슘2나트륨		

1) 디부틸 히드록시 톨루엔(dibutyl hydroxy toluene, BHT)

백색의 결정성 분말 또는 덩어리로 맛과 냄새가 없으며 유지에 잘 녹고 햇볕이나 열에 안정하다. 다른 산화방지제에 비하여 안정성이 커서 가열 등의 가공처리 시에도 그 효력이 저하되지 않으며 BHA와 병용하면 효과가 더 우수하다.

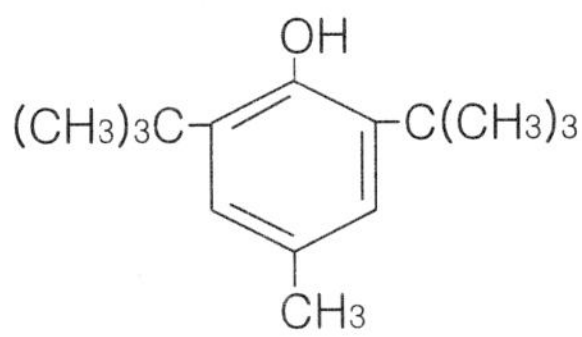

Dibutyl hydroxy toluene
(BHT)

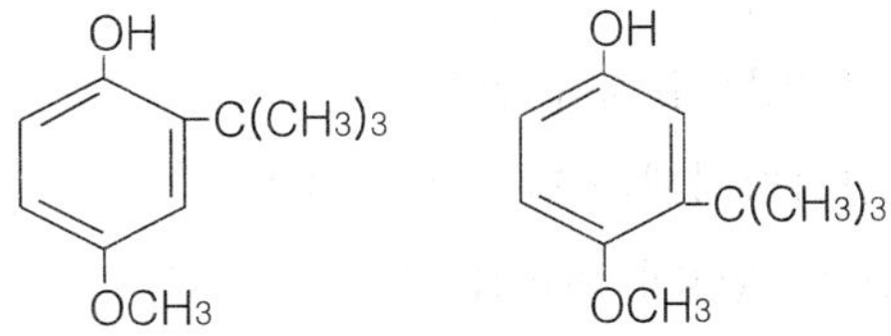

2-BHA 3-BHA

Butyl hydroxy anisole
(BHA)

2) 부틸 히드록시 아니졸(butyl hydroxy anisole, BHA)

백색 또는 미황색의 분말로 유지에 잘 녹고 열에는 안정하지만 햇볕에는 불안정하여 오래 쪼이면 착색된다. 효력은 BHT보다 우수하고 라드에 0.005% 첨가하면 산패에 이르는 시간을 4~5배 연장할 수 있다. BHA는 2-tert, butyl-4-hydroxy anisole(2-BHA)과 3-tert, butyl-4-hydroxy anisole(3-BHA)의 혼합물인데 3-BHA는 2-BHA의 1.5~2배의 효력이 있다. 따라서 시판품에는 3-BHA가 90% 이상 함유하는 것이 많으며 BHT나 유기산, 몰식자산프로필 등과 병용하여 사용하는 경우가 많다.

3) 티셔리부틸 히드로퀴논(tertiary-butyl hydroquinone, TBHQ)

백색의 결정성 고체로 특이한 냄새가 있다. 물에 녹지 않으며 유지, 알코올, 에테르에 녹고, 융점은 126.5~128.5℃이다. TBHQ는 튀김유의 산화방지에 가장 효과가 커서 BHA나 BHT처럼 튀김식품의 산화를 철저하게 방지하며 불포화지방산의 산화에 대한 안정성을 높이기 위한 수소첨가를 대신하거나 보완하는 효과가 있다. TBHQ는 유지에 잘 녹고 몰식자산 프로필(propyl gallate)과는 달라서 구리나 철이온과는 복합체를 형성하지 않는다.

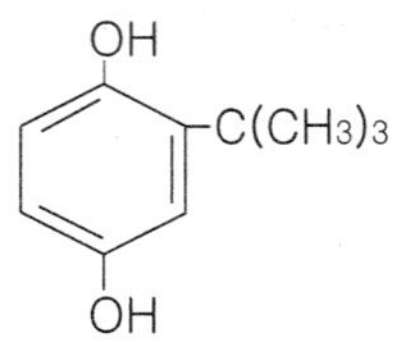

Tertiary-butyl hydroquinone
(TBHQ)

4) 몰식자산 프로필(propyl gallate)

백색 또는 담갈색의 분말이며 냄새는 없으나 약간 쓴맛이 있고, 물에는 녹지 않으나 알코올에는 잘 녹으며 융점은 146~150℃이다. 열에 비교적 안정하고 유지에 대한 산화방지력은 강하지만 유지에 대한 용해도는 낮고 착색되기 쉽다. 유기산이나 BHA와 병용하면 그 효력이 증가된다.

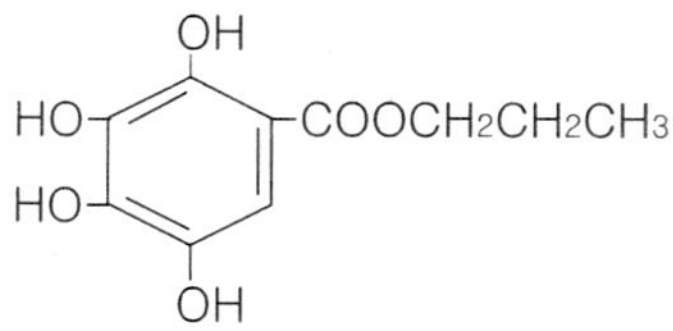

Propyl gallate

5) DL-α-토코페롤(DL-α-tocopherol)

천연품인 DL-α-토코페롤과는 달리 합성된 것이며 담황색 또는 황갈색의 점주액으로 물에는 잘 녹지 않고 알코올이나 그 외의 유기용매에 녹는다. 비타민의 일종으로 영양 강화의 목적으로도 사용되지만 유지나 버터 또는 이들을 사용한 식품의 산화방지제로 사용된다. 항산화력은 BHA나 BHT보다 떨어지지만 독성이 매우 낮아 사용제한이 없다.

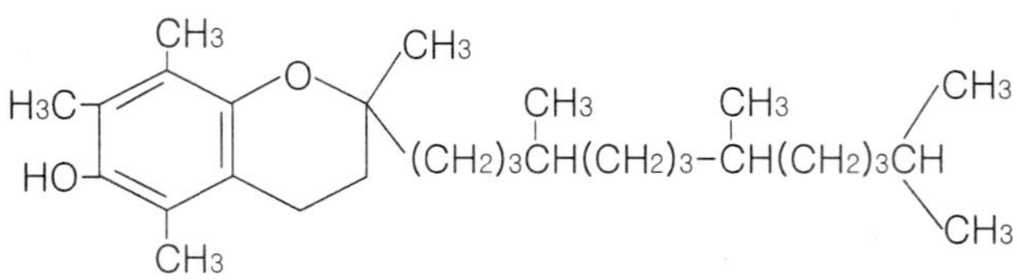

DL-α-tocopherol

6) 에리소르빈산(erythorbic acid) 및 그 염

백색 내지 미황색의 결정 또는 분말로서 냄새가 없으며 유지에 녹지 않고 강한 환원성이 있다. 열이나 광선에 약하고 중금속에 의하여 산화가 촉진되어 그 효력이 떨어지며 수용액은 공기 중에서 쉽게 분해된다. 식품의 갈변 방지, 색소 고정 및 주스류 등에 첨가하여 비타민 C의 분해를 방지하고 풍미를 유지하는데 사용된다. 사용기준이 없다.

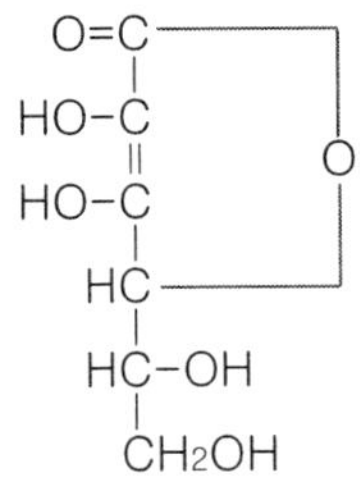

Erythorbic acid

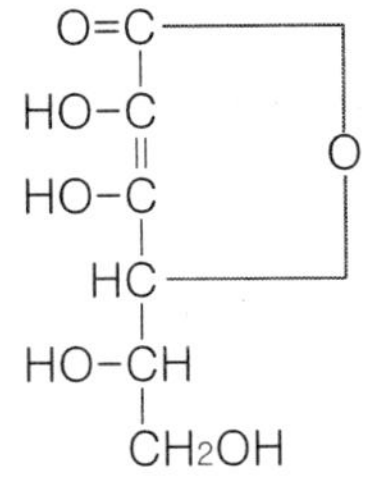

L-Ascorbic acid

7) 아스코르빈산(ascorbic acid) 및 그 염

영양 강화제로 사용되는 비타민 C와 그 나트륨 또는 칼슘염이며, 백색 내지 미황색의 분말이다. 열, 햇볕, 공기에 의하여 분해되나 건조 상태에서는 비교적 안정하다. 식육제품의 변색방지, 과일 통조림의 갈변방지 또는 기타 식품의 풍미유지 등에 사용되며 사용 기준은 없다.

6.1.4. 착색제

1. 사용 목적 및 기준

식품의 제조, 가공, 보존 중에 식품자체가 원래 지니고 있던 고유의 색이 변질되는 것을 방지하거나 또는 퇴색된 것을 인위적으로 착색시켜 기호성을 증진시키고, 식품의 품질적 가치를 증진시키기 위하여 첨가하는 물질로서 천연품과 합성품이 있다.

1) 천연 착색제(natural colors)

천연 착색제는 그 종류가 많으나, 일반적으로 원료 등의 제약 때문에 제조상의 애로가 많아서 값이 비싸며, 합성 착색제에 비해서 안정성이 떨어지는 경우가 많은 것이 결점이지만, 오랜 사용 경험에 의해서 그 안전성이 인정된 것이므로 안심하고 사용할 수 있는 점은 큰 장점이다. 최근 합성 착색제에 대한 독성이 인식되면서 자연식품에 대한 관심이 높아져 감에 따라 천연의 착색제를 사용하려는 경향이 증가하고 있다. 현재 허용되어 있는 천연 착색제는 표 6-4와 같다.

『표 6-4』 주요 천연 착색제

화학구조에 따른 구분		색 소 명	색	소 재
Carotenoid 계		β-carotene β-apo-8'-carotenal Capsanthin Bixin Crotin(saffran) Canthaxanthin Lycopene	황색~등색 황색~등색 등적색 황색~등색 황색 적등색~적색 적등색~적색	당근 및 합성 오렌지 및 합성 Paprika Bixa orellama나무의 종자 Saffran, 치자 버섯 및 합성 토마토
Flavonoid계	Anthocyanidin	Shisonin Enocyanin Raphanin Delphinidin	자적색 자적색 적 색 적자색	자소 포도껍질 빨간 순무(홍당무) Hibiscus
	Chalcone	Safflower yellow	황 색	잇꽃
	Flavonol	Quercetin Rutin Cacaodye	황 색 황 색 갈 색	흑떨갈의 껍질 메밀 Cacao콩
Flavine 계		Riboflavin	황 색	효모 및 합성
Porphyrin 계		Chlorophyll Hemoglobin	녹 색 암적색	Chlorella, comfrey 혈액
Quinone계	Anthraquinone	Laccaic acid Carmic acid(cochineal) Kelmsic acid Alizarin	등색~적자색 등색~적자색 등색~적자색 등색	Shellac 엔지벌레(사보텐) 엔지벌레(Kelmes졸참나무) 서양꼭두서니
	Naphthoquinone	Shikonin Alkannin Echinochrome	자색 암적색 황색	자근 Alkanna 성게
Diketone 계		Curcumin	황색	울금
Betacyanidin 계		Betanin Betaxanthin	적색 황색	Beet red Beet red
기 타		Monascorubin Brazyline Caramel	암적색 황색~등적색 갈색	홍곡 Brazyl wood(다목나무) 당류의 배소(焙燒)

2) 합성 착색제(chemical colors)

식품산업의 발전에 따라 천연의 색소만으로는 수요를 충분히 만족시킬 수 없게 되어 구하기 쉽고, 값이 싸며, 색이 선명한고 다양한 합성 착색제를 많이 사용하고 있다. 합성 착색제는 tar계 색소와 비 tar계 색소가 있는데 tar계 색소는 원래 직물의 염료로 합성된 것으로 유해한 것이 많기 때문에 그 사용을 엄격히 규제하고 있다. 현재 식용 tar계 색소가 8품목, tar계 색소의 알루미늄 레이크가 7품목, 비 tar계 색소가 10품목으로 모두 25품목의 합성 착색제가 허용되어 있다.

식용 tar색소는 benzene, xylene, toluene, naphthalene 등의 원료를 합성하여 만드는 수용성의 산성 색소로 지용성은 없다. 식용 tar색소는 원래 의료품의 염색이 목적이기 때문에 제조가공과정에서 불순물이 혼입될 가능성이 높고 유독하므로 허용된 것이라도 사용에 주의를 해야 한다. 식용 tar색소의 유독성 때문에 과거에 사용되었던 것 중에서도 독성이 크거나 잠재적인 독성을 나타낼 가능성이 있는 품목이 상당수가 제외되었다. 즉, 적색 제1호, 적색 제4호, 적색 제5호, 등색 제2호, 황색 제1호, 황색 제2호, 황색 제3호, 황색 제4호는 독성이 강하기 때문에 제외 되었고 녹색 제1호, 녹색 제2호, 자색 제1호는 장기간 섭취 시 만성 독성을 나타내는 것으로 밝혀졌기 때문에 그 사용이 금지되었다.

식용 tar색소 알루미늄 레이크는 식용색소와 염기성 알루미늄을 작용시켜 만든 불용성의 색소화합물로서 색소함량은 10~30% 정도이다. 유기용매, 유지 등에는 녹지 않으나 물에는 약간 녹는다. 산이나 알칼리에서는 서서히 용해하는데 이와 같이 잘 용출되지 않기 때문에 착색된 식품은 거의 탈색되지 않아 색을 오랫동안 잘 보존할 수 있다. 식용 tar색소 알루미늄 레이크는 수성 또는 유성식품에 관계없이 단시간에 균일하게 착색할 수 있기 때문에 분말식품, 유지식품, 껌, 사탕 등의 착색에 많이 사용하고 있다. 식용 tar색소와 그 알루미늄 레이크의 물리적 성질의 차이점은 표 6-5와 같다.

비 tar계 착색제는 천연품을 수용성이나 안정성을 높이기 위하여 간단히 화학처리를 거쳐 얻는 착색료이며, 철클로로필린 나트륨염만을 제외하고 모두 사용기준이 있다.

이산화 티탄(titanium oxide, TiO_2)은 백색의 분말로 분말 청량음료에 다른 색소와 혼합하여 사용하면 부드러운 자연색을 나타내고 초콜렛 당의(糖依)의 subcoating에 이용하면 제품의 색깔이 보다 선명하고 아름답게 나타난다. 또

청량 음료수의 현탁도를 높여주는 clouding agent로도 이용된다.

β-카로틴(β-carotene)은 당근, 우유 등 동·식물에 널리 분포하는 carotenoid계의 지용성인 황색의 천연색소이지만 합성되기도 하므로 합성품을 지정한 것이다. 지방성식품의 착색에 적합하여 치즈, 버터, 마가린 등에 많이 사용되지만 수용화시킨 제품도 있어서 수성(水性)식품의 착색에도 사용할 수 있다.

『표 6-5』 염료와 레이크의 물리적 성질의 차이점

성 질	염 료	레 이 크
용해도	대부분이 용매에 녹지 않음	물, propylene glycol, 글리세린에 녹음
착색방법	분산에 의하여 착색됨	용해에 의하여 착색됨
순수한 염료의 함량	일반적으로 10~40%	90~93%
사용량	0.1~0.3%	0.01~0.03%
입자의 크기	평균 5 ㎛	12~200 mesh
안정성	빛과 열에 극히 안정	빛과 열에 안정
착색효과	순수한 염료의 양에 비례하지 않음	순수한 염료의 양에 비례함

β-아포-8'-카로티날(β-apo-8'-carotenal)은 β-카로틴이 비타민 A로 대사되는 과정에 생기는 β-카로틴의 산화 생산물인데 β-카로틴의 경우처럼 합성품을 지정한 것이다. 치즈, 케이크 믹스, 프렌치 드레싱 등에 β-카로틴과 병용하고 탄산음료 등에도 사용된다. 수용성 안나토(annato water soluble)는 Bixa orellama라는 나무의 종자의 색소 성분인 bixin을 가수분해하여 얻은 norbixin의 칼륨 또는 나트륨염으로 수용성 황색 색소이다. 예로부터 서양에서 치즈 칼라로서 치즈, 버터, 아이스크림 등 각종 식품의 착색에 사용되어 왔으며 특히 소시지의 착색에 많이 사용된다.

철클로로필린나트륨(sodium iron chlorophyllin)은 녹색의 유용성 천연색소인 chlorophyll 중의 Mg을 Fe로 바꾼 다음 가수분해하여 나트륨염으로 함으로써 수용성을 갖게 한 것이다. 보통 캐러멜, 양갱 등의 착색에 사용되는데 착색료로서 뿐만 아니라 철제로서 영양 강화의 효과도 기대할 수 있다.

동클로로필린칼륨(potassium copper chlorophylline)과 동(銅)클로로필린나트륨(sodium copper chlorophylline)은 chlorophyll 중의 Mg을 Cu로 바꾼 다음 가수분해 하여서 수용성으로 한 것으로 그 수용액은 녹색~녹청색이다. 동클로로필(copper chlorophyll)은 클로로필의 분자중의 Mg을 Cu로 바꾸어서 안정화 시킨 것으로 유용성 색소이다. 이들은 모두 동화합물이므로 철클로로로필 나트륨과는 달리 사용기준이 있으며 다시마나 껌의 착색에 사용된다.

『표 6-6』 합성 착색제 및 그 사용기준

착 색 제 명	사 용 제 한
식용 색소 녹색 제3호(fast green FCF) 식용 색소 녹색 제 3호 알루미늄레이크 식용색소 적색 제 2호(amaranth) 식용색소 적색 제 2호 알루미늄레이크 식용색소 적색 제 3호(erythrosine) 식용색소 청색 제 1호(brilliant blue FCF) 식용색소 청색 제 1호 알루미늄레이크 식용색소 청색 제 2호(indigo carmine) 식용색소 청색 제 2호 알루미늄레이크 식용색소 황색 제 4호(tartrazine) 식용색소 황색 제 4호 알루미늄 레이크 식용색소 황색 제 5호(sunset yellow FCF) 식용색소 황색 제 5호 알루미늄 레이크 식용색소 적색 제 40호(allura red) 식용색소 적색 제 40호 알루미늄 레이크 식용색소 적색 제 102호(new coccine)	면류, 단무지, 특수영양식품(캡슐제외), 건강 보조 식품(캡슐 제외), 유가공품(아이스크림류, 아이스크림분말류, 아이스크림믹스류 제외), 두유류, 발효음료류, 과실·채소류음료(희석과즙음료,희석채소음료,희석과실·채소류혼합음료제외), 인삼제품류(캡슐 및 인삼과자류 제외), 두부 및 묵류, 젓갈류, 김치류, 절임류, 조림류, 천연식품(식육, 어패류(경육포함), 야채류, 과실류, 해조류, 두류 및 그 단순 가공품(탈피,절단 등)벌꿀, 장류, 식초, 소스류, 토마토케첩,잼류(시럽제외)고춧가루 및 실고추, 후춧가루, 향신료 가공품(고추냉이 가공품 및 겨자 가공품(와사비)제외), 카레, 식육가공품(식육 추출가공제품, 소시지류 제외)어육가공품(소시지류 제외), 식용유지, 버터류, 마가린류, 다류, 식빵, 드레싱, 카스텔라, 레토르트 식품, 즉석 건조 식품, 복합 조미 식품, 메주, 코코아버터, 땅콩 및 견과류 가공품, 수프류, 코코아 분말, 조미김, 과 · 채가공품류, 추출가공식품 • 알가공품에는 사용금지
이산화티타늄(titanium dioxide)	
삼이산화철(iron sesquioxide)	바나나(꼭지의 절단면), 곤약 이외의 식품에는 사용금지
수용성 안나토(annato water sol.) β-카로틴(β-carotene) 카르민(carmine) β-아포-8'-카로티날(β-apo-8'-carotenal)	천연식품[식육,어패류(경육포함),채소류,과실류,해조류,두류등 및 그단순 가공품(탈피,절단등)],다류,고춧가루,실고추,김치류,고추장 및 식초에는 사용금지
철클로로필린 나트륨(sodium iron chlorophylline)	기준 없음
동클로로필린 나트륨(sodium copper chlorophylline) 동클로로필린 칼륨(potassium copper chlorophylline) 동클로로필(copper chlorophyll)	

삼이산화철(iron sesquioxide, Fe_2O_3)은 "벵가라" 라고도 불리는 적색~적갈색의 분말로 착색력이 강하고 안정하다. 독성이거의 없어서 오히려 철제로서 영양 강화에 사용할 수 있으나 사용기준이 새로 규정되어서 바나나의 과실 꼭지의 절단면과 곤약 이외에는 사용할 수 없게 되었다.

카르민(carmine)은 천연색소 cochineal의 주성분인 carminic acid를 수산화알루미늄으로 처리하여 얻는 카르민산알루미늄 또는 칼륨 · 알루미늄레이크 색소이다. 적색~암적색의 조각, 가루 또는 paste상의 물질이며 약간의 특이한 냄새가 있다. 카르민은 잼, 젤리, 캔디 및 토마토 가공품 등에 사용되고 햄, 소시지의 착색에도 이용된다. 또 이것이 단백질과 반응하여 자색을 나타내는 성질을 이용하여 팥앙금의 제조에 이용되기도 한다.

6.1.5. 발색제

1. 사용목적 및 기준

발색제(color fixatives)는 식품에 첨가하였을 때 식품중의 성분과 반응하여 색을 안정화시키거나 발현시키는 물질로서 식육제품, 어육제품, 경육제품에는 질산염 및 아질산염이 사용되고 야채나 과일제품에는 황산철이 사용된다. 현재 허용된 발색제에는 표 6-7과 같이 사용기준이 있는 아질산나트륨, 질산나트륨 및 질산칼륨의 3품목이 있고 사용기준이 없는 황산 제일철, 소 암모늄명반(burnt aluminium alum)이 있다.

『표 6-7』 발색제 및 그 사용기준

발색제 명	사용식품	사 용 량
아질산 나트륨 (sodium nitrite)	식육 가공품(양념육, 분쇄가공품, 갈비가공품, 포장육 제외), 경육제품 어육소시지, 어육햄 명란젓, 연어알젓	아질산염으로서 0.07 g/kg 이하 0.05 g/kg 이하 0.005 g/kg 이하
질산 나트륨(sodium nitrate) 질산 칼륨(potassium nitrate)	식육가공품 (양념육, 분쇄가공품, 갈비가공품, 포장육 제외), 경육제품 어육 소시지, 어육햄	아질산염으로서 0.07 g/kg 이하 0.05 g/kg 이하
황산 제일철(ferrous sulfate) 소 암모늄명반(burnt aluminium alum)	된장에는 사용금지	

아질산나트륨(sodium nitrite, $NaNO_2$)은 고기 중의 산에 의하여 아질산을 거쳐 NO로 분해되고 myoglobin이나 hemoglobin과 결합하여 안정한 nitrosomyoglobin이나 nitrosohemoglobin이 생기게 하여 고기의 붉은 색을 유지하게 한다. 또 *Botulinus*균의 억제 작용도 있어서 보존료와 식중독의 방지제로서의 구실까지 기대할 수 있는 이점 때문에 비교적 독성이 강하고 발암물질인 nitrosoamine의 생성원인이 되는 데도 불구하고 그대로 식품첨가물로 허용되어 있다. 아질산염의 독성은 쥐(mouse)에 대하여 경구적으로 LD_{50}=0.22 g/kg, 흰쥐에 대하여는 LD_{50}=0.08 g/kg인 것으로 알려져 있다.

질산 칼륨(potassium nitrate, KNO_3)과 질산 나트륨(sodium nitrate, $NaNO_3$)은 식품 중에서 세균에 의하여 아질산염으로 환원된 다음 발색되는데 발색의 유효량은 3,000 ppm 정도이다. 또한 발색의 목적 이외에 청주의 발효 조정제로 사용되기도 한다.

황산 제일철(ferrous sulfate, $FeSO_4$)은 과채류 등의 발색제로서 특히 가지를 소금절임 할 때의 변색 방지에 이용되는데, 이것은 과채 중의 천연색소인 anthocyanin 색소류가 철이온과 결합하여 선명한 색깔을 나타낸다고 한다.

6.1.6. 표백제

1. 사용 목적 및 기준

표백제(bleaching agents)는 색깔이 퇴색, 변색된 식품이나 잘못 착색된 식품에 있어서 화학적으로 무색 또는 백색으로 하기 위하여 사용된다. 표백제는 그 작용에 따라 산화 표백제와 환원 표백제의 2종으로 구별되며 그 사용기준은 표 6-8과 같다.

산화 표백제는 산화작용에 의하여 색소를 파괴하여 표백하는 것으로 이는 환원 표백제와 달리 색이 다시 복원되지는 않으나 식품의 조직을 손상시킬 경우가 있으며, 특히 과산화수소에 의한 표백은 살균제로서의 역할도 한다.

환원 표백제는 색소를 환원작용에 의하여 색소를 파괴하여 표백하는 것이다. 즉, 색소 중의 산소를 빼앗아 표백하는 것인데, 식품 중에 표백제가 없어지면 공기 중의 산소에 의해서 색이 다시 복원되는 경우가 많은 것이 결점이다. 환원 표백제는 메타 중 아황산 칼륨, 메타 중 아황산 나트륨, 산성 아황산 나트륨, 차아 황 산나트륨, 무수 아황산 등이며, 어느 것이나 아황산에 의한 환원작용이다.

따라서 그 사용기준도 모두 사용 후 식품 중에 잔존하는 아황산의 양으로 규정하고 있다.

『표 6-8』 표백제 및 그 사용기준

표 백 제 명	사 용 식 품	사 용 량
		이산화 유황으로서 최대 잔존량
메타 중 아황산 나트륨	박 고 지	5.0 g/kg 미만
(sodium metabisulfite)	당 밀, 물 엿	0.3 g/kg 미만
메타 중 아황산 칼륨	건조 과실류(건포도 제외)	2 g/kg 미만
(potassium metabisulfite)	곤 약 분	0.9 g/kg 미만
무수아황산(sulfur dioxide)	새 우 살	0.1 g/kg 미만
아황산나트륨	과 실 주	0.35 g/kg 미만
(sodium sulfite)	설 탕	0.02 g/kg 미만
산성 아황산 나트륨 (sodium bisulfite)	기타 식품[참깨, 두류, 서류, 과일류, 채소류 및 그 단순 가공품(탈피, 절단 등)제외]	0.03 g/kg 미만
차아 황산 나트륨	양조 식초	0.17 g/kg 미만
(sodium hyposulfite)	과실 주스[5배 이상 희석하여 마시거나 사용하는 농축과실즙 및 과실류, 채소류 가공품]	0.15 g/kg 미만
	설 탕	0.02 g/kg 미만
	엿	0.4 g/kg 미만
과산화수소 (hydrogen peroxide)		최종 제품 완성 전에 분해 제거할 것

6.1.7. 감미료

1. 사용 목적 및 기준

합성 감미료(non-nutritive sweetners)는 당질성분 이외의 물질로서 인공적으로 제조된 단맛을 내는 물질을 총칭하며, 이는 영양가치가 전혀 없으나 설탕 대용으로 많이 사용되어지고 있다. 대체로 합성 감미료는 천연품에 비하여 감미도가 높기 때문에 미량을 사용하더라도 감미의 효과를 기대할 수 있으나 설탕과 같은 보습성이 결여되어 있다. 합성 감미료는 현재 표 6-9와 같이 13품목이 허용되어 있고 D-소르비톨, D-말티톨, 자일리톨, 락티톨, 만니톨 및 이소말트를 제외하고는 모두 사용기준이 있다. 특히 스테이비아란 식물에서 분리 되는 천연 감미성분인 스테비오사이드도 사용기준이 규정되어 있다.

『표 6-9』 합성 감미료 및 그 사용기준

감 미 료 명	사 용 기 준
사카린 나트륨 (saccharin sodium)	김치·절임식품류 1.0 g/kg 이하, 청량음료(유산균음료 제외) 0.2 g/kg 이하(다만 5배 이상 희석 하여 사용하는 것은 1.0 g/kg이하), 어육연제품 1.0 g/kg 이하, 특수 영양식품 (이유식 제외) 허가 받은 양 이하
글리실리진산 2 나트륨 (disodium glycyrrhizinate) 글리실리진산 3 나트륨 (trisodium glycyrrhizinate)	된장 및 간장 이외의 식품에 사용하여서는 안 된다.
D-소르비톨(D-sorbitol) D-소르비톨(D-sorbitol solution) D-말티톨(D-maltitol) D-말티톨 시럽(D-maltitol syrup) 자일리톨(xylitol) 락티톨(lactitol) 이소말트(isomalt) 만니톨(mannitol)	사용기준 제한이 없음
아스파탐(aspartame)	빵류, 건과류 및 이의 제조용 믹스에 0.5%이하, 기타 식품의 경우에는 제한이 없음
아세설팜 칼륨 (acesulfame potassium)	건과류, 팥 등 앙금류 2.5 g/kg 이하, 껌 및 인삼껌 5.0 g/kg 이하, 잼류, 절임류, 빙과류, 아이스크림류, 아이스크림 분말류, 아이스크림 믹스류, 플라워페이스트 1.0 g/kg 이하, 음료류, 가공유류, 발료유류(다만, 희석하여 음용하는 제품에 있어서는 희석한 것으로서)0.5 g/kg 이하, 설탕 대체 식품(커피, 홍차 등에 직접 넣어 설탕을 대신하여 제공하는 것을 말한다.)15 g/kg 이하, 영양보충 식품, 환자용 식품, 식사 대용식품 2.0 g/kg 이하, 기타 식품 0.35 g/kg 이하
수크랄로스(sucralose)	건과류 1.8 g/kg 이하, 껌 및 인삼껌 2.6 g/kg 이하, 잼류 1.0 g/kg 이하, 음료 류, 가공유류, 발효유류 0.4 g/kg 이하(희석하여 음용하는 제품에 있어서는 희석한 것으로서), 설탕 대체식품(커피, 홍차 등에 직접 넣어 설탕을 대신하여 제공하는 것을 말한다.)15 g/kg 이하, 영양보충식품, 환자용 식품, 식사대 용식품 1.25 g/kg 이하, 기타 식품 0.58 g/kg 이하
스테비오사이드(stevioside)	식빵, 이유식, 백설탕, 갈색설탕, 포도당, 물엿, 벌꿀, 알사탕, 우유가공품에는 사용하여서는 안 된다.
감초추출물(licorice extract)	간장, 된장, 과자류 및 청량음료 이외의 식품에 사용하여서는 안 된다.

자일리톨은 설탕과 같은 정도의 단맛을 가지나 사카린 나트륨은 설탕의 약 300배, 글리실리진산 2나트륨과 글리실리진산 3나트륨은 약 200배인데도 단맛의 질이 설탕보다 다소 떨어진다. 그러나 스테비오사이드와 아스파탐은 각각 설

탕의 300배와 200배의 단맛을 갖고 있으면서도 맛이 설탕과 거의 비슷하다. D-소르비톨, D-말티톨 및 이소말트는 설탕보다 단맛이 약하여 각각 설탕의 70% 및 60% 정도이다. 그러나 이들은 맛이 부드럽고 시원하여 식품의 풍미를 돋우고 깊은 맛을 내는데 저칼로리용 감미료로서 이용된다. 이들 감미료 중 사카린 나트륨과 아스파탐은 순 합성품이지만 천연물인 스테비오사이드를 제외한 그 외의 것들은 천연물을 재료로 하여 얻는 반합성품이다.

아스파탐은 미국에서 개발된 인공 감미료로 phenylalanine과 aspartic acid에서 얻는 dipeptide이며 1981년에 미국에서 허가되었고 캐나다, 프랑스, 독일 등을 비롯한 여러 나라에서 허용되었으며 우리나라에서도 1985년에 첨가물로 지정되었다.

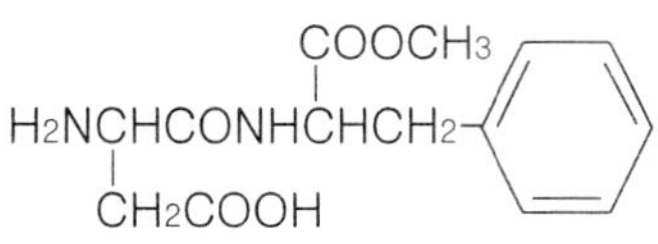
Aspartame

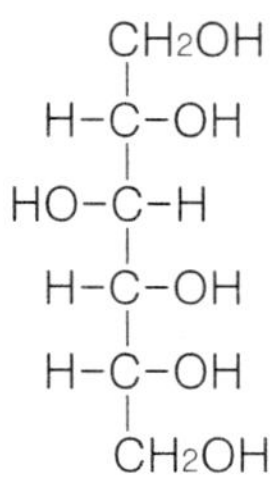
D-Sorbitol

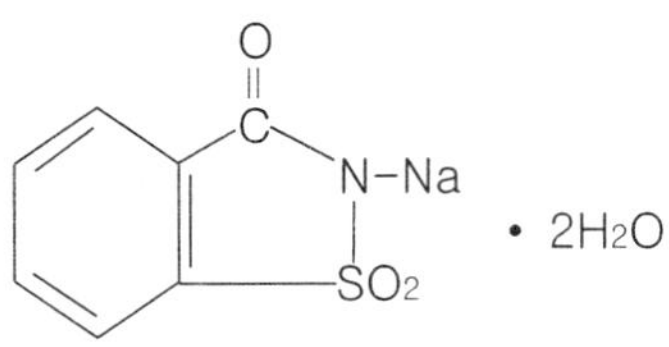
Saccharin sodium

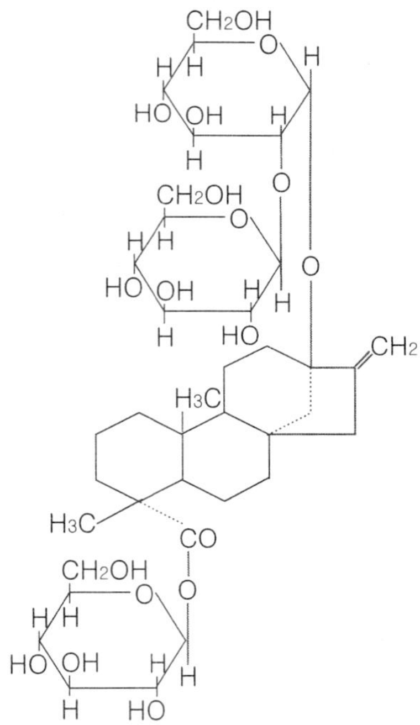
Stevioside

인공 합성 감미료는 합성 착색료나 보존료 같이 부정사용, 발암성의 유무 등 여러 가지 문제를 계속 일으켜 왔다. 1962년에 식품 첨가물로 지정되어 사용되던 둘신(dulcin)과 사이클라민산 나트륨, 사이클라민산 칼슘 중 둘신은 미국에서의 시험결과 발암성이 인정되어 1966년에 사용금지(指定削除)되었고 사이클라민산 염류는 체내에서 유해한 cyclohexylamine이 생기고, 체내 분해 산물에 염색체 파괴 작용이 있는 사실 등이 밝혀져 1970년에 역시 사용금지 되었다.

또한 사카린 나트륨은 종전에는 일반 식품에 제한 없이 사용할 수 있었으나 미국에서의 발암성 시험결과, 사람에게 발암 가능성이 있다는 결론을 얻었지만 이것을 금지할 경우에 설탕의 과잉 섭취에 의한 비만의 위험성에 비하여 발암성에 의한 위험성이 적다는 관점에서 아직도 식용을 허용하고 있기는 하지만 그 사용기준은 크게 강화된 바 있다.

6.1.8. 조미료

1. 사용 목적 및 기준

조미료(seasonings)는 식품을 조리 또는 가공할 때에 식품이 가지는 본래의 맛을 더욱 강화하거나 각 개인의 미각과 기호에 알맞게 조절하기 위하여 첨가하는 물질이며, 맛의 종류에 따라서 맛난맛(지미료, 旨味料), 신맛(산미료, 酸味料), 짠맛(염미료, 鹽味料), 매운맛(신미료, 辛味料) 등으로 분류할 수 있다. 그러나 식품 첨가물의 분류상 조미료는 감미료, 산미료 등 다른 것과 구분하여 음식물의 감칠맛을 증진시키려는 목적으로 첨가하는 물질을 가리키는 좁은 뜻으로 사용되는 것이 보통이다.

현재 허용되어 있는 조미료는 다음 아래와 같으며 이들은 화학적인 성질에 따라 핵산계, 아미노산계 및 유기산계로 분류하며 이들 조미료에 대한 사용 기준은 없다.

1) 핵산계

5′-이노신산 나트륨(sodium 5′-inosinate), 5′-구아닐산 나트륨(sodium 5′-guanylate), 5′-리보누크레오타이드 나트륨 및 칼슘(sodium 5′-ribonucleotide & calcium 5′-guanylate) 등

2) 유기산계

D-주석산 나트륨(sodium D-tartarate), DL-주석산 나트륨(sodium DL-tartarate), 구연산 나트륨(sodium citrate), DL-사과산 나트륨(sodium DL-malate), 호박산이나트륨(disodium succinate) 등

3) 아미노산계

L-글루타민산(L-glutamic acid), DL-알라닌(DL-alanine), 글리신(glycine) 등

6.1.9. 착향료

1. 사용 목적 및 기준

착향료(flavoring agents)란 식품에 향을 부여하여 식품자체가 가지고 있는 냄새를 강화하거나 변환시키고, 식품 중의 바람직하지 않은 냄새를 억제하거나 제거하기 위하여 첨가하는 물질이며 식품에 개성을 부여하여 식용을 증진시키고 상품적 가치를 높여 준다.

식품에 사용되는 착향료는 천연향료와 합성향료가 있으며 그 형태에 따라 수용성향료(essence), 유성향료(oil), 유화향료(cloudy) 및 분말향료(powder) 등 4가지 형태로 제조 판매되고 있다. ① 수용성향료는 물에 녹지 않는 오일상의 향기 성분을 알코올, 글리세린, 물 등의 혼합용액에 녹여서 물에 잘 녹게 만든 것이다. 향기성분이 그대로의 형태로 함유되어 있어 신선한 풍미를 주지만 향기성분이 휘발하기 쉬워 가열식품 등에는 부적합하다. ② 유성향료는 천연의 정유 성분이나 여기에 합성향료를 조합하여 만든 지용성 향료로 내열성이 비교적 좋아 캐라멜이나 비스켓 등 가열처리 식품에도 사용할 수 있다. ③ 유화향료는 향료를 유화제를 사용하여 물속에 분산 유화시켜 향료의 휘발성의 방지가 가능하고 내열성이 있고 물에도 잘 섞이므로 그 사용범위가 넓다. ④ 분말향료는 향료를 포도당이나 유당과 같은 수용성 부형제 용액과 유화액을 만든 후 분무건조하여 만든 것이다. 현재 허용되어 있는 착향료는 다음과 같으며 모든 식품에 착향의 목적으로만 사용할 수 있으나 초산에틸은 초산 비닐수지의 용제로 사용하는 경우만은 예외로 되어 있다. 식품에 사용할 수 있는 개별 또는 유별(類別) 지정 품목은 다음과 같다.

1) 개별 지정품(73) :

계피 알데히드(cinnamic aldehyde), DL-멘톨(DL-mentol), L-멘톨(L-mentol), 바닐린(vanillin), 에틸 바닐린(ethyl vanillin) 등

2) 유별 지정품목(18) :

고급 케톤류(higher ketones), 락톤류(lactones), 방향족 알데히드류(aromatic aldehydes) 등

6.1.10. 밀가루 개량제

1. 사용목적 및 기준

밀가루는 제조된 후의 그대로 즉시 사용하면 카로티노이드 등의 색소를 함유하고 있고, 또 숙성이 않되어 있으므로 좋은 제품을 얻을 수 없다. 종래에는 밀가루를 저장하여 공기 중의 산소와 밀가루 중의 효소에 의한 표백과 숙성을 시켰으나 그 진행이 완만하여 실용적이지를 못하여 화학물질을 사용하여 표백과 숙성기간을 단축시키고, 제빵 효과의 저해물질을 파괴시켜 분질을 개량하기 위하여 사용되는 화학물질을 밀가루 개량제(maturing agents)라고 한다.

밀가루 개량제의 효과는 그 산화작용에 근거한 표백작용과 숙성작용에 의한 것이지만, 개량제에 따라서는 표백작용은 거의 없고 숙성작용만을 가지는 것도 있다. 그러나 지나치게 많이 사용하면 밀가루 중의 비타민류를 파괴하고, 숙성을 지나치게 빨리 진행시켜 오히려 글루텐의 질적인 저하에 따른 노화현상을 일으키며, 점착력과 색깔이 약해지고 품질이 나빠지므로 적절한 사용량을 지켜야 한다. 현재 허용되어 있는 밀가루 개량제의 특징과 사용 기준은 표 6-10과 같다.

『표 6-10』 허용 밀가루 개량제 및 그 사용기준

밀가루 개량제	특 징	사 용 기 준
과산화벤조일(희석) (diluted benzoyl peroxide)	백색의 분말[명반, 인산 칼슘염류, 황산칼슘, 탄산칼슘, 탄산마그네슘 및 전분 등과 배합하여 희석한 것(벤조일함량 9~22%)], 물과 알코올에 녹기 어려움, 벤젠, 클로로포름, 에테르에 녹음, 산화력이 강함(충격에 의해 폭발 위험 있음), 카로티노이드계 색소의 산화 표백이 주작용, 살균작용과 제빵효과 있음, 과량 사용할 때 영양소 파괴, 품질 저하	소맥분 : 0.3 g/kg 이하

『표 6-10』 계속

밀가루 개량제	특 징	사 용 기 준
과산화암모늄 (ammmonium persulfate)	무색의 결정 또는 결정성 분말, 물에 녹음(수용액에서 분해되어 산성황산암모늄과 과산화수소 생성)	과황산암모늄으로서 소맥분 : 0.3 g/kg 이하
아조디카르본아미드 (azodicarbonamide)	적색의 결정, 온수에 녹음, 숙성과 표백 작용 있음	밀가루 : 45 mg/kg 이하
염소 (chlorine)	표백과 숙성작용 있음	케이크 및 카스테라 제조용 소맥분 : 2.5 g/kg 이하
이산화염소 (chlorine dioxide)	표백과 숙성작용 있음	케이크 및 카스테라 제조용 소맥분 : 30 mg/kg 이하
스테아릴젖산칼슘 (calcium stearoyl lactylate)	스테아릴젖산나트륨과 동일한 작용	빵류, 면류, 식물성 크림, 소스류, 치즈에만 사용
스테아릴젖산나트륨 (sodium stearoyl lactylate)	스테아릴젖산나트륨과 동일한 작용	빵류, 식물성 크림, 난백에만 사용
L-시스테인염산염 (L-cysteine hydrochloride)	무색 내지 백색의 결정성 분말 특이한 냄새와 신미 있음	빵류, 과실 주스에만 사용

6.1.11. 품질 개량제

1. 사용 목적 및 기준

식육이나 어육을 원료로 하여 햄이나 소시지 등의 연제품을 제조할 때 결착성을 높여 씹을 때의 식감을 향상시키고, 식품의 탄력성, 보수성, 팽창성 등을 증대시켜 조직을 개량하고, 맛의 조화와 풍미의 향상을 가져오며, 변질 및 변색되는 것을 방지하기 위하여 첨가하는 물질을 품질 개량제 또는 결착제(結着劑)라고도 한다. 현재 허용되어 사용되고 있는 품질 개량제는 표 6-11과 같다.

인산염은 고기 단백질의 수화성을 증진시키는 효과가 강하므로 식육제품의 끈기를 강하게 하는 작용을 나타낸다. 이들 인산염을 단독으로 사용하는 것보다는 여러 가지를 혼합하여 사용하는 것이 상승효과를 나타내어 좋은 결과를 얻을 수 있으므로 식품에 따라 여러 가지 배합의 제제가 사용되고 있다. 이들에 대해서는 사용기준이 없다.

『표 6-11』 허용 품질 개량제

분 류	품 질 개 량 제
인산염류 품질 개량제	제 1인산 나트륨(sodium phosphate monobasic) 제 2인산 나트륨(sodium phosphate dibasic) 제 3인산 나트륨(sodium phosphate tribasic) 제 3인산 칼륨(potassium phosphate tribasic)
중합인산염 축합인산염	피로 인산염 : 피로 인산 나트륨(sodium pyrophosphate) 피로 인산 칼륨(potassium pyrophosphate) 폴리 인산염 : 폴리 인산 나트륨(sodium polyphosphate) 폴리 인산 칼륨(potassium polyphosphate) 메타 인산염 : 메타 인산 나트륨(sodium metaphosphate) 메타 인산 칼륨(potassium metaphosphate)
기 타	폴리덱스트로스(polydextrose)

6.1.12. 호 료

1. 사용 목적 및 기준

식품에 대하여 점착성을 증가시키고, 유화 안정성을 좋게 하며, 가공할 때의 가열이나 보존 중의 경시변화에 관여하여 선도를 유지하고, 형체를 보존하는데 도움을 주며, 한편 미각에 대해서도 점활성을 줌으로써 촉감을 좋게 하기 위하여 식품에 첨가되는 것을 호료(thickners, gelling agents)라고 한다. 호료는 일명 증점제, 농화제 또는 겔화제라고도 한다.

호료는 천연물에도 많이 있는데 그 예를 살펴보면 밀가루 중의 gluten, 찹쌀 중의 amylopectin, 과일 잼 중의 pectin, 해조류 중의 알긴산, 한천, 카라기난 등의 식물성인 것과 우유의 casein, 어류단백인 gelatin 등의 동물성인 것 등이 있다.

식품에 사용할 수 있게 지정되어 있는 품목은 표 6-12와 같이 13 품목이다. 그 중에는 천연품인 casein도 있다. 그러나 그 외의 것도 순 합성품은 폴리아크릴산나트륨 뿐이고 다른 것은 천연물인 동·식물을 원료로 하여 화학처리 하여 얻은 것이다.

『표 6-12』 허용 호료 및 그 사용기준

호 료 명	사 용 기 준
폴리아크릴산나트륨(sodium polyacrylate)	0.2% 이하
알긴산프로필렌글리콜(propylene glycol alginate)	1% 이하
메틸셀룰로오스(methyl cellulose) 카르복시메틸셀룰로오스나트륨(sodium carboxymethyl cellulose) 카르복시메틸셀룰로오스칼슘(calcium carboxymethyl cellulose) 카르복시메틸스타아치나트륨(sodium carboxymethyl starch)	2% 이하(병용할 때는 그 합계가 2% 이하)
알긴산암모늄(ammmonium alginate) 알긴산나트륨(sodium alginate) 알긴산칼륨(potassium alginate) 알긴산칼슘(calcium alginate) 변성전분(modified starch) 카제인(casein) 카제인나트륨(sodium caseinate)	

6.1.13. 유화제

1. 사용 목적 및 기준

물과 기름과 같이 서로 잘 혼합되지 않는 두 종류의 액체를 혼합, 분산시켜 분리되지 않고 유화(乳化)상태가 오래 동안 지속시키기 위하여 사용되는 물질을 유화제(emulsifierers)라고 한다.

유화제는 물과 기름의 경계면에 작용하고 있는 힘(계면장력)을 저하 시켜서 물중에 기름을 분산시키거나(수중유형), 또는 기름 중에 물을 분산시키고(유중수형), 또 분산된 입자가 다시 응집되지 않도록 안정화시키는 작용을 갖고 있다. 현재 식품에 사용할 수 있는 유화제로는 표 6-13과 같으며 사용기준은 없다.

『표 6-13』 허용 유화제 및 그 사용기준

분류	유 화 제	특 징
합성	글리세린지방산에스테르 (glycerin esters of fatty acids)	- 모노글리세라이드(monoglyceride)가 유화제로 이용됨 - 백색 내지 담황색의 분말 또는 반유동성의 점조한 액체 - 비스킷, 캐러멜, 추잉검, 초콜릿, 마아가린, 아이스크림 등의 유화, 빵이나 케이크의 노화방지 - 간장, 유산균 음료의 소포제로 사용

『표 6-13』 계속

분류	유 화 제	특 징
합성	소르비탄지방산에스테를 (sorbitan fatty acid ester)	- 백색 내지 황갈색의 액체 또는 왁스상의 물질 - 결합된 지방산의 종류에 따라 여러 종 있음 - 비스킷, 쿠키, 크렉커, 추잉검, 버터 크림, 빵크림 등에 사용
	자당 지방산 에스테르 (sucrose fatty acid ester)	- 백색 내지 담황색의 분말 - 무색 또는 미황색의 점조한 액체 - 약간의 특이한 냄새 : 약간의 감미 있음 - 물에 잘 녹지 않음 : 온수에 잘 녹음 - 친수성이 가장 큰 유화제 - 분카스테라, 양갱, 초콜릿, 분말주스 등에 사용
	프로필렌 글리콜 지방산 에스테르 (propylene glycol fatty acid ester) 폴리소르베이트 20(polysorbate 20) 폴리소르베이트 60(polysorbate 60) 폴리소르베이트 65(polysorbate 65) 폴리소르베이트 80(polysorbate 80)	- 백색 내지 담황갈색의 왁스상 덩어리 또는 점조한 액체 - 온수, 기름, 알코올에 녹음 - 친유성이 가장 큰 유화제 - 쇼트닝, 마아가린, 아이스크림, 케이크 등에 사용 - 다른 유화제와 혼합하여 사용하면 효과가 큼 - 수중유적형의 비이온성 계면활성제 - 결합된 지방산에 따라 20-라우르산, 60-스테아린산, 65-스테아린산 3분자, 80-올레린산 - 제과, 제빵, 아이스크림류, 초콜릿, 등에 사용
천연	레시틴(lecithin)	- 레시틴 : 대두로부터 얻음(대두 인지질, 대두 레시틴이라 불림) - 담황색 내지 갈색의 투명 또는 반투명의 점조한 물질 - 약간 특이한 냄새와 맛 가짐 - 물에 녹지 않음 : 팽윤하여 콜로이드 용액이 됨 - 에테르, 벤젠, 클로로포름에 잘 녹음 - 빵, 마아가린, 아이스크림류, 초콜릿, 캐러멜 등에 따른 유화제와 함께 사용함
	효소 분해 레시틴(enzymatically decomposed lecithin)	

6.1.14. 용 제

1. 사용 목적 및 기준

식품 첨가물을 식품에 사용할 때 그것이 식품에 균일하게 혼합되게 하기 위해서는 식품 첨가물을 적당한 용제(solvents)에 녹여서 첨가하는 것이 효과적이다. 일반적으로 사용되는 것은 물, 알코올 등이지만 그 외의 것도 사용된다. 용제는 독성이 약하고, 각종 첨가물을 잘 용해하며, 풍미에 영향을 주지 않는 것으로서 물과 잘 혼합되거나 유지에 잘 녹는 성질을 가진 물질이 좋다. 현재 허용되어 있는 용제는 글리세린과 프로필렌글리콜 2종이 있다. 이 중에서 프로필렌글리콜은 습윤제나 신연제로 이용되는 경우에는 용제로서 사용되는 경우와 다르게 사용제한이 있다.

6.1.15. 이형제

1. 사용목적 및 기준

빵의 제조 과정에서 빵 반죽(生地)을 분할기에서 분할할 때나 구울 때 달라붙지 않게 하고, 빵틀로부터 빵의 형태를 유지하면서 쉽게 분리하도록 하기 위하여 사용되는 것을 이형제(release agent)라고 하며, 현재 유동 파라핀만이 허용되어 있다. 그 사용기준은 빵에 대해서 최대 잔존량이 0.15% 이하, 캅셀류에는 0.6% 이하, 건조 과일류 및 건조 채소류에는 0.02% 이하가 되게 또 표피피막제로서 과일류 및 채소류에 사용할 수 있다.

6.1.16. 영양 강화제

1. 사용 목적 및 기준

영양 강화제(enriched agents)란 식품의 영양 강화를 목적으로 사용되는 식품 첨가물이며, 비타민, 아미노산, 무기염 등은 있다. 이들은 보통 식품 중에 함유되어 있으나 조리, 제조, 가공 또는 보존 중에 파괴되기도 하고, 또 식품의 종류에 따라서는 함유되어 있지 않거나 부족한 것도 있으므로 이들 부족한 영양소나 원래 함유되어 있지 않은 영양소를 첨가하여 식품의 영양가를 높여줄 필요가 있는 것이다. 강화제를 식품에 사용할 때에 주의하여야 할 것은 그것이 물에 녹기 쉬운지 아닌지를 잘 염두에 두고 사용하여야 한다. 식품용으로 지정되어 있는 강화제는 다음과 같다.

1) 비타민류

비타민 B_2(riboflavin), 니코틴산(nicotinic acid), 비타민 C(L-ascorbic acid), 비타민 E(DL-α-tocopherol) 등

2) 아미노산류

L－라이신염산염(L－lysine monohydrochloride), L－메티오닌(L－methionine), L－페닐알라닌(L－phenylalanine), L－히스티딘염산염(L－histidine monohydrochloride) 등

3) 철제

구연산철(ferric citrate), 구연산 철 암모늄(ferric ammonium citrate), 인산철(ferric phosphate) 등

4) 칼슘제

구연산칼슘(calcium citrate), 글루콘산칼슘(calcium gluconate), 탄산칼슘(calcium carbonate) 등

5) 기 타

산화아연(zinc oxide), 황산망간(manganese sulfate), 글루콘산아연(zinc gluconate) 등

6.1.17. 팽창제

1. 사용 목적 및 기준

팽창제(leavening agents, blowing agents, baking powders)는 빵이나 카스텔라 등을 부풀게 하는 적당한 형체를 갖추게 하기 위하여 사용되는 식품첨가물이다. 이에는 천연물인 이스트(효모)가 사용되기도 하지만 합성품도 사용된다. 합성품으로는 표 6－14와 같이 탄산수소나트륨(중조)을 비롯한 10여 품목이 단용(單用) 또는 혼용된다. 이들에 대해서는 각각의 규격이 정하여져 있으며, 이들을 배합한 암모니아계, 일제식, 이제식의 합성팽창제에 대해서도 각각 규격이 규정되어 있다. 이들 중 특히 제1인산칼슘은 칼슘으로서 1%이하, 탄산마그네슘과 염기성 알루미늄탄산나트륨은 각각 제조 가공상 필요 불가결한 경우에만 사용하되 식품중의 잔존량이 0.5% 이하가 되도록 그 사용기준이 규정되어 있으나, 그 외의 것들에는 사용기준이 규정되어 있지 않다.

『표 6-14』 허용 합성 팽창제

품 명	대상식품	작 용
황산알루미늄칼륨(aluminium pottasium sulfate)	빵, 과자 등	산제
황산알루미늄암모늄(aluminium ammonium sulfate)	빵, 과자 등	산제, NH_3
염화 암모늄(ammonium chloride)	비스킷, 전병 등	NH_3
D-주석산 수소 칼륨(potassium D-bitartrate)	빵, 과자 등	산제
DL-주석산 수소 칼륨(potassium DL-bitartrate)	빵, 과자 등	산제
탄산수소나트륨(sodium bicarbonate)	빵, 전병, 비스킷 등	CO_2
탄산수소칼륨(potassium bicarbonate)	빵, 전병, 비스킷 등	CO_2
탄산수소암모늄(ammonium bicarbonate)	비스킷, 과자 등	CO_2, NH_3
탄산암모늄(ammonium carbonate)	비스킷, 과자 등	CO_2, NH_3
탄산마그네슘(manganese carbonate)	빵, 과자 등	CO_2
산성피로인산나트륨 (disodium dihydrogen pyrophosphate)	빵, 과자 등	산제
제1인산칼슘(calcium phosphate monobasic)	빵, 과자, 비스킷 등	산제
글루코노델타락톤(glucono delta lactone)	빵, 과자, 비스킷 등	산제

6.1.18. 추출제

1. 사용 목적 및 기준

추출제(extracting agents)는 일종의 용제라고 할 수 있으며, 천연식물 등에서 특히 어느 성분을 용해 추출하기 위해서 사용되고 있다. 현재 추출제로서 지정되어 있는 것은 *n*-헥산(*n*-hexane)과 이소프로필알코올(isopropyl alcohol)인데 *n*-헥산은 식용 유지나 건강보조식품을 제조할 때 유지 성분을 추출하는 데에만 사용하되 그 잔류량은 0.005 g/kg 이하이어야 한다.

이소프로필알코올은 제당시 정제의 목적에만 사용하되 그 잔류량은 0.01 g/kg 이하이어야 한다.

6.1.19. 소포제

1. 사용 목적 및 기준

소포제(defoaming agents)는 식품의 제조과정에 많은 거품이 발생하여 지장을 주는 거품을 없애기 위하여 사용되는 식품 첨가물이며, 규소수지(silicon resin) 만이 허용되어 있다. 이것은 거품을 없애는 목적 이외에는 사용할 수 없고 그 사용량은 식품 1 kg에 대하여 0.05 g 이하로 사용하도록 규정되어 있다.

6.1.20. 산미료

1. 사용 목적 및 기준

산미료(acidulants)는 식품을 가공하거나 조리할 때 식품에 적합한 신맛을 주어서 미각에 청량감과 상쾌한 자극을 주기 위하여 사용되는 식품 첨가물이며, 인산과 탄산가스의 무기산을 제외하고 모두 유기산에 속한다. 현재 허용되어 있는 것은 표 6-15와 같다.

산미료의 산도와 맛의 차이는 그 종류에 따라 다르며, 무기산은 보통 떫은맛과 쓴맛을 가지고 있고, 유기산은 과실류에서 느낄 수 있는 단순하고 상쾌한 맛을 내며 서로 혼합하여 사용하기도 한다. 또한 식품의 조리, 가공 시에 산미료를 첨가하게 되면 산도에 의하여 병원균이나 부패균의 증식을 억제하는 역할을 하기도 한다. 산미료는 유기산계를 중심으로 15품목이 지정되어 있는데 모두 사용기준은 없다.

『표 6-15』 허용 산미료

품 명	특 징
초산(acetic acid) 빙초산(glacial acetic acid)	빙초산은 물로 희석하여 초산으로 한 다음 사용한다. 식초, 절임 등에 사용한다.
구연산(citric acid)	밀감, 레몬 등의 과실 중에 널리 존재한다. 부드럽고 상쾌한 신맛이 있으므로 산미료로 널리 사용한다.
아디핀산(adipic acid)	버터나 사탕 무즙에 미량 함유되어 있다. 청량음료의 산미료, 젤리의 gel화제로 사용한다.
D-주석산(D-tartric acid) DL-주석산(DL-tartric acid)	포도에 많이 함유되어 있다. 구연산보다 흡습성이 적고 신맛은 강하다. 다른 산미료와 병용이 좋다.
글루코노델타락톤 (glucono-deltalactone)	글루콘산의 분자 내 에스테르이며, 냉수 중에서 서서히 분해하여 글루콘산이 된다. 온도가 상승하면 가수분해가 급속하게 진행되어 글루콘산이 되므로 합성팽창제의 산 성분으로 사용한다. 두부 응고제로도 사용한다.

『표 6-15』 계속

품 명	특 징
젖산(lactic acid)	방부작용이 있는 산미료로 양조용, 청량음료, 과자 등에 사용한다.
후말산(fumaric acid)	여러 가지 식물 중에 함유되어 있다. 독특한 상쾌한 신맛을 가지며, 분말 발포 주스의 산제로 사용되며, 다른 유기산과 병용한다.
후말산 1나트륨 (monosodium fumarate)	후말산은 물에 잘 녹지 않으나, 이것은 잘 녹는다. 청량감 있는 신맛이 나고 조해성이 없고, 안정하므로 분말청량음료에 사용한다.
DL-사과산(DL-malic acid)	사과 등에 함유되어 있다. 청량음료, 과자, 마가린, 마요네즈 등에 산미료, 유화안정제로 사용한다.
이산화탄소(carbon dioxide)	청량음료수의 청량미료로 사용한다.
인산(phosphoric acid)	콜라음료의 산미료로 사용한다.
이타콘산(itaconic acid)	구연산과 젖산을 혼합한 것 같은 신미, 과즙, 음료, 간장, 소스 등에 사용
글루콘산(gluconic acid)	냄새가 없거나 약간 있는 산미, 샤벳, 젤리, 청량음료, 주류 등에 0.01~0.4% 사용한다.

6.1.21. 피막제

1. 사용 목적 및 기준

피막제(glazing agents, coating agents, film formers, glazes)는 과일이나 채소를 채취한 후 선도를 장기간 유지하기 위하여 표면에 피막을 만들어 호흡작용을 적당히 제한하고, 수분의 증발을 방지하는 목적과 외관을 좋게 하기 위하여 사용되는 식품 첨가물이다. 과일이나 채소 이외에는 사용이 금지되어 있으며 몰피린지방산염과 초산비닐수지의 2종이 허가되어 있다. 몰피린지방산염과 초산비닐수지는 과일이나 과채류의 표피에 피막제 이외에는 사용할 수 없다.

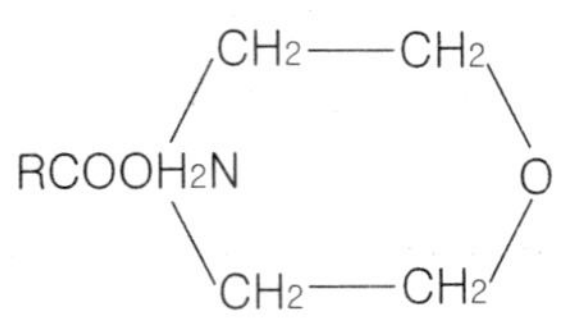

Morpholine salts of fatty acids

$(CH_3COOCH_2CH)_3$

Polyvinyl acetate

6.1.22. 껌 기초제

1. 사용 목적 및 기준

껌 기초제(chewing gum bases)는 껌에 적당한 점성과 탄력성을 갖게 하고, 그 풍미를 유지하기 위하여 첨가하는 물질로서 현재는 화학적 합성품인 합성수지가 많이 사용되고 있으며 지정되어 있는 것은 표 6-16과 같다.

『표 6-16』 허용 껌 기초제 및 그 사용기준

껌 기초제	사 용 기 준
에스테르 껌(ester gum) 폴리부텐(polybutene) 폴리이소부틸렌(polyisobutylene)	껌 및 인삼껌 기초제 이외의 용도에 사용하여서는 안 됨
초산 비닐수지(polyvinyl acetate)	껌 및 인삼껌 기초제, 과실류 또는 과채류 표피의 피막제 이외의 용도에 사용하여서는 안 됨
로진(rosin) 사일이움시드검(psyllium seed gum) 천연검(masticatory substances, natural)	껌 및 인삼껌 기초제 이외의 용도에 사용하여서는 안 됨

6.1.23. 알칼리제

1. 사용 목적 및 기준

식품의 제조·가공 중에 중화제나 박피제로 사용한다. 현재 허용되어 있는 알칼리제는 3 종이 있으며 다음의 표 6-17과 같다.

『표 6-17』 허용 알칼리제 및 그 사용기준

알칼리제 명	사 용 기 준
수산화나트륨(sodium hydroxide) 수산화나트륨액(sodium hydroxide solution) 수산화칼륨(pottassium hydroxide)	최종 식품 완성 전에 중화 또는 제거하여야 함

요 약

식품첨가물은 천연 첨가물과 화학적 합성품이 있는데, 식품 본래의 특성을 변화하지 않은 범위 내에서 인위적으로 기호에 적합, 식욕증진, 상품적 가치향상, 영양강화, 장기보존의 목적으로 식품첨가물의 사용 요구가 증가되고 있다. 우리나라 식품위생법에선 식품첨가물을 "식품을 제조·가공·보존에 있어 식품에 첨가·혼합·침윤의 방법에 의하여 사용되는 물질" 로 정의하고 있다. 세계보건기구(WHO)에선 "식품의 외관, 향미, 조직, 저장성의 향상을 위해 식품에 소량 첨가하는 비 영양성 물질"로 정의한다. 식품첨가물은 식품 품질을 향상, 보존성 강화, 기호성 강화, 영양 강화 목적으로 사용된다. 식품 첨가물 공전은 KFDA에서 만든 것으로 식품첨가물의 규격, 기준을 수록한 책이다. 즉, 식품첨가물의 성분규격, 사용기준, 표시기준, 보존기준, 제조기준 등을 수록한 공정서이다. 의약품에 있어서 약전과 비슷한 성격을 지니고 있다. 식품첨가물의 종류로는 보존료 외 22종류가 있으며, 정의, 종류 및 각각의 특징 등은 다음과 같다.

보존료(방부제)는 식품의 부패, 변질을 방지하기 위해 사용되는 식품 첨가물로 사용목적은 살균 작용보단 부패 미생물에 대한 정균작용이나 효소의 발효작용 억제이다. 구비조건은 미생물에 대한 작용이 강하고, 미량의 첨가로 유효하고, 식품에 악영향을 주지 않고, 인체에 무해하며, 장기적으로 사용해도 해가 없어야 한다. 원형질과 반응하며 효소단백질을 변질시킴으로서 미생물을 사멸시키거나 발육을 저해하는 점으로 보아 당연히 인체를 구성하는 세포에도 작용할 것임으로 인체에도 독성이 있음을 인정해야한다. 보존료인 데히드로초산과 그 염은 금속과 작용 시 변색되고 산성에서 효과가 증대된다(치즈, 버터, 마가린). 소르빈산과 그 염은 물에 녹기 어려우나 산성용액에서 작용효력이 증대된다(젖산균 음료, 식육제품). 안식향산과 그 염은 pH 2~3에서 살균력이 가장 크다(간장, 과실 · 채소류음료, 청량음료-탄산미함유). 파라옥시안식향산 에스테르류는 물에 안 녹고, 알코올에 녹고, pH에 영향 받지 않으며, 인체에 해가 없는 농도에서 세균, 효모, 곰팡이의 성장억제 작용한다(과실주, 약주, 탁주). 프로피온산과 그 염은 pH가 낮을수록 효과 크다(빵, 케잌류).

살균료는 보존료가 정균작용을 나타내는데 대해 미생물을 단시간 내에 사멸시키는 작용 갖는 첨가물이다. 차아염소산나트륨은 pH가 낮을수록 비해리형 비율이 증가해 살균력이 증대된다(음료수, 과일, 채소/식품의 제조·가공에서 장치, 기구의 살균 소독, 손의 소독). 표백분과 고도표백분, 이염화이소시아뉴산나트륨, 과산화수소수가 있으며, 과산화수소는 최종 식품의 완성 전에 반드시 분해, 제거해야 한다. 산화방지제(항산화제)는 유지, 유지를 포함한 식품 등의 산패에 의한 이미, 이취, 변취, 퇴색, 변향, 영양가의 감소, 독성 있는 산화된 물질의 생성을 미연에 방지하는 물질이다. 디부틸 히드록시 톨루엔(BHT)은 BHA와 병용하면 효과가 더 우수하다. 부틸 히드록시 아니졸(BHA)은 BHT보다 효력은 우수하고, BHT와 유기산(특히 구연산), 몰식자산프로필 등과 병용해 많이 사용한다. 몰식자산 프로필은 유기산이나 BHA와 병용 시 효력이 증가하고, DL-α-토코페롤은 독성이 매우 낮아 사용제한이 없으며, 에리소르빈산 및 그 염(기준없음)은 식품의 갈변 방지, 색소 고정, 주스 등의 비타민 C 분해를 방지해 풍미를 유지한다. 아스코르빈산 및 그 염(기준없음)은 식육제품 변색방지, 과일 통조림의 갈변방지, 기타 식품의 풍미유지에 사용한다.

착색제(료)는 식품자체 고유의 색이 변질되는 것을 방지하거나 또는 퇴색된 것을 인위적으로 착색시켜 기호성을 증진시켜 색상을 나타나게 한다. 천연 착색제인 베타카로틴(착색효과, 영양강화 효과), 합성 착색제인 식용 tar계 색소-알루미늄 레이크(녹색 3호; 적색 2, 3, 40호, 102호; 청색 1, 2호; 황색 4, 5호; 소시지에 사용가)와 비tar계 색소가 있다(철클로로필린 나트륨염-기준 없음, 동클로로필 및 그 염, 이산화티타늄, 삼이산화철, 카르민 등). 발색제는 식품중의 성분과 반응하여 색을 안정화시키거나 발현시키는 물질이다. 아질산나트륨(어육소시지, 어육햄 같은 식육 가공품에 사용, 발암물질인 nitrosoamine 생성), 질산나트륨, 질산칼륨, 황산 제일철이 있다. 표백제는 색깔이 퇴색, 변색된 식품이나 잘못 착색된 식품에 있어서 화학적으로 무색 또는 백색으로 하기 위하여 사용한다. 아황산류(메타중아황산 나트륨, 또는 칼륨, (산성)아황산나트륨, 차아황산나트륨)이고, 원리는 아황산에 의한 환원작용이다. 산화형으로 과산화수소가 있다.

감미료는 천연 및 인공 감미료로 분류되며, 당질 성분 이외의 물질로 영양적인 가치가 없고 설탕의 대용으로 사용된다. 사카린나트륨(김치, 유산균음료, 이유식, 물엿에 사용금지), 글리실리진산 2 나트륨, 소르비톨·말티톨·자일리톨·락티톨·만니톨 같은 당알코올(사용기준이 없음), 아세설팜칼륨, 수크랄로스, 스테비오사이드, 감초추출물, 아스파탐이 있다. 조미료는 식품 본래의 맛을 한층 기호에 맞도록 하고 식욕을 촉진시키기 위하여 사용하는 첨가물이다. 핵산계 (IMP, GMP 등), 유기산계(주석산, 구연산, 젖산, 호박산, 사과산 등), 아미노산계(글루타민, 알라닌 ,글리신, 글루타민, 베타인, 타우린 등)가 있다. 현재 조미료에 대한 사용기준은 없다. 착향료는 식품에 향을 부여해 식품자체의 냄새 강화·변환·억제·제거를 위한 첨가물질이다. 밀가루 개량제는 분질을 개량하기 위해 사용되는 화학물질이며 목적은 색소제거(표백작용), 단백질 분해 효소제거(숙성작용)이다. 과산화벤조일, 과산화암모늄, 염소, 스테아릴 젖산칼슘(나트륨), 시스테인염산염이 있다. 품질 개량제(결착제)는 햄이나 소시지 등의 연제품을 제조할 때 결착성을 높여 씹을 때의 식감을 향상시키고, 식품의 탄력성, 보수성, 팽창성 증가, 맛 조화, 풍미향상, 변질·변색방지를 위한 첨가물질이며 인산염류(제1,2,3 인산나트륨, 제 3인산칼륨), 중합인산염, 축합인산염, 폴리덱스트로스가 있다.

호료(증점제, 농화제, 겔화제)는 콜로이드 성질을 갖고 있어 식품을 매끈하게 하고 점성있게 하는 첨가물로, 천연품(글루텐, 아밀로펙틴, 펙틴, 알긴산, 한천, 카라기난, 카제인, 젤라틴), 합성품(폴리아크릴산나트륨, 메틸셀룰로오스, 카르복시메틸셀룰로오스나트륨(칼슘)이 있다. 유화제(계면활성제)는 물과 기름의 계면에 작용하여 계면장력을 낮춤으로써 분산상의 응집을 막는 것으로, 합성품(글리세린지방산에스테르, 소르비탄지방산에스테르, 프로필렌글리콜지방산에스테르), 천연품인 레시틴이 있다. 아이스크림, 마요네즈의 유화, 빵이나 카스텔라의 유연성 지속 및 노화방지 등의 목적으로 이용되는데, 사용기준이 없다. 용제는 보존료, 착색료, 착향료 등과 같은 잘 녹지않는 식품첨가물을 용해시켜 식품에 균일하게 섞여 흡착되도록 하는 첨가물이다. 글리세린, 프로필렌글리콜이 있다. 이형제는 분할, 구울 때 달라붙지 않고, 빵의 형태 유지하면서 쉽게 분리위해 사용하며, 유동파라핀이 있다.

영양강화제는 식품의 영양강화 목적을 갖으며, 비타민, 아미노산, 무기염이 있다. 팽창제는 빵, 카스텔라 등을 부풀게 하는 적당한 형체를 갖추게 하기 위하여 사용되고 천연품(이스트), 합성품(탄산수소나트륨 외 10여 품)이 있다. 추출제는 일종의 용제로 천연식품 등에 그 성분을 용해유출하기 위해 사용되는 것이며 지정되어 있는 것은 n-hexane, 이소프로필알코올이며, n-hexane은 식용유지나 건강보조식품을 제조할 때 유지를 추출하는 데에만 사용된다. 잔류량은 0.005 g/kg이다. 소포제는 식품제조 공정 중에서 많은 거품이 발생하여 지장을 주는 경우에 거품을 없애기 위하여 사용되는 첨가물이며 규소수지만 허용되어 있다. 산미료는 식품을 가공하거나 조리 할 때 적합한 신맛을 주어 미각에 청량감과 상쾌한 자극을 주기 위해 사용된다. 허용되는 산미료는 초산, 빙초산, 구연산, 이산화탄소 등이 있다. 피막제는 과실, 과채의 표피에 얇게 발라서 수분의 증발을 방지함과 동시에, 외상에 의한 세균, 곰팡이 등의 침입을 방지하기 위해서 이용하는 것으로, 천연 피막제로서 각종 왁스, 합성 피막제로서 아세트산비닐수지, 몰포린 지방산염, 옥시에틸렌 고급지방산알코올, 올레산나트륨이 이용된다. 껌기초제는 껌에 적당한 점성과 탄력성을 갖게 하고 그 풍미를 유지하는데 중요한 구실을 한다. 허용되는 껌기초제는 에스테르껌, 초산비닐수지, 폴리부텐, 폴리이소부틸렌 등이 있다. 알칼리제는 식품의 제조, 가공 중에 중화제나 박피제로 사용하는 것이다.

7장 유전자변형 식품과 방사선조사 식품

지구상의 인구 증가로 식량수요는 계속적인 증가를 보이고 있다. 제한적 경작 지역에서의 식량증산을 위하여 세계 각국에서는 화학비료나 농약을 사용하고 있지만, 환경오염과 식품의 잔류농약 등에 의한 안전성 문제를 초래하고 있다. 이에 따라 병충해 또는 제초제에 강한 새로운 품종을 효율적으로 개발하기 위하여 유전자재조합 식품을 개발하게 되었다. 현재 많은 국가에서 유전자재조합 식품에 관한 시험과 연구가 계속되고 있으며, 우리나라에서도 이들 제품의 수입이 늘고 있는 실정이다.

또한 식품가공 · 저장에 있어서 지금까지 이용되어 온 가열, 냉장, 화학약품 처리(보존제, 훈증제) 등은 처리 공정 및 효과, 처리비용, 건전성, 환경공해 등 많은 문제점이 지적되면서 방사선 조사식품에 대한 관심이 점차 증가하고 있다.

7.1. 유전자변형 식품

유전자변형 농산물(GMO, Genetically Modified Organisms)이란 생물체의 유전자 중 필요한 유전자를 인위적으로 분리 · 결합하여 개발자가 목적한 특성을 갖도록 한 농산물로서 제초제 저항성, 병 · 해충 저항성, 저장성 향상, 고영양분 성분함유 등의 특성을 지닌 농산물을 말한다. 최근 FTA를 통하여 널리 알려지게 되었는데, GMO가 살아있는 것과 죽은 것을 모두 포함하는 반면에 LMO(Living Modified Organisms)는 살아있는 것만 한하는 협의의 개념이다.

이러한 유전공학 또는 유전자조작(genetic engineering) 기술은 왓슨(Watson)과 크릭(Crick)에 의해 1953년 세포 속의 DNA 구조와 1970년대 이후

DNA를 자르는 제한효소(restriction endonuclease)가 발견되고서부터 급진적으로 발전하였다. 그 결과로 1982년 미국 식품의약청으로부터 판매허가를 받아낸 인슐린은 유전공학을 이용한 우리 인간이 최초로 만들어 낸 의약품이다. 대장균으로부터 인슐린을 대량 생산하기 이전에는 소나 돼지의 췌장에서 인슐린을 추출하여 당뇨병 환자 치료에 이용해 왔는데, 이는 값이 너무 비쌀 뿐만 아니라 인간 인슐린의 구성 아미노산 서열도 일부 달라 환자에 투여시 알레르기 반응을 일으킬 수 있는 단점도 있었다. 이후, 생체 내 미량 존재하는 생리활성 단백질의 대량 생산도 가능케 하는 등 현재까지 많은 종류의 단백질 치료제가 개발, 실용화 되고 있다.

본격적으로 유전자조작 기술이 식물에 활용된 것은 토양미생물인 근두암종균(*Agrobacterium tumefaciens*)이 지니고 있는 Ti plasmid라는 부염색체 일부가 식물체 염색체 내로 전이됨이 확인되고 외래 유전자의 도입으로 형질전환된 소위 유전자재조합 식물의 개발에서부터이다. 1994년 최초로 개발 승인된 연화지연 토마토 이후 해충 내성 감자, 제초제 내성 옥수수, 숫식물 불임 옥수수, 제초제 내성 대두, 제초제 내성 쌀 등 지금까지 세계에서 약 140종의 유전자변형 농산물이 국제적 안전성 평가방법에 따라 승인을 받았다. 유전자변형 농산물이 개발된지 10여년 만에 현재 유전자변형 농산물을 재배, 생산하는 나라는 점점 많아지고 직접 재배는 하지 않아도 유전자변형 농산물을 수입과 유통하는 나라도 매년 증가하고 있는 현실이다.

7.2. GMO 개발 목적

남미 안데스 산맥에서 자생하던 최초의 토마토는 방울토마토와 흡사한 모습이었는데, 그것이 전 세계로 전파되는 과정에서 점차 크기도 커지고 색도 붉어진 것을 알 수 있다. 그렇게 벼와 같이 수 천 년의 시간을 보낸 결과 그림 7-1의 사진 가운데에 있는 현재 토마토의 모습으로 변화하였다. 이처럼 식물이나 가축의 유전적 특성을 개량하여 보다 실용적인 품종을 개발하기 위하여 인류는 계속 노력해 왔으며, 과거의 종자 개량은 밥맛이 좋지만 병충해에 약한 벼, 병충해에는 강하지만 쌀 수확량은 떨어지는 벼, 수확량은 높지만 품질이 떨어지는 쌀이 열리는 벼 등을 수정시켜 밥맛이 좋고, 병충해에 강하며, 수확량도 많은 벼가 나올 때까지 몇 년이고 교배를 반복하는 방식이었다. 드물게 한 두 해 만에 뛰어난 신품종이 나오기도 했지만 십 년이 넘도록 좋은 결과가 나오지 않는 경우가 많았다. 밥맛이 좋게 하는 유전자, 병충해에 강한 유전자, 수확량이 높아지는 유전자가 모두 한꺼번에 모여야 하며 결정적으로 세대가 반복되어도 유용한 형질을 잃으면 안 되기 때문이다.

유전자재조합 기술은 이러한 단점을 극복하기 위해 개발된 품종개량 기술의 하나로서, 현대 유전공학의 힘을 이용하여 우연에 의존하던 품종 개량을 의도적으로 이끌어낸 것으로, 단시간 내에 의도적인 개량이 가능하고, 변화를 신속하게 관찰할 수 있는 장점이 있기에 종자 개량 기술의 흐름은 GMO 개발로 빠르게 넘어가고 있는게 현실이다.

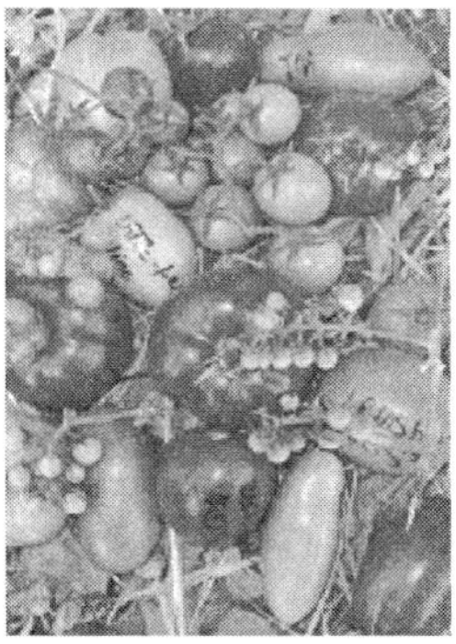

『그림 7-1』 여러 크기의 토마토 사진(자료 : 한국식품의약품안전처)

7.3. GMO 작물을 만드는 방법

7.3.1. 유전자재조합 과정

유전자재조합 과정은 그림 7-2와 같다.

1단계 : 유용한 특성을 결정하는 유전자 탐색 후 DNA 추출

2단계 : 추출한 유용 유전자가 다른 생물체 내부에서 효과적으로 작용할 수 있도록 운반체 DNA 내부에 새로운 유용 유전자 재조합

3단계 : 목표로 하는 작물에 유용 유전자 이식

4단계 : 형질이 변화된 세포를 조직배양해서 식물체로 재분화시켜 원하는 개체 선별 → 안전성(인체 위해성, 환경 위해성) 평가 → 규제기관의 심사 → 해당기관에 품종 등록 및 허가 → 상품화

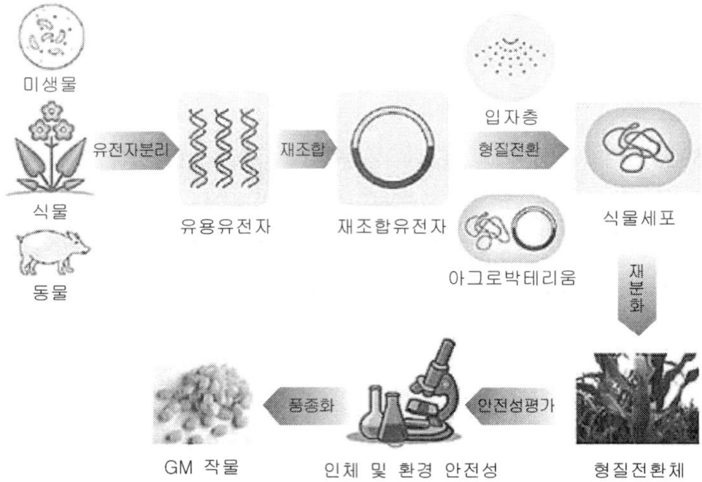

『그림 7-2』 GMO 개발과정(자료 : 한국식품의약품안전처)

7.3.2. 조작방법

GMO에서 원하는 형질을 얻기 위한 조작을 행하는 방법에는 주로 다음의 네 가지가 이용되는데, 이러한 방법은 일견 과학적인 것으로 보이기도 하나, 조작의 과정을 하나하나 살펴보면 결과가 불확실한 주먹구구식의 방법이라고 할 수 있다.

1. 아그로박테리움 이용법

아그로박테리움(*Agrobacterium tumefaciens*)은 식물에 근두암종병(Crown gall)을 일으키는 토양세균으로서 가지고 있는 플라스미드의 유전자를 식물 염색체에 전달하여 근두암종병이라고 하는 암종세포 덩어리를 만드는 병원균이다. 플라스미드를 구성하고 있는 유전자 중 식물에 종양을 일으키는 유전자는 제거하고 이용하고자 하는 유용한 유전자를 연결시켜 아그로박테리움에 넣은 후 이 아그로박테리움을 식물세포에 접촉, 감염시키면 유용한 유전자가 식물세포 내로 들어갈 수 있다(그림 7-3).

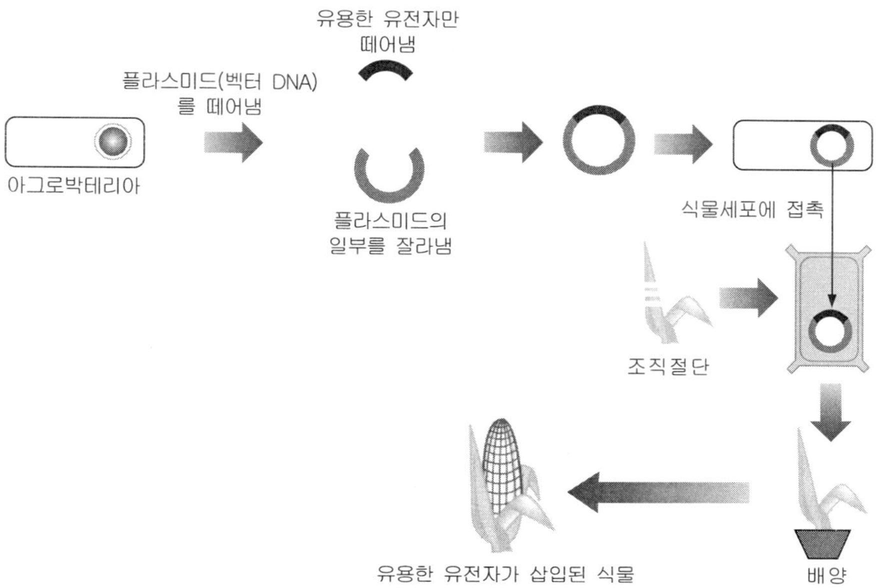

『그림 7-3』 아그로박테리움(*Agrobacterium tumefaciens*) 법
(자료 : 한국식품의약품안전처)

2. 유전자총(particle bombardment) 이용법

금 또는 텅스텐 등 금속미립자에 유용한 유전자를 코팅하고 고압가스의 힘으로 식물의 잎 절편 또는 세포 덩어리에 투입하여 유용 유전자가 물리적으로 식물세포의 염색체에 접촉하도록 함으로서 직접 식물세포 내로 도입하는 방법이다(그림 7-4).

3. 원형질체 융합(protoplast fusion)법

원형질체(protoplast)는 일반적으로 세포벽이 제거된 상태의 세포를 말하며, 조직 배양 시 단세포 유래식물체를 만들거나 유용한 유전자를 세포 내로 도입시킬 때 사용하는 방법이다(그림 7-5).

금속미립자에 유전자를 코팅하여 그 미립자를 고압가스의 힘으로 변형된 식물에 밀어 넣어 유용한 유전자가 직접 들어가도록 하는 방법

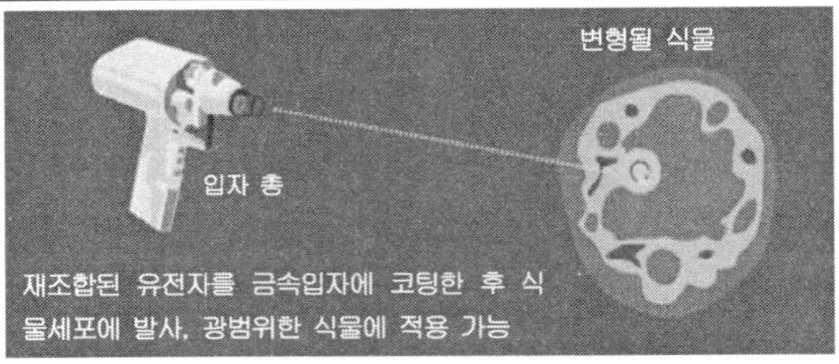

1. 재조합된 유전자를 금속입자에 코팅한 후 변형시킬 식물세포에 발사한다.

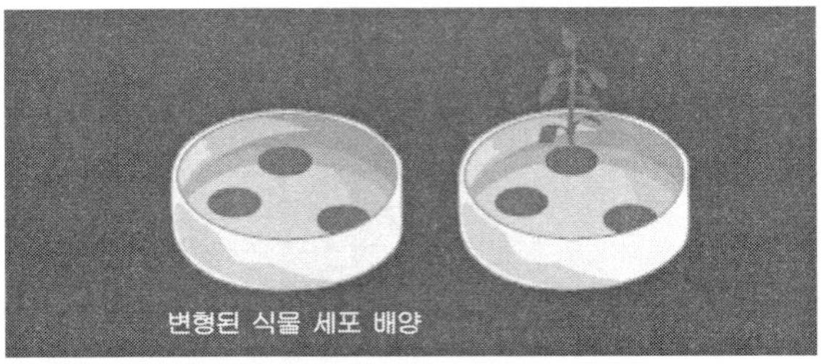

2. 변형된 식물 세포를 배양한다.

3. 변형된 유전형질을 가진 식물로 성장

『그림 7-4』 유전자총(Particle bombardment) 이용법(자료 : 한국식품의약품안전처)

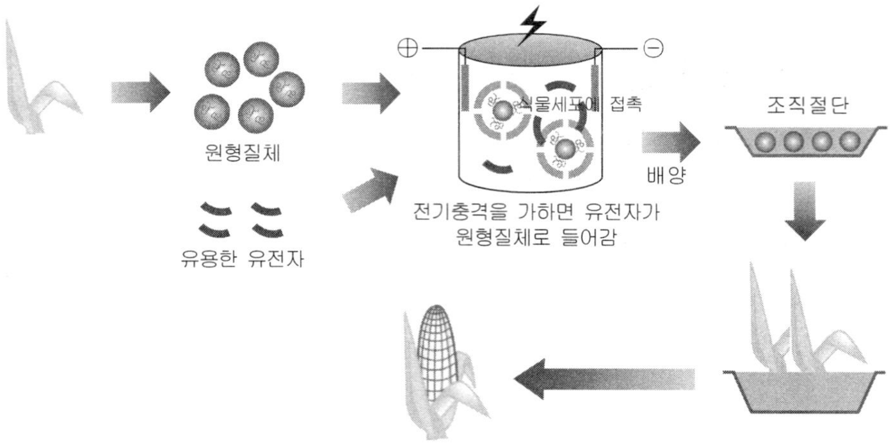

『그림 7-5』 원형질체 융합법(자료 : 한국식품의약품안전처)

7.4. GMO의 대표적인 식품

전 세계적으로 콩, 옥수수, 면화, 카놀라가 대부분을 차지하고 있으며, 사탕무, 알팔파, 감자, 쌀, 밀, 멜론, 라디치오, 토마토, 호박, 파파야, 아마 등도 개발되어 있다. 이 중 2008년 6월 현재 우리나라에서 안전성 심사를 거쳐 승인된 것은 7개 농산물(콩, 옥수수, 면화, 카놀라, 알팔파, 사탕무, 감자) 54 품목이다.

우리나라에서는 96년부터 아무런 조치나 표시없이 콩, 옥수수 등의 GM농산물을 수입 유통해왔다. 97년도 국내 GMO 농산물 수입 추정결과 콩, 면화, 옥수수, 감자 등 4개 품목에서만 144만톤으로 전체 수입물량의 10%가 GM농산물이다.

콩의 경우 유통되고 있는 양의 1/4이 GMO콩이다(두부, 된장, 콩나물, 간장, 식용유, 사료 등). 2001년 3월부터 콩, 옥수수, 콩나물에 대해, 2002년 3월부터 감자에 대해 표시의무화를 시행하고 GMO 식품에 대해서는 2001년 7월부터 실시하고 있다(장류, 식용유, GM 사료를 먹인 축산물 등은 제외).

우리나라는 GMO에 관해 규제를 하는 한편으로 GMO 개발, 연구에도 적극적이다. 2003년 6월 현재 자료에 따르면 농촌진흥청에서 연구 중인 GM 농산물은 벼, 배추, 감자 등 18작물 45종에 이른다. 국내 유전자변환 작물은 아직 농진청과 대학 등 연구기관에서만 시험 재배되고 있으며, 감자와 벼의 경우에는 현재 포장재배 단계에 있는 것도 있다.

7.5. GMO 표시제도

2007년 기준으로 우리나라를 비롯한 유럽, 일본, 미국, 호주, 캐나다 등 세계 52개국에서 GMO를 허용하고 있으며, GMO를 재배하고 수출, 수입하는 나라는 23개국이며, 우리나라와 같이 직접 재배는 하지 않고 수입만 하는 나라는 29개국이다.

그리고 소비자에게 올바른 정보를 제공하여 알고 선택할 권리를 보장하기 위해, 농산물은 농산물품질관리법에 따른 유전자변형 농산물 표시요령에 따라 농림축산식품부(고시 제2007-43호)가 담당하고, 가공식품은 식품위생법에 따른 유전자재조합 식품의 표시기준을 식품의약품안전처(고시 제2009-83호)가 담당하고 있다.

표시 대상 및 표시 내용 및 방법은 각각 표 7-1 및 표 7-2와 같다.

『표 7-1』 표시대상

구 분	표시를 해야 하는 경우	표시를 하지 않아도 되는 경우
농산물	식약처가 수입 승인한 모든 GMO 농산물(콩, 옥수수, 유채, 면화, 사탕무)	구분 관리된 농산물 : 구분유통증서 또는 정부증명서 제출 * 3% 이하는 비의도적 혼입치로 인정
가공식품 및 건강기능식품	GMO 표시대상 농산물을 주요 원재료로 사용하여 제조·가공한 후 유전자 재조합 DNA 또는 외래단백질이 남아 있는 모든 식품	구분 관리된 농산물 사용한 경우 : 구분유통증서 또는 정부증명서 제출 * 3% 이하는 비의도적 혼입치로 인정 GMO 농산물을 사용하였어도 : - GMO 농산물이 정제수를 제외한 함량 5순위에 해당되지 않는 경우 - 최종제품에 유정자재조합 DNA 또는 외래단백질이 남아 있지 않은 경우 * 간장, 식용유, 당류, 주류 등

『표 7-2』 표시내용 및 방법

구 분	내 용
표시 내용	- 제품 주표시면 : '유전자재조합식품' 또는 '유전자재조합 OO포함식품' - 원재료명 바로옆 : '유전자재조합' 또는 '유전자재조합된 OO' ※ 유전자재조합여부를 확인할 수 없는 경우 '유전자재조합OO 포함가능성 있음'으로 표시
표시 방법	- 국내식품 : 포장지에 인쇄 - 수입식품 : 스티커 처리 가능하나 떨어지지 않게 부착 - 두부나 묵 또는 즉석판매제조업소와 같이 용기나 포장 없이 판매하는 경우에 별도 게시판 이용하여 표시
위반 시 행정처분 및 처벌기준	- 미표시 : 품목제조정지 15일(1차 위반 시), 1개월(2차 위반 시), 2개월(3차 위반 시) - 허위표시 : 품목제조정지 1개월(1차 위반 시), 2개월(2차 위반 시), 3개월(3차 위반 시) ※ 수입신고 시 GM표시를 하지 않았으나 검사결과 GM성분 검출 시 수입단계에서는 표시 보완토록 지시 - 3년 이하 징역 또는 3천만원 이하 벌금

현재 우리나라를 포함하여 EU, 일본, 호주, 뉴질랜드 등 전 세계 20여개국이 표시제도를 시행하고 있으며, 과학적 검증과 사회적 검증을 병행하여 운영하고 있으며, 사회적 검증이란 농산물의 생산 및 유통 과정에서 GMO 농산물의 혼입 방지를 위해 종자의 구입 · 생산 · 보관 · 운반 · 선별 · 선적 등의 과정에서 구분하여 관리하였음을 제출된 구분유통증명서 또는 이와 동등한 효력이 있음을 생산국 정부가 인정하는 증명서를 통해 확인하는 것을 말하며, 과학적 검증이란 과학적 검사법을 이용하여 정성 및 정량검사 등을 통해 확인하는 것을 말한다. 또한 표시대상 식품을 수입하는 경우 수입신고서에 유전자재조합 표시 여부를 기재해야 하며, 표시된 제품은 해당 기관에 통보되어 유통 과정에서 사후 관리한다. 그리고 주요 국가별 GMO 표시 관리 비교는 표 7-3과 같다.

『표 7-3』 주요 국가별 GMO 표시관리 비교

국가 / 내용	한 국	일 본	유럽연합	미 국
표시 근거	검사 가능	검사 가능	원료 사용	미표시
비의도적 혼입치	< 3%	< 5%	< 0.9%	-
표시 대상	- GMO 성분이 남아있는 식품 - 원료 함량 상위 5순위 이내	- GMO 성분이 남아있는 식품 - 원료 함량 상위 3순위 이내, 5%이상	모든 식품	- 기존 식품과 영양성, 알레르기성 등이 차이나는 식품
사후관리 방법	서류 확인 및 분석검사	서류 확인 및 분석검사	이력 추적제	-

※ GMO 식품 표시제는 각국의 식량 수급 환경, 국민 정서 등에 따라 관리

자료 : 식품의약품안전처

7.6. GMO의 장 · 단점

지금까지는 안전성 평가 심사를 거쳐 실제로 상업화된 유전자변형농산물은 인체 안전성에 문제가 발생한 사례는 전 세계적으로 확인된 것이 없다고 전문가들은 말한다. 그렇지만 반대론자들은 유전자변형식품에 대한 부작용이 언젠가는 나타날 것이라는 불안감과 우려 등을 제기하고 있다. 지금까지 제기된 GMO의 장단점을 열거해보면 다음과 같다.

7.6.1. GMO의 장점

1. 기업 측면

- 종자를 비싸게 판매할 수 있음(기술사용료 명목)
- 종자와 농약의 세트 판매
- 터미네이터 유전자(다음 세대의 종자를 번식불능으로 만들도록 개조된 유전자로 이 유전자를 지닌 종자를 사용한 농민은 매년 새 종자를 구입해야 함)를 이용한 종자의 복제 생산 방지

2. 농가 측면

- 종자는 비싸더라도 병충해에 강하고 수확량이 많아 경제성이 높음
- 제초제에 내성을 가져 약해(藥害) 방지
- 물러짐 방지와 당도 향상으로 상품성 향상 등

3. 사회적 측면

- 적은 노동력과 투입비용으로도 수확량을 높이거나 영양 가치와 보존성도 향상시킬 수 있음
- 제초제 내성, 병해충 내성과 같은 투입부문 특질을 강화시킨 유전자조작 농작물은 농약사용량과 살포횟수를 줄여주어 노동력과 투입비용을 절감시킴
- 제초제, 살충제 사용의 감소로 환경오염도 방지

4. 영양적 측면

1) 주요 영양소의 증가

주요 영양소를 고품질, 대량 생산 할 수 있도록 하는 연구가 진행 중이다. 이러한 것 중 대표적인 것이 식물성 기름을 추출할 수 있도록 지질대사과정을 변형하여 고품질, 고농도의 지방산을 생산하는 것이다.

2) 미량영양소의 증가

주요 영양소 못지않게 미량원소의 함량을 증가시킨 경우가 있는데, 이는 식물이 가지고 있는 대사경로를 조절하여 원하는 영양소를 생산할 수 있도록 디자인 된다.

예) 비타민 함량증가 : 황금쌀

철분 함량증가 : 쌀에 강낭콩의 페리틴 유전자도입 등

5. 기타

1) 식용백신

식물과 동물을 이용한 의약품의 생산은 생산량이나, 안전성, 경제적인 측면에서 많은 강점을 가진다. 고부가가치 물질의 대량 생산이 가능하고, 화학 합성으로 이루어지는 의약품보다 부작용이 적을 것이라 예상되며, 이러한 의약품이 값싸고 대량 생산된다면 보다 많은 사람들이 혜택을 받을 수 있을 것이다.

2) 환경스트레스 저항성

지금 전 세계적으로 작물을 경작할 수 있는 면적이 점점 줄어들고 있다. 이에 척박한 환경에서도 작물이 자랄 수 있도록 작물을 변형시키는 연구도 진행 중이다. 또한 농업인구의 감소, 인구증가 등으로 인하여 세계적인 식량 부족 현상이 발생하고 있는 실정이어서, 생산성 증가를 목적으로 하고 있다.

그 외에 전통적인 화학공정 중에 나타나는 오염물질을 줄이고, 고효율, 고기능의 미생물 또는 그 부산물이 다양한 산업에 필요한 실정이다. 현재 많이 활용되고 있다.

7.6.2. GMO의 단점

(1) 인체 · 가축에 대한 식품안전성이 검증되지 않았음

■ 인류 건강에 대한 위험성 : 알레르기, 독성, 면역체계 약화 등 우려

- GMO 농작물도 장기간 섭취하였을 경우에는 면역체계를 약화시키며, 알레르기 반응을 불러일으킨다는 실험결과가 보고됨

- 외래 유전자가 인체나 가축의 소화기관에 서식하는 미생물에 전이되고 그 결과 새로운 알레르기나 신종 박테리아가 생성되어 항생제 치료 효과를 저해할 수도 있음

(2) GMO 농작물의 장기간 재배시 생태계를 교란할 우려

■ 이종간 교배에 의한 유전자 전파
- 특정 제초제, 살충제 사용에 따라 환경오염을 가중시키고 생태계를 교란시킬 새로운 변종(슈퍼잡초, 슈퍼해충)이 출현할 우려
- 생존력이 강한 변형종이 고유 토종 제압

■ 슈퍼잡초 문제
- GMO 품종(제초 내성)과 야생의 근연종이 교배를 통해 새로운 종이 만들어질 경우 제초제 저항성이 잡초에게 옮아가 슈퍼잡초 생성

■ 슈퍼해충 문제
- GMO 농작물(해충 내성)이 주변의 잡초와 자연교배하여 살충제에 내성을 가진 '슈퍼 해충'의 출현에 대한 우려

■ 토양 생태계 파괴
- 특정 제초제를 사용함으로써 제초제의 독성이 토양에 잔존, 토양 미생물을 제거하여 토양 생태계를 파괴함

(3) 생물다양성 파괴

■ 각 지역에 적합한 농작물이 아니라 GMO 농산물 몇 품목만 재배하게 되어 생물 다양성이 파괴
- 특정 농약에 내성을 갖도록 종자가 개발되면, 농약 남용에 의한 식물 감소로 곤충, 새, 포유류 등 동물군에 영향
- 만약 GMO 농작물을 전 세계적으로 재배하게 된다면 생물 다양성이 붕괴될 것임
- 결과적으로 더 많은 비료, 농약에 의존하는 영농방법만이 지배할 것이라는 우려(결국 환경문제를 더 악화시킬 것임)

(4) 유전자조작기술의 독점 및 다국적기업의 식량시장 지배가능성

(5) 국내 총생산(GDP) 차원에서 국가경제 손실

현재 전 세계적으로 GMO 생산량이 증가하고 있고 그에 따라 Non-GMO 원료는 점점 구하기 힘들어지며 그에 따라 Non-GMO 원료는 가격이 상승할 것이다. 표시제 확대로 인해 시설에 투자하는 비용도 추가로 발생할 것이고, 이는 곧 국내 총 생산의 감소를 가져오고 따라 국가경제에 손실을 미치게 된다.

7.7. 유전자재조합체의 안전성 평가

7.7.1. 실질적 동등성

실질적 동등성(substantial equivalence)이란 1993년 OECD에서 유전자재조합 식품의 안전성 평가 원리의 개념으로 확립된 것으로 지금까지 경험적으로 안전하다고 판단해온 식품들의 특성을 허용 가능한 안전한 수준 즉, 평가기준으로 하여 기존의 식품과 유전자재조합 식품의 영양소, 영양억제인자, 독소 등의 구성성분, 가공조리방법 등의 섭취형태 및 예상 섭취량 등에 대해 비교 평가하여 차이가 있는지 여부를 판단한다.

만일 유의적인 차이가 있다면 그 차이에 대해 독성 등 위해평가를 하게 된다. 그래서 차이가 없거나 차이의 위해성이 없다면, 안전성 측면에서도 유의적인 차이가 없을 것으로 판단할 수 있다고 보는 것이다. 따라서 이 실질적 동등성 개념은 안전성 평가의 그 자체가 아니라 안전성 평가의 출발점(starting point)이 된다. 즉 실질적 동등성 개념이란 먼저 유전자재조합식품과 기존의 식품간의 동일한 점과 서로 다른 점을 명확하게 하는 한편, 의도하지 않은 영향이 일어날 가능성을 예측하게 하는 것이다. 그리고 동일한 부분에 대해서는 기존 식품이 경험적으로 안전하다는 인식에 입각하여 별도의 안전성 평가를 필요로 하지 않는다고 판단하고, 서로 다른 부분에 대해서는 섭취방법이나 소화관내 소화성 등을 평가하여, 그 결과에 따라 도출된 차이점에 대한 독성, 알레르기성 등 생물학적 의의와 잠재적 영향을 평가하고, 그 영향 등이 허용 가능한 범위인지 여부에 따라 안전성 정도를 판단하게 된다.

7.7.2. 국내 안전성 평가기관 및 항목

현재 유전자재조합 식품의 안전성은 식품의약품안전처 내에 1999년도에 5

분과(일반분과, 재조분과, 독성분과, 알레르기분과, 유전자안전성 분과)의 전문가들로 구성되어진 안전성 평가위원회(8)의 심사를 통하여 평가되어지고 있으며, 유전자재조합체의 안전성은 신규성, 알레르기성, 항생제 내성 및 독성 네 항목을 기준으로 decision tree에 의해 평가된다.

1. 신규성

새로 개발된 유전자재조합체가 오랜 기간 동안 먹어온 경험을 통해 그 안전성이 확인된 기존의 식품과 성분상 동일한 경우 실질적 동등성의 원리가 적용되어 기존의 식품과 동일한 안전성을 갖는 것으로 간주한다. 반면 새로운 성분이 생기거나 기존 존재하던 성분의 양이 새로운 유전자재조합체에서 크게 다른 경우 그 차이를 신규성으로 판단하여 안전성 평가의 범위와 정도를 제시하게 된다.

신규성 평가 항목은 유전자재조합체를 먹지 않는 경우 순도, 불순물, 물질자체의 안정성이 평가되며 유전자재조합체 자체를 먹는 경우 숙주/유전자 공여체의 종류 및 유래, 발현량, 발현부위, 발현시기, 식품으로서의 섭취경험, 구성성분, 기존 품종과의 차이 등을 평가한다.

2. 알레르기성

유전자재조합체의 알레르기 유발 가능성은 유전자재조합체내에 새로이 발현되는 성분이 이미 알려진 알레르겐의 일반적인 특성(단백질 크기가 10~70kDa, 대부분 수용성, 위/장관 분해 조건에서 쉽게 분해, 둘 이상의 IgE 결합부위를 가짐, 양적으로 많은 부분을 차지)을 기준으로 아래 항목들을 비교함으로써 이루어진다.

- 알려져 있는 알레르겐과 아미노산 배열, 단백질 구조, 밝혀진 epitope 염기서열 등의 유사성 여부
- 삽입 단백질의 물리화학적 특성, 식품가공에 대한 안전성, 위・장관에서의 효소나 산에 대한 안전성(9)
- 1일 단백질 섭취량에서 차지하는 비율
- 공여체/수여체의 식품으로 이용된 경험
- 알레르기 환자의 혈청 IgE와의 결합

3. 항생제 내성

유전자재조합체 생산에 항생제 내성 유전자가 사용된 경우 이에 대한 평가항목으로는 유전자재조합 식품의 섭취량, 조리/가공방법 및 구성성분과 유전자 및 그 산물의 특성, 관련항생물질 사용 현황, 경구투여 항생물질의 불활성화 추정량 및 발생 가능한 문제점 등이 평가된다.

4. 독성

지금까지 섭취해온 식품과 비교하여 신규성이 있는 유전자재조합체는 그 물질에 대해 반복투여독성시험, 생식/발생독성시험, 유전독성시험 등이 동물실험으로 이루어진 자료를 평가한다.

7.8. 방사선 조사 식품

7.8.1. 전리방사선

Roentgen이 1895년에 X-선을 발견한 뒤 얼마 되지 않아서 전리방사선(ionization radiation)이 미생물을 죽인다는 사실이 알려졌다. 그러나 1940년대 초가 되어서야 비로소 방사선이 식품저장의 수단으로써 이용되기에 이르렀다.

전리방사선은 원자나 분자로부터 전자를 방출하기에 충분한 에너지를 갖는 미립자(corpuscular)와 전자기 방사선(electromagnetic radiation)으로 구성된다(그림 7-6). 미립자 방사선은 그들이 가지고 있는 운동에너지를 그들이 충돌하는 것에 옮길 수 있는 다양한 형태의 원자 이하의 입자이다. 이들 원자 이하 입자의 에너지는 그들 속도에 따라서 달라진다. 빛의 속도에 가깝게 가속화된 전자의 광선은 음극선이라 불리며 이들은 원자핵으로부터 방출되는 β-입자와 관련된다. 그러나 다른 원자 이하의 입자들은 식품보존에 이용될 수 없다. α-입자는 충분한 투과력을 갖지 않으며(그림 7-7), 중성자는 식품에 방사능을 유도할 수 있기 때문에 사용될 수 없다.

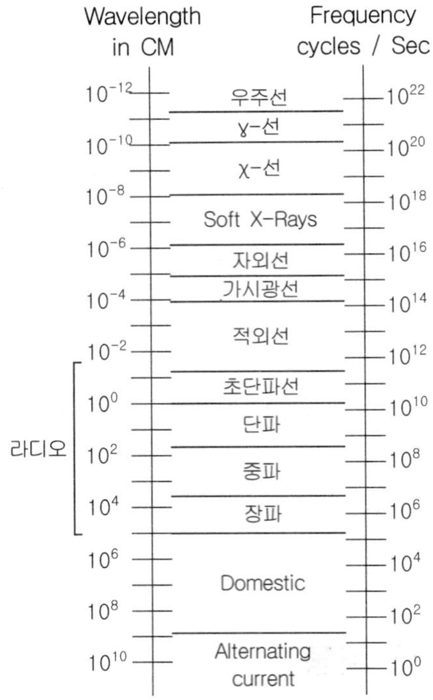

『그림 7-6』 전자기선

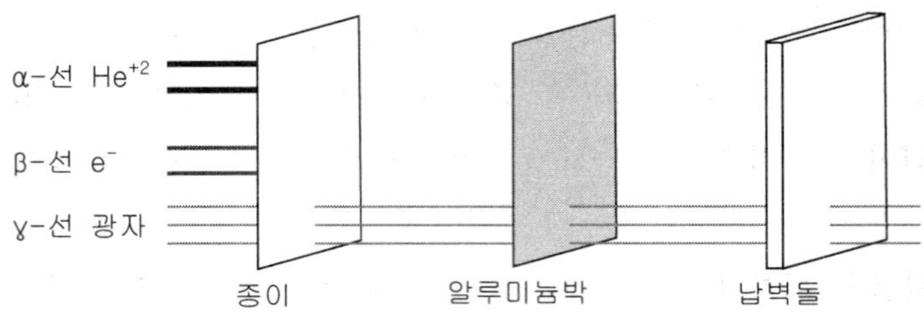

『그림 7-7』 α-선, β-선, ɣ-선의 상대적 투과력

고전압 장치에 의해 발생되는 전자기파는 X-선이라고 불린다. γ-선은 원자핵으로부터의 전자기파이며 근본적으로 X-선과 같다. 전자기파는 방사선의 파장에 반비례하는 에너지를 갖는다. 그러므로 파장이 짧아질수록 에너지의 함량은 높아지며 긴 파장의 전자기파(적외선, 마이크로파, 라디오파)는 이온화가 되지 않는다.

식품저장 공정은 Co-60이나 Cs-137과 같은 방사선 동위원소로부터의 γ-선이나 직선가속기로부터 가속된 전자를 사용한다. 방사선핵종들은 γ-선과 β

−선 모두를 방출한다. 그러나 β−선의 에너지수준은 식품의 멸균을 위한 것보다 상대적으로 낮아서 보통 γ−선이 유일한 것으로 생각된다. 전자는 식품을 통과하는 능력이 제한되는데 그들이 통과하는 길이는 그들의 에너지수준에 의존한다. 천만 전자볼트 이상의 전자광선은 몇몇 식품의 성분이나 용기에 방사능을 유도할 수 있기 때문에 이들은 식품저장에 부적합할 것으로 생각된다. Co-60은 그 능력과 가격 및 성질 때문에 가장 적합한 방사선의 원료로 생각된다.

방사선의 에너지는 rad나 gray로 표시된다. 1 rad의 양은 0.01 joule의 에너지가 1 kg의 물질에 흡수될 때 얻어지거나, 1 g당 흡수되는 100 erg의 에너지와 동일하다. 1.0 joule이 1 kg의 물질에 흡수될 때 이를 1 gray(Gy)라 한다. 따라서 1 Gy는 100 rad와 같다. 편의상 1,000 rad인 1 krad와 1,000,000 rad인 1 Mrad가 사용된다. 전형적인 살균량은 4.5 Mrad 또는 45 kGy로 이는 45 kj/kg과 같다.

어떤 식품저장법이 성공적이기 위해서는 기술적 장점과 경제적으로 경쟁성이 있음이 증명되어야 하며 처리된 식품이 완전하고 사람이 소비 시에 안전해야 한다. 이들 목적을 위하여 생물학적 효과, 저장시의 안전성, 기호성과 영양효과, 처리식품의 안전성, 처리의 상대적인 가격 등이 고려되어야 한다.

7.8.2. 생물학적 효과

살아 있는 세포에 대한 전리방사선의 치사작용은 유전물질에 대한 직접적 작용 또는 간접적 작용에 의한다. 간접적 작용에서는 현탁배지나 몇몇 비유전물질에서 초기변화가 일어나며 직접적인 작용에서는 전리방사선이 DNA의 파괴를 유발한다. DNA의 복구체제가 잘 발달되어 있으므로 이것이 제대로 가동된다면 대부분의 외가닥 사슬의 파괴는 복구가 일어날 수 있다. 일반적으로 전리방사선을 조사한 뒤 한 시간 이내에 대략 90%의 파괴된 DNA가 복구된다. 대부분의 두 가닥 사슬의 파괴는 초기손상이 일어난 곳에 효소적 분해가 잇달아 일어난다.

일반적으로 더 복잡한 생물일수록 전리방사선에 더 민감하다(표 7−4). 살아 있는 세포는 우주와 지구상으로부터 자연의 방사선을 항상 받고 있다. 이와 같은 조사의 정도는 지리적 위치에 따라서 달라진다.

『표 7-4』 전리방사선의 치사량

생　　물	치사량(Gy)
인　　간	6~10
곤　　충	250~1,000
세 균(영양세포)	1,000~10,000
곰팡이(영양세포)	1,000~10,000
세균 포자	10,000~50,000
바이러스	30,000~50,000

7.8.3. 식품에의 이용

전리방사선은 감자나 양파와 같은 식물의 발아를 저해할 수 있고 과일과 채소의 숙성을 지연시키고 곡물, 향신료, 과일과 채소에서 곤충과 그들의 애벌레, 알을 죽이고 돼지고기, 쇠고기, 생선에서 기생충을 죽이고 고기와 가금에서 병원균을 감소시키고 향신료와 박하 같은 건조제품에서 생균수를 낮추고 여러 가지 식품의 저장기간을 연장시킬 뿐만 아니라 다양한 식품들을 상업적으로 멸균시킨다. 이와 같은 과정 이 외에 γ-선은 살충제의 감소, PCB의 감소, 녹두에서 헛배부름 인자의 감소 또는 제거, 질병에 대한 내성을 갖는 식품 종자의 개량, 종자의 발아감소 등의 작용을 한다. 전리방사선은 무균공정에 이용되는 멸균포장재에도 이용이 가능하다.

1. 발아의 억제

식품저장의 주된 문제점 중의 하나는 발아이다. 발아를 억제하는데 소요되는 조사수준은 50~150 Gy이며 품종에 따라 달라진다. 5~10 krad의 전리방사선을 조사 받은 몇 종의 감자는 발아가 억제되며 이보다 높은 양의 조사는 오히려 감자가 더 잘 썩는 경향이 있으며 조사량이 증가할수록 변질은 점차로 증가한다. 또한 γ-조사된 감자는 조리 후 갈변되는 경향이 있다.

수확후 1~2주 내에 처리하면 양파에 20 Gy 정도의 적은 양의 조사로도 발아가 억제된다. 그러나 몇 주간 저장한 뒤에 처리한다면 높은 수준에서의 조사로도 발아는 억제되지 않으며 양파가 물러지게 된다. 통상의 γ-선 처리는 70~150 Gy이다. 한 연구에서 30 Gy 수준이 생강의 발아를 300일간 방지하였다.

2. 숙성의 지연

방사선조사는 숙성속도를 조절함으로써 많은 신선한 과일의 저장기간을 연장하는데 사용한다. 후숙되는 과일의 경우에는 과일을 상점으로 이송하는데 시간이 소요되기 때문에 푸를 때 수확하여 과숙되기 전에 판매해야 한다. 그런데 종종 과일의 숙성이 너무 빨라서 판매지역이 제한되기도 한다.

250~500 Gy의 조사는 대부분의 후숙과일의 숙성을 지연시키고 상품수명을 연장시킨다. 온난지역의 과일은 숙성을 지연시키는데 더 높은 조사량(1000 Gy)이 요구되며 이러한 처리에 의해서 숙성은 일어나지 않으나 지나치게 물러진다.

3. 곤충의 사멸

곤충은 어떤 나라에서는 저장 곡식의 25% 이상을 소비 또는 훼손시킨다. 화학약제가 곤충을 죽이는데 사용될 수 있으나 잔류된 훈증제와 살충제가 건강에 장해를 일으킬 수도 있다. 1 kGy 이하의 조사가 FDA에 의하여 식품의 곤충을 살충하기 위해 인가되었다. 그러나 박하와 향신료에는 30 kGy 이상도 사용될 수 있다. 성숙한 곤충은 전리방사선의 조사에 대해서 가장 내성이 높으며 난의 시기가 가장 조사에 대한 내성이 낮고 250 kGy의 선량이 신선한 과일과 채소에 대한 검역처리로써 제안되고 있다. 그러나 조사에 의한 제품의 손상, 품질의 열화 등과 같은 많은 문제점들 때문에 처리 가능한 식품의 수가 제한된다.

4. 기생충의 사멸

고기로부터 사람에 옮겨지는 가장 흔한 기생병은 소위 낭미충증(cysticercosis)과 돼지의 선모충증이다. USDA는 신선한 돼지고기에는 전리방사선의 조사를 허용하고 있지만 가공품에는 허용하지 않고 있다. *Trichinella spiralis*는 0.3 kGy에서 죽기 때문에 이것이 전리방사선 조사의 최소 한계이다. *Taenia solium*과 *Taenia saginata*와 같은 cysticerci(낭미충)을 사멸하기 위해서는 더 높은 조사량이 필요한데 그들은 0.1~1.2 kGy로 조사한 후에도 감염성이 있었다. 물고기에서 발견되는 다양한 선충류가 사람의 소화관에 감염될 수 있다. 6%의 염을 함유한 생선에서는 10 Gy만을 조사하여도 이들을 100% 죽일 수 있었다.

5. 미생물의 사멸

전리방사선(특히 선형가속기에서 나오는)은 일정하지 않다. 따라서 처리된 미생물의 세포들은 이들 방사선에 동일한 수준으로 노출되지는 않는다. 미생물의 사멸이나 피해는 직접 또는 간접적인 영향에 의한다. 직접적인 효과는 방사선을 직접 받아서 미생물 내에서 이온화가 일어나기 때문이며 간접적인 효과는 이온화와 미생물 주변에서 생성되는 free radical과 과산화물의 확산 때문이다.

미생물의 사멸을 위한 전리방사선량은 세포의 종류와 농도, 기질이나 현탁배지의 종류, 산소분압, 온도, 저해물질의 존재 등에 따라 달라지며 조사에 의한 세포의 사멸은 DNA의 손상과 비례한다. DNA의 손상은 외가닥 또는 두가닥 모두의 파괴를 일으키므로 미생물의 내성과 생존은 유전물질이나 기타 부위의 손상을 수리하는 능력에 관계된다.

조사로 인한 사멸은 1차 반응으로 생각되며 따라서 조사량에 대하여 생존수를 대수 스케일로 하여 도시하면 직선이 얻어진다. 열에 의한 사멸에서와 같이 조사의 초기에 shoulder를 갖고 말기에 tailing effect를 갖는 다양한 형태의 생존곡선이 얻어진다. D값은 선량에 관계없이 상대적으로 일정하다. 그러나 연구자들은 조사수준에 따라 상당한 차이를 발견하였다. D값은 미생물의 상대적 내성을 나타내는데 사용될 수 있다. 표 7-5에 몇몇 보고된 D값을 나타내었다.

『표 7-5』 미생물의 방사선 조사에 대한 D-값

미 생 물	현탁 배지	D-값(kGy)
포 자		
Clostridium botulinum		
Type A	cured ham	2.18~2.35
	베이컨	2.14
Type B	cured ham	1.64~1.75
	Pork loin(허리고기)	2.86~3.36
	닭고기	3.70
Type E	물	0.80~1.60
Type F	물	2.50
C. sporogenes	물	1.60~2.20
C. perfringens	물	1.20~3.40
Bacillus cereus	Broth	2.50
B. stearothermophilus	완충액	2.52
	완충액(anoxic)	4.25
영양 세포		
Escherichia coli	완충액	0.09
Salmonella typhimurium	완충액(air)	0.20
	완충액(anoxic)	0.60
	건조 뼈 음식	0.91~1.00
	건조 생선 음식	1.70
	Broth	0.28~0.56
Salmonella oranienburg	Dry	0.37
Staphylococcus aureus	완충액	0.20~0.25
	게살	0.40
	Broth	0.22~0.29
Lactobacillus plantarum	Broth	0.47~0.69
Enterobacter cloacae	Dry	0.18
Pseudomonas sp.	Dry	0.38
Aeromonas hydrophilia	생선(22℃)	0.11~0.15
	생선(−15℃)	0.22~0.34
	쇠고기 (2℃)	0.14~0.19
Yersinia enterocolitica	Broth	0.097~0.118
	쇠고기(25℃)	0.195
	쇠고기(−30℃)	0.338
Campylobacter jejuni	쇠고기(−30℃)	0.315
	칠면조(−30℃)	0.293
	칠면조(30℃)	0.162
	Broth(30℃)	0.174
Deinococcus radiodurans	완충액	1.94~3.08
	생쇠고기	3.5~6.0
Vibrio parahaemolyticus	완충액(pH 7.0)	0.05~0.14

『표 7-5』 계 속

미 생 물	현탁 배지	D-값(kGy)
곰팡이		
A. flavus (conidia)	물	0.38
	Dry	0.50~0.55
	카카오 콩	0.66
Penicillium citrinum	Wet	0.18
(conidia)	Dry	0.55
(mycelium)	카카오 콩	0.88
효 모		
Saccharomyces cerevisiae	Buffer	0.36
Candida sp.	Buffer	0.32
바이러스		
Coxsackievirus B-2	Eagles medium	4.40~6.90
	물(-90℃)	5.30
	cooked beef(16℃)	7.00
	cooked beef(-90℃)	8.10
Adenovirus 2	Eagles medium	4.10
Adenovirus 3	Eagles medium	4.90
Echovirus 18	Eagles medium	4.40
독 소		
Botulinum		
Type E toxin		
washed cells	Buffer	17~21
cell extract	Buffer	2.10
purified	Buffer	0.40
Type A toxin		
purified	Buffer	0.50~2.00
purified	Broth	40
purified	치즈	60
Staphylococcal		
Enterotoxin B purified	Buffer	27
	우유	97

1) 상대적 내성

미생물의 종과 균주에 따라서 방사선에 대한 내성은 아주 다양하다. 세균의 포자와 바이러스는 식품의 오염 미생물 중에서 방사선에 대하여 가장 내성이 크다. 일반적으로, Gram 양성 세균은 Gram 음성 세균에 비해 더 내성이 강하다.

어떤 *Streptococcus, Deinococcus, Acinetobacter moraxella*와 같은 영양세포는 내성이 높다. 효모와 곰팡이의 D값은 대부분의 세균세포들과 유사하다.

몇몇 예외를 제외하고는 젊은 세포가 오래된 세포보다 전리방사선에 더 민감하다. 조사 중에 산소의 존재는 세포의 손상을 증가시키는데 이는 아마도 수리체제를 감소시키는데 기인하는 듯하다.

Cysteamine, sodium formate, glycerol, thiourea와 같은 약품은 전리방사선으로부터 세포를 보호할 수 있다. 숙성고기를 제외하고는 완충용액에서보다 식품 중의 미생물을 사멸하는데 더 높은 방사선의 조사량이 요구된다.

물의 제거는 일반적으로 조사에 대한 미생물의 내성을 증가시킨다. 이는 H와 OH 라디칼의 생성이 감소하는 것, 형성된 free radical의 이동성이 감소하는 것, 건조된 물질에 의해 세포에 주어진 방벽 때문으로 생각된다.

방사선에 대한 내성이 몹시 낮은 세균들은 *Pseudomonas*, *Vibrio*, *Proteus*, *Escherichia*속이다. Ito와 Iizuka(1971)는 방사선에 대한 내성이 통상의 것과 다른 *Pseudomonas radiora*라고 명명된 *Pseudomonas*를 쌀에서 분리하였다.

*E. coli*는 전리방사선에 상당히 민감하기 때문에 조사식품에 대한 위생지표로 사용된다. 거의 모든 식품유래의 질병에 관련된 생명체는 방사선에 대한 내성이 높다.

*Salmonella*는 혈청형에 따라서 방사선에 대한 내성이 달라지는데 이와 같이 혈청형에 따라서 상대적 내성이 달라진다는 것은 열과 방사선에 의한 손상기작이 서로 다르다는 것을 의미한다. *Salmonella senftenberg* 775 W는 가장 내열성이 강하지만 반면에 이의 방사선에 대한 내성은 다른 *Salmonella*와 유사하다. 방사선에 대한 내성이 높은 구균을 고기로부터 분리하였는데 원래 이름이 *Micrococcus radiodurans*라고 이름을 가진 균이지만 몇몇 다른 방사선 내성 구균과 마찬가지로 이 균도 보통의 *Micrococcus*와는 다르다.

그러므로, Brooks와 Murray(1981)는 이를 *Deinococcus radiodurans*라고 명명하였는데 이 균의 높은 방사선에 대한 내성은 DNA손상을 수리하는 체제가 상당히 능률적이기 때문이다.

*Moraxella*와 *Acinetobacter*는 *Pseudomonas*보다 방사선에 대해서 더 내성적이다. Ito, Sato와 Iizuka(1976)는 *Moraxella*속의 D값은 44~54 krad이며 *Acinetobacter*는 12krad라고 보고하였다. Welch와 Maxcy(1975)에 의해 보고된 이들 값은 *Moraxella*의 477~1,000 krad와 *Acinetobacter*의 814 krad보다 훨씬 낮은 값이다.

*Clostridium botulinum*의 포자는 다른 *Clostridium*의 포자보다 방사선조사에 대하여 더 내성이 강한데 이는 식품의 멸균을 위해서 전리방사선을 사용하는

경우에 고려해야 하는 매우 중요한 사실이다. 방사선조사에 의하여 부패형 *Clostridium*은 식품으로부터 제거될 수 있는 반면에 *Clostridium botulinum*의 포자는 산 채로 남아서 독소를 생산할 수 있다. 그러므로 소비자들은 오염된 식품에서 일반적으로 발생되는 가스생성이나 부패취에 의한 위험가능성을 예견할 수 없다. 따라서 식품의 상업적 멸균을 수행하기 위하여 요구되는 최소 조사량은 *Clostridium botulinum* 포자의 내성에 기초를 둔다. 일반적으로 A형 포자는 B형 포자보다 방사선조사에 대하여 더 내성적이며 A와 B형 포자들은 C, D, E, F형 포자들보다 방사선조사에 대하여 더 내성적이다. 조사가 수행되는 온도는 *Clostridium botulinum* 포자의 방사선조사에 대한 내성에 영향을 준다. 온도가 65℃에서 −196℃로 낮아짐에 따라 포자의 내성은 증가한다.

숙성염(sodium nitrate, sodium chloride, sodium nitrite)은 *Clostridium botulinum*의 포자를 불활성화시키는데 필요한 조사량을 낮춘다.

바이러스들은 γ−선에 대해 다른 미생물보다 더 내성적인 경향이다. 다행히도 바이러스는 대부분의 식품에서는 발견되지 않으며 존재한다 하더라도 그들은 낮은 수준으로 존재한다. 저온(2.2℃)에서 New castle disease virus에 방사선조사를 하면 핵산의 손상으로 바이러스가 불활성화되며 반면에 고온(60℃)에서는 단백질의 변성으로 불활성화된다는 사실이 알려져 있다. 불순물이 존재하는 경우에 바이러스의 사멸율은 떨어지는데 이는 불순물들이 free radical 및 과산화물과 결합하여 바이러스를 보호하기 때문인 것으로 생각된다.

2) 방사선조사의 종류

방사선에 의한 살균은 품온을 상승시키지 않는 것이 특징이므로 냉살균(冷殺菌 : cold sterilization)이라고도 하는데 사용되는 선량과 그 효과에 따라서 다음과 같이 나눈다.

(1) 고선량 조사

고선량 조사(radappertization)란 3~5 Mrad의 방사선조사로 모든 또는 거의 모든 생명체를 사멸시키는 것을 말한다.

식품과 관련된 미생물 중에서 *Clostridium botulinum*의 포자가 방사선 조사에 대하여 가장 내성적이다. *Clostridium botulinum*의 포자는 높은 내열성을 갖고 있을 뿐만 아니라 변질을 일으키는 다른 미생물들의 포자보다 전리방사선에 대하여 더 내성적이다.

열처리에서와 같이 전리방사선에 대해서도 12D의 개념이 *Clostridium botulinum*의 포자나 독소로부터 안전한 상업적 멸균상태를 만들기 위해 사용된다. Josephson(1969)에 의하면 상업적 멸균을 위해 요구되는 최저조사량(MRD)은 실온에서 처리시 bacon의 23 kGy로부터 −80℃에서 조사된 쇠고기의 57 kGy까지 다양하였다. Rowley와 Brynjolfsso(1980)에 의해서 제시된 −30℃에서의 12D 조사량은 돼지고기 소시지의 25.5 kGy에서 돼지고기의 43.7 kGy까지 다양하였으며 쇠고기는 41.2 kGy 였다.

세균의 수준이 10^2~10^5/g인 다섯 가지 향신료가 7.5~10 kGy의 방사선조사로 살균되었다. 그러나 몇몇 향신료의 상업적 멸균을 위한 처리는 가금 향료의 6 kGy로부터 후추와 thyme의 13 kGy까지 다양하였다.

방사선멸균을 위한 조사량은 식품의 관능적 품질의 손상을 야기할 수 있다. 조사량이 높아질수록 영양소의 손실뿐만 아니라 원하지 않는 풍미, 냄새, 색의 생성력도 높아진다. 보통 고기 중에서 쇠고기가 가장 민감하며 돼지고기가 덜 민감하다. 비록 조사로 기인하는 이러한 변화가 식품에서 일어난다 할지라도 종종 그들은 열처리에 의한 것보다는 덜하다.

방사선 조사로 기인하는 식품의 변화를 최소화하기 위하여 다양한 여러 방법과의 조합이 제안되어 왔다. 이런 처리에는 free radical의 수용체인 약품의 첨가, 혐기조건의 사용, 수분의 제거, 냉동온도에서의 조사 등이 있다. 이들은 free radical의 원치 않는 반응을 감소시킨다.

*Clostridium botulinum*의 조절을 위해 방사선 살균이 사용될 때 숙성 Ham에서 요구되는 아질산(nitrite)의 양은 감소될 수 있다. 이런 처리시에 Ham은 냉동되고 −30℃에서 3.7 Mrad로 처리된다. 그러나 아질산은 25 μg/g으로 감소되지만 숙성된 색의 바램을 막기 위해 아질산 100 μg/g이 첨가된다.

방사선 살균으로 거의 모든 세균이 살균되지만 효소는 쉽게 파괴되지 않는다. 그래서 효소의 역가는 특히 실온에서 식품이 보관될 때 지속된다. 고기의 방사선 살균은 단백질 분해효소를 불활성화하기 위하여 방사선조사를 하기 전에 65~80℃로 열처리하고, 부분 진공하에서 포장을 밀봉하여, −30℃ 이하에서 냉동하고 요구량이 흡수될 때까지 포장식품을 전리방사선에 노출시킨다.

조사전의 냉동은 free radical이 조직을 통하여 확산되는 속도를 낮추어 주며 이는 방사선의 부작용을 최소화하고 냄새와 향기의 생성을 감소시킨다. 일반적으로 조사온도가 낮아질수록 더 많은 품질인자들이 보호된다. 그러나 온도가 낮을 때 *Clostridium botulinum*의 포자를 포함한 미생물들은 방사선에 대한 내성이 증가하므로 실온에서의 고기보다 냉동고기를 살균하기 위하여 더 높은 양이 요구된다.

방사선 살균은 냉장이나 냉동보존이 불가능할 때 식품의 살균과 저장에 유익하다. 이런 처리에 관계되는 문제점에는 처리도중 가열과 냉동이 요구된다는 것, 관능적 또는 영양적 품질이 악화된다는 것, 조작비용이 비싸다는 것 등이 있다. 그러므로 방사선 살균이 현재 사용되고 있는 저장방법과 경쟁한다는 것은 상당히 어렵다.

방사선조사에 의한 멸균식품은 면역체제가 억제된 병원환자에게 공급할 목적으로 생산될 수 있다. 또한 방사선조사에 의한 멸균식품은 우주여행을 하는 동안 우주인에게 급여하기 위해 사용되어 왔다.

(2) 중선량 조사

0.1~1 Mrad의 방사선조사로 부패균을 감소시키는 불완전살균으로 식품의 저장기간을 연장하는 것을 중선량 조사(radiation pasteurization 또는 raduri-zation)라 한다. 중선량 조사에 사용되는 방사선량은 90~99%의 미생물의 영양세포를 사멸시키지만 몇몇 내성의 영양세포와 포자는 살아남는다. 그러므로 냉장이나 기타 방법과의 조합처리가 살아남은 미생물의 생육 및 독소의 생성을 억제하기 위해 필요하다.

중선량 조사에 사용되는 방사선 조사량은 적당히 조절되어야 하는데 이는 많은 양을 조사하게 되면 저장기간을 연장시킬 수는 있으나 방사선 조사량이 증가함에 따라서 제품의 품질에 악영향을 미치게 되며 가격이 상승하기 때문이다. 흔히 사용되는 양은 제품에 측정될 만한 변화가 일어나지 않는 한도내에서 처리 가능한 최대의 조사량이 사용되거나 상점에서 요구되는 보존기간을 측정하여 이 요구에 조사량을 맞추어 사용한다.

호냉성 *Pseudomonas*는 단백질 식품의 주된 부패균이다. 이들 세균은 조사에 대단히 민감하여 중선량 조사에 사용되는 조사량에 의해서 완전히 제거된다. 진공포장된 쇠고기를 2kGy로 조사하였을 때 Enterobacteriaceae과, *Pseu-domonas*와 *Enterococcus*속 등이 제거되었다. 이 쇠고기를 4℃에서 저장하는 동안 방사선 내성 *Lactobacillus*가 자라서 우점하였다. 5 kGy로 조사한 같은 쇠고기로부터 분리된 주된 종은 *Lactobacillus sake* 였다. 3℃에서 15일 저장한 후, 1.03 kGy로 처리한 같은 쇠고기로부터는 부패취가 측정되었으나 1.54 kGy로 처리한 것에서는 부패취가 측정되지 않았다.

물고기 제품을 1~6 kGy로 처리하면 냉장 저장 기간이 연장된다. 중선량 조사의 효과는 식품의 형태, 초기의 품질, 관련 미생물의 조성에 따라 달라진다. 물고기 제품에서는 방사선에 대한 내성이 높은 *Clostridium botulinum* E형의 존재가 문제이다. 그러나 Rowley 등(1983)에 의하면 1~4 kGy에서 살아남은 E형의 포자는 손상 받아서 10℃이하에서 독소를 생산하지 못한다고 하였다. 중선량 조사가 적합한 식품은 썩기 쉬우며 유통도중 부패속도가 높은 새우, 생선류, 양딸기와 버섯 등이다.

(3) 저선량 조사

저선량 조사(radicidation)란 0.1 Mrad 이하의 방사선조사로 식품유래 질병의 감소 또는 제거를 목적으로 살아 있는 포자를 형성하지 않는 병원성균을 사멸시키는 것이다. 그러나 *Clostridium botulinum*이나 *Clostridium perfringens*의 포자는 저선량 조사에서 사용되는 수준으로는 일반적으로 파괴되지 않으며 식품이나 사료에서 *Salmonella*를 제거하는데 필요한 것으로 알려져 있다.

같은 쇠고기의 D값은 *Salmonella*의 4가지 혈청형에 대해 0.55~0.78 kGy 범위이며, *Yersinia enterocolitica*의 3종에 대해서 0.10~0.21 kGy 범위이고, *Camphylobacter jejuni*의 3종에 대해 0.14~0.30 kGy 범위였다. 개구리 다리에서 *Salmonella*의 4가지 혈청형에 대한 D값은 0.18~0.30 kGy 범위였으며 이는 같은 쇠고기에 있어서의 *Salmonella*에 대한 D값보다 상대적으로 낮은 값이었다.

(4) 열 방사선 조합처리

이는 열과 방사선의 조합처리로 열 방사선 조합처리(thermoradiation)라 한다. 효소와 *Clostridium botulinum*의 포자는 상대적으로 방사선에 내성적이나 열에는 더 민감하다. 역으로 호열성의 포자는 열에 내성적인 반면에 방사선에 대해서는 상대적으로 더 민감하다. 따라서 열과 방사선을 순차적으로 처리하거나 동시에 처리하는 것은 식품을 보존하는데 있어서 매우 효과적이다.

방사선을 조사하기 전에 사멸온도 이하로 가열하는 것은 방사선에 대해서 영양세포가 민감해지게 만들지만 포자에게는 영향을 미치지 않는다. 어떤 경우에 가열과 조사를 동시에 행하는 것은 순차적으로 처리하는 것보다 더 효과적이다. 열과 방사선조사는 혐기성균의 포자를 살균하는데 함께 사용될 때 상승작용을 한다. 그러므로 각각을 따로 처리했을 때 요구되는 수준에서보다 식품의 품질에 영향을 덜 미치기 때문에 이러한 상승작용이 식품의 멸균에 이용될 수 있다. 열과 방사선조사의 상승작용은 특정온도와 조사선량의 범위에서만 일어나는 현상이다. 121℃에서 8분간 가열되고 1.0 kGy로 조사된 새우는 실온에서 2달 이상 저장할 수 있다. 또한 우수한 품질의 통조림 제품이 열 방사선 조합처리에 의해 얻어질 수 있다.

온도와 방사선조사의 상승작용은 *Bacillus stearothermophilus*를 포함하는 몇몇 미생물에 대해 측정되었는데 *Bacillus stearothermophilus*의 경우 D값은 27℃에서 2.10 kGy였으나 60℃에서는 1.57 kGy로 낮아졌다.

6. 독소의 불활성화

미생물의 독소는 세균포자의 사멸에 적합한 수준의 조사에서 불활성화 된다. 그러나 *Clostridium botulinum*의 독소를 불활성화 시키는데 요구되는 조사량은 균체나 포자의 파괴를 위해 요구되는 양보다 더 크다.

독소가 순수할수록 방사선에 대해서 더 민감하다. 이는 불순물에 의해서 세포가 보호되는 것과 마찬가지로 불순물에 의해서 독소가 보호된다는 것을 의미한다. Miura 등(1970)은 혈청 albumin, casein, DNA, RNA 등이 독소를 방사선에 의한 불활성화로부터 보호한다는 사실을 알아냈다. 당과 ascorbic acid는 보호가 미약하거나 없었다.

*Staphylococcus*의 장관독소는 *Clostridium botulinum*의 독소보다 더 열에 안정한데 이 높은 안정성은 전리방사선에 의한 불활성화에 대해서도 같은 경향을 보인다. Read와 Bradshaw(1967)에 의해 측정된 장관독소의 불활성화에 대한 D값에서 식품의 품질을 파괴시키지 않고 충분한 양의 독소를 제거하는 것은 불가능하였다. 낮은 양의 방사선처리는 *Clostridium botulinum*이나 *Staphylococcus aureus*의 독소에 영향이 거의 없거나 아주 없었으며 한편 aflatoxin B_1의 파괴에는 10 kGy가 넘는 양의 방사선 조사가 요구된다.

7. 효소의 불활성화

완전한 또는 적어도 부분적인 효소의 불활성화가 식품의 저장을 위하여 필수적인 것으로 생각된다. 그런데 효소를 불활성화시키는 데는 미생물을 파괴시키기 위한 것보다 더 높은 양의 조사가 필요하다. 일반적으로 우유가 열 살균이 충분히 되었는지를 측정하기 위하여 연구자들은 phosphatase라는 효소의 존재를 시험한다. 그러나 방사선조사를 통하여 우유 속에 존재하는 미생물을 멸균시키는 경우에는 phosphatase가 불활성화되지 않는다. 따라서 phosphatase는 방사선살균이 충분히 되었는지의 여부를 측정하는 데는 이용될 수 없다.

방사선조사를 하기 전에 효소를 불활성화하기 위한 고기의 열처리는 이들 제품의 저장성을 높인다. 이 열전처리는 식육 뿐 아니라 가금과 해산물에도 적용된다. 그런데 심지어 45~52 kGy를 조사하여도 단지 쇠고기의 단백질 분해력의 약 75%만을 파괴시킬 수 있을 뿐이다. 또한 과일에서 효소를 불활성화시키는 데 요구되는 만큼의 열처리로도 저장하기에 충분하며 따라서 전리방사선의 사용은 불필요하다. 과일과 마찬가지로 채소의 저장을 위해서는 방사선조사를 사용하는 것은 장점이 거의 없다.

효소는 방사선조사에 대해 미생물보다 더 내성적이기 때문에 상업적인 효소제제에서 미생물을 살균하거나 최소한 미생물의 수를 저장에 적합할 만큼 충분히 감소시키기 위하여 방사선조사를 사용할 수 있다.

7.8.4. 조사식품의 품질

어느 수준의 전리방사선은 미생물, 독소, 심지어는 효소까지도 파괴하거나 불활성화 시킨다. 그러나 바이러스와 포자, 또는 몇몇 영양세포들을 파괴시키는데 소요되는 양은 식품의 품질에 영향을 줄 수 있다.

전리방사선의 영향은 식품의 형태에 따라 다양하다. 우유를 비롯한 몇몇 식품들은 아주 낮은 양의 방사선에도 매우 민감한 반면 숙성육과 같은 식품은 심각한 품질의 영향 없이도 높은 수준으로 조사할 수 있다. 식육에 있어서 냄새의 변화는 탄수화물, 지방, 단백질의 반응에 의해 카르보닐 화합물이 생성되기 때문이다.

전리방사선은 식품에서 원치 않는 효과를 야기할 수도 있다. 그러나 열처리를 비롯한 다른 저장방법은 식품의 관능적 성질과 영양소 등을 변화시킬 수 있다. 많은 경우에 방사선조사의 효과는 열처리에 비하여 훨씬 무난하다.

방사선조사에 의한 원치 않는 효과는 일반적으로 전리방사선이 식품에 있는 물과 반응할 때 생성되는 free radical 때문인데 따라서 품질에 대한 영향을 줄이기 위해서는 냉동 또는 건조 상태에서의 조사, free radical 수용체의 사용, 불활성 환경 또는 진공에서의 조사 등이 필요하다. 비록 이들 방법이 식품에서 방사선조사에 의한 변화를 감소시키는 것은 틀림없지만 이를 완전히 방지하는 것은 아니다.

7.8.5. 안전성

대부분의 나라에서는 식품에 방사선 조사를 해도 된다는 승인을 받기 이전에 소비에 대한 안전성이 입증되어야만 한다. 고려되어야 할 인자에는 영양학적 적합성, 미생물학적 안전성, 유도방사선의 부재, 방사선에 식품을 노출하였을 때 생성될 수 있는 발암물질이나 기타의 독성물질의 부재 등이 있다.

조사식품의 안전성은 동물 급이 연구에 의해서 뿐만 아니라 식품성분의 분석으로 측정한다. 많은 안전성에 대한 연구들은 조사식품이 열처리된 식품만큼 안전하고 영양적이라는 사실을 보여주고 있다. 면역억제제를 투여하는 환자, 면역체제의 이상이 있는 사람들, 우주인들이 소비하였을 때 나쁜 영향은 보이지 않았다.

1. 영양학적 적합성

방사선조사는 단백질, 에너지원, 비타민에 대해서 영향을 미친다. 일반적으로 영양소의 손실은 조사환경 뿐만 아니라 조사량에 관계된다. 발아와 곤충의 조절에 사용되는 낮은 양은 영양적 손상을 일으키지만 그것은 그다지 크지 않다. 식품의 멸균에 소요되는 높은 양(45~55 kGy)에서 조사식품의 영양학적 적합성은 전통적인 열처리식품과 견줄 만하다. 어떤 경우에는 오히려 조사에 의한 식품의 영양가 상승이 일어나기도 한다.

2. 미생물학적 안전성

실온에서 안정한 고선량조사 식품에서는 모든 세포와 *Clostridium botulinum* 포자의 사멸은 필수적이다. 이는 또한 열처리된 통조림 식품에서도 마찬가지이다. 두 가지 경우 모두에 있어서 살아서 남은 포자는 독성이 있는 식품을 만든다. 조사에 의해 멸균된 식품이 가공 후 독소를 가지고 있거나 생성할 가능성이 있다. 독소를 파괴하는데 소요되는 조사량은 미생물을 죽이는데 소요되는 조사량보다 더 높다.

방사선조사에 의한 멸균이 열처리에 의한 것만큼 널리 유통되고 이용된 지가 오래되지 않았기 때문에 두 가지의 처리의 가능한 위해(危害)를 비교한다는 것은 어렵다. 일반적으로 가공 및 유통이 적절히 되었을 때 조사식품은 소비자에게 미생물학적인 위해를 주지 않으며 *Salmonella, Staphylococcus aureus, Vibrio parahaemoliticus, Shigella*와 같은 미생물이 제거되어 식중독의 수를 감소시킬 수 있다.

3. 방사능의 유도

적절한 방사선 원료가 사용되었을 때는 방사능이 유도되지 않는다. 10 MeV 이상의 에너지 수준을 갖는 전자가속기는 소량이지만 심각한 방사능을 유도할 수도 있다. 그러므로 이러한 처리는 식품에 적당하지 않다고 생각된다. 10 MeV 이하에서는 방사능의 유도가 발견되지 않았다. 영국은 가속기의 수준을 5 MeV로 제한하고 있다.

Co-60으로부터 나오는 γ-선으로 식품을 조사한 결과는 고선량을 조사하였을 때조차도 가장 민감한 기기로도 측정할 수 없을 정도의 방사능이 유도되었다.

4. 발암물질 및 기타의 독성물질

식품에 존재하는 화학물질에 대한 방사선조사의 영향과 방사선 분해산물의 농도 등이 측정, 보고되었다. 많은 동물식이를 통한 연구들로부터 68 kGy 이하의 양으로 조사하였을 때 식품에 독성효과가 없는 것으로 나타났으며 알려진 대부분의 방사선 분해산물은 다양한 식품에 천연적으로 존재한다. 방사선 분해산물의 농도는 독성학적으로 중요하다고는 생각되지 않는 정도이다.

동물에게 먹인 조사식품은 종양을 생성하였으나 종양발생률은 비조사식품에서 보다 조사식품에서가 더 높은 것은 아니었다. 조사에 기인하는 발암물질과 기타의 독성물질들이 식품 내에 존재하는지를 증명하는 것은 극히 어렵다.

7.8.6. 경제적 관점

단위당 조사비용은 조사 공장의 규모, 방사선 원료의 형태(효율과 가격을 포함), 자본의 투자와 식품원료에 대한 처리공장의 거리 등에 의해 달라진다. 적정가격으로 방사선조사가 수행되려면 식품산업의 집중화가 필요하며 열처리나 냉동에서 요구되는 기기들을 이용할 수 있어야 한다.

식품의 방사선조사에는 열처리나 냉장 및 냉동보다 적은 양의 에너지가 사용된다. 그러나 중선량 조사된 식품들은 냉장해야 하고 고선량 조사된 식품들은 효소를 불활성화하기 위하여 가열하여야 하며 조사기간 동안 원하지 않는 반응을 막기 위해서 냉동해야 하는데 이는 이 처리의 총에너지 요구량의 일부로 간주되어야 한다. 따라서 고선량조사와 중선량조사에 요구되는 전체적인 에너지의 양은 열처리, 냉동, 건조 및 기타의 저장방법과 견줄만하다.

식품의 방사선조사에 의한 장점은 식품의 변질을 방지, 저장기간의 연장, 수송과 저장비용의 절약을 통한 자금의 절감과 식중독의 횟수를 감소시키는 것 등이다. 냉동육이나 냉동 가금 제품으로부터 *Salmonella*를 제거할 수 있는 다른 방법은 아직까지 알려져 있지 않다. 따라서 방사선조사에 의하여 *Salmonella*를 완전히 제거할 수는 없지만 식중독을 일으키는 양의 50%를 제거할 수 있다면 막대한 절약이 기대된다. 또한 방사선조사로 병원균이나 기생균이 없는 다양한 식품을 만들 수 있으며 발아와 곤충으로 인한 손실을 줄일 수 있다.

여러 가지 장점들을 고려할 때 몇몇 식품들은 이윤이 크기 때문에 그 장점들이 조사가격을 능가한다. 그러나 다른 어떤 식품들에서는 방사선조사가 품질을 변화시키고 가격이 높기 때문에 실용적이지 못한 경우도 있다.

7.8.7. 조사식품의 안전성과 표시기준

1. 안전성

1992년 세계보건가구, 세계농업기구, 국제원자력기구, 국제소비자연맹은 과거 40년간의 식품조사에 관한 각종 연구보고서를 검토하였고, 조사식품의 안전성에 대해 다음과 같은 결론을 내렸다.

- 식품조사는 인간의 건강에 해를 줄 수 있는 식품성분 중의 독성학적인 변화를 초래하지 않는다.
- 조사식품은 위생적인 측면에서 안전하고 미생물학적 위험을 증가시키지 않는다.
- 조사식품은 인간의 영양상태에 부작용을 줄 수 있는 영양소의 손실을 초래하지 않는다.
- 조사식품은 어떤 유전적인 영향도 미치지 않는다.

2. 표시기준

방사선이 조사된 식품은 식품표시를 위한 Codex 일반 규격의 조항에 따라 표시되어야 한다. 즉, 식품이름 옆에 '조사처리' 라고 표시하거나 국제규격의 마크를 표시하여야 한다.

『그림 7-8』 방사선 조사식품의 국제규격 마크

7.9. 방사선 조사기준 및 이용현황

7.9.1. 조사식품의 기준, 규격과 관리

식품조사를 절대적으로 안전한 것으로 하기 위하여 각국 정부는 조사식품 또는 식품조사에 관한 법률을 제정하고 있으며 규제당국은 조사하는 종류와 목적을 결정하여 개개의 식품조사 목적에 부합되는 정확한 방사선량을 결정하고 있다. 또한 규제당국은 조사된 식품에 기재되어야 할 표시사항에 대해서도 규정하고 있으며 이에 대해서 '포장식품의 표시에 관한 국제규격' 에 방사선으로 처리한 식품에 대하여 그 사실을 기입한 표시를 하게끔 명확하게 규정하고 있다. 이와 같은 관리를 행함으로써 식품조사에 대한 종사자, 소비자, 환경이 부당한 위험에 직면할 수 있는 것을 예방한다. 우리나라는 방사선 조사식품의 기준과 규격을 식품공전에 수재·관리하고 있으며 표 7-6에서 보듯이 감자, 양파, 마늘 등 총 26품목에 대하여 방사선조사를 허가하고 있으며 각 품목에 대하여 선량을 제한하고 있다. 물론 방사선 조사식품에는 '방사선 조사식품의 도안' 을 표시하도록 하고 있다. 미국은 55품목, 프랑스는 41품목, 영국은 47품목 등 세계적으로 250여종의 식품군에 대하여 조사처리를 허가하고 있으며 각 식품군에 대하여 허가 선량을 규제하고 있다.

『표 7-6』 국내 방사선 조사식품 허가품목 현황

허 가 품 목	허가선량(kGy)	목 적
감자, 양파, 마늘	0.15	발아억제
밤	0.25	발아억제
생버섯 및 건조버섯	1	숙도지연
건조향신료	10	살균·살충
가공식품 제조원료용, 건조식품 및 어패류 분말	7	살균·살충
된장, 고추장, 간장분말	7	살균·살충
조미식품 제조원료용 전분	5	살균·살충
가공식품 재료원료용 건조채소류	7	살균·살충
건조향신료 및 이들 조제품	10	살균·살충
효모, 효소식품	7	살균·살충
알로에 분말	7	살균·살충
인삼(홍삼포함)제품류	7	살균·살충
2차 살균이 필요한 환자식	10	살균
난분	5	살균
가공식품 제조원료용 곡류, 두류 및 그 분말	5	살균·살충
조류식품	7	살균·살충
복합조미식품	10	살균
소스류	10	살균·살충
분말차	10	살균·살충
침출차	10	살균·살충

자료 : 한국식품의약품안전처(2007년 05월)

요 약

유전자변형농산물(GMO)이란 생물체의 유전자 중 필요한 유전자를 인위적으로 분리, 결합하여, 개발자가 목적한 특성을 갖도록 한 농산물을 말한다. GMO의 개발목적은 식물이나 가축의 유전적 특성을 개량하여 보다 실용적인 품종을 개발하기 위해서이다. GMO 작물을 만드는 방법으로는 플라스미드(Ti plasmid)에서 식물에 종양을 일으키는 유전자를 제거하고 유용한 유전자를 일으키는 아그로박테리움 이용법, 유용한 유전자가 물리적으로 식물세포의 염색체에 접촉하도록 하여 식물세포내로 도입하는 유전자총 이용법, 세포벽이 제거된 상태의 세포(이를 protoplast라 한다)에 유용한 유전자를 도입시키는 원형질체 융합법이 있다. GMO의 대표적인 식품에는 콩, 옥수수, 면화, 카놀라가 대부분을 차지하고 있으며, 사탕무, 감자, 쌀, 밀, 멜론, 호박 등도 개발되어 있다.

GMO 표시제도는 소비자에게 올바른 정보를 제공해 알고 선택할 권리를 보장하는 제도이며 농산물은 식약처가 승인한 모든 GMO 농산물에 표시를 해야 한다. 가공식품 및 건강기능 식품은 GMO 농산물을 주요 원재료로 사용하여 제조 가공하는 경우는 표시를 하고, GMO 농산물을 사용하였으나 농산물이 함량 5순위에 해당되지 않는 경우, 최종제품에 GMO 성분이 남아있지 않은 경우와 3% 이하 함유된 경우는 표시 하지 않아도 된다. 국가별 GMO 표시관리를 비교하면 비의도적 혼입치 경우 한국은 3% 이상, 일본은 5% 이상, 유럽은 0.9% 이상 그리고 미국은 미 표시되어 있다.

GMO로 기업은 종자의 판매 가격을 조정할 수 있으며 터미네이터 유전자를 이용한 종자 복제 생산 방지가 가능하고, 농가는 수확량이 많아져 경제성이 높고 적은 노동력과 비용으로 영양가치와 보존성을 향상시킬 수 있으며 농약사용량 감소로 환경오염이 방지되고 영양소도 증가한다는 장점을 가지고 있다. 하지만 인체, 가축에 대한 식품 안정성이 검증되지 않았으며 장기간 재배 시 생태계를 교란할 우려가 있고 생물 다양성을 파괴, 유전자조작기술의 독점 및 다국적 기업의 식량시장 지배 가능성 그리고 국내총생산 차원에서 국가경제 손실 등을 들 수 있다. 유전자재조합체의 안정성 평가에서 실질적 동등성이란 유전자재조합식품과 기존의 식품간의 동일한 점과 서로 다른 점을 명확하게 하는 한편, 의도하지 않은 영향이 일어날 가능성을 예측하게 하는 것이다. 국내 안정성 평가기관은 식품의약품안전처 내에 5개분과(일반, 제조, 독성, 알레르기 및 유전자안전성 분과)를 두고 있으며, 유전자재조합체의 안전성은 신규성, 알레르기성, 항생제 내성 및 독성을 기준으로 decision tree에 의해 평가된다.

방사선 조사 식품에 쓰이는 전리방사선은 미립자와 전자기 방사선으로 구성되어 있다. 방사선 에너지의 단위는 rad나 gray로 표시되며 1 Gy는 100 rad로 나타내고 전형적인 살균량으로는 4.5 Mrad 또는 45 kGy가 사용된다. 생물학적 효과에서의 전리방사선 치사 작용에서 직접적 작용은 DNA 파괴를 유발하고 간접적 작용에서는 비 유전 물질에서 초기변화가 일어난다. 일반적으로 복잡한 생물일수록 전리방사선에 더 민감하며 방사선 조사 식품을 식품에 이용할 때 평균 10 kGy로 조사하는 것은 독성증상을 보이지 않는다. 방사선 조사의 종류에는 모든 생물체를 사멸시키는 고선량 조사(30~50 kGy), 부패균을 감소시키는 중선량 조사(1~10 kGy), 저선량 조사(1 kGy 이하), 열 방사선 조합처리가 있다. 그러나 방사선조사를 통해 미생물을 멸균시키는 경우에는 phosphatase가 불활성화되기 때문에 방사선 살균이 충분히 되었는지의 여부 측정에 이용되지 않는다. 또한 방사선 조사에 의한 원치 않는 효과는 전리방사선이 식품에 있는 물과 반응할 때 생성되는 free radical(하나 혹은 그 이상의 전자를 가진 원자 또는 분자로 일반적으로 불안전함)때문이며 이를 방지하기 위해서 냉동 또는 건조상태, free radical 수용체 사용, 불활성 또는 진공에서의 조사가 필요하다. 식품의 방사선 조사를 하기 전에는 영양학적 적합성과 미생물학적 안전성, 방사능의 유도, 발암물질 및 기타의 독성물질을 고려해야 한다(방사선 과잉 조사시 유전자 변형을 유발하는 ACB(alkylcyclobutanone) 생성이 확인되고 있음). 방사선 조사식품의 표시기준은 식품 이름 옆에 '조사처리'라고 표시하거나 국제규격의 마크를 표시해야 한다(오른쪽). 현재 우리나라는 방사선 조사 식품의 기준과 규격을 식품공전에 수재, 관리하고 있으며 총 26품목에 대하여 방사선 조사를 허가하고 있고 각 품목에 대하여 선량을 제한하고 있다(예, 감자, 양파, 마늘 발아억제의 목적으로 0.15 kGy 이하).

참고문헌

21세기 식품위생학, 금종화 외, 도서출판 효일, 2004 12월

성인병과 장내세균, 김동현외, 효일, 1997

식중독을 간접 경험하자, 김종민, 효일, 1999

식품공전(별책), 식품의약품 안전청, 2000

식품미생물학 실험, 김정환 손경현 공저, 서울보건대학 2001년 주문식교육 지원사업(교육인적자원부), 2002. 2월

식품미생물학, 박헌국외, 문운당, 2004

식품미생물학, 방병호외, 진로연구사, 2005

식품위생학 및 실험, 장현기외, 형설출판사, 1991

식품위생학 실험, 김성호외, 광문각, 2005

식품위생학 실험, 문범수, 수학사, 1999

식품위생학 실험, 방병호 서정숙 김관필 공저, 서울보건대학 2001년 주문식교육 지원사업(교육인적자원부), 2002. 2월

식품위생학 실험, 식품위생 연구회편, 학문사, 1997

식품위생학, 구난숙 김완수 이경애 김미정 공저, 파워북, 2008

식품위생학, 권훈정외, 교문사, 2003

식품위생학, 김명숙외, 훈민사

식품위생학, 문범수, 신광출판사

식품위생학, 심창환외, 문운당, 2006

식품위생학, 안병용외, 석학당, 2004

식품위생학, 윤혜경외, 효일, 1998

식품위생학, 이정훈외, 백산출판사

식품위생학, 이흠숙 강성태 이숙겨 공저, 형설출판사, 2002년 초판

식품위생학, 장지현외, 수학사, 1985

식품첨가물, 문범수, 수학사

식품첨가물학, 송재철외, 세문사

식품첨가물학공전, 한국식품공업협회, 2006년 개정판

실무 식품위생학, 심상국외 진로연구사, 2000

실무를 위한 식품위생학, 박홍현 김동원 김중배 강창수 공저, 광문각, 2007 8월

실무를 위한 식품위생학, 박홍현외, 광문각, 1994

실험위생학, 이갑랑외, 지구문화사, 1997
위생과 식중독, 김동환, 광문각 1998
최신 식품미생물학, 하덕모, 신광출판사, 1990
최신 식품위생학, 문번수외, 수학사, 1985
최신 식품위생학, 우세홍외, 신광출판사, 2001
최신 식품위생학, 장현기외, 신광출판사
최신 식품위생학, 정희곤외, 광문각, 1992
http://www.kfda.go.kr(한국식품의약품안전처-GMO, HACCP 등)

INDEX

찾아보기

(아)

(자)

(차)

(카)

(타)

(파)

(하)

인지
생략

최신 식품위생학

발 행 2016년 7월 26일 개정판 발행
2019년 2월 25일 1 쇄 발행

저 자 방병호 · 윤원호 · 조갑연 · 황종현 · 심창환
김중배 · 황성연 · 강창수 · 김종국

발행인 임 종 철
발행처 도서출판 진 로
주 소 서울 · 동대문구 고미술로 49(의증빌딩 3층)
등 록 제305-2003-28호
전 화 02) 2215-0203
팩 스 02) 2216-0208
ISBN 978-89-86877-98-4(93590)

정 가 22,000원